U0022359

公司鑑價

伍忠賢 著

Corporate Valuation

國家圖書館出版品預行編目資料

公司鑑價 / 伍忠賢著. －－初版一刷. －－臺北市；三
民，2002
　　面；　公分
參考書目：面
含索引
ISBN 957－14－3641－0　（平裝）

　1.財務管理

494.7　　　　　　　　　　　　　　　91011756

網路書店位址　http :// www. sanmin. com. tw

ⓒ　公　司　鑑　價

著作人　　伍忠賢
發行人　　劉振強
著作財
產權人　　三民書局股份有限公司
　　　　　臺北市復興北路三八六號
發行所　　三民書局股份有限公司
　　　　　地址／臺北市復興北路三八六號
　　　　　電話／二五○○六六○○
　　　　　郵撥／○○○九九九八――五號
印刷所　　三民書局股份有限公司
門市部　　復北店／臺北市復興北路三八六號
　　　　　重南店／臺北市重慶南路一段六十一號
初版一刷　西元二○○二年八月
　編　號　S 49330
　基本定價　拾參元
行政院新聞局登記證局版臺業字第○二○○號

有著作權‧不准侵害

ISBN　957－14－3641－0　（平裝）

謹獻給：
　　　　摯友　謝政勳
　　　　　　——感激他患難相扶持的手足情

四十不惑（自序）

國畫大師張大千在42歲那年因特殊機緣，遠赴敦煌研究臨摹古代壁畫，上溯北魏隋唐的精麗高古。

他耗費2年7個月的苦心琢磨，臨摹大小壁畫276件，其間過程之艱辛非一般人所能想像，過人的勇氣、毅力、才情及對藝術的虔誠，令人動容。

敦煌之行，是張大千藝術創作發展上的重要里程碑，對繪畫產生洗練性的改變，奠定他在中國藝術史上恢弘氣象，也埋下日後繪製聯屏巨構的雄心魄力，及中、晚期畫風蛻變，開創出名聞遐邇的青綠潑墨重彩畫的時代新風格的因子。這段時期，張大千特別致力於精麗渾厚的筆墨風格，即使是文人風格的水墨山水，亦在秀麗溫潤的氣韻中呈現一種宏偉博大的厚實感，展現豪氣干雲、精麗雄渾、不可一世的風采氣度，難怪徐悲鴻要嘆譽其為「五百年來一大千」。（經濟日報2002年1月12日，第25版，熊宜敬）

如果有充分資訊、縝密分析，那麼下個好決策將不難；可惜，這樣的情況只是理想，但每個人都竭力朝此前進。人生、公司何嘗不是圍繞著「價值」、「價格」的決策打轉呢？「公司經常遭遇是否該花3億元投入電子商務」，個人也常面臨「像我這樣的貢獻，老闆應該給我多少技術股、員工認股權？」這些都是本書的範圍，也就是「你的公司值多少錢」。除了一般討論的課題公司鑑價外，本書兼顧了上班族鑑價，主要是第十一章無形資產鑑價中的第二節技術鑑價，其次是第十四章第三節員工認股權的鑑價。

一、伍忠賢式寫作方式

——本書特點

在這本書中，我們除了延續伍忠賢式的下列寫書風格：

(一)以理論（尤其經過臺灣論文支持）為架構，並透過圖、表整理，以達到「易

懂、易記」的目的。

㈡以實務為骨肉，這是我們的寫作原則：「縱使是教科書，也應該跟實務工作零距離」。而這又主要受益於10年以上的從業資歷。

㈢以創意為靈魂，在第八章中我們提出伍氏資金成本估計方式，尤其是權益資金成本；其次在第九章第四節中也介紹伍氏盈餘估計法。這些是獲利法鑑價的二大核心（折現率，另一是收益），差之毫釐，失之千里，所以我們在這方面特別提出一些「簡單又有用」的獨門功夫。

從本書起，我們特別凸顯我們的治學、寫書理念：

㈠「回復到基本」（return to basis 或 return to the basic）：通俗的說便是「天下沒有新鮮事」，同理，我們也主張「天下沒有那麼多學問」；萬變不離其宗，簡單的說，鑑價只有二大類方法：成本法、獲利法，前者源自大一會計學；獲利法有一堆模式、公式，源自大二財務管理、大三投資學；只是略作修改，然後再加上美麗的學術外衣或神秘的實務界魔術公式，本質上仍是「換湯不換藥」。

㈡就近取譬，用生活中熟悉的事物來比喻令人豁然而解。例如在第十五章網路股鑑價中，我們把網路服務業者（ISP）比喻成第四臺（系統業者），網路內容業者（ICP）比喻成頻道業者（像購物、股票解盤），網路軟體業者（ASP）類比為錄影帶（影音光碟）出租店。只是用詞不一樣罷了，本質相似，網路以電腦為媒介、有線電視以電視機為媒介。就近取譬往往能達到深入淺出的效果；就像古代字典所說：「襪者，足衣」，白話一點的說：「襪子是腳的衣服」，就比「用抽象名詞去定義另一抽象名詞」來得更易懂了。

㈢不要以文害義，財務管理（甚至會計）令有些人望之卻步，主因在於計算例子太多，其實是大同小異，如同已知2+3=5，那又何必去舉3+5=8、5+8=13、8+13=21，這些例子呢？在伍忠賢著《國際財務管理》（華泰文化，1999年10月，二版）中，我們開始落實這觀念——很少數字例子、毫無會計的借記跟貸記等會計處理。從生活中學數學較容易，我們希望財務管理、會計（公司鑑價只是其中一部分）也能令人覺得有趣，而不是在數字中打滾甚至迷失了。

二、財務管理領域的 Linux

2000年6月7日，自由軟體之父史托曼（Richard Stallman）來臺參加會議，他在1999年推出Linux，挑戰全球個人軟體霸主微軟公司的DOS（磁碟作業系統）。這在許多人的眼中是「不可能的任務」，但是美國影星湯姆·克魯斯都已拍了第2集；而在IBM的鼎力支持下，Linux系統不僅有可能在10年內市佔率達三成，甚至假以時日，還有可能主導作業系統市場。

同樣的，在本書中，我們也推出財務管理學界的Linux──即第八章伍氏折現率（權益資金成本的估計），期望取代霸主資本資產定價模式（CAPM）的地位。因此，這是一本資訊經濟時代的創作，除了實用（例如本書附錄有手冊的功能）、跟得上時代脈動（如第十五章網路股鑑價、第十六章軟體股鑑價）外，最重要的是它的創新精神。

三、感　謝

每次覺得「伍忠賢，你寫書真是有二下子」，就越感激博士班的財管授課教授，包括劉維琪、吳欽杉、林炯垚、陳隆麒、陳肇榮；以及1991、1992年在臺灣大學財金所旁聽選擇權、金融創新、期貨的授課教授李存修、黃達業。要是有任何改善建議，請賜知伍忠賢。

伍忠賢

謹誌於新店　2002年7月

E-mail: mandawu@msn.com

godlovey@ms22.hinet.net

網址：http://www.blessing.com.tw

葉
投資銀行
財管個案集
果
三民2002年7月
公司鑑價
國際財務管理
你的公司值多少錢？
枝
投資學
幹
投資管理
根
財務管理
三民2002年8月

圖一　鑑價方法、適用時機和本書主要架構

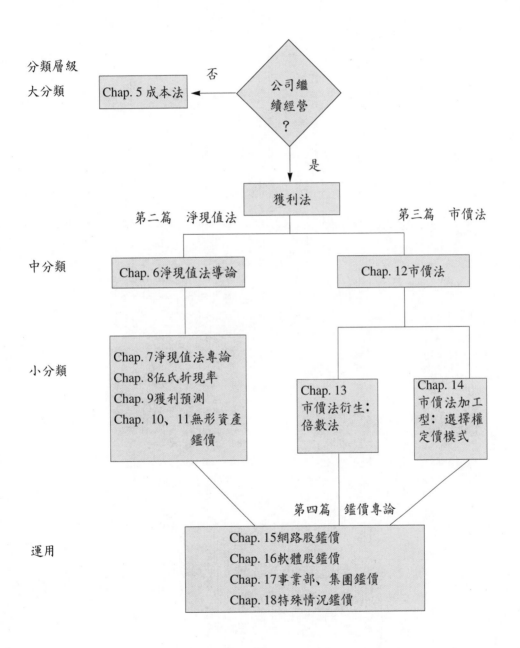

分類層級

大分類　　　否　　　公司繼續經營？

Chap. 5 成本法

是

獲利法

第二篇　淨現值法　　　　　　　　第三篇　市價法

中分類

Chap. 6淨現值法導論　　　　　Chap. 12市價法

小分類

Chap. 7淨現值法專論
Chap. 8伍氏折現率
Chap. 9獲利預測
Chap. 10、11無形資產鑑價

Chap. 13
市價法衍生：
倍數法

Chap. 14
市價法加工型：選擇權定價模式

第四篇　鑑價專論

運用

Chap. 15網路股鑑價
Chap. 16軟體股鑑價
Chap. 17事業部、集團鑑價
Chap. 18特殊情況鑑價

公司鑑價

目 次

第三篇　市價法

表目次

圖目次

緒 論

在正式進入本文之前，我們喜歡透過緒論回答「5W1H」的問題，惟有一開始弄清楚「為何而學」（Why）、「誰需要學」（Who），你才會「樂知」、「好行」，而不是「困知」、「勉行」。

「學什麼」（What）可說是全書導讀，讓你抓得住全書的重心；在「相關課程」（Where）中，我們說明跟鑑價有關的前後相關課程，讓你了解它的位置。在本書特色（Which）中，倒不是想「老王賣瓜，自賣自誇」，而是跟你分享我們如何「知所進退，明所取捨」的內容設計。

至於鑑價的重要性（Why），這屬於實質內容，留到本文（第一章第一節）再來說明。

為什麼獨立開課？

或許你會問：「投資管理課程中已經詳細說明上市（含上櫃）公司股價評估，為什麼還把鑑價單獨開課呢？」我們的答案是，上市股票投資只是鑑價的適用情況之一，原因如下：

1. 資產種類更多：鑑價的資產範圍較廣，包括不動產、存貨（金融業研究員拿不到上市公司明細資料）、無形資產等。

2. 公司狀況更廣：投資管理課程重心對象為已上市公司（public company），而鑑價對象延伸至未上市公司（private company）。

3. 資訊更充分：公司內人員所擁有的資訊（即內部資訊）比外界人士多，因此外界的證券分析師所計算出的公司價值，往往可能是下限。而鑑價也適用於公司內部審核事業投資計畫時。

4. 股票投資比較注重相對價格：股價往往有超漲時，此時（基金經理）投資比較偏重相對性（即比價倫理，價格相對低估），至於鑑價則追求基本價值（intrinsic

value)。

寫給誰看?

我們寫的書都是實務導向的,因此主要是寫給實務工作人士看的;其次才是學生,本書在內文中也強調理論、實證,再加上參考文獻、索引,便可「一兼二顧」!

(一)實務人士

由表0-1可見,金融業公司 (financial firm) 和非金融業公司 (nonfinancial firm) 都經常會面臨鑑價問題;法人如此,自然人也不例外,金融投資、直接投資 (尤其是技術出資時) 也都涉及鑑價問題。

至於鑑價公司內的鑑價師或鑑價人員 (appraiser, valuation analysts, valuator) 也是本書的目標讀者。

(二)學校市場

本書也適合大學、碩士班「公司鑑價」等相關課程,尤其是第六、七、八章。

表0-1　本書在實務方面的目標市場

行業	非金融業者		金融業者
	個　人	一般公司	
人士	1. 專業人士技術入股,尤其是§11.2 2. 散戶(自然人投資),尤其是§15.6、§16.4	1. 一般公司 　(1)投資時,尤其是 Chap. 12、13 　(2)合併時 Chap. 4、§17.2 2. 育成中心、Lab,尤其是 Chap. 10	1. 承銷商、投資銀行業者,全書 2. 資產管理業者(投信、投顧、創投、投資、信託……公司),尤其是 Chap. 15、16 3. 銀行、票券等授信業者、信評公司、徵信所等,尤其是§5.3、§8.5 4. 不動產鑑價公司,尤其是§5.3

全書架構

由目次前一頁的圖一可見本書架構，分為程序（第一～三章）、方法（第四～十七章）二大部分。而圖一則詳細分析鑑價方法，首先依公司是否繼續經營，分為成本法、獲利法二情況。鳥瞰全局，就不致於因木失林了；為了凸顯全書主要架構，我們一向把它放在全書目次之前，有如大廈、車位等區位圖示。

第一篇　鑑價方法和程序

鑑價是你我生活、工作的核心，在第一章第一節中我們開門見山的先指出鑑價的重要性。在第二章中，執簡御繁的說明鑑價方法（valuation method 或 techniques）的分類、適用時機。

然而鑑價涉及費用支出，因此適時採用適配方法，才是高招；更重要的是也不能「假資料，真分析」，如何明辨是非，這是第三章的重點。在第四章中，我們站在併購時的買方的立場，提出「避免買貴了的方法」。此外，也站在賣方角度，強調怎樣把公司賣個好價錢。

第五章開始介紹以現有資產為主的鑑價方法──成本法,至於第六～十八章則是以未來獲利為主的鑑價方法。由於分類緣故，無法把成本法跟獲利法硬湊在一起，所以只好把第五章勉強塞在第一篇中，各篇比重也因此更趨於平衡。

第二篇　淨現值法

以未來獲利為基礎的鑑價方法則為淨現值法（NPV），由於公司內部人士擁有較多資訊（即未公開資訊部分），尤其是未來投資計畫，所以必須採取淨現值法來比較精確的抓住公司價值，詳見第六章導論、第七章專論。

在第八章中，我們提出自創的權益成本估計方式，以取代不堪一用的資本資產定價模式。

第九章中我們簡略的說明盈餘預測的方法和要點。

第十章無形資產鑑價，把第八章中創造獲利的資產，特別放大來討論。

第十一章無形資產鑑價專論，說明品牌、技術、智慧資本的鑑價。

圖0-1 本書跟相關學科、企業活動的關聯

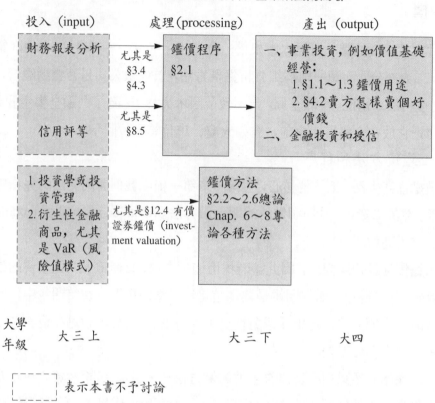

大學年級　　大三上　　　　　大三下　　　　大四

┌┄┄┐
┆　　┆ 表示本書不予討論
└┄┄┘

第三篇　市價法

以過去資訊為主要依據的鑑價方式主要為市價法（第十二章），背後隱含「成交就是合理」的假設。

就成交價的影響因素去抽絲剝繭，找出相關、自變數（例如營收、營業淨利），這就是投資銀行業者的魔術公式，稱為倍數法，詳見第十三章。

尤其碰到或有權利（例如員工認股權等），同樣是以股價為基礎，此時則應採取細緻的鑑價方式，即選擇權定價模式，詳見第十四章。

第四篇　鑑價專論

我們把專論、綜合鑑價方法擺在第四篇中。

第十五章網路股、第十六章軟體股鑑價，屬於倍數法、淨現值法的綜合運用，因屬21世紀的當紅炸子雞，所以專章說明。

第十七章討論事業部、集團企業鑑價。

第十八章討論國外子公司、併購、非營利組織等特殊情況下的鑑價事宜。

相關課程

公司鑑價課程在大學中，從1996年以來，越來越多學校獨立開課，在各系中的重點不同，由圖0-2可見，主要是企管系管理會計課程，越來越多強調價值經營，便是公司鑑價的運用。

至於財管系、財金系所開課，目的主要有二：

1.作為投資學（或投資管理）的進階課程，因為投資學只涉及上市公司鑑價，而且只偏重少數幾個鑑價方法，對未上市公司或其它特例（例如財務困難公司）則較少著墨。

2.作為企業併購課程的進階課程，因為公司鑑價是其核心，有必要深入討論。

圖0-2　公司鑑價跟其它課程的關係

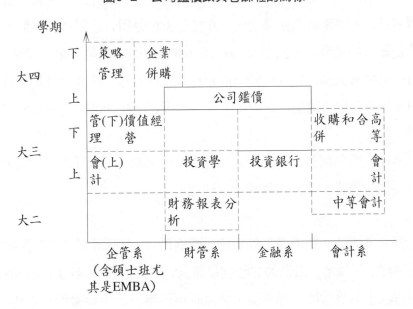

本書特色

把書寫好也是一種專門技術（know-how），我們書的特色是實用、易讀（主要是深入淺出）、精簡（主要來自以制式圖表替代冗長的行文）。在本書中，特別強調一個重點：「密接」；套用賽跑中大隊接力的例子，接棒時要往前跑，而不能往後跑，否則會跟上一棒跑者相撞。接棒後，要把本分做好，傳給下一棒時，也不宜吃過頭了，以致下一棒跑者缺乏表現機會。

換句話說，我們希望呈現給你的是「全部瘦肉，沒有肥肉」，不希望讓你有「牛肉在哪裡」的疑慮。

用企管中的三層次決策來形容我們的想法。

(一)策略上（Where）

由於有下列二種過度學習的經驗，因此在寫鑑價書時比較容易抓得住重點。

1.相關書寫太多：跟鑑價有關的書，我們大抵皆寫過，尤其是投資管理、策略管理、企業併購，為了避免重複，做到前後密切接合，因此比較熟悉什麼題材該用什麼處理方式。例如事業部鑑價之後，究竟是去還是留，這個屬於經營者的策略決策，不應是本書的範疇，而屬於策略管理（詳見《企業併購》第二章第一節）。

2.同一類書寫太多：有關於鑑價的題材，在1991年《國際併購》中只以一章處理，在1998年《企業併購聖經》中以一章半處理，而在2000年《企業併購》書中以三章處理。

一本書無法面面俱到，以後如果有機會，再來深入討論「網路、軟體、通訊、生技類股鑑價和投資」、「公司鑑價個案研究」。

(二)技術上

多看幾次美國蒙面魔術師范倫鐵諾破解魔術，你大概很容易未卜先知的看出其它魔術的破綻。同樣的，鑑價的方法就那幾樣，而且道理不難；所以犯不著為了每一個細類方法去舉例說明，那不但不會讓你更清楚，反倒會讓你更迷惑。

鑑價困難之處在於「專業」，而不在於方法；就如同投資一樣，投資學的道理就在一、二本書上，但基金經理的存在價值就在於專業（尤其是產業知識）。以不動產此一「存貨」的鑑價來說，只是鑑價方法的應用，但不動產本身卻需要相當的

經驗才能熟悉。

㈢技巧上

內文太多的定義（例如剩餘價值）、公式，反倒讓全書支離破碎，為使讀者方便起見，我們把這些擺在全書附錄中，此外也方便查索。

另外一個令人苦惱的問題是鑑價方法的英文用詞太多而且又不統一，屋漏偏逢連夜雨，中文譯詞言人人殊，不知如何是好。我們透過作表方式予以整理，詳見表0-2。其次，對於英文名詞，我們採意譯，而不採直譯。最後，如果英文名詞不達意，我們也會「必也正名乎」的修正一下；或許這是受了第四臺上「魔法ABC」英文教學節目主持人鮑佳欣的影響吧！

表0-2　本書重要譯詞跟一般用詞對照表

英 文	我的譯詞	一般用詞	不用一般用詞的原因
EBITA	稅前營業現金流量	稅前息前攤提前盈餘	太冗長
fund manager	基金經理	基金經理人	「經理」本來就是「人」
inflation	物價上漲	通貨膨脹	通貨是指貨幣
intrinsic value	基本價值	實質或內含價值	實質（real）、內含（implied）皆無法反映 intrinsic 之本意
liquidity	變現力	流通性	「變」成「現」金能「力」，易懂
(stock) market	股市	市場	市場有很多種，用詞以明確為宜
profit margin	毛益率	毛利率	跟純益率用詞相對稱
year	年	年度	會計「年度」跟日曆年已一致，無須再加個「度」

如何活用本書

　　會做習題，才是真的弄懂會計、微積分；同樣的，如何活用此書，惟有「多看」、「多做」，案例俯拾皆是，例如新股、現金增資的公開說明書，或是企業併購案的報導。

　　對於初學者，宜從簡單（傳統產業，單一事業部）個案著手，由簡入繁，熟能生巧。

第一篇

鑑價方法和程序

第一章

公司價值評估的用途

　　公司外部人士可以取得資訊的來源很多，財務報表只是其中之一而已。正式財務報表上的會計資訊跟其它來源的資訊相互補充，利弊互見；前者強調可靠性，不得不把攸關性置於第二位；後者強調攸關性，放棄可靠性，也只好在所不惜。從資訊使用者的立場看，若能同時取得二套具備不同特質的資訊，自行斟酌判斷，才最能看出實情，作出對自己最有利的決策。

　　——馬秀如　政治大學會計系教授
　　　會計研究月刊2000年7月，第45頁

學習目標:

鑑價的用途(表1-1, 總論), 以及第二節對內 (經營管理)、第三節對外用途, 讓你可體會不是只有在公司買賣交易時才會用得著公司鑑價, 它是公司每天都該做的事。

直接效益:

鑑價相關的熱門主題很多, 包括對內經營決策的價值基礎經營(含經濟附加價值)、平衡計分卡、作業基礎成本會計; 以及對外的價值報告, 本章第一、二節讓你一次看懂、毋庸他求, 而且更讓你「看破」 —— 原來也沒什麼!

本章重點:

- 公司價值評估的用途。表1-1
- 公司內外部人士鑑價方式。表1-2
- 鑑價的相似中文用詞。表1-3
- 價值基礎經營(VBM)。§1.2一
- 價值動力的層級和內容。圖1-2
- 經濟附加價值(EVA)。§1.2一(二)
- 對價值基礎經營、經濟附加價值的連根拔起批評。§1.2二
- 平衡計分卡的四大構面。圖1-3
- 作業基礎成本會計。§1.2四
- 市值基礎的財務報表公告。表1-5
- 投資人和分析師排名前5項的價值衡量因子。表1-7
- 自願性揭露。§1.3四(三)

前言：老闆不需要鑑價資訊？

偶爾會聽到一些公司管理者抱怨：「正經八百作鑑價分析，根本沒有用，因為老闆從來不重視，只是憑自己的直覺。」不過，我們可不相信會有這樣的老闆，原因在於：

一、企管教育無用論？

在大一課程企業概論（或管理學）中已解決了「企業管理究竟是藝術還是科學」的爭議，縱使它藝術成分較高，那麼連純藝術都有學院派的音樂博士等學程。因此，企業管理是「可以教的」，不是「道可道，非常道」的。要推翻一個定理，只消舉一個例外便可；例如，你的老闆買鑽石時，會不會要求鑑定書呢？大部分人會要，連10萬元的消費都生怕上當，更何況是億元以上的投資案呢？同樣的，買房子也是一比再比，那不是鑑價方法中市價法的運用嗎？

二、沒有正式投資報告，並不代表不重視鑑價

老闆沒有和部屬討論投資評估報告書（鑑價只是其中一部分），甚至出價跟部屬建議相距甚遠，也不表示幕僚作業白花力氣。報告書提供老闆一個「底」，再加上經驗、其它建議，累積而成「直覺」。

如果老闆真的不重視投資報告，那他就不會勞民傷財的叫部屬去做了。

三、多算勝，少算不勝，何況不算！

在本書一開始時便開門見山的告訴公司內的管理者，不管是負責併購案鑑價的財務、會計部門主管，或是負責投資案（含合資型策略聯盟）評估的高階幕僚，不要「沒打仗就先投降」。不要怪老闆不相信你的評估報告，而要想辦法讓老闆相信你的報告（包括鑑價方法、報告格式）；機會永遠屬於準備好的人！

◆ 第一節　公司價值評估的用途

當你問：「台積電股票值不值得以100元買進？」時，其實你已在進行公司價值評估的工作。不僅對上市股票有此疑問，對於未上市公司股票的交易（例如員工入

股）、贈與、繼承，股票價格的認定更是重要，因為不僅你關心這問題，稅捐機關也怕你低報而逃漏稅。由此可見，公司價值評估不僅是企業才會碰到，只要你持有股票，這個問題將永遠存在。

一、公司價值評估是你我的事——貴不貴有關係

對買方來說，一時買貴了，可能要等5年、10年才賺得回來。站在賣方的立場，一時賣便宜了，可能因此把過去5年、10年的辛苦都付諸流水，可見公司（資產）價值評估的重要性；由表1–1可看出價值評估的各種用途、適用時機。

1999年12月7日，皇統光碟公司1.5億元現金增資案被證期會停止申報生效，證期會副主委丁克華說，皇統上櫃前審查曾經說明，該公司跟唯丞、宇碟、皇德三家經銷商並沒有持股關係，現在三家經銷商將合併，皇統計畫現金增資購買這三家公司合併後存續公司的股權，但其價格合理性以及三家經銷商的財務表冊等都缺乏明確說明，因此要求皇統補件。（經濟日報1999年12月8日，第22版，何淑貞）

由於公司價值評估（或企業評價）、鑑價在實務工作上很重要，許多大學獨立開課，例如政治大學財管系（林炯垚、吳啓銘教授）、中正大學企管系（黃德舜教授）、真理大學管科所（張文武教授）。

二、公司價值評估在併購時的用途

在併購談判過程中，公司價值和併購交易條件是買賣雙方最關切的問題，只有雙方能對賣方公司價值作合理的評估，交易才容易成交；反之，則徒勞無功。具體而言，縝密的公司價值評估對雙方的用途如下：

㈠對賣方而言

1.建立股東（尤其是董事會）之間，對公司合理價值的期望和共識。

2.提供公司究竟是繼續經營、股票上市、出售或清算的決策參考。

3.在公司出售情況下，以資訊來強化賣方跟買方協商時的地位。

4.在目前市場條件下，決定公司價值可能的範圍。

5.保證不高估或低估公司價值，高估則可能不易售出，低估則賣得便宜，對股東不利，賣方公司董事可能還會吃上背信官司。

表1-1　公司價值評估的用途

適用時機、機構	買　　方	賣　　方
一、外部成長 　1.併購時 　　⑴合併 　　⑵收購 　2.策略聯盟 　3.技術移轉	 存續公司 買方公司 投資人（如員工入股、少數股權投資策略聯盟） 技術移入公司	 消滅公司 賣方公司 被投資公司 技術移出公司
二、公司（含事業部）策略管理	提供公司股東究竟是繼續經營、股票上市、公司出售或清算的決策參考	
三、金融機構 　1.放款銀行 　2.證券承銷商（投資銀行業者） 　3.仲介商 　4.投資顧問、出版公司 　5.信用評等公司 　6.鑑價公司（含會計師事務所）	·抵押品（或公司）價值、公司獲利能力越高越好，則銀行放款違約風險越小 ·公司價值越高，承銷價越低，則承銷商包銷、代銷風險越低，承銷案越容易成功 ·成交價越高愈好，因為成效費越高 ·公司鑑價越準確，投資顧問、出版公司信譽越佳，業績越好 ·債信評估越準確，企業舉債成本越明確 ·資產鑑價越準確，鑑價公司的信譽愈佳，業績越好	
四、稅捐機構 vs. 個人公司	尤其針對為上市公司股票的交易、贈與、繼承，股票交易價格須合理	
五、小股東 vs. 公司董事	公司董事會不准低於合理價出售股票或高於合理價買進（未上市）公司股票，否則會被控以背信罪	

㈡對買方而言

1.增強買方對於賣方競爭地位、產業的了解。

2.決定賣方公司在目前市場情況下可能的價值範圍。

3.保證不致高價（買貴了）買入賣方公司，尤其當買方在併購後公司將採取開

源節流措施時，在公司價值評估階段已八九不離十，先有個譜了。

4.以資訊來強化跟賣方的議價能力。

5.根據預期購買價格和買方內部現金流量，決定可行的融資方法。

6.考慮併購後各種企業成長機會的影響，這是策略購買者的考量。

7.評估併購的租稅利益。

針對賣方公司價值的評估方面，買方的投資銀行業者會提供意見，但其意見也僅能當參考，因為投資銀行業者賺的是成效費，也就是併購案成交才向買方收費。雖然收費方式可能是累退的，但有些投資銀行業者傾向「高估」賣方的價值，或抬高競標對手的意願，讓買方以出「高價」方式穩當得標，如此才不致因買方沒得標而白忙一場。

鑑於此代理問題，投資銀行業者的建議只能當作參考。此外，投資銀行業者並不一定是每一行的專家，在特定行業內的專業知識不一定比買方豐富，因此買方有必要自己評估賣方的公司價值。如果涉及房地產，當然還要另外聘請專家參與鑑價過程。

三、鑑價的標的

如果你看英文書刊的話，有時會被各色各類的鑑價弄得頭暈目眩，就跟起士有多種口味一樣。但不同之處在於各類鑑價有範圍大小之分，詳見圖1-1，跟金字塔一樣，我們把範圍最廣的集團企業鑑價擺在最下面；全書架構大抵也是依此規劃。

第二層，整個公司的鑑價稱為 corporate valuation 或 firm valuation，稍有別於專門針對金融資產（或有價證券）所做的鑑價，稱為 security valuation，詳見第十二章第四節。有些英文書把 corporate 和 business 混著用，但我們特定把 business valuation 稱為事業部鑑價，用詞來源至少有二：策略事業單位（strategic business unit, SBU）、事業線（business line），其中 business 都是指事業部。

在第三層，我們把公司價值分成事業部（代表未來獲利價值）和資產二部分。

在第四層中，我們繼續把事業部再細分為投資案、專案，資產又細分為有形、無形資產。

圖1-1　鑑價對象範圍與本書相關章節

Chap. 8、12

投資（案）鑑價 investment valuation	§14.4 專案鑑價 project valuation	§4.4 應收帳款 §5.3 不動產	§12.4 金融資產	Chap. 10、11 無形資產
§17.1 事業部鑑價 business valuation		資產鑑價 Chap. 5 為主		
公司鑑價 vs. 權益鑑價 corporate vs. equity valuation				同左
§17.2 集團企業鑑價 conglomerate valuation				

Chap. 9、15、16

四、武大郎玩夜鷹——什麼人玩什麼鳥

　　鑑價方法千奇百怪，往往是為了滿足不同人士，最簡單的分類方式（詳見表1-2）便是外部人士（outsider）、內部人士（insider）的分別，公司內部人員（例如財務長）因有未公開資訊（即內線消息）——最簡單的項目便是銀行貸款利率，所以擁有「春江水暖鴨先知」的好處，因此較能煞有介事的使用最精密的鑑價方法（最常見的便是經濟利潤法）作細部分析。

　　外部人士可用霧裡看花來形容，為了省時省事，而且也看得很清楚，不想假戲真做，所以常抄捷徑，採取速算方式來計算公司的理論價值——比較少去計算基本價值。這是因為外部人士有九成以上是投資人。而最關心公司基本價值的債權人，包括放款的銀行和租賃公司跟債券（含票券）投資人。

五、為什麼採用「鑑價」一詞？

　　Valuation，會計上稱為評價，我們稱為鑑價，主因在於實務上大都這麼說，例如某某「鑑價」公司或不動產「鑑價」；雖然在發音上容易跟「賤價出售」相混，但我們也只好從眾了。

　　至於「鑑價」一詞，是不動產鑑價業者的服務項目的簡稱，即「鑑」定、估「價」。

表1-2 公司內外部人士鑑價方式

鑑價 ＼ 人士	外部人士 (outsider)	內部人士 (insider)
資訊	公開資訊 (public information)	含未公開資訊 (private information)
鑑價方法	為求省事，常採取： 1. 市價法基本型 2. 倍數法 3. 成本法(有形資產時)	各種方法皆可用，而且 為了價值經營的需要，比 較會採取淨現值法
鑑價結果	不同方法的鑑價結果差 異可能很大	準確性較高，而且往往 比外部人士更知道公司 的「內在美」(潛在價 值)、「家醜」

如同有些小女生說你很「可怖」，那是指「可」愛又恐「怖」。

此外，許多用詞我們並不採納，原因詳見表1-3。

另一個常見的鑑價用詞為「定價」(pricing)，例如資本資產定價模式 (CAPM)、套利定價理論 (APT)。此處，譯成「定價」很妥當，例如行銷學中的定價策略也是如此用法。有時，pricing 和 valuation 也配合著使用，例如土地「鑑價」(land pricing)，Black- Scholes Valuation (選擇權定價法)。

表1-3 鑑價的相似中文用詞

相關用詞	不妥之處
評價	容易跟日常用語中的「這個人評價不高」中的「評價」和平價 (商店) 搞混
公司評價	縱使評價一字適用，但在前面加上「公司」二字，反倒限制了它的適用範圍
公司價值評估	字太長，不符合說話習慣

第二節　對內功能：價值基礎經營
——鑑價在公司、事業部經營的運用

　　鑑價最常用的情況是公司、事業部的例行營運，小至作業流程的改變（甚至多聘用一位員工）、大至擴大生產線（擴廠）的決策，最好都算出對公司獲利的影響（這是股東價值分析法的精神）。

　　在這方面，價值基礎經營、平衡計分卡、作業基礎會計是三大主流。

一、價值基礎經營

　　把鑑價的結果運用於公司、事業部的策略管理——尤其是在策略投資(strategic investments)時的方案選擇，此稱為「價值基礎經營」(value-based management, VBM)，這方面代表性書籍為 Tom Copeland 等三人 (1995) 合著的 *Valuation—Measuring and Managing the Value of Company*。光看書的副標題就知道本書的特色，比較像商用統計學，用商業例子來說明鑑價的運用，大概可用「鑑價為體，經營為用」來形容。

　　價值基礎經營的定義：一種管理哲學，它使用分析性的工具和程序，使企業把營運焦點著重於創造股東價值的單一目標，透過策略管理、績效報告和薪酬制度三方面的整合，可鼓勵各階層員工有身同股東的感受，一切經營決策以創造最大價值為基礎。

(一)價值動力

　　有些鑑價方法（尤其是經濟附加價值）很強調價值基礎經營，而這些影響價值高低的因素稱為「價值動力」(value driver)；以「抓大放小」的80：20原則過濾，其中對公司價值影響較大的稱為「關鍵價值動力」(key value driver)，跟「關鍵成功因素」(key successful factors) 中的關鍵一詞的意義是相同的。

　　在管理會計中進階稱為「價值經營」(value-based management 或 value management，有譯為價值管理)，又進一步把價值動力分成三層級，詳見圖1-2，這跟杜邦圖大同小異。其重點便在於找出關鍵價值動力，並研究出可改善空間、方法；而採

取這種價值經營方式的經營者便稱為「價值導向經營者」（value manager），也就是理性的、科學的去追求公司價值極大。

價值經營比較注重價值的來源（即價值動力），而公司鑑價則著重於結果；因此，前者大部分是公司內部人士在使用，而後者則有很多外部人士在使用。

價值經營本質上可說是損益表分析，這觀念很重要，不能不提；但又不能佔太多篇幅，終究本書以鑑價結果為主，而不是以價值分解為主。至於價值經營的書，也不過是把圖1-2中各項目詳細說明，再舉一些例子讓你明瞭；可說是管理會計的進階運用。

圖1-2　價值動力的層級和內容

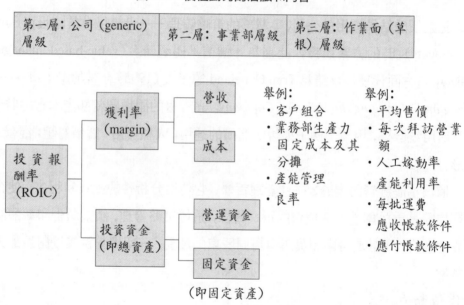

資料來源：大部分取材自 Copeland, Tom, etc., *Valuation*, 1995, p. 105 Exhibit 4.5.

㈡看起來很偉大

經濟附加價值（Economic Value Added, EVA）概念的起源甚早，直到1990年代初 Stern Stewart & Co. 把剩餘盈餘的觀念依據財務經濟的理論修訂落實，並把 Economic Value Added 的名稱註冊登記。*Fortune* 雜誌把經濟附加價值當成是「創造財富之鑰」（the real key to creating wealth），並從1993年起開始報導由該公司提供的

1000大企業EVA。

經濟附加價值觀念運用範圍很廣，幾乎包括所有長短期規劃和控制項目，尤其是含長短期績效的評估和獎酬制度。不少人把它視為傳統的會計盈餘以外，可供內部評估績效或從事其它管理會計決策，也可做為投資人制定投資決策的重要指標，甚至有人建議以經濟附加價值取代會計盈餘。

該公司所用的是稅後營業淨利（net operating profits after tax, NOPAT），有別於一般EBITA之處，在於他們作了許多額外調整，以避開財務會計規定的影響，把會計利潤轉換為經濟利潤。他們建議調整高達164項目，包括：後進先出準備（LIFO reserve）、研究發展費用和廣告費用等開銷的資本化、商譽攤銷、遞延所得稅準備等。要是嫌煩，EVA跟剩餘盈餘是同卵雙胞胎，實證指出此點。

EVA的好處不少，唯一的缺點就是太過複雜，太艱澀不易運用。知名財務專家Tom Copeland 於是把EVA簡化為經濟價值（economic profit, EP），讓管理者能夠更簡單地運用。此外，修正經濟附加價值（refined EVA, REVA）則用股票市值來計算業主權益，這跟價值報告的精神一致，不像EVA用淨值。

(三)簡單一句話

假如不在雞蛋裡頭挑骨頭的話，價值基礎經營其實就是下式：

投資報酬率　　＞　　加權平均 → 正財務槓桿，公司獲利
（ROIC）　　 －　　資金成本
或資產報酬率　＜　　（WACC）→ 負財務槓桿，公司虧損
（ROA）
獲利指的是EBI（息前盈餘）

而這就是大一經濟學中下列二個觀念的運用罷了！

TR > TC　　　（總收入>總成本）

MR > MC　　　（邊際收入>邊際成本）

此處，我們把財務槓桿的定義由舉債擴充到所有資金（即負債和權益）。

(四)我加入了，那你呢？

最近對價值基礎經營比較有說服力的文獻是《哈佛商業評論》上 Haspers lagh

（2001）對117家營收20億美元以上美、歐、亞公司所做的調查，得到此法會使員工培養出專注獲利的企業文化，因此對獲利、股價有持續正面貢獻；代表性公司是AT&T、陶氏化工（Dow Chemical）、德國西門子等。

不過，這樣子的研究很缺乏說服力，因為我們並不知道對照組（沒實施此制的相似公司）究竟如何；也就是不能光拿實驗組（117家公司）實施前跟實施後來比。此外，價值基礎經營可說是種利潤中心制，只是獲利的衡量方式改變而已。

㈤價值經營的例子

2000年4月24日，1956年次的黛伯拉‧霍普金斯宣布辭去波音公司財務長一職，轉任朗訊科技公司財務長，成為美國科技業少數高階女性主管之一。

在擔任波音公司財務長期間，她當機立斷、堅定地實施一連串控制成本的鐵腕作法，大幅重整會計和財務管理辦法，要把波音的每一分錢都發揮最大效用。

其中一個「價值經營」計畫是要擴大顧客服務，且裁撤沒有創造預期利潤的業務，她公開每個事業部所要達到的盈餘目標，且一一實踐。1999年秋天在接受採訪時，她說，「我從不承諾達不到的目標。」（工商時報2000年4月26日，第9版）

㈥大處著眼

大陸加入世貿組織（WTO）之後，大陸市場的競逐將更趨激烈，而大陸的科技業也日益成長，成為臺灣強勁的競爭對手。著名的企管顧問公司麥肯錫公司大中國區董事長兼總裁歐高敦（Gordon Orr）指出，臺灣的企業擅長從公司內部找出成本偏高的部分，然後設法降低成本。不過國際大廠通常是從更宏觀的總成本的角度來檢討成本問題，也就是從產品開發、委外製造到交貨，每一個流程的成本都要考量。惠普和戴爾就是把臺灣供應商的成本也納入考量中，進而協助臺灣供應商降低成本。臺灣業者也可以參考這種做法，協助零組件供應商降低成本。（工商時報2002年1月17日，第3版，王克敬）

二、對VBM、EVA的連根拔起批評

在第二章第五節中，我們強調「解釋能力是檢驗理論有效性」的實用主義，你應該可以看出我不想舉任何一個VBM、EVA的數字例子，甚至連定義（剩餘盈餘、經濟附加價值）和其例子也不想去說，以免浪費你我的時間。這樣實事求是的態度

貫穿全書，希望你不要怪我沒有（詳細）說明，有些鑑價方法、觀念，說了又有什麼用呢？頂多只是多懂一些名詞（長點資訊），應付考試罷了！

(一)白忙一場

有關經濟利潤抑或會計利潤（包括EPS、ROA）比較能解釋股價變動（會計學者稱為股價攸關性），結論是會計利潤較佳，兩篇重要文獻：

1.Biddle, etc. (1999)發現，以股票報酬率的觀點來看，經濟附加價值沒有凌駕淨利；他們也發現類似剩餘利潤的誘因制度可以改變管理者的行為。此外，經濟附加價值無法告訴公司外部人士額外的訊息，但在對公司內部管理者提供誘因的方面確實是有用的。

2.臺灣大學會計系教授王泰昌、劉嘉雯（2002）對美、臺的文獻迴顧。他們認為：（前述結論）可能肇因於股票市場效率性不夠高或部分研究的實證方法不夠理想，臺灣實證仍少，還待發展。（王泰昌、劉嘉雯，2002年，第21頁）

(二)過度包裝的會計方法

價值基礎經營是個華麗的、堂皇的管理會計觀念：

1.用價值一詞看似「至尊」：股東價值（shareholder value）指的就是獲利，而此處的獲利衡量方式是經濟利潤；對投資案、各部門的績效仍是看淨現值法。

繞了一圈，或許許多書可以舉一千個例子，表達廣告預算、應收帳款政策……的改變，對獲利的影響，但是跟大二財務管理的資本預算的淨現值法（本書第五章）有什麼不同呢？此外價值基礎經營屬於管理會計的領域，本書不必越俎代庖。

2.權益資金成本錯了：經濟利潤的核心在於權益資金成本，此部分又以資本資產定價模式來計算，可說犯了致命的錯誤，詳見第九章第一節。大概這是使經濟利潤缺乏股價攸關性的主因吧！

3.我的用詞不一樣：不僅對VBM、EVA連根拔起，我們甚至還吹毛求疵的連中譯用詞也必也正名乎，management 一詞原意是（董事會）經營、administration是（管理階層）管理，詳見拙著《管理學》（第一章第四節）。如果把 VBM 譯為「獲利導向經營」，是不是可望文生義？

表1-4 價值基礎經營的中譯詞

	value-based management		value driver
本書用詞	獲利基礎	經營	價值「動力」（驅「動」「力」量）
一般用詞	價值基礎	管理	價值動因

三、平衡計分卡

　　1992年哈佛大學教授羅伯・柯普朗（Robert Kaplan）和諾朗諾頓研究所（Nolan Norton Institute）執行長（CEO）大衛・諾頓（David Norton）所共同發展出來的平衡計分卡（balanced scorecard），是用以解決在面對績效評估時，常有財務性和營運性指標輕重的兩難。平衡計分卡可以讓高階主管同時以不同角度去看公司的整體表現；它納入財務性指標和三項營運性指標，涵蓋顧客滿意度、內部流程、組織學習和改善能力等。

　　由圖1-3可見，平衡計分卡是學者的拼裝觀念，其缺點如圖1-3所述。以策略管理來說，最大缺陷仍在於沒有抓住策略控制的「因」——以代工廠來說便是技術水準，或稱領先指標，顧客滿意度是仲介指標之一而已，也是結果。

　　在方法論實證上，平衡計分卡的缺點有：

　　1.每項指標只考慮很少變數（甚至可用掛一漏萬來形容），以計量經濟學用詞來說，便是遺漏太多重要變數，這麼一來，模式的解釋能力很低（三成以下）。

　　2.這四個指標前後連結力量並不強烈，假設財務指標是因變數，而學習、內部流程、顧客滿意度是自變數，自變數跟獲利不見得有一比一正向關係，偶爾也有負向關係，和信電訊在5家大哥大通訊業者中顧客滿意度高，但不見得最賺錢、用戶數也僅排第四。（經濟日報2001年12月17日，第32版）

　　簡單的說，平衡計分卡犯了計量經濟學上「錯誤設定問題」。在實務上，運用此法很可能導致「問道於盲」的結果。

圖1-3　由「投入一轉換一產出」來看平衡計分卡的績效指標

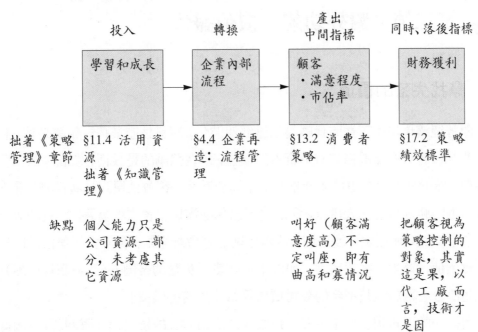

投入	轉換	產出 中間指標	同時、落後指標
學習和成長	企業內部流程	顧客 ・滿意程度 ・市佔率	財務獲利
拙著《策略管理》章節 §11.4 活用資源 拙著《知識管理》	§4.4 企業再造：流程管理	§13.2 消費者策略	§17.2 策略績效標準
缺點　個人能力只是公司資源一部分，未考慮其它資源		叫好（顧客滿意度高）不一定叫座，即有曲高和寡情況	把顧客視為策略控制的對象，其實這是果，以代工廠而言，技術才是因

四、作業基礎成本會計

　　作業基礎成本會計（activity-based costing, ABC）制度是1991年來管理科學中的革新之一，已獲得世界性的認可。據美國管理會計師協會調查發現，有近五成受訪企業已導入ABC制度。國際大廠惠普和英特爾也都成功導入，並把導入經驗視為最高機密，原因是把ABC制度定義為企業的核心競爭能力之一。

　　ABC跟標準成本制度不同，而是把流程分割，算出各階段會用多少資源，把各階段切割個別套用的標準成本制度。台積電2000年開始導入ABC作業成本會計制度，毛益率和純益率都連續3年成長。

◆ 第三節　對外功能：價值報告

一、尋找失落的價值

隨著經濟環境由工業時代轉為知識經濟時代，高科技產業躍居領導地位，相較於工業社會著重機器設備等有形資產的價值，現在強調的是技術、知識等無形資產的價值。然而傳統以歷史成本衡量原則的財務報表，卻無法呈現這些資產的價值，造成市值跟帳面價值極大落差，會計資訊已無法滿足投資人的需要。目前的會計資訊有許多枷鎖，如歷史不變原則、成本原則等等會計原則，會計資訊無法反映出公司真實價值，產生了資訊落差。如同卡通電影「失落的帝國」（亞特蘭提斯城）一樣，這部分在財報上找不到的公司價值稱為「失落的價值」。

對傳統的財務報表或是企業營運績效的評估方式的檢討撻伐聲四起，也因此有愈來愈多新的學說隨之而生，例如企業價值報告（Value Reporting）。

二、市價法

一向穩健保守的會計學者再也受不了財報缺乏股價攸關性，有些前進的學者，快速的向股價現實（或事實）靠攏。甚至可說到了矯枉過正的程度，例如第三小段的市值基礎的資產負債表，一面倒向股價，可說「比財務學者還更財務」！

美國從1992年實施市價法，詳見第十二章第四節，金融資產的價值由成本法轉成市價法認列。

由表1-5 來看，美國財務會計準則第107號公報只是個起頭，逐漸蔓延到損益表、損益表其它科目，本就是意料中的事。

三、從市價法到市值基礎的財務報告

依價值由低至高，可把資產負債表分成三種：

1.會計基礎的資產負債表（accounting-based balance sheet），商譽以淨額列示於資產面。

表1-5　市值基礎的財務報表公告

損益表	資產負債表	
	短期資產 有價證券， §12.4	
薪資費用 員工認股權， §14.3		權益 尤其在計算權益資金金 額時，以市值取代帳面 業主權益，稱為市值法， §7.1五修正經濟利潤

2.經濟帳面價值的資產負債表（economic book value balance sheet），資產面中的商譽淨額以商譽總額列帳。

3.市值基礎的資產負債表（market-value-based balance sheet），最具體的代表便是以市值取代帳面業主權益，詳見第七章第一節修正經濟利潤。而到此階段，此時財務報告可說是市值導向財務報告（Value Reporting，全名稱為 value financial reporting）。

四、資誠的作法

2000年7月，資誠會計師事務所30週年慶，以研討會方式慶祝，主題是「企業價值報告」。建議傳統財務會計的揭露原則應朝向新經濟的企業價值揭露方式，呈現給股東、顧客和員工、商業夥伴，後三者可視為跟公司息息相關的潛在投資人，將來企業必須更重視對外溝通以建立完整的溝通方式。藉由完整的「價值報告」能夠讓公司營運資訊更透明，縮短跟投資人的資訊落差，反而能讓股價反映實際營運狀況。美國奇異公司（General Electric Company）的年報除了致給股東信之外，還加入「顧客和員工」為對象，並把公司的併購案表達出來。其揭露的透明程度，足以讓投資人充分了解公司。反觀臺灣企業，忽略價值取向的揭露概念，公司財報透明度還得加把勁。

(一)財務和非財務兩種並呈

　　企業價值報告的內容包含財務因子（financial value drivers）、非財務價值驅動因子（non-financial value drivers），詳見表1-6，第2欄中主要是指智慧資本，詳見本書第十一章第三節。以及重要績效評估指標，其衡量項目分為財務和非財務衡量項目，參見表1-6。

表1-6　企業價值衡量項目

財務衡量項目 （financial measurement）	非財務衡量項目 （non-financial measurement）
1. 經濟利潤（economic profit） 2. 企業價值分析（corporate value analysis） 3. 投資面現金流量報酬（cash flow return on investment, CFROI） 4. 整體股東報酬（total shareholder return）	1. 顧客價值（customer value） 2. 員工價值（people value） 3. 成長和創新（growth and innovation） 4. 流程價值（process value）

表1-7　投資人和分析師排名前5項的價值衡量因子

投資人排名前5項的價值衡量因子		分析師排名前5項的價值衡量因子	
價值衡量因子	參考百分比 (%)	價值衡量因子	參考百分比 (%)
1. 現金流量	94	1. 盈餘	97
2. 研發投資金額	94	2. 成本	84
3. 盈餘	92	3. 部門別績效	84
4. 市場佔有率	90	4. 市場佔有率	81
5. 資本支出	90	5. 市場成長率	81

資料來源：賴春田。

(二)跟平衡計分卡的連結

　　企業價值報告的基本架構原則主要有三：市場概況（market overview）、價值策

略（value strategy）、價值平臺（the value platform）——行動、目標、結果（action、target、result）！前二者可說是 SWOT 分析、公司策略，偏重於企管系大四策略管理課程的領域。

第三項報告模式的組成成分，著重於為了達成策略性目標所應採取的行動；包括經營者（即董事會）為執行策略之投入和長期獲利成長攸關的各項活動，而這些活動皆跟價值平臺有密切關聯。透過孕育價值平臺的六大因素，即創新、品牌、顧客、供應鍊、人力資源（員工）和商譽等，來達成為企業創造長期獲利的任務。

平衡計分卡的四大基本架構：財務、顧客、內部營運和學習成長構面，由此看來價值報告很有技巧的把平衡計分卡收編了。

(三)自願性揭露

Value Reporting 提出一個很重要的觀念就是，單靠財務報表無法確實反映企業價值，尤其在產業急速變遷的環境下，企業面臨了資訊充分揭露的龐大挑戰。建議公司在歷史性財務報表外，自願性揭露跟公司價值有關的資訊，以提供投資人和債權人更多攸關資訊，以有效傳遞公司的正面訊息。

季報、年報都是屬於過時的報表，參考價值較低；在網際網路時代，線上即時的投資報表以提高企業透明度，會變得越來越重要。而且在網路上，投資人由被動轉換為主動，要求企業提供所需的各種資訊。

主動揭露公司營運資訊，可以增加企業的可信度，讓大眾了解企業的策略和優勢所在，縱使是負面消息也應該要主動揭露，也許短期內會影響股價，但是如果刻意隱瞞，反而會增加投資人的不信任，對企業未來營運造成更大傷害。

(四)未來展望

資誠會計師事務所所長賴春田認為，Value Reporting 未來定會急速的發展，剛開始可能只是附屬報表，未來則極可能將會取代傳統財務報表而成為主報表。價值報告目前仍持續研究當中，對於何種資訊需公開仍未有定論，然而國外的會計學術機構已對其著手研究，也有部分公司開始部分採用價值報告，賴春田表示，希望藉由價值報告觀念的提出，讓會計界重視會計資訊落後的問題，一起努力思索，提供符合投資人需要、呈現企業真正價值的會計資訊。（會計研究月刊，2000年8月，第20頁）

五、學者的評論

　　價值報告等方法是會計學者、業者大膽嘗試，二位著名會計教授的意見很具有參考價值。此外，本章章名頁中，政治大學會計系教授馬秀如的看法雖然看起來穩健但卻勁爆。簡單的說，公司財報、證券分析師的公司（投資）報告（company report）功能不同，彼此互補而不是互相取代；會計師簽證的公司財報似無必要搶證券分析師的飯碗。

(一)鄭丁旺的看法

　　"Value Reporting"的觀念是認為企業應在財務報表上告訴投資人公司的價值有多少，而不是帳面價值有多少，就是如何透過財務性的、非財務性的指標來衡量出公司價值。著名會計學者鄭丁旺指出，"Value Reporting"的觀念是可認同的，然而不應該把方向放在如何精確算出公司價值，沒有人有資格告訴股市公司的真正價值是多少，應將方向放在找出哪些因素會使得每股盈餘相同的公司，股價反應卻不同，然後告訴公司應朝這些方向努力，並把每年進步成果告訴投資人，相信這項資訊對投資人將非常有幫助。(會計研究月刊，2000年8月，第15頁)

(二)林嬋娟的評語

　　臺灣大學會計系教授林嬋娟強調，Value Reporting 所談到的資訊揭露屬於自願性揭露，沒有法規強力規範的。自願性揭露有正面效益，例如增加公共關係、降低資訊風險等，但也有其負面成本，例如建立資料庫的成本、過度揭露經營資訊導致（因洩漏天機）競爭優勢降低等，尤其所揭露的資訊多屬於未來獲利資訊，當所揭露的預測訊息跟事實不符時，很可能會有爭訟情況發生，這些都應該考量。

　　Value Reporting 屬於自願性的揭露，企業有可能只選擇有利於自己的訊息揭露，資訊品質和可信度該如何確保？是否需要會計師對這些資訊提供保證？還有，過多的資訊提供，使用者是否有能力去分析解讀？(會計研究月刊，2000年8月，第19頁)

◆ 本章習題 ◆

1. 除了表1-1外，請再補充公司鑑價的重要用途。

2. 公司內外部人士鑑價方式為何有不同？（Hint：表1-2）

3. 價值基礎經營比較偏重於公司內部人士使用，原因為何？

4. 價值基礎經營跟作業基礎成本會計有何不同？

5. 你同意公司的附加價值是指「營收－原物料成本（營業成本中的一項）」的說法嗎？

6. 會計利潤跟經濟利潤最大差別便是前者未扣除權益資金成本，但這並不妨礙淨現值法的本質，你同意這說法嗎？

7. 平衡計分卡可說是管理會計大幅向策略管理、知識管理（學習、流程二構面）傾斜，請針對我對平衡計分卡的批評進一步討論。

8. 請由《會計研究月刊》等雜誌，各找出實施平衡計分卡制度之一家製造業、服務業公司的例子，以分析其差異。

9. 請由《會計研究月刊》等雜誌，各找出實施作業基礎成本會計制度的製造業、服務業公司，以分析其執行差異。

10. 表1-5中市值法把公司市值取代淨值（例如台積電2000億元），你認為對嗎？（例如台積電市值1.2兆元）

第二章

公司鑑價過程和方法

你給我60分鐘，我給你全世界！

——沈春華　中視新聞主播

學習目標：

鑑價過程、方法影響鑑價結果的品質，本章從公司董事會對鑑價過程的設計（§2.1）和鑑價方法（§2.2～2.5），讓你可以掌握鑑價的重點。

直接效益：

鑑價方法大分類只有二大類，中分類也只有四種，同一中類內結果都大同小異，本章讓你能提綱挈領，不致因木失林，所以連老闆也該懂。

本章重點：

- 沒有最佳的鑑價方法。§2.1一
- 資訊經濟學。§2.1一(一)
- M&M的公司價值公式。〈2-1〉式、表2-1
- 公司價值來源、鑑價方法跟財報關係。表2-2
- 在繼續經營前提下，公司價值（點估計）不存在。§2.3一
- 臺灣人壽的基本價值。表2-3
- 鑑價方法的分類大圖。§2.3二、圖2-2
- 鑑價方法、資訊時間性和公司鑑價對象關係。圖2-2
- 鑑價的方法論分類。表2-4
- 計量經濟學在預測上的運用。表2-5
- 鑑價時常用的因變數、自變數。表2-6
- 價格 vs. 價值。§2.4四
- 基本價值。§2.4四(一)
- 絕對、相對鑑價法的比喻。表2-7
- 剩餘盈餘鑑價法。§2.5一(一)
- 美國專業人士對未上市公司的鑑價方法。表2-10
- 股價、理論價值和基本價值的差異。圖2-4

前言：喔！原來森林長成這個樣子

走出迷宮最簡單的方法便是找人在高臺上指引你，因為他一目了然。同樣的，進京華城購物中心、捷運車站時，最好看一下示意圖，才能免於迷路。

同樣的，在各種學科，皆有學術叢林、語意森林，惟有「明」師才能指點迷津，否則無異問道於盲——「他說得很清楚，你聽得很糊塗」。本章第二～四節，便把生物學中分類方式引用到鑑價方法，才發現只有二大分類，再細分為四中類，縱使你沒有聽過一些看似有學問的鑑價方法，只消看其屬於哪一大、中類方法，便可八九不離十的「猜」出其可能鑑價結果；誠所謂「讀書不誌其大，雖多而何為？」

◆ 第一節　鑑價程序

鑑價一如任何企管決策，其品質取決於：
1. 適當過程（due process）。
2. 正確方法。

惟有過程對了，才能確保採取正確方法，最後鑑價結果才會又快又對。否則，天下不會有那麼美的事，即教科書中四平八穩個案的鑑價結果就自動會端到你桌上。

一、只有「適用」而沒有「最佳」的鑑價方法

許多財務會計專家學者在講授公司價值評估方法時，習慣批評大部分的方法，最後再指出淨現值法才是放諸四海皆準的最佳方法。在成本、時間的限制下，公司價值評估應針對不同的目的，採取適用的鑑價方法。美國聖約翰（St. Johns）大學管理學副教授派翠克‧里昂（Patrick J. Lyons, 1990）提出公司價值評估簡易篩選方法，例如，要是賣方開價大過帳面價值3倍則不予考慮，省得真槍實彈去鑑價，徒然浪費錢罷了。一般來說，鑑價方法可分為下列二個階段：

(一)初步篩選階段

此階段大部分由財務部或總經理室負責，多金的臺灣企業經常會接到許多外部

成長的機會，基於成本效益的考量——又稱為「資訊有價假說」（costly information hypothesis）、「資訊經濟學」（information economics），因此大都採取簡易的鑑價方式，以淘汰獅子大開口的投資案；此時大可不必大張旗鼓、殺雞用牛刀的採取淨現值法。此階段常用的方法：

1.市價法：對於未上市公司股價，由於變現力差，而且財務報表可信度較差（即違約風險），因此我們建議以相似的（identical 或 comparable）上市公司某期間股價，再打6折，以推定其股價。如果顯著超過（如20%）此價位，則大可棄之不顧。這方法的優點是市場價格資料容易取得，而且不易做假，除非主力拉抬而扭曲價格。

2.成本法：考慮土地重估增值後，扣除土地增值稅後的每股淨值，土地增值不難計算，一是採用公告現值再乘1.6倍，另一是採用最近附近相似土地的成交價，這二項資訊的取得成本皆很低。

3.專家系統的應用：對於不可量化的因素，例如產業別、管理因素，美國併購專家里昂和費比安諾（Lyons & Fabiano, 1990）認為可依照李卡特五等份區份法，從「非常不可接受」到「非常可接受」來評比，然後把量化、質化資料放進公司所建立的「收購鑑價師知識系統」（acquisition evaluator knowledge system）中。此種運用電子試算表所設計的簡易篩選方法，適用於投資案非常多的公司，例如投資公司、創業投資公司、投資信託公司、投資銀行。尤有甚者，隨著資訊技術的進步，花費僅100美元的類神經網路（nerve network）軟體有學習人類智慧的能力，只要把過去核准或拒絕投資案的資料輸入此軟體,此具有人工智慧的軟體會自動模擬決策者的最新決策準則，而自動建構出決策支援系統。

除了依財務比率來進行信用評估外，最常見的為像銀行授信的5P、5C準則，這些非財務比率分析項目，由授信人員依經驗針對客戶每個項目予以評分。

(二)深入分析階段

甚至到了此階段也不必非使用淨現值法不可，基於資料可行性、時效性或成本效益的考量，也可能會採取省錢迅速的倍數法。縱使不像淨現值法那麼鉅細靡遺，但只要妥當運用，雖然不能令人滿意，但至少應該可以接受。如果擔心個人太過主觀，則可以採取模糊總合評判模式，把多家銀行授信量表的評估項目、權數予以彙總，例如評估項目就不至於掛一漏萬、權數也不會因個人好惡而輕重不分。

二、鑑價的任務分工

鑑價涉及很多領域,往往不是一個人能夠獨立完成的,本段主要討論部門分工。

　1.當採取成本法時：在資產收購、依帳面價值合併(有些金控這麼做),大抵由會計部或外聘會計師擔任,主要是把財報弄懂。

　2.當採取獲利法時：在股票發行、併購時,涉及公司繼續經營價值的預估,宜由董事長(或總經理)投資幕僚擔任專案召集人,跟預算編制情況比較像。

三、以公司價值評估為例

股票鑑價可說是最普遍需要的「付費」知識,當我跟薛明玲在2000年7月出版《你的公司值多少錢》一書後,有個財經資料庫公司的董事長問我：「你能不能把股票鑑價公式化而成為軟體,以後只要把數字代進去便可自動產生結果?」由圖2-1可見,當環境越多變,則越需要人腦判斷,也就是電腦無法取代人腦,主要是指「智慧」部分,有許多產業前途未卜(透明度低),此時則有賴產業分析師、鑑價人員(如基金經理)的主觀判斷。

圖2-1　以公司價值評估為例說明知識的精煉程度

知識的精煉程度	軟體(處理)	公司(如股票)價值評估(結果)
智慧	人腦的專業判斷	1.網路、軟體、通訊、生技等新興科技產業,無往例可循 2.半導體等波動較劇烈的產業
知識	迴歸分析 資料探勘 比較偏向Excel等試算表	1.投資銀行業等的魔術公式,例如中華電信公司合理股價為每股現金流量的8倍 2.不動產鑑價、銀行授信 3.美國Alcar公司推出的「價值經營模式」(VBM)軟體
資料(為主)	計算機	雅虎等理財網站上的個股本益比、股價淨值比、股價營收

連汽車、飛機等自動駕駛還需10年才會逐漸可行，那麼涉及變數更多的公司鑑價要想「以電腦取代人腦」，恐怕還要如博客火腿的廣告詞一樣「還需多等一會」。

四、「黃花閨女上花轎」，怎麼辦？

對於初學乍練的人，美國鑑價專家Evans（2000）建議宜由小案子作起。也就是「登高必自卑」的道理，我建議你挑單一事業部（或不多角化）的食品、營建公司來分析，作3個習題後再來作電子股（如主機板、NB等成熟行業）。

第二節　價值的來源

醫生治病，困難之處在於找出病因，同樣的發燒癥狀，可能有上百樣病因會導致此結果；只要知道病因，大都有解。同樣問題也出現在公司鑑價，只是問題簡單多了。

不管哪一行、哪一業的公司，公司（及權益）鑑價主要是「看它值多少錢」，也就是找出價值的來源，錢就是錢，公司鑑價看的是「錢」從哪裡來。

一、別鬧了，M&M

M&M巧克力有個著名的廣告詞「只溶你口，不溶你手」，許多人沒吃過這種產品，對於廣告詞反倒琅琅上口。

同樣的，在財務管理中也有赫赫有名的M&M——財務大師蒙迪格里尼和米勒（F. Modigliani & M. H. Miller, M&M），1966年提出有限成長模式（limited growth model），但最有名的莫過於表2–1中〈2–1〉式公司價值（value of the firm）的定義。

然而就因為他倆、〈2–1〉式太有名了，以致後進中有很多人不思所以，照單全收，殊不知這觀念大錯特錯；一言以蔽之，會造成「重複計算」以致高估了。

我們以一個簡單的例子來說明，有一位爆米花（你要用霜淇淋也可以）攤販，想把攤子頂讓給別人。相關資訊如下。

已知：爆米花機20萬，分5年折舊，平均每年折4萬元，屆期出售可售得2萬元。

貸款9萬，分3年攤還，平均每年還3.5萬元。

攤位獲利每年50萬元。

加權平均資金成本13.5%，權益資金成本20%。

表2-1　公司（和權益）價值錯誤、正確的衡量

	公司價值（V_F）	權益價值（V_E）
一、Modigliani& 　　Miller（1966）	$V=A+\pi PV$ ＝現有資產價值 + 未來投資 機會現值……〈2-1〉	資產淨值 + 未來投資機會現值 ……〈2-2〉
爆米花生意 　　價值	$194.91=20$ $+\dfrac{50+0.5}{(1+13.5\%)}+\cdots$ $+\dfrac{50}{(1+13.5\%)^5}$	$160.53=20-9+\dfrac{50}{(1+20\%)}+\cdots$ $+\dfrac{50}{(1+20\%)^5}$
二、正確作法 　⑴成本法 　⑵淨現值法	現有資產價值 資產殘值 + 未來投資機會現值 ……〈2-3〉 以㈡淨現值法為準	現有資產淨值 資產殘值淨值現值 + 未來投資 機會現值……〈2-4〉
爆米花生意 　　價值	$175.97=\dfrac{2萬元}{(1+13.5\%)^5}$ $+\dfrac{50+0.5}{(1+13.5\%)}+\cdots$ $+\dfrac{50}{(1+13.5\%)^5}$	$150.33=\dfrac{2萬元}{(1+20\%)^5}$ $+\dfrac{50}{(1+20\%)}+\cdots$ $+\dfrac{50}{(1+20\%)^5}$
三、鑑價高估 　⑴高估金額 　⑵高估比率	$194.91-175.97=18.94$（萬元） $18.94\div175.97=10.76\%$	$160.53-150.33=10.2$（萬元） $10.2\div150.33=6.78\%$

公司價值 vs. 權益價值

表2-1中橫欄先區分公司價值和權益價值的分別，以資產負債表角度來看：

公司價值＝負債+業主權益

（V_F）　　（V_D）　　（V_E）

淨值=總資產－負債
（股票價值）

由此就可以看出〈2-1〉式用資產總值、〈2-2〉式用資產淨值是有原因的。至於「未來投資機會現值」中的分子、分母（即折現率），請見表7-1。

二、撥亂反正

〈2-1〉、〈2-2〉式（或說M&M理論）的缺點在於重複計算：

1.「現有」資產價值：是假設今天把資產賣掉，那也就是「我倆沒有明天」、「丟了扁擔，彩券也就沒了」（套用　國父「扁擔和彩券」的例子）。也就是成本法中的資產出售價值。

2.未來獲利機會現值：想賺5年的錢，屆時爆米花機已成白髮宮女了，只剩殘值（此例為5年後2萬元），現值只剩1萬元左右。此鑑價方法即獲利法，以淨現值法為代表。

㈠皮之不存，毛將焉附？

舉個數字例子只是比較容易看得具體，其實，古諺「皮之不存，毛將焉附？」已說得清楚，資產就是「皮」、「未來獲利機會」便是毛；同樣例子「殺雞取卵」中資產是雞、未來獲利機會便是無數個蛋。蛋雞有二種賣法：

1.沒生蛋時就出售：肉質較佳，雞價較佳；但卻賺不到蛋錢。

2.淘汰時再賣：淘汰的蛋雞，肉質較老，往往賣不到肉雞（1斤80元）的一半、土雞（1斤160元）的四分之一；不過，雞農主要是想賺蛋錢。

㈡最著名的錯誤示範

2001年，臺灣流行知識經濟，最常見強調無形資產價值的樣版說法如下：

傳統財務的指標其實已無法有效協助企業在新經濟時代有效運用企業的資產致勝。在1978年時，公司的市值有95%都是來自有形資產，但到了1998年，只有28%來自有形資產，其它72%都是來自人才、品牌、客戶、組織等無形資產。如果還只用有形資產來衡量一家公司將嚴重失真。（工商時報2001年9月15日，第10版，林玲妃）

㈢高估多少？

　　由〈2-1〉、〈2-3〉式相比較，可見錯誤、正確的公司鑑價方式，二個式子只有第一項的一字之差，〈2-1〉式是現有資產價值、〈2-2〉式是殘值（殘花敗柳那個「殘」）。差一個字，究竟差多少呢？表2-1第三列可見高估比率（背後假設175.97萬元是正確的）為10.76%。看起來不大，只差一成，但這個例子期間只有5年，時間越長，差距越大。

　　至於權益鑑價情況，同理可推。

三、價值來源和財報關係

　　公司價值的來源，包括現有資產（asset in place）或未來投資機會等，從財務報表的觀點，這可分為二種報表來評估公司價值。

　　1.現有資產價值可從資產負債表中看出，又可從資產面、負債加業主權益面二種角度來看。如果業主權益有合理衡量方式（例如穩定股市中的上市公司），那麼從負債加業主權益之和以了解公司價值不失為便捷之道。除此之外，則以從資產面來看才不會失之偏頗，針對固定資產須重估其價值。對於短期資產如應收帳款須了解其合格價值（例如關係企業間非常規交易的應收票據不視為合格票據），這是併購前財務會計審查評鑑工作的重點，比較適合於賣方公司為資產密集公司或買方進行資產收購。

　　2.未來投資（獲利）機會可從損益表來了解，為了證實企業未來的獲利能力，可從過去5至10年的損益表來分析，此部分比較仰賴證券分析師的專長。傳統有關股票鑑價模式，例如戈登成長模式（Gordon growth model），視權益價值為未來股利的折現值，而資產價值可視為殘值，在永續經營前提下甚至可略去不計，因此在精神上偏向於損益表導向，可計算公司、業主權益的價值，稱為「以獲利為基礎的鑑價方法」（income-based valuation approach）。至於資產負債表導向的鑑價方法則為計算全公司的價值，可稱為「以資產為基礎的鑑價方法」（asset-based valuation approach），詳見表2-2。

　　獲利法的income一字不太好譯，譯為獲利主要指營業利益（operating income），特別是稅後營業淨利、稅後營業現金流量。

表2-2　價值來源、鑑價方法跟財報關係

價值來源	現有資產	未來獲利
主要鑑價方法	成本法	獲利法
資訊來源	資產負債表	損益表
原文	asset-based valuation	income-based valuation
貸款時的運用	資產基礎放款（asset-based lending），即抵押貸款	盈餘基礎放款（earning-based lending），即信用貸款

第三節　鑑價方法快易通

有關公司價值的評估方法很多，僅以股票未上市公司為對象，就已經有幾本厚厚的巨著在討論，但如何能輕鬆的抓住重點呢？

一、公司繼續經營價值，只有天知道

小時候，跟媽媽去菜市場買菜，總為菜販能快速算出一斤肉20元，七兩肉9元，而覺得不可思議。後來才發現這根本只是抓個大概數字罷了。

唸經濟碩士時，一直猜想中央銀行有個超級電腦，隨時把影響匯率的各項因素（如物價指數、進出口金額等）輸入，分分秒秒算出一個均衡匯率。如此央行總裁才能據以判斷是否該介入（干預）市場。碩士班畢業一年，1986年有機會以記者身分去採訪，才知道沒這回事。

談了二個例子，只想強調「公司的真實價值」（real value）沒有人知道，簡單的說，你要說台積電的合理價值是一股100元。縱使這是對的，但話一講完，新接一張訂單、新加入一位戰將級管理者，皆會使此數字變動。

很令人驚訝的是，「公司真實價值是（事前）不可知」的觀念，第一次看到有同感的竟然是美國 *Management Today* 的創刊人 Robert Heller（1998）。

如同物理學的測不準定理，電子是看不見的，但是我們至少有把握原子筆筆尖一粒原子周圍的電子不會跑到陽明山上,否則那些電子早就被其它物體的原子吸走了。簡單的說，公司真實價值只能用「雖不中，亦不遠矣」，套用統計學信賴區間的觀念，我們有把握在99%的信賴區間內，台積電的真實價值落在80～120元間。

$$\bar{x} \pm 2\sigma$$

$$100元 \pm 2 \cdot 10元 = 80\sim120元$$

這個區間看似很大，但160元的機率很低，260元的機率可說不存在。

只有蓋棺論定的公司，才能確定其真實價值。但縱使如此，拍賣時機不同，售價也有貴賤。

(一)這範圍太大了吧!

華南銀行近期跟國寶人壽積極洽商,將以換股方式將國寶人壽納入華南金控公司。華銀預計此案可望在月底前定案。國寶人壽委由國外精算師完成財務報表查核及公司價值精算等作業，每股精算價值約22至40元，如果雙方能在此一區間內達成共識，成功的機率甚高。(經濟日報2001年12月19日，第6版，葉慧心、應翠梅)

(二)這樣的範圍才合理些

2001年12月6日，臺灣人壽（2833）公布公司價值評估的結果，根據精算公司Milliman 的估算，臺壽的公司價值分成內含價值（embedded value）和評估價值（appraisal value），內含價值是指目前淨值加上已經存在的有效契約未來貢獻價值，是以6.2%的投資報酬率和11%折現率估算。

評估價值則考慮到未來新保單成長可再增加挹注的價值，在產業成長率10%的假設下，臺壽的評估價值介於327至368億元，相當於每股價值108.3至121.8元。(經濟日報2001年12月7日，第18版，李淑慧)

不過你可以看出內含價值偏向成本法、評估價值偏向獲利法。

二、鳥瞰全局

就跟導演拍片一樣，先從高處拉個全景，讓你看到全貌，才不致因木失林，目次前一頁的圖一、圖2-2，便能讓你一覽無遺。

表2-3 臺壽保的基本價值

	帳面價值	重 估	每股價值
土地	25	42	
⊕舊保單		168	
=內含價值		210	70
⊕新保單價值			
評估價值		327～368	108.3～121.8

資料來源：整理自彭慧蕙，「臺壽保每股內含價值約七十元」，工商時報2001年12
月7日，第21版。

接著再拉近距離鏡頭，例如獲利法（income approach）又可依資訊分成二中類
方法，其中以現在、過去資訊為主的市價法，又可再細分為三小類，即基本型、加
工型、精密加工型（即選擇權定價模式）；各小類可說是特寫鏡頭。

這跟生物分類採「界門綱目科屬種」的方式一樣，像獅、虎、豹、貓，體型大
小有差，但皆屬貓科，行為特性、身體構造皆相似。更仔細來說，獵豹是動物中跑
最快的，那麼花豹、美洲豹也差不到哪裡去。同樣的，我們把鑑價方法分類，就是
想讓你大抵抓住它的本質，例如「吹漲的青蛙（成本法鑑價）也大不過駱駝（獲利
法鑑價）」就是最佳寫照。

以後，你還是會看到千奇百怪的鑑價公式，可是從其本質一看，便很容易將其
分類。不需詳細計算，便能八九不離十。

套用這道理看選擇權定價模式，你或許沒看過或看不懂它的複雜公式，但它屬
於市價法的最進化型，此時市價法的位階跟「科」很類似，選擇權定價模式可歸類
為「屬」的層級，至於此法又有很多細分類（如美式、歐式選擇權），可說是「種」
層級。

由此角度來看，選擇權定價模式仍依每天市價去計算資產（尤其是具有選擇權
性質的資產，像轉換公司債、轉換特別股）的價值，因此先天上它具有市價法的缺
點（詳見第十四章第一節）。

歸納分類才能化繁為簡，這是學習最主要的方式；也就是說，鑑價方法雖有十

幾種，但提綱挈領的說，可分為四層級：

「目」：成本法、獲利法。

「科」：以獲利法為例，分成市價法、淨現值法。

「屬」：市價法又分基本型、加工型、精密加工型。

「種」：精密加工型的選擇權又分為美式、歐式二「種」。

三、鑑價高低跟鑑價方法有關

象、馬、兔，不用細說，大家會同意「最大的兔會比最小的象輕」，剛出生的象就有180公斤重，超級巨兔頂多也只有12公斤。同樣的，鑑價也是如此，由圖2-2可見鑑價方法影響鑑價高低，可以依下列標準作大致分類：

圖2-2　鑑價方法、資訊時間性和公司鑑價對象關係

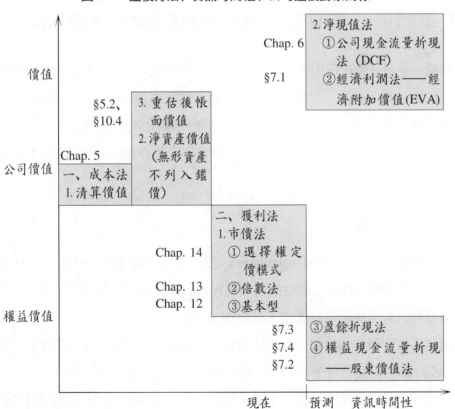

(一)有無繼續經營價值

「好死不如歹活」，這句話也適用於鑑價，（假設公司繼續經營）獲利法所算出的公司價值應該大於成本法（假設公司不繼續經營）。

(二)再來看企業併購有沒有綜效

1. 淨現值法：淨現值法中有簡易型（即盈餘倍數法）、無綜效時獲利，其價值皆低於有綜效時獲利，這部分只有（買方）公司內部人員才知道。證券分析師採用本法計算公司價值（如新股）皆屬於無綜效或缺乏內部資訊時的獲利，價值會比公司算的低。

2. 市價法：市價法中的倍數法、基本型中的最近相似公司併購價，當買方屬策略性買方時，約有二至四成的併購溢價（併購價格大於股價），價值會比沒有綜效的選擇權定價模式、併購情況以外的市價高。

◆ 第四節 鑑價方法論──個別鑑價 vs. 資料鑑價

鑑價是估計（對現況的解釋）、預測（未來情況的推估），所以就跟行銷研究一樣，有其方法論。當然，社會科學的方法論基礎源頭是相同的，由表2-4可見，大抵可以二分法的分為主觀法（如專家預測法）、客觀法；在鑑價情況方面，還有特定名詞，例如個別資料鑑價。不過表中的內容是我們的方式，別的書刊不見得這麼稱呼。

一、個別鑑價法

個別鑑價法（stand-alone techniques）認為每個案例皆是獨一無二的，所以為必須量身訂做的鑑價。其中成本法的爭議性較低，獲利法中的淨現值法爭議性最高，無論是獲利、折現率都涉及鑑價人員主觀認定。

縱使採取市價法中的相似公司比較法（comparative method）或個案推理（case-based reasoning），挑誰當參考公司、如何修正，也是見仁見智。

以照相機為例，個別鑑價法比較像專業人士玩的單眼相機，必須調校焦距、光圈、曝光時間，才能照出具水準的照片。但不是每個人都有柯錫杰、郎靜山的功力；

表2-4　鑑價的方法論分類

方　　法	說　　明
個別鑑價法（stand-alone techniques）：主觀	1.以公司資料為主，得到基本價值 2.主要鑑價方法為成本法、獲利法中的淨現值法 3.缺點：鑑價人員需要很有經驗、資訊，針對不熟產業，則需要花不少時間才能進入情況
橫斷面資料鑑價法（mass appraisal techniques）：客觀	運用市場每筆成交資料來推估個案的可能價格（可說是理論價值） 1.以橫斷面資料為主，採取計量方法（詳見表2-5） 2.主要鑑價方法為獲利法中的市價法，尤其是市價法中的倍數法，像不動產鑑價也常用到

所以才會有「它（相機）聰明，你傻瓜」的自動相機應運而生，在鑑價時，它就是資料鑑價法。

二、資料鑑價法

　　資料鑑價法的精神在於直接去看各個公司的「現金流量（即獲利）的金額、波動性」，很多公司價值特性相似，而行業、經營者、負債比率等可能有數百種組合（差異）。這是諾貝爾經濟學獎得主，選擇權定價模式發明人Myron Scholes（1972）的至理名言，他不把每家公司當作獨一無二的藝術品。舉個相近的例子，站在血液專家的立場，血型只分為八類（O、A、B和AB陽性、陰性），雖然每個人人格可能都是唯一的。而在財務工程的角度，資產的特性在於其報酬性、波動性，管它外觀上是什麼名字（如平衡型基金、高收益債券），這也是 Scholes 本質說的運用。

　　學術刊物較會討論資料鑑價法（mass appraisal approach 或 mass appraisal techniques），也就是用過去的成交價資料，以估計計量模式的係數值，以此去計算新案例的理論價值、預測值，由表2-5可見常用的方法。

表2-5　計量經濟學在預測上的運用

方 法	迴歸分析	時間序列 (time series)	類神經網路
流行時代	1950 年以來	1975～1990年	1991 年以來
方法		1.單元時間序列 （ARIMA） 2.向量時間序列 （VAR）	1.類神經網路（artificial neural networks） 2.外轉網路模式 （abductive network models）
優點	1.分析(解釋) 2.預測	不需要懂理論，因為「數字自己會說話」	free-form 迴歸分析，本質上是"data mining"（資料探勘）
缺點	當缺乏「向後回憶」（back memory）、「歷史不再重演」時不適用	同左	需要較大量資料，軟體才會從資料中自我學習

(一)迴歸分析

迴歸分析以及也考慮自變數落後期的動態模式，對基本價值的闡釋能力最高可達九成，但對市價的解釋能力很少能達六成。

常見的變數型如表2-6，即當因變數為比率（或變動率）時，自變數最好也得客隨主便。

(二)迴歸分析在不動產鑑價的運用

我們常聽說房地產物件沒有一件是相同的（此因在同一空間下，只能存在一個物體），物理特性也是如此。但是財務屬性卻是「同船同命運」，從獲利的角度來看，同一「地區」的相似物件（例如新辦公大樓）的價格（租屋時為租金，售屋時為出售價）應是大同小異。

影響房價重要因素至少有十項（如交通、公共設施、市場等），所以很適合採取迴歸分析方式，由集體資料來作個案推論。美國從1950年代便開始這麼做了，但

表2-6　鑑價時常用的因變數、自變數

因變數型　　　　價值因子	比率型	水準值
	1.股票報酬率 2.併購溢價率	1.公司價（市價、基本價值） 2.併購價格
一、現有資產	1.固定資產／總資產 2.無形資產／總資產	1.固定資產 2.無形資產
二、未來獲利機會 　1.品牌價值 　2.技術價值	1.廣告費用／營收 2.研發費用／營收	1.廣告費用 2.研發費用
三、折現率（公司風 　　險） 　1.財務風險 　2.營運風險	負債／總資產	

由於同一城市（甚至一個行政區）內，物件差異性頗大（如老市區和新市區），如果把成交價資料放在一起來跑迴歸分析，將會出現「牛驥同一皂」的加總偏誤（aggregation bias）。破解之道為採取二階段作法：

　　1.第一階段：先分類，先透過多變量分析的主成分分析把（臺北市信義區）物件予以分類（如豪宅、大廈、公寓），以達到「香蕉跟香蕉比，橘子跟橘子比」的目的。

　　2.各區隔市場物件分別去跑迴歸。

㈢資料探勘

　　「完全」不需理論基礎的去找出自變數、模式函數型──即模式設定，讓數字自己說話，這方法稱為「資料探勘」（data mining），也可以說「資料採礦」，這可說是底片中的全天候底片；而迴歸分析（含動態模式）則可用AS100或400來形容，前者的好處為「不管什麼情況，都抓得住你」。代表性的資料探勘方法為人工（智慧）神經網路或遺傳基因演算法，就跟10噸礦石能提煉出1盎斯黃金一樣，這類方法也必須有大量的（橫斷面）資料（data hungry），否則具有人工智慧的計量軟體的

學習效果會大打折扣。它的優點是模式（對市價）解釋能力很高，常在八成以上，而迴歸模式的解釋能力頂多只是差強人意（六成以下）。

這類方法以建設公司最適用，因為它的收入主要來自建案，由於成本（購地、營建為主）很容易估算，剩下的便是對預計單價、預計銷售率的估計，而這可用鄰近地區房價來估計──市場比較法或市價法，只是資料鑑價還得化主觀為客觀。

㈣混合二種資料鑑價方法

由於各種資料鑑價法各有其優缺點，所以二階段估計等截長補短的「混合法」（hybrid techniques）應運而生。這已很偏重學術研究，本書只能就此打住。

三、人腦還是電腦？──十倍速時代的典範移轉

第四波工業革命、網路經濟、知識經濟，這些形容詞皆說明1998年以來，美國經濟重心逐漸由「舊經濟」邁向「新經濟」，新經濟的寵兒為新科技類股（TMT），網路、軟體、生物科技、通訊，這些已佔美國紐約股市三成的市值。

產業結構改變在計量模式上則為係數值，隨著時間而大幅改變，稱為「結構改變」（structure change），毛毛蟲變蝴蝶便是一例。最常引用的形容詞則為英特爾公司董事長葛洛夫在其名著《十倍速時代》的同名用詞。1998年以來，實務人士不稱為結構改變，而稱為「典範移轉」（paradigm shifts）。但這詞在策略管理中有其它涵意，典範指的是產業的行規，例如旅館以中午12點作為住宿的起算點，凌晨2點進住，到中午12點便算一天。華國飯店以住滿24小時才算一天的房租，此舉可說打破產業典範。而上網從收費到大部分不收費，則稱為典範移轉；這可說是計量模式結構改變的原因之一。典範移轉（或更具體的說：動盪的經營、競爭環境）使得「以古觀今」的計量方法效果大打折扣，審時度勢的個別鑑價法（人腦）仍有其不可取代之處。

四、價格 vs. 價值

從圖2-3可見，不同的鑑價方法其實是鎖住不同對象的，例如高空雷達追蹤高空飛行器（含洲際飛彈），低空雷達擅長追蹤低空飛行器。

由此我們才恍然大悟，既然有淨現值法，為什麼還要有市價法呢？縱使這二種

方法的鑑價時間、成本都一樣，問題出在鑑價「對象」不一樣，市價法是假設「市價是對的」，回過頭來找證據，看哪些因素最足以解釋市價。

至於淨現值法、成本法想計算的是「基本價值」(intrinsic value)，這角度又是鑑價方法分類的另一種方式，而且非常重要。

圖2-3　二大類鑑價方法各有適用對象

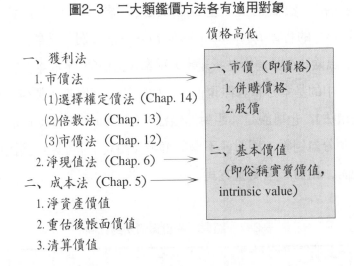

價格高低

一、獲利法
　　1.市價法 →
　　　　(1)選擇權定價法 (Chap. 14)
　　　　(2)倍數法 (Chap. 13)
　　　　(3)市價法 (Chap. 12)
　　2.淨現值法 (Chap. 6) →
二、成本法 (Chap. 5) →
　　1.淨資產價值
　　2.重估後帳面價值
　　3.清算價值

一、市價（即價格）
　　1.併購價格
　　2.股價

二、基本價值
　　（即俗稱實質價值，
　　intrinsic value）

(一)應該叫「基本價值」，不宜稱「實質價值」

大部分上市公司「實質價值」(intrinsic value)皆遠低於股價；尤其是以歷史的財務報表（主要是成本法），會計學者稱為財報「缺乏價值攸關性」(loss of value relevance)。這背後隱含股價可代表權益價值（股數乘上股價等於股東財富）。但誠如第十二章第一節中我們所主張的：「股價只能作為權益價值的參考，不能作為惟一依據。」再用一個反證法，如美國投資大師巴菲特等皆主張價值投資(value investment)，決策準則在於「買進股價低估股票，賣出股價高估股票」，高估、低估的標竿當然是基本價值。

因此，要形容鑑價結果不足以正確衡量股價，宜稱為「缺乏股價攸關性」(loss of stock price relevance)，不宜譯為「缺乏價值攸關性」。把intrinsic value譯為實質價值稍嫌不妥，「實質」一詞是跟「名目」相對的，如實質利率、實質國民所得。intrinsic value指的是公司的「本質」，即孔子所說的：「文勝質則野」中的「質」。所

以，我們稱它為基本價值，從「本質」延伸而來。

㈡相對 vs. 絕對鑑價法

相對鑑價法（relative valuation approach）想探討的是如何由基本價值來預測股價，由於以股價為分子、基本價值為分母，以判斷股價是否高估、適中、低估（物超所值），以決定投資方向（賣出、持有、買進），所以又稱倍數法（multiples）。

至於有些人把倍數法稱為「基本鑑價法」，恐怕是不了解字義。以Aswath Damodaran（1996）的名著 *Investment Valuation* 一書為例，把盈餘（或現金流量、股利）成長率、風險（主要是權益折現率）稱為（鑑價的）「基本」（fundamentals），源自於股票分析中的基本分析。淨現值法、成本法計算出基本價值，這才是名副其實的「基本鑑價法」，也可說是「絕對鑑價法」（absolute valuation approach）。

把鑑價方法分為絕對、相對並不是新鮮事，由表2-7可見，國民所得、股票報酬率，都有絕對、相對二種衡量方式。

表2-7　絕對、相對鑑價法的比喻

	絕　對	相　對
（國民）所得	如月薪36000元	如所得水準處於前20%的高收入者
股票報酬率	名目	如 Sharpe ratio
鑑價	基本價值	股價

㈢真值 vs. 理論價值

有不少人套用理論模式去計算股票價值，但往往跟市價有段差距，稱為定價偏誤（price bias）。不過，我們很難據以推論誰對誰錯，幾乎所有理論模式皆不完美，會有系統性定價偏誤（systematic mispricing），以全球最普遍使用的選擇權定價模式來說，至少有二種偏誤：

1.相對定價偏誤（exercise price bias），詳見第十四章第二節。

2.時間偏誤（time-to-maturity bias），因此，用計量模式所計算的理論價值（theoretical value）並不等於基本價值，詳見表2-8。

表2-8　市價、基本價值和理論價值的定義

股　　價	實證研究時
市價（market price） 理論價值（theoretical value）	1. 市價又稱為真值（true value） 2. 模式（如選擇權定價模式）計算出的稱為理論價值，但不能稱為基本價值，因有設定誤差
基本價值（intrinsic value）	3. 市價減理論價值部分稱為誤差，在選擇權權利金的基本價值（即股價減履約價格）則是專有名詞

第五節　美國專業人士鑑價方法排行榜

以前一直搞不清楚英語中的「一位死記者不是好記者」這句話的意思，或許與本節的主張是一致的，「實用是檢驗理論（其外顯表現為模式、方法）的最重要標準」，換句話說，「沒用的理論不是好理論」。

一、解釋能力是檢驗理論的重要門檻

鑑價是投資獲利的關鍵，從古至今，財務、會計、經濟學者和業者蜂擁提出各式千奇百怪的鑑價公式，其中尤其是對利率、價格等行為的設定，常涉及微分（甚或變分，如選擇權定價模式方程式，甚至聯立方程組）求解。看似很有學問但許多只不過是學者為求升等的純理論之作或業者的自我宣傳之道；惟有市價才足以檢驗理論、模式是否「定價錯誤」（mispriced），我們也是以此來篩選，否則本書將會出奇的厚。

㈠以剩餘盈餘鑑價法為例

在美國會計學界很有名的「剩餘盈餘鑑價法」（residual earnings valuation或residual income valuation），是由紐約大學教授 James A. Ohlson（1995）提出。

1.舊瓶裝新酒：這方法的精義和第二節中M&M（1966）一樣，只是稍加變更罷了。為了顯得創新，於是用些不同的字，例如用「剩餘」盈餘來取代超常（或超額）盈餘（abnormal earning）其中的「超常」一詞，原因是怕有人跟股市中的超常報酬（abnormal return）一詞搞混了。一步一步陳倉暗渡，接著再把income取代earning，於是本法又稱"residual income valuation"，好像脫胎換骨變成了一個嶄新方法似的。

2.定價誤差的程度：股價不見得對，但如果理論價值、基本價值跟股價相去太遠，久之，也會被人打入冷宮。美國會計學界重鎮西雅圖大學教授 James N. Myers（1999）應用本法於美國上市公司股價，模式中最高解釋能力僅0.566（即56.6%），僅是差強人意。

㈡以自然資源的鑑價為例

自然資源（例如石油）的鑑價方法中常見的是以Hotelling（1931）的觀念為基礎，由Miller & Upton（1985）所提出的「赫特林鑑價原則」（Hotelling Valuation Principle, HVP）。不過，可惜的是，美國西南路易斯安那大學會計教授（Crain & Jamal, 1996）的實證，模式解釋能力僅0.45（即45%）。

二、樹根都爛了，枝葉還能長久嗎？

要是理論的基本型對實況（即實際市價）解釋能力沒有超過七成，那麼任何想進一步加工的理論發展——尤其在變數衡量、函數設定的努力，詳見表2-9，對提高模式解釋能力的貢獻很有限，往往不會超過基本型的三分之一。當基本型（例如CAPM中的市場模式）的解釋能力僅三成，那麼加七加八，解釋能力頂多又增加一成，提高至四成，但還是嚴重不足，詳見第八章第一節。

重點是惟有把相關重要解釋變數納入，才能大幅提高模式的解釋能力。

三、不用怕，你沒有錯過好戲

「讀書不誌其大，雖多而何為」，套用網路用詞，本書可說是高附加價值的入口網站，已事先把鑑價方法（與觀念）依「實用」而先淘汰。所以，以後你如果看到一些本書沒介紹的（老）方法，你大抵可以放心，並沒有錯過好戲。

表2-9 確定（自）變數情況下的模式設定

變數衡量方式	函數型
1. 水準值（Y） 2. 期差（Y_t-Y_{t-1}） 3. 成長率或變動率 （Y_t-Y_{t-1}/Y_{t-1}）	1. 階次：1階（x）、2階（x, x^2）、3階 （x, x^2, x^3） 2. 自然對數型（如logx），可進一步推 演出彈性 3. 動態設定，X_t, X_{t-1}, X_{t-2} … 4. 隨機設定 　⑴呈某分配：如Kalman filter 　⑵實證分配

四、美國鑑價方法排行榜

就跟唱片排行榜一樣，由對專業人士的問卷調查，可了解各種鑑價方法的吸引力，表2-10是美國德州科技大學商學院教授Dukes等三人（1996），針對未上市公司鑑價為主題，所做的問卷調查的結果，其中有關變現力折價的部分將於表12-5說明。

表中第4項可見，現金流量、盈餘（income）仍是最有用的獲利指標，至於證券分析師常用的股利現值（據以再加工算出本益比）只有2%的人使用，不是本法褪流行，而是未上市公司大都沒有支付股利，所以本方法就英雄無用武之地了！

◆ 第六節　股價、理論價值和基本價值

自古無場外的舉人，爭奇鬥豔的鑑價方法也得上場一較長短，才能分出勝負。

一、缺口分析

在行銷、策略管理中，當理想（目標）跟事實有差距時，稱為缺口（gap），解剖造成（未能達成業績目標）缺口的方法行為稱為缺口分析（gap analysis）。

由圖2-4中，我們舉例說明二種缺口，詳細請見下二小段。在股市多頭時，由低往高排列，依序為基本價值、理論價值、股價，套用關聯記憶法則，可用「己已

表2-10 美國專業人士對未上市公司的鑑價方法

問 題	選 項	美國鑑價師協會	財務管理協會與會計師
鑑價目的 (複選)	1.破產（徵信）	51.85%	25.00%
	2.其它訴訟	93.27%	69.12%
	3.不動產、贈與稅	89.90%	64.71%
	4.不動產交易	73.74%	48.53%
	5.投資	15.49%	19.12%
	6.合併	74.07%	57.35%
	7.公司出售	8.08%	5.88%
	8.出售公司	85.86%	61.77%
	9.員工入股計畫	18.86%	22.06%
最常鑑價 的標的	1.公司價值	80.47%	70.59%
	2.業主權益	26.26%	36.77%
	3.特定股權	4.38%	5.82%
考慮未來 期間	1.1年	11.11%	2.94%
	2.2年	4.38%	2.94%
	3.3～5年	59.60%	54.41%
	4.6～10年	24.58%	22.06%
	5.11～20年	1.68%	0
	6.無限多年	6.73%	13.24%
鑑價方法 (可複選)	1.帳面價值	12.12%	20.59%
	2.稅前息前CF現值	30.64%	20.59%
	3.CF現值	19.19%	20.59%
	4.稅前息前盈餘現值	16.84%	8.82%
	5.盈餘現值	11.45%	11.77%
	6.股利現值	2.05%	1.47%
	7.營收倍數	9.09%	10.29%
	8.稅前息前盈餘倍數	20.88%	14.71%
	9.盈餘倍數	18.52%	13.24%
	10.相似公司價格	2.36%	22.06%
回卷數		297份	68份

資料來源：部分摘錄自 Dukes, William P. etc., 1996, pp. 433～444。

圖2-4 股價、理論價值和基本價值的差異

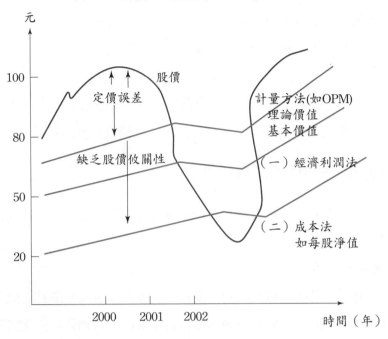

「已」來比喻。在圖中，我們說明了二種常見的基本價值的鑑價法：經濟利潤法、每股淨值。

(一)股價和理論價值的差距

專業鑑價、投資公司，常會透過計量方法（常見為迴歸分析），運用於大樣本中，進而比較各種鑑價方法所得到理論價值跟市價的差異，從這價差（有時稱為鑑價誤差，valuation errors）來看哪種貓最會抓老鼠。至於殘差分析，（在不動產鑑價）常用的方法為「（機率）密度估計和利潤模擬法」（density estimation and profit simulation method, DEPS）。

其中市價中爭議性最低的便是房貸市場中的房貸利率，而這主要反映出房產鑑價的高低，所以也是鑑價情況之一。

(二)股價和基本價值的差距

股價跟基本價值的差距，會計學者稱為財務報表「缺乏（股價）攸關性」（loss of relevance），其中「價值攸關性」（value relevance）中的「價值」指的是股票市值（或報酬率），背後隱含承認「股市是對的，基本價值錯了」的潛意識。

在用詞的精準方面，我們把 value relevance 譯為：

1. 股價攸關性（price relevance），或

2. 市值攸關性（market value relevance）。

否則當碰到常見的 price/value（P/V）指標（詳見表15-4）時，又該如何翻譯？

以圖2-4來看，經濟利潤法的每股價值50元，僅及股價的一半，而成本法的每股淨值僅15元，僅及股價的15%，這些皆是缺乏股價攸關性的具體寫照。

二、缺口分析──為何抓不住股價

股價的陰晴不定，本來就很難捉摸，但為何會發生這麼大的缺口呢？原因至少有二：

㈠股價可能高估、低估

在第十二章第一節中，我們認為「投資人不理性，因此股市缺乏效率，股價無法反映股票基本價值；在多頭時容易超漲，甚至形成股票泡沫；在空頭時，股票往往超跌」。所以當基本價值低於股價時，也不必太苛責鑑價方法，100個人說你是瘋子，不見得你就是瘋子，很可能這100個人反而是瘋子。

㈡計量上的解釋

從計量經濟學或統計的角度，一個波動很大的因變數（股價漲跌幅7%時，振幅可達14%），要跟一個波動很小的變數（如季盈餘），求相關係數、跑迴歸，甚至其它計量處理（如共積、因果關係檢定，甚至動態模式），不用去做，從時間數序特性，就可知道「結果不妙」──以本益比（或益本比）來作自變數也一樣。

同樣的現象也出現在以一年期定存利率為因變數時，我們只能說社會科學水準還很原始，如同自然科學無法預測地震、愛滋病不能治癒一樣。

三、股價和基本價值如同醉漢溜狗

如果任何鑑價方法都無法精準估得股價，那大家是否什麼事也不用做？這倒也太因噎廢食了。

基本價值等於股價的說法，是建立在沒有套利的理想狀況下，即沒有資訊成本和交易成本的假設下。但是現實中，這些假設並不存在，以致存有雜訊（或消息面）

交易的投資者（noise trader），或稱為在雜訊理性預期的情境下，不知情的投資者很容易產生系統性的估計錯誤。

　　短期內，股價無法立即向股票價值立即收斂，然而長期來說，股價將調向價值，二者存在長期而穩定的均衡，也就是存在共整合或共積（cointegration）現象。這是計量經濟學上的名詞，我們打個比方說明：一個醉漢牽著一條狗在路上走，雖然在短期內二者的方向未必一致，且也很難找出下一步二者將往哪裡走的軌跡，但就長期看，醉漢和狗都保持著形影不離、穩定而密切的方向，一起踏上未知的歸途。

　　這個結果是來自美國康乃爾大學企研所教授 Lee 等三位教授（1999）的實證，研究期間為1963～1996年。套句簡單的話來說，他們認為股價無法用鑑價方法來估計，即無法「量化」（定量分析），但至少可以「定向分析」，甚至可依此而歸納出股票投資的法則。

◆ 本章習題 ◆

1. 以表2–1為基礎，以一家上市公司為例算出其正確、錯誤的公司、權益價值，分析高估比率。

2. 表2–3中臺灣人壽的二種價值，雖是保險業專有名詞，請用§2.3、§2.6的用詞來說明。

3. 你認為張忠謀董事長百分之百確定台積電每股值多少錢（例如150元）嗎？

4. 以圖一、表2–4為基礎，你還可以做出其它分類方式嗎？分類標準為何？

5. 以表2–5為基礎，再予以補充。

6. 以表2–6為基礎，請透過文獻回顧再予以補充一些因、自變數。

7. 「物超所值」其實應該說成「值超價格」，你同意嗎？

8. 以表2–7為基礎，市價法是相對抑或絕對鑑價法？

9. 剩餘盈餘鑑價法是一種獨立的鑑價方法嗎？

10. 以圖2–4為底，找一家上市公司或認購權證把數字補上，再來分析其差異。

第三章

鑑價第一步：看懂財報

　　我們必須隨時要假想有可怕的對手，緊追在後。如此一來，我們也才
會繼續努力保持市場的主導優勢。

　　——布魯斯坦（Jeffrey Bleustein）　美國哈雷機車公司執行長

　　工商時報2002年1月6日，第10版

學習目標：

財務報表是公司鑑價的基本，巧婦難為無米之炊，但也得具備高超的鑑定能力，才能吃到美味的河豚肉，不致中了河豚劇毒而身亡。

直接效益：

看懂財務報表並不容易，本章盼能讓你具備會計師、證券分析師財報分析所需的基本能力。並且把理論、實務財務危機預警系統有系統整理，讓你可以一次看最多。

本章重點：

- 財務報表可信度、鑑價方法、鑑價能力的配合。圖3–1
- 審計失敗。§3.1三
- 美國上市公司財簽十大審計缺失。表3–1
- 財務報表造假的跡象和預防之道。表3–2
- 會計師出具的意見及其情況。表3–3
- 1998年會計師查核意見類型。表3–4
- 1998年財簽保留意見原因分析。表3–5
- 銀行不良債權的標準。表3–6
- 公司「虛胖」資產和做帳手法。表3–9
- 長期投資採用權益法或成本法的差異。表3–10
- 損益表的美化。表3–13
- 外界人士判斷公司財務危機的三種指標（財務預警系統）。表3–14
- 公司營收、盈餘曲線。圖3–4
- 證交所公布的「財務業務危機預警」。§3.4五

前言：過程跟方法一樣重要

決策品質取決於決策程序、決策方法（以本書來說，則為鑑價方法），而決策方法又大都取決於決策程序。獨裁式企業家比較可能採取直覺、經驗法則，曚錯的機率比較大。民主式「經營者」（尤其是董事會），比較會採取適當程序（due process），例如尊重專業人士（本例為鑑價人員）所提供的意見，才不至於「外行說內行話」。

「徒法不足以自行」、「方法是人想的」，這些俚語告訴我們「惟有先把（鑑價）程序作對，才會有正確的鑑價結果」，這也是在詳細介紹各種鑑價方法之前，先在第二章說明怎樣「對」在起跑點。

在第三節中，我們詳細說明公司美化「財務報表」的技巧，這跟我們在緒論中，所強調跟「財報分析」等課程（和書籍）密接的寫書原則似有牴觸。但由於這類書籍大都缺乏系統整理，以致不少讀者似懂非懂，有鑑於此，我們只好越俎代庖了；希望能讓你滿意才好。

◆ 第一節　看財報的第一步：財報可信嗎？

財務報表使用者跟公司董事會間存有資訊不對稱。迫於人有自利動機，董事會可能會考量成本與效益，藉職務之便從事各種圖利自身的行為，有二種方式以進行「偷吃後擦嘴」，一是利用一般公認會計原則合法範圍內所提供的彈性進行盈餘管理。另一種方式是違反一般公認會計原則以達到盈餘目標，甚至隱匿掏空公司資產所造成的損失，進而發布不實財務報表。

公司價值評估的第一步不是拿起財務報表便開始按計算機，最重要的是先採取正確程序，以免走錯路而白忙一場。

由圖3-1可見，公司價值評估的第一步是判斷財報會計師入流嗎？如果不入流，那麼這種財報不看也罷；縱使是入流會計師事務所簽的，也不能「盡信書」，還得再往下追究財報是否有窗飾過。

圖3-1　財報可信度、鑑價方法、鑑價能力的配合與本章架構

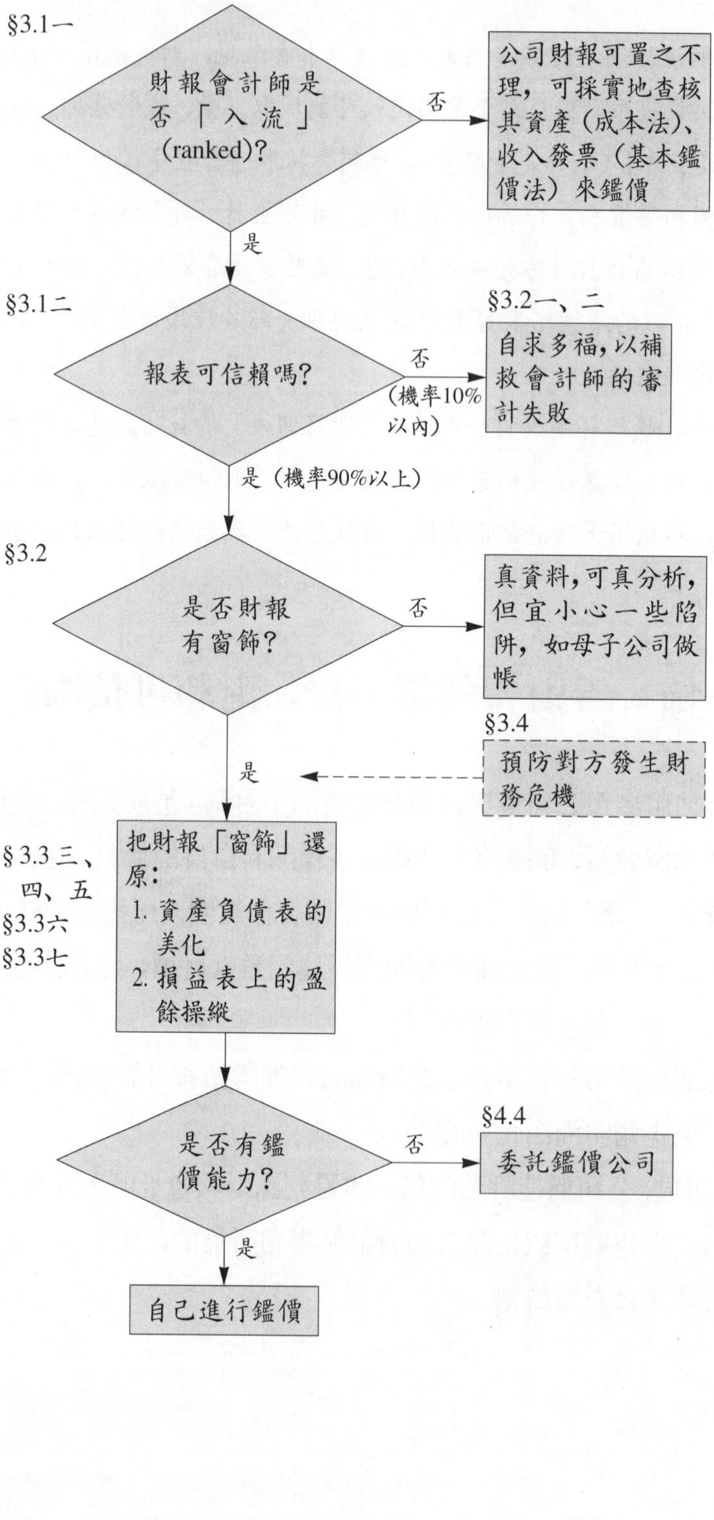

§3.1一

財報會計師是
否「入流」
(ranked)?

── 否 ──→

公司財報可置之不
理，可採實地查核
其資產（成本法）、
收入發票（基本鑑
價法）來鑑價

§3.1二

報表可信賴嗎?

── 否 ──→
（機率10%
以內）

§3.2一、二

自求多福,以補
救會計師的審
計失敗

是（機率90%以上）

§3.2

是否財報
有窗飾?

── 否 ──→

真資料,可真分析,
但宜小心一些陷
阱,如母子公司做
帳

§3.4

預防對方發生財
務危機

是

§3.3三、
四、五
§3.3六
§3.3七

把財報「窗飾」還
原:
1. 資產負債表的
   美化
2. 損益表上的盈
   餘操縱

是否有鑑
價能力?

── 否 ──→

§4.4

委託鑑價公司

是

自己進行鑑價

一、不用疑神疑鬼

2001年6月，許多銀行分行經理早上看報才得悉「我最大的貸款客戶倒了」，從此時開始，弄得銀行人員人心惶惶，不少採取「寧可錯殺一百，也不願誤放（放款）一個」的信用緊縮作法。換成是我也會風聲鶴唳的，但是日子總得正常過啊！否則遲早會精神分裂、自己把自己嚇死了。圖3–2便是解決之道：

圖3–2　偵測財報動手腳的流程

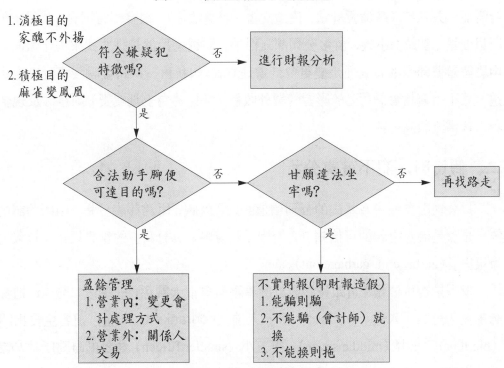

(一)先找出「騙你千遍也不厭倦」的人

並不是什麼公司都有強烈動機在財報上動手腳，有二種公司嫌疑最大：

1.家醜不想外揚的：由下列的美國研究結果可發現，最常見在財報上動手腳的都是未上市公司，帳面不想作到虧損，以便依序達到下列目的：

⑴貸款：總要有漂亮的財報，銀行才不會「人見人嫌」。

(2)申請外勞：以財報資格來說，至少得過去2年沒虧損，才符合申請外勞的「獲利能力」條件。

(3)其它。

2. 麻雀變鳳凰：好要更好的公司，主要是想「裝高」的把自己弄到股票上市，這種業績灌水的公司一年頂多二家東窗事發，佔全部約1%，所以倒也不必「一竿子打翻一條船」。

(二)來明的還是來陰的

如果有操縱財報的動機，接著面臨的決策是「來明的還是來陰的」，不實財報會觸犯一票法律（商業會計法、偽造文書、證交法等），很多都有刑責，代價不低。所以要是「錢坑」不大，許多公司都玩白的，即透過盈餘管理方式來美化帳面。其中影響營業淨利的方式便是變更會計處理方式(如折舊、存貨、金融投資計價方式)，這方式不用真槍實彈；至於影響營業外收益（常見的為土地買賣）則會涉及現金流程，代價比較高一些。

二、假資料，犯不著真分析

以公司財務報表為基礎的公司價值評估，就跟「財務報表分析」中所強調的，第一步驟是確定財報的可信賴度，否則「假資料，真分析」的結果只是「垃圾進，垃圾出」（garbage in, garbage out）。

財報是否可信賴？這跟簽證會計師事務所有很大關係，一般以二分法，把會計師事務所分為「入流」（ranked）和不入流（nonranked）二種，前者主要指四大（big four）、七中（middle seven）、十五小（smaller fifteen）會計師事務所共26家，後者指這26家以外的，主要是個人型會計師事務所。

有時連四大會計師事務所簽證的財報都會出差錯──1998年10月上市公司風暴就具有代表性，那大部分小會計師事務所就更不用說了。

三、小心「審計失敗」

傳統查核方式情況，會計師查核重點只在查帳，核對憑證、帳簿，但是帳是可以做出來的，憑證也可以做出來的。內控制度不良的公司甚至可在晚上趕製憑證以

供查核。這種因為對受查者事業未充分了解，以致於「假帳真查」的案例屢屢出現。查核人員未依照一般公認審計準則執行查核工作，出具不當的查核報告稱為「審計失敗」(audit failure)。

㈠會計師被蒙在鼓裡

2000年9月15日，桂宏公司爆發跳票以及公司經營階層掏空公司之事，事前一點癥兆也沒有，因此，臺灣證券交易所調查簽證會計師（致遠會計師事務所）是否依照「會計師簽證查核規則」和「一般公認審計準則」查核簽證，以了解會計師是否涉及到帳冊虛偽不實記載。

證交所表示，從上半年財務報表上看桂宏公司，該公司2000年上半年營運比1999年好很多，轉虧為盈，稅前盈餘3100多萬元，實在看不出有任何異常的情況，因為1999年稅前虧損4億餘元。

桂宏公司6月底負債比率40.12%，流動比率51.92%，每股淨值是15.03元，每股稅後盈餘0.06元。以這樣的財務報表數字，實在沒有人會想到該公司會發生跳票事件，財報竟隱藏總經理掏空公司數十億元的事實，尤其兩位簽證會計師對2000年上半年報出具「無保留意見書」。連證交所專業人士在作財報書面審查時，都未發現桂宏公司有任何異狀，更何況一般投資人，其問題癥結為何，即是證交所想調查的部分。(工商時報2000年9月30日，第14版，黃惠聆)

㈡心事誰人知？

在桂宏公司前總經理掏空公司一案，致遠會計師事務所所長游朝堂表示，會計師出具查核報告書，都是根據公司所提供的書面資料製作而成。因此，如果經營階層刻意舞弊，簽證會計師也會被蒙在鼓裡，不一定能夠依照一般查核程序發現，例如之前的三富公司都有類似的情事發生。他相信他的同仁不會蓄意幫公司的非法行為作掩護，因為每一個客戶一年簽證查核費用才2、3百萬元，只要一個不良簽證案件發生都會損害會計師事務所的形象，所以，會計師也是受害者。(工商時報2000年9月30日，第14版，黃惠聆)

㈢會計師也是人

自從1997年東南亞金融風暴之後，泰國、印尼、韓國和日本許多企業，紛紛曝露出財務報表不實的現象。臺灣在1998年10月許多地雷股引爆之後，會計師的簽證

品質也飽受投資人質疑。他們不禁要問：會計師在哪裡？何以沒做好把關工作？

由表3-1可見美國1987至1997年的10年間，美國證管會對簽證會計師因未能查出客戶財務報表舞弊所給予的行政處分個案，雖然為數不是很多，但是對這些審計失敗的個案加以分析，有助於後人不再重蹈覆轍。

美國北卡羅萊納大學會計系教授Beasley等3人（1999），接受美國會計學會（AICPA）審計準則委員會之委託，於2000年提出1987～1997年間美國證管會對「會計師就會計舞弊相關個案所為之行政處分」報告，分析十大審計缺失，詳見表3-1。

表3-1　美國證管會1987～1997年十大審計缺失

排名	缺失	佔個案百分比	
		%	個案數
1	未蒐集充分及適切的證據	80%	36案
2	未善盡職業專注	71%	32案
3	未表現適當程度的專業懷疑	60%	27案
4	未適當解釋或應用會計原則	49%	22案
5	未適當設計查核程式及規劃委任案件（固有風險問題、非例行性交易）	44%	20案
6	過度依賴詢問方式作為證據	40%	18案
7	對評估管理階層之重大估計未取得充分證據	36%	16案
8	函證應收帳款過程不當	29%	13案
9	對關係人交易之查核及揭露不當	27%	12案
10	過度信賴委任公司的內部控制	24%	11案

資料來源：林炳滄（2001），第80頁表一。

㈣殺雞儆猴

2000年4月20日，證期會首度直接引用證券交易法，對未能查出亞瑟科技部分

現金增資款 (15億元) 涉遭挪用的資誠會計師事務所黃銘祐會計師停止半年證交法簽證業務處分。(經濟日報2000年4月21日，第13版，曾維茂)

　　簡單的說，如果公司股票未上市，而且財報簽證會計師事務所不入流的情況，大可以直接實地查核其現有資產、營收發票，眼見為憑。

(五)會計界的亡羊補牢之道

　　許多新的查核策略主張會計師應花較多的時間去了解受查者的事業風險，而不是證實性查核。高風險行業尤該如此，像金融機構、保險公司、建設公司、高科技事業等，會計師都必須花更多的時間了解其行業特性和其可能的風險，這種查核策略學術上稱之為「企業審計」(business audit approach) 或「策略系統審計」(strategic-systems auditing)，均是以風險為基礎的審計方法 (risk-based audit approach)。

　　美國會計師事務所Arthur Anderson提出的因應方法稱為經營審計 (business audit)、KPMG則稱為策略系統審計 (strategic-systems auditing)，兩者的目的均在教導純會計背景的審計人員，結合企業經營策略和系統理論對客戶產業作競爭分析。其中包括優勢與威脅分析，並對客戶企業流程等充分了解，據以預期客戶重要的財務數據，以跟帳上的財務數據加以比較。

　　KPMG採五個層級的分析: 策略分析、企業流程分析、風險評估、企業財務和非財務變數衡量與預期等。企圖把查核技術從過去著重翻傳票核憑證勞力密集的方式轉為著重分析性的查核方法。期能及早發現問題並加以預防 (anticipate&prevent)，運用技術和知識槓桿 (technology-and-knowledge-leveraged) 提升服務價值，發揮會計師提升資訊品質的專業功能。(工商時報2000年4月2日，第14版，吳琮璠)

四、小木偶說謊時鼻子變長

　　偵測財務報表造假 (financial reporting fraud) 是財務危機預警、鑑價時很重要的一道工作，在這方面術業有專攻的Beasley等三人 (2001)，研究美國200家上市公司不實財報的案例，得到二大結論。

(一)說謊人長得一個模樣

　　就跟FBI針對嫌犯的側寫一樣，他們歸納出有下列特徵的公司比較可能造假:

　　1.中小型上市公司，營收或資產在500萬美元以下。

2.在報表初造假時，公司常處於損益兩平或虧損狀態。

3.以高科技、醫療保健、金融業的公司最常見。

4.公司執行長跟財務長一手遮天造假。

5.公司創辦人兼執行長主導公司經營。

6.董事、監察人很弱。

7.財報造假主要偏重營收、資產灌水，有些只是揭露不實。

8.（財報造假）東窗事發後，常以破產收場。

㈡薛明玲的忠告

資誠會計師事務所合夥會計師薛明玲以其二十年審計經驗，建議對有下列情況的公司，特別留意其財務資訊正確性：

1.會計師出具非無保留意見的審計意見書。

2.企業無堅強理由而變更會計方法。

3.重大或特殊之交易，使得財務報表不合理之美化。

4.金額重大或性質特殊之關係人間的交易。

㈢天羅地網防止不實報表

如何預防財務報表編製不實，這並不是本書重點，但是站在「求善守者於善攻者」的想法，由表3–2可見，這是一些財報編製不實公司的蛛絲馬跡和防治之道。

◆ 第二節　看財報的第二步：看會計師說什麼

外行看熱鬧，內行看門道；證券分析師對個股的投資評等（如加碼、持股、減碼）總是擺在報告的第一段。同樣的，看財務報表也不是從損益表開始，前述已談及第一步是看哪一個會計師事務所簽的，不入流的財簽，大可以丟到資源回收箱，再次創造其價值。第二步是看會計師的總結，如果會計師對此財報表示「相反意見」或「無法表示意見」，這樣的財報不看也罷，甚至連「無保留意見」的財報也得小心，一方面還得擔心會計師不實簽證，一方面還得有深入的會計素養，能看懂財報附註等。

表3-2 財務報表造假的跡象和預防之道

控制型態	說　　明
一、內控制度	
1.家醜外揚	當碰到外面公司想併購時，賣方公司財報造假常常在買方的審查評鑑（due diligence）過程中圖窮匕現
2.經營壓力	當高階管理者施加淫威要會計經理等做假帳時,正直的經理宜有熱線可上達監察人、外部董事等
3.季報、年報	經常對報章發表不實、可能利多的公司宜特別小心
4.揭露	
二、公司治理	
1.董事會	當董事（會）太弱，就無法察覺總經理「假造」財報 外部董事太弱，內部董事便可能「偷吃」
2.監察人（會）	監察人宜具有財務專長
3.簽證會計師	未入流
三、薪資 　（即財務控制）	
1.經營階層股票選擇權	當經營階層薪資主要來自股票選擇權
2.短期財務衡量	例如(1)「堆貨」給經銷商 　　(2)假發票
四、企業文化 　（即文化控制）	
1.經營哲學 　2.倫理訓練 　3.徵才時取德	「只准成功，不准失敗」的經營哲學，可能逼得經營階層（董事會）、管理階層「說謊」（假造成績單）

資料來源：整理自Beasley etc. (2001), pp.5～9，包括p.5 Exhibit 2。

一、看懂會計師對財報的意見

「保留法律追訴權」、「不排除有什麼的可能」、「……不作為」這些常見法律名詞，有時聽了不順耳，因為不是「人話」（日常生活用語）。所以一本六法全書或許對你我來說，沒有什麼生字，但是卻不易了解。

　　同樣情況也出現在公司的財務報表，每一家都是那些數字，但重點卻在簽證會計師的意見，所以可以說查核報告及財務報表的專業性頗高，一般人難入堂奧，很容易出錯。以表3-3中的「非無保留意見」來說，用了兩個否定字，負負得正，就是「有」保留意見。

㈠新版無保留意見

　　根據1999年新編會計準則第33號公報「財務報表查核」第25條，從年底適用在下列六種情形下，會計師可在無保留意見查核報告中加一說明段，或其它文字出具「修正式的無保留意見」，此六點包括：

　　1.會計師所表示的意見，部分係採用其它會計師查核報告，且想區分查核責任。

　　2.對受查者的繼續經營假設存有重大疑慮。

　　3.對受查者所採用的會計原則變動且對財務報表有重大影響。

　　4.對前期財務報表所表示的意見跟原來所表示的不同。

　　5.前期財務報表由其它會計師查核。

　　6.想強調某一重大事項。

　　上述六種情況中，前面五種一旦發生，會計師都必須在其查核報告中指明，會計師沒有講或不講的裁量權。但是，當最後一種情況發生時，會計師可自己裁斷，有講或不講的裁量權。

　　由上可知，第33號公報對會計師意見所做的改變，只針對無保留意見而已，在過去為人熟悉的標準式無保留意見外，另外再增加修正式無保留意見，容許會計師在無保留意見的查核報告多講一些話以提醒財務報表使用者注意。至於保留意見，還是與前相同，政治大學會計系教授馬秀如認為：第33號公報並未在所謂的「標準式」保留意見之外，再增加所謂的「修正式」保留意見。（表3-3）

㈡80：20原則也適用會計師查核意見

　　根據財團法人金融聯合徵信中心「會計師查核意見」資料庫，由表3-4可見，八成以上的公司財報都是OK的，只有2%以內不及格（無法保留意見、相反意見）。

㈢保留意見分析

　　由表3-5可見，導致會計師出具保留意見的各式原因中，比例最高的是查核範

表3-3　會計師出具的意見及其情況

意見種類		情　況	後　果
無保留意見		1.受查者的財務報表是按一般公認會計原則編製（積極條件），以及 2.會計師的證據為充分（積極條件） 3.會計師不須、也不想，提醒閱表人注意某些事項（消極條件未出現）	1.會計師能證明受查者的報表係允當 2.沒有閱表人應加注意的特別事項
俗稱「修正式」保留意見		4.會計師想（須）提醒閱表人注意某些事項（消極條件出現），即會計準則公報第33號第25條第6種情況	4.有閱表人應加注意的特別事項
保留意見			
非無保留意見	無法表示意見*	1.會計師的證據不充分*	會計師不知受查者的財務報表是否按一般公認會計原則編製，也就是會計師不知財務報表是否允當
	相反意見*	2.受查者的財務報表未按一般公認會計原則編製*，以及 3.會計師的證據為充分	會計師能證明受查者的財務報表未按一般公認會計原則編製，也就是會計師知道財務報表不允當

*當情況未達十分嚴重的地步時，即出具保留意見。

資料來源：馬秀如，「我看半年報查核報告烏龍事件」，會計研究月刊，2000年9月，第49頁表一、第51頁表二。

圍受限，而且每年相差不大，可見企業配合會計師查帳方面並不是十分理想。在首次查核方面，公司財務報表首次接受會計師查帳的非更換會計師，或是公司因更換會計師的首次查核，會計師通常無法取得財務報表科目期初餘額充分、適切的查核

表3-4　1998年會計師查核意見類型

家　　數	公開發行公司 2269家	未公開發行公司 20689家
無保留意見	80.74%	77.66%
保留意見	18.06%	21.51%
無法表示意見	1.14%	0.79%
相反意見	0.04%	0.01%

資料來源：摘自馬君梅等，「第33號公報會計師查核報告意
見型態之分析」(下)，2001年8月，第123頁表二。

表3-5　1998年財簽保留意見原因分析

大　　類	重大細項	所佔比例
會計事項 (24.72%)	102 違反財會準則公報	14.24%
	111 原則變動：會計師同意	1.67%
	115 適用新公報	8.38%
審計事項 (66.3%)	200 查核範圍受限	52.83%
	211 首次查核：非更換會計師	12.20%
未確定事項 (8.98%)	310 繼續經營	6.37%
	320 其它	1.6%
100%		

資料來源：同表3-4，第125頁表四，表中%等數字為本書所加。

證據，而導致出具保留意見，也可歸類為查核範圍受限制。

(四)造成保留意見的會計科目

以1998年來說，導致會計師出具保留意見的會計科目及其比重依序如下：營業成本（31.43%）、存貨（27.98%）、長期投資（12.76%）、其它科目（8.67%）、應計退休金負債（7.53%）、應收票據及帳款（4.49%）、所得稅（2.84%）、現金及約當現金（2.76%）、其它資產（1.54%）。

(五)無法表示意見的財簽案例

　　針對國華人壽財務報表潛藏虧損逾80億元案，財政部常務次長林宗勇表示，國華人壽申請現金增資案，其前提必須是財務報表透明化，而國華人壽財務報表沒有弄乾淨前，對國華增資案將予以退件。因此財政部要求國華人壽向會計師諮詢後，把財表弄乾淨，以保障投資人權益。(工商時報2001年7月12日，第9版，唐玉麟、陳駿逸)

　　簽證會計師安侯建業會計師高渭川接受記者專訪時表示，國華人壽財報不只有「無法表示意見」，甚至有「相反意見」。最重要在放款抵押擔保部分，低估的虧損不只9.6億元，我們另外其它查核報告中提示，有很多抵押品的跌價損失未經鑑定，或鑑定價格並非安侯建業所接受的，因此特別在查核報告中，增提另外的無法表示意見。(工商時報2001年7月12日，第9版，陳高超)

二、了解會計科目的差異

　　如果賣方是臺灣企業，那麼會計科目的定義大抵相同。碰到跨國併購，縱使是同一會計科目，但衡量方式可能寬鬆不一，例如表3-6中銀行不良債權（bad loan）的定義，臺灣跟南韓一樣，都是超過六個月的逾期放款，但大陸就顯得寬鬆多了。

表3-6　銀行不良債權（壞帳）的標準

	南韓	泰國	菲律賓	馬來西亞	大陸
壞帳的標準	6個月	3個月	3個月	3個月	2年

　　國際上逾期放款的定義是，不論本金或利息，只要超過3個月未繳，就列為逾期放款，而臺灣的定義，則是本金3個月、利息6個月未繳，才列為逾放。此外，國內有許多免列逾放的項目，例如中長期分期攤還放款逾3個月未滿6個月；其它放款本金未逾期3個月，但利息未按期繳納逾3個月未滿6個月；協議分期償還放款；已獲信保基金理賠；有足額存單或放款備償放款，和其它經專案免列辦者，另以「應予觀察放款」計算，相當的複雜。

　　財政部長顏慶章在年終記者會上指出，為吸引外資投資臺灣市場，金融機構除了按季揭露資訊，讓資訊透明化，並要進一步讓各項金融數據貼近國際市場的衡量

標準，甚至達成一致。他並特別點名在各項指標中，逾期放款的定義最有必要檢討，指示金融局在合適時機，要求金融機構改按國際標準計列。（工商時報2002年1月2日，第7版，陳駿逸、林文逸）

第三節　破解財報窗飾

在第四章第一節中，我們說明如何正大光明的把公司賣個好價錢。不過，也有不少有計畫出售的公司，早就很有技巧的窗飾。

一、財報窗飾伎倆快易通

「窗飾」（報表美化）是財務報表分析課程的重頭戲，透過表3-7，可以很容易讓外行人了解窗飾的伎倆：「該大（例如資產、收入）的地方（放）大，該小（例如負債、費用）的地方（縮）小。」跟人體整型（塑身只是其中一部分）很像。

表3-8更進一步指出，為什麼有公司會全部、有些會局部窗飾，如果出售行規著重營收、盈餘，那只要在損益表上多下點功夫就可以。有很多窗飾必須花費用，例如開立發票（做假交易）把業績灌水，那得額外多付營業稅。所以能局部窗飾就儘量小針美容，大動干戈可是所費不貲，而且容易破綻百出。

表3-7　人體整型和財報窗飾類比

人體整型		帳面美化	
		損益表	資產負債表
瘦身	42%	費用（減肥）	↓負債
隆乳	30%	收入	↑資產
其它	28%	獲利率	↑業主權益

表3-8　局部 vs. 全部整型

	損　益　表	資產負債表
鑑價方法	淨現值法	市價法
局部	營收倍數	1. 淨值倍數：地產股(如飯店) 2. Edvinsson併購價、公司帳面價
全部	盈餘*(即營業利益，operating income)倍數	

*有時以「稅前息前分攤前盈餘」或稅前息前營業現金流量
　(EBITA)。

二、美化資產的方式

　　資產部分的「虛胖」，可分為流動資產與固定資產的「灌水」，作假手法如表3-9，詳述於下。

㈠流動資產部分

　　1.現金：很多上市公司都會虛言，手中現金達數十億元，但大都是來自銀行、信合社調頭寸，由於放貸利息低，許多銀行都會要求「回存」，公司往往會把回存金額當成現有資金，財報上也不會列出明細，但是可動用的現金卻是捏造的。

　　2.應收票據：很多公司的應收票據，發票人是關係企業或大股東私人開設的公司，不但可「膨脹」上市公司營業額，更可以這些「帳面」票據套出公司現款，暫時挪為己用。因此，關係人的票據金額，可用來美化帳面，也可套取公司資金，真是一舉兩得。

　　3.應收帳款：尤其是電子業的應收帳款最容易造假。例如其常會聲稱海外的訂單滿載，大多先假造滿載訂單，再慢慢消化這些未實現的帳款。另外，應收帳款的備抵呆帳常常失真，這也是財報中最容易造假的一項。

表3-9　公司「虛胖」資產和做帳手法

	資產科目	資產「灌水」、財報做帳虛報手法
流動資產部分	現　　金 銀行存款	1.向銀行臨時借款，把負債充當手中現金 2.信合社、信託公司借款須「回存」，以回存虛報現金額度
	短期投資	1.巨額投資股票，但股票卻質押，虛報投資額度 2.未列「備抵跌價損失」
	應收票據	1.用關係企業、大股東的票據，套現換出公司資金 2.故意不列「備抵呆帳」
	應收帳款	1.虛報或私擬海外訂單，再慢慢消化訂單 2.故意隱藏「備抵呆帳」
	存　　貨	1.土地：可低價高報 2.存貨售予關係企業，虛報業績 3.材料價格灌水 4.在建工程謊報進度，增加「進帳」額度
	預付款	如工程、土地預付款虛列
	長期股權投資	1.跟子公司交叉持股，炒作股票 2.透過投資公司、子公司護盤 3.透過子公司可調度資金 4.子公司做假帳，認列盈餘 5.子公司消化存貨
固定資產部分	土　　地	1.廠房或辦公，私契和公契不同，低買報高 2.向股東、關係人高價購入土地，以膨脹資產
	出租資產	承租給關係企業或造假租約，增加收入
	租　　賃	機器設備、抵押給租賃公司，再借貸
	運　　輸 生財設備	1.向租賃公司承租，增加設備價值 2.虛報累積折舊 3.舊機器但已無處分價值 4.新機器但卻可能一文不值
	質押定期存款	膨脹定期存款，增加質押金額
	其它資產（無形資產）	1.造就其它無形資產 2.商標已私下抵押給他人

資料來源：大部分來自陳高超，「上市公司財報隱藏地雷不少」，工商時報1998年11月19日，第29版。

4.存貨：製造業和營建業的存貨一項的失真更是離譜，營建業存貨的營建用地，可將私契與報稅用的公契分開，以「低買高報」的方式，誇大不實，或是買入關係企業或股東土地，低價買入高價申報，增加公司資產。至於營收採完工比例法（percentage of completion），工程只蓋到第五層樓，卻可謊報進度，增加完工「收入」。

部分上市公司（以電子股佔最多）帳上，存放在海外轉投資公司的存貨金額，佔總資產、流動資產比率甚高。但部分會計師查核時，並未發函詢問海外轉投資公司，也沒有取得海外保管人對這類存貨的內部控制或評估報告等。利用海外子公司存貨來調節財務報表的整體表現，容易誤導投資人對公司價值的判斷。

5.預付卡只能算暫收款：遊戲軟體公司在銷售線上遊戲點數卡時，是以「銷貨」作為認列標準，也就是東西賣給通路或是店家，可立即認列收益。但是，遊戲產業特性是「銷貨退回」比例相當高，往往造成銷售旺季前營收大幅成長，旺季結束後貨品大量退回現象。「線上遊戲（on-line game）點數卡會計認列制度」疑義，經會計發展基金會決議後，已經確定將從現行的「銷貨認列」，調整為「消費者上網消費完畢後才能認列」。此點跟2000年8月對「臺灣大哥大電信手機補貼佣金和預付卡銷售認列」的解釋是一致的。（工商時報2002年1月24日，第23版，王中一）

依據營所稅查核準則，公司承包工程，計算收入損益時有兩種方法：如果工程工期在一年以上，採完工比例法，依據投入的成本、工時等比例計算。一年以內者則以全部完工法，也就是工程全部完工後才承認收益；完工日期以工程完成且委建人驗收的日期為準。

㈡「預付款」啟人疑竇的案例

2000年3月10日，益華公司爆發重大違約交割案，主因在於市場傳言大股東有疑似掏空公司資產的行為，證交所特別指出益華有二筆對關係人預付款：黃豆（即沙拉油原料）購料6億元、土地機器設備4億元，並未完全做好資產保全的工作，同時簽證會計師似乎也未詳實查證，就對財報出具無保留意見的核閱意見，加上證交所數度發函給益華，要求說明各項預付款項增減變化的合理性、以及衍生性金融商品操作等事項，但始終不符要求，也使得證交所對該公司財報產生不少疑慮。（工商時報2000年3月11日，第3版，周克威）

益華董事長王鎮鳳受訪時，說明購料預付款的原由，由於益華財務狀況吃緊，

已被銀行緊縮授信額度，公司為取得黃豆，透過貝汝和大悅兩家貿易商來開立信用狀，外界所指的關係人應是指貝汝和大悅。

由於1999年黃豆價格低，公司怕會蝕掉獲利，因此，延遲裝船及進貨，造成只見款項出去，但貨未到的情況。(工商時報2000年3月11日，第3版，劉子華、周克威)

在證交所的強力要求下，益華公司只好在3月19日左右做好債權保全，益華預付大悅購買黃豆款3.23億元和採購PET生產設備款1.38億元，透過貝汝公司採購黃豆預付3.68億元，大悅、貝汝提供土地設定和本票擔保，其中土地擔保金額6億元，已對債權做好保全措施。(經濟日報2000年3月21日，第14版，張運祥)

(三)投資和固定資產方面

1.短期投資：例如大額投資子公司或特定關係人的股票，把這些股票再向銀行質押，一來可跟關係企業交叉持股，二來也可虛報短期投資金額，但實際上這些股票，已名存實亡。

2.長期股權投資：例如母、子公司交叉持股，或透過子公司跟丙種金主不法拉抬股價、彼此護盤，向子公司調度資金、子公司做假帳、不實的認列盈餘等。

不管子公司有沒有包括在合併報表中，投資金額中的現行（carrying）價值似無法實現，例如外國子公司的盈餘因受制於地主國的限制而無法匯出。

即使是長期股權投資，採用成本法或權益法對資產負債表和損益表影響不同。被投資公司股價下跌情況下，投資公司如採用權益法評價，則跌價損失並未反映於財務報表上，似乎最為有利，詳見表3-10。但當股權因轉讓、合併或現金增資放棄認股，以致持股比率下降，依會計準則需將權益法改按成本法時，則帳列成本跟市價間之跌價損失，應於當期一次反映，反而不利。

3.固定資產：土地、資產向租賃公司抵押借款，或向租賃公司租借設備，以增加公司資產等方式，也是很容易「做帳」。此外，正在興建但沒錢完工的建物，縱使完工也無法還本，可供出售或使用仍無法自償的財產、廠房、設備，此種資產實在物超所值。

4.無形資產：跟無形資產入帳時的水準相比，拿現行的收入和獲利水準來看，無形資產實在不如帳列價值那麼高。

表3-10　長期投資採用權益法或成本法的差異

	權益法	成本法
一、損益表		
1.損益認列	依被投資公司當期損益，按持股比率計算「投資損益」（股權淨值減投資成本）	投資公司於被投資公司分派現金股利時認列投資收益，於被投資公司減資或清算時認列投資損失
2.投資成本與股權淨值差額攤銷	按5至20年攤銷	不作攤銷
二、資產負債表（期末評價）	除永久性跌價外，無需按成本市價孰低法評價	按成本市價孰低法評價

三、壓低負債方式

壓低負債也是常見的企業窗飾方法，也就是把爛蘋果掩飾起來，表3-11中的遞延負債還比較好查（例如勞工稽核），或有負債也可以估計。但最頭痛的是（未上市公司）的潛在、未揭露負債，例如董事長以公司名義背書、保證金額並沒有在財報的附註中出現；那就更不用說民間債權了。有些公司甚至把品牌抵押給地下錢莊，這些都不會出現在公司帳冊上；真是財報分析的一個黑洞。

當然也有些是董事長安排的假債權人，如同法院拍賣屋中拍定人常會面臨第三債權人的糾紛。

四、權益高估方式

專門高估權益的方式如表3-12所示，「假資本」是小型公司的普遍現象，至於透過土地重估增值也有可能高估資產、資本公積。

表3-11 負債低估方式

科 目
一、遞延負債
1.勞工薪資、福利金、退休金……
2.欠繳稅款
二、或有負債
1.訴訟
2.違規、違法處罰
三、潛在、未揭露負債
1.作保、背書
2.地下錢莊借款

表3-12 權益高估方式

科 目	說 明
股 本	
1.登記（額定）	
2.實收	「假資本」僅供驗資用
資本公積	1.假現金溢價增資
	2.土地重估增值
保留盈餘	實虧虛盈
國外長期投資換算調整數	

　　最好玩的是因會計方法所得到的「國外長期投資換算調整數」此一過渡科目，例如你在2000年投資大陸子公司100萬美元，匯率34.5元，2001年匯率35元，臺幣貶值0.5元，此時帳上會多出50萬元（匯兌利得）的換算調整數。看起來，你的業主權益變大了。

五、盈餘操縱

盈餘管理（earnings management）有助於提升盈餘的品質（不致暴起暴跌）。但再極端一些，便成為「盈餘操縱」（earnings manipulation），更「惡劣的」是，賣方的銷售仲介商（俗稱投資銀行業者）甚至會找新客戶把業績灌水。盈餘操縱的方式便是針對「權衡（或裁量）性項目」（discreationary accruals）採取提前（如收入提前認列）或延後（如折舊由快速折舊法改由平均年限折舊法）、營業外損益和關係人交易等四大類。

常見盈餘操縱的方式，如表3-13所示，我們依會計科目分為四中類，但也可以畢其功於一役的全面調整。

證期會已要求會計師必須依經濟實質認定母子公司間銷貨和寄銷的不同，凡已實現且已賺得者，才能列為銷貨，否則類似附有退貨權者，都應算作寄銷，不能充作銷貨列入營收。

上市、上櫃公司每月10日以前須公告上月營收，如果要求企業每月公告營收時，必須隨同公告銷貨或寄銷給子公司的金額、應收帳款和存貨等資料，龐雜的關係企業，尤其分布海外的子公司，要在10日以前完成結帳，實務上有其困難。

不過年報、半年報和季報，對此類損益都能認列看出母子公司間交易的滯銷比率。（經濟日報1999年11月15日，第13版，曾維茂）

六、美國也只是五十步笑百步

美國上市公司被證管會（SEC）管得比較嚴，但也好不到哪裡去，所以難怪證管會主委Arthur Levitt（1998）以「數字遊戲」為題，在紐約大學發表演說，對於近年來流行的盈餘管理加以批評。他憂心忡忡地指出：「盈餘品質的惡化，腐蝕了財務報告的品質。企業的管理屈服於操縱，而誠信則臣服於虛幻」、「許多公司的財務報告遊走於合法與非法邊緣的灰色地帶，會計原則被濫用，經理人員美化帳面，使盈餘的報導反映經營階層的願望，而不是公司營運的實際績效。」

所以，縱使是併購美國的上市公司，對財報的可信度也是須按部就班。

表3-13　損益表的美化

一、收入膨脹

方　式	說　明
1.營業內	
(1)創造業績，例如代理	業績膨風
(2)OEM報賣斷、銷售	
(3)銷貨到經銷商	採取收入提前 (lead) 認列方式
2.營業外	

二、獲利提高

1.毛益率調高	
(1)產品組合	
(2)通路組合	
2.純益率調高	

三、成本、費用縮水

科　目	影　響
1.恆常性科目	
(1)惡意壓低原材料成本	
(2)延後支出 (lag)	
(3)擠壓費用	小辦公室、超時工作……
2.權衡性科目	
(1)廣告費	「品牌權益」打折扣
(2)研發費	產品、生產競爭力下降
(3)訓練費	人力資本縮水

四、掩飾損失——以匯兌損失為例
　　衍生性金融商品的黑洞最嚇人

項　目	企業手法
1.無本金交割遠匯（NDF）	(1)屆期不交割，契約換約續做
	(2)屆期改向銀行貸款，把匯差融入貸款利率
2.換匯換利	同上
3.售後租回	借美元買飛機，借美元有匯損，改成把飛機賣給租賃公司，得款償還美元貸款，當年免認列匯損

七、巧言令色，鮮矣仁

根據制定GAAP標準的財務會計標準局，每股盈餘必須包含公司所有的開銷和虧損，儘管計算方式可依據是否使用全部行使股數，而有所不同。

而且，只有三個小項目可自持續營業盈餘中省去：「特殊項目」、已結束的業務，和會計原則變動的累積效應。

上市公司在財報中耍些伎倆，粉飾帳面，常唬得投資人一楞一楞的。專家提醒投資人不要盡信財報，宜深入了解該公司所指的「盈餘」為何，才不至於被誤導而吃虧上當。

通常，公司不採取GAAP的術語，像是「擬制盈餘」、「現金盈餘」或「營業盈餘」，來稱呼這些不符合正規標準的衡量標準。「擬制性獲利」（pro-forma profitability）指的是「假定」在某些不重複發生項目（通常是費用）不存在的情況下，獲利應如何如何。（經濟日報2001年12月9日，第11版，湯淑君）

許多美國企業近年來面對股東要求獲利須不斷成長的壓力，規避使用過去計算淨利的標準方法，改採各種形式的名目粉飾實際盈虧，這種做帳方式使得投資人更難了解企業經營的真正績效。

企業使用的名目五花八門，例如思科公司（Cisco Systems）稱為「擬制淨利」（pro-forma net income），寶鹼（P&G）使用「核心淨利」一詞。思科公司第三季試算淨利為2.3億美元，指的是還沒計算「併購相關成本、使用股票選擇權的所得稅、整頓成本、投資利得，以及降低庫存價值等費用」22.5億美元，因此「實際虧損」為26.9億美元。

電子製造商SCI公司會計年度第四季每股現金盈餘27美分，該公司誇稱績效超越華爾街預期。但用心閱讀財報附表的投資人說，SCI在「特別費用」項下提列4690萬美元，因此實際虧損84.3萬美元（每股虧損1美分）。

但並非所有公司都跟著流行，國際商業機器公司（IBM）在1996年宣布，不再提列整頓費用，且恪遵此政策，不會把淨利與整頓措施成本分開計算。（經濟日報2001年8月6日，第9版，林聰毅）

八、安隆後遺症

由於全美第七大企業安隆公司(Enron Corp.)在破產後傳出涉嫌違反會計原則，美國證券管理委員會表示，將嚴加審查《財星》雜誌（*Fortune*）500大企業的年度財報，取締不遵守會計規定的公司。

能源交易商安隆公司11月突然宣布破產，並爆發自1997年以來，浮報5.86億美元盈餘的醜聞，使得美國投資人和國會議員紛紛質疑公司財報的可信度。證管會因而決定嚴加取締刻意誤導股市的試算財務報表，並且試圖改革企業必須遵守的複雜會計和揭露的規定。

證管會主席皮特2001年11月曾經表示，把虧損偽裝成獲利，而且沒有清楚解釋計算方式的不實「試算」財報，幾乎確定將被證管會視為詐欺或誤導股市。以試算基礎發布的年報或季報，通常為了掩飾不利事實，略過一般的會計規定。這些財報有時會冠上「核心」、「標準化」或「調整」等名稱，且經常不包含併購成本、一次性項目或其它降低獲利的項目。

皮特表示，試算財報在適當使用的前提下，能幫助投資人了解日益複雜且冗長的企業財務報表。證管會最近曾表示需要進一步採用對投資人提供有效資訊的非傳統財報作法。(經濟日報2001年12月23日，第4版，陳智文)

◆ 第四節　財務危機的預警系統——財報分析的限制

商業授信、鑑價時宜先把即將出現財務危機的公司排除在外，以免該公司倒閉，不值幾個錢；不僅自己白忙一場，甚至「賠了夫人又折兵」（例如支付徵信、鑑價的費用）。

一、中強一夕豬羊變色

1999年3月，股市傳聞中強可能有重大虧損，董事長王涇野接受電視記者訪問時還表示「沒問題」，第2天就宣布1998年虧損33億元，問題出在中強電子海外轉投資公司營運（包括銷貨、應收帳款和背書保證等）出現鉅額虧損，而董事長卻刻意

隱瞞，遲不認列損失。中強電子突然宣布年度決算結果由盈轉虧，引起股市恐慌，股價應聲倒地，由高點的50元一路下滑到2000年6月底的0.9元，並於7月1日終止上市（即下市）。

2000年5月5日，中強電子在證期會期限的最後一天，提報1999年年報和2000年首季季報，1999年虧損57.59億元，每股淨損10.24元，為歷年來最大虧損，詳見圖3-3，這是事後聰明畫出來的，不是「早知如此，何必當初」時的情況。

中強電子在監視器業界以自有品牌著稱，1981年公司成立，1991年股票上市，曾獲《天下》雜誌評選為1000大製造業中的第69名，其監視器曾獲得經濟部的國家產品形象獎，該公司以自有品牌"CTX"方式外銷美國，形象頗佳，因而吸引不少投資人長期投資。

中強表示，虧損主因是1998年監視器廠商間流血競爭，加上跟南韓廠商間價格戰過劇，嚴重侵蝕毛利。監視器產業流行全球運籌生產與BTO（build to order，先接單後生產）方式必須增加海外庫存，造成大量資金積壓在海外通路。另外，轉投資的筆記型電腦廠商英加電子和美國桌上型電腦公司PC Channel，在品質和管理不良之下，造成鉅幅虧損，以致兩年間虧損高達94億餘元。（經濟日報2000年5月6日，第16版，周兆良）

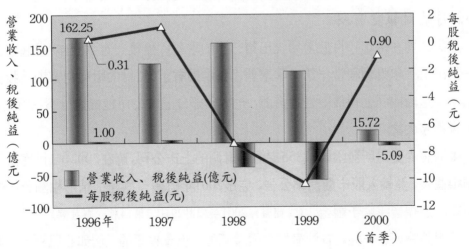

圖3-3　中強公司近5年營運概況

資料來源：中強電子公司。

中強電子現任董事長劉盛發、前任董事長王涇野，因涉嫌違反證交法、公司法及背信罪嫌，臺北地檢署已將兩人移送地檢署。

據調查局資料指出，中強電子1999年的董事長王涇野、總經理劉盛發，明知於1998、1999年間，因投資造成數十億元虧損，為了美化帳面，涉嫌隱匿重大虧損。在現金增資發行股票時，涉嫌在公開說明書上虛增7000萬美元收入，且未經董事會同意，私自以公司資金代付其個人跟美國子公司民事官司和解金。(經濟日報2000年6月27日，第15版，陳漢杰、周兆良)

二、霧裡看花

倚賴公司財報來作為公司財務危機偵測，最討厭問題跟檢驗愛滋病病毒(HIV)一樣，也就是在空窗期內，很可能做出"OK"的結論。而公司財報的空窗期，讓外界人士如霧裡看花，只能透過每月公布的營收、背書保證金額去零星的拼湊，但很難一窺全貌。公司出問題常常就在這外人「能見度」很差的時候。

㈠歷史財報公告

依證券交易法第36條第1項規定，公開發行公司應於每半年營業年度終了後2個月內，及每年營業年度終了後4個月內，公告經會計師查核簽證的財務報告，並於每營業年度第一、三季終了後1個月內，公告經會計師核閱的財務報告。依證交所營業細則第50條規定，未送財報的上市公司股票處以停止買賣處分。

㈡6個月的財報空窗期

上市公司在每年10月底前須提出第三季的季報，然後一直到翌年4月底前，才須再提出前一年財報和當年第一季季報，這中間有近6個月的財報空窗期，投資人無法取得這段期間公司最新營運資訊，也導致部分上市公司趁機進行不法行為，引發市場秩序失當。

臺灣證券交易所發函要求355家編製財測的上市公司，應在2002年1月底前提出自結損益表，並輸入股市觀測站公告，完成2001年財報預測達成情形相關資訊的網路申報，違規者將處予罰金。(工商時報2001年12月29日，第14版，彭慧蕙)

就跟動物死亡一樣，有油盡燈枯慢慢死的，也有猝死的（例如心肌梗塞、氣喘缺氧）；這二種情況的偵測方式大不相同。同樣的，公司出現財務危機也大抵可分

為慢性、猛爆性（或急性）二種。

三、慢性財務危機的偵測──財務危機預警系統

「冰凍三尺，非一日之寒」這句話最足以描述慢性財務危機，也就是不僅有跡可循──這是財務報表分析課程的重點；甚至可提前3個月以上預估其周轉不靈的機率（高達八成以上），這是會計、財務、企管碩士論文的熱門題目。

㈠嗅出危機的方法

嗅出財務危機的方法，1991年以前最常用區別分析；之後則長江後浪推前浪。

1.區別分析模式：最常用的方法便是 Logit 模式，以計算出公司發生財務的機率。

2.類神經網路模式：這種方法具有很高的配適能力，大部分的理論模式、多變量或計量方法，很少能出其右者。以公司財務危機發生前1年來說，區別分析的正確區別率只有83%，但是本方法卻高達93%，足足高10個百分點。此外，本法的型一誤差（type one error）也比區別分析小，可說是比較好的方法。

3.多變量CUSUM模式：則是較新嘗試的方法。

㈡危機指標

醫生根據血壓、心跳、血紅素、呼吸次數等資料，觀測人的生命現象，相同的，一家公司財務有危機，會有五個財務指標出現三低二高（取「三心二意」的諧音）現象。

1.三低：失敗公司在流動性、獲利性（例如毛益率）、經營效率、資本結構（即自有資金比率）等三項財務指標皆低。

2.二高：存貨佔營收比率偏高，這很簡單，主要是貨不好賣，存貨積壓，此比率自然而然偏高，還有「負債比率」也因虧損以致負債累累而居高不下。

㈢由利息保障倍數來預卜吉凶

2002年1月12日，《財星》雜誌報導安隆公司曾是投資人鍾愛的股票，但因資產負債表一塌糊塗而淪落至破產。債券分析師提醒投資人，有些公司的財務狀況可能只是金玉其外。福特汽車、惠普（HP）和蓋普（Gap）已被信用評比公司列為觀察對象。

專家指出，安隆衰敗的教訓是：不論華爾街評價多高，企業若沒能妥善處理債務，就可能種下滅亡的惡果。換言之，從盈餘或許能看出一家公司的氣色如何，但資產負債表卻可顯現實際的健康狀況。債券分析師特別關注企業的償債能力，要是某家公司的現金／負債比率陡降，便是一大警訊。

敏於觀察資產負債表的專家，通常會比其它人更早發現公司財務亮起紅燈的徵兆。有時候，大型信用評比公司，例如標準普爾（S&P）和穆迪（Moody's），常比小型債券評比公司如艾根瓊斯（Egan-Jones）或Gimme Credit 等研究公司晚一步發布警告。例如，艾根瓊斯就比其它評比機構早一個月調降安隆債信評等。

《財星》雜誌專欄作家葛林堡（Herb Greenberg）說，另有三家公司的財務狀況比市場想像更糟。其中，警報聲最響的是福特汽車公司。福特財務問題嚴重已不是秘密，但從該公司仍普獲評為投資級的信用評等中看不出來。不過，艾根瓊斯已將福特評等降至"BBB–"，只比垃圾債券高一級。

艾根瓊斯指出，隨著以零利率刺激的銷售逐漸減退，而以前汽車貸款呆帳日積月累，福特汽車6個月後的債信會惡化，逼近垃圾等級。

據艾根瓊斯計算，福特的利息保障倍數(稅前息前純益除以利息費用)已從2001年9月的2.2倍降到現在略高於1倍，意謂幾乎每賺一分錢都必須用來繳納貸款利息。福特對艾根瓊斯的評語表示「失望」，標準普爾和穆迪則堅稱目前的評等適當。

艾根瓊斯對電腦製造商惠普更是提高警覺，認為惠普的信用展望和併購康柏的提案一樣面臨險境。艾根瓊斯已把惠普債信評等降到垃圾級的"BB+"，比其它主要評比機構多降數級。艾根瓊斯說，2000年10月以來，惠普的利息保障倍數從19倍一路下降到僅6.6倍。

另外，Gimme Credit 說，服飾連鎖店蓋普公司的資產負債表也令人關切，雖然還不到緊急關頭，但「已不如往年強」。艾根瓊斯估計，過去四季以來，蓋普的利息保障倍數已從27.3倍陡降到8.8倍，因此已把蓋普債信評等降到只比垃圾債券高一級，比標準普爾和穆迪的評等低數級。(經濟日報2002年1月13日，第3版，湯淑君)

㈣火車是否在動要看相對的

不過前述五項指標多低才算是低、多高才算是高，還得跟產業平均水準比，所以這「產業相對財務比率」的變數型態，比水準值的「傳統財務比率」（例如毛益

率20%）或變動率的變數型態（例如「產業相對財務比率變動」），在區別能力方面較高，型一誤差較小。

簡單的說，在跑類神經網路模式時，變數最好用產業相對財務比率，要是找不到，才用水準值的傳統財務比率。

四、猛爆性財務危機的偵測

猛爆性肝炎、兒童猝死症等這些奪命因素，大部分「來得快，去得也快」，有時令人防不勝防，只好更提高警覺。同樣的，公司猛爆性的財務危機，大都無法從財務報表去偵測，這時更須借重經驗，即用「一葉落而知秋」來找出蛛絲馬跡。

㈠財務分析很難提供投資人預警功能

以前在證券公司當研究員時，主管會要求以流動比率（短期償債能力指標）、負債比率（中期償債能力指標）等財務比率來分析上市公司的財務危機甚至破產的可能性。後來，大家才體會到財務比率分析很難提出早期預警，充其量只是落後指標（詳見表3-14第三欄），其原因為：

1.上市公司財報有時差：上市公司一年須提交四季財報，第2季稱為半年報，在8月前公布，第4季稱為年報，4月15日前公布即可。如此一來，便有財務揭露空窗期，例如11月到翌年4月，投資人能看到的是今年的第三季財報（10月底前公布即可），這最長空窗期整整有6個月。（工商時報1998年10月30日，第17版，林明正）

至於證期會要求針對重大影響資訊，上市公司須到證交所召開重大訊息說明會，或在重大基本假設變動後2日內，透過即時資訊系統（MIS）揭露預告大概數字，並在10天內，公告會計師調整後的新數字。不過上市公司仍傾向於將壞消息「大事化小、小事化無」或「能拖則拖」，以致很少上市公司即時把家醜外揚；證期會為避免此情況發生，宣布將嚴格執法。（工商時報1998年11月6日，第18版，高政煌）

2.惡性倒閉，騙你千遍也不厭倦：至於存心不良的上市公司老闆，連簽證會計師都可能被瞞過而對財報簽署「無保留意見」，外界人士不疑有它，把「假資料真分析」，就連銀行、票券公司和信用評等公司全部都被整得七葷八素的。何況是跟上市公司沒有直接接觸的外界人士，更是霧裡看花，只能看報紙才知道某家上市公司跳票了。

㈡春江水暖鴨先知

既然外界人士很難用上市公司的財報來建立財務危機預警系統（early warning system），還有什麼方法可以聞出蛛絲馬跡呢？表3-14是實務界常用方法，其中「股票質押比例逾三成」須說明，以一家上市公司董監事持股比率逾五成；而整個股票質借比例逾15%，可見董監事幾乎皆把股票押在銀行了，董監事信用已極度擴充，極可能因個人跳票而虧空公款來填補自己的漏洞，進而拖累公司，1998年10月東隆五金公司就是最佳例證。

表3-14　外界人士判斷公司財務危機的三種指標（財務預警制度）

	領先指標	同時指標	落後指標
上市（上櫃）公司	1.負債比率高於六成 2.淨值迫近或低於面值（10元） 3.增資後資金用途變更* 4.財務經理臨時離職 5.突然更換簽證會計師 6.市場不利傳聞* 7.宣布跟其它公司交叉持股的策略聯盟	1.關係企業財務危機 2.退票 3.股價跌幅超過二成以上	1.銀行「雨中收傘」 2.股票停止信用交易、信用評等降級 3.列為銀行「拒絕往來戶」 4.公司股票暫停交易，甚至下市
董事長	1.集保股票質借比例超過三成** 2.股票質押八成以上	尤其是董事長向地下錢莊、丙種借款	

*林明正，「地雷股爆發前有跡可循，掌握徵兆，才能防範未然」，工商時報1998年10月30日，第18版。

**蕭世鋒，「企業財務危機，股票質借比例先預警」，工商時報1998年10月29日，第3版。

㈢套用經營審計的觀念

營收是獲利的先行指標，而營收又受產品生命週期影響。以單一產品公司為例，

由圖3-4可見，產品在2000年到達成熟期巔峰，2001年起邁入衰退期（像錄影帶被VCD取代等），覆巢之下無完卵，單一公司也難逃惡運。

獲利高峰大都在成長期末期，到了產品成熟期，獲利早就走下坡了。

圖3-4　公司營收、盈餘曲線

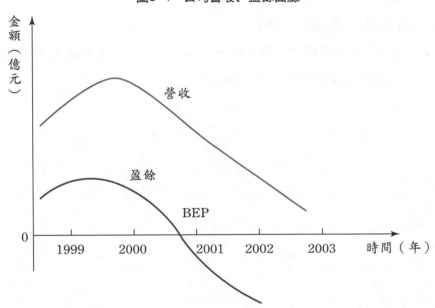

圖3-4只說明一件事，順勢去把營收、盈餘曲線往下畫，自然會得到2002、2003年的預測值，無須具備產業分析師資格。早知如此，便可以「何必當初」。

五、證交所公布的「財務業務危機預警」

延續目前的市場監視制度，把僅考慮連續暴漲暴跌的股票列入「注意股票」等，並採取「部分」或全部全額交割的處罰方式，證交所從2000年4月實施「上市公司財務業務危機預警」，主要是加入發行面的指標，可作為上市公司財務風險的主要指標。

㈠發行面的預警指標（六項）

在發行面有六項，即上市公司董監事異動過大、子公司成立頻繁、會計師換人、背書保證超過一定金額（淨值百分比）、資金貸予他人達到一定金額及股東會沒有

如期召開等。

　　以會計師換人為例，如果屬於會計師事務所因人力調整而換會計師，並不在證交所的預警之列。如果上市公司在一定的期間內設立子公司超過幾家，或在同一任期內董監事變動超過一定比率，則證交所也視為是上市公司的異常現象，列為預警的例外管理對象。

(二)交易面的預警指標（十二項）

　　在交易面的預警指標則包括董監事等內部人股權質押比率過高、股票被金融機構斷頭、3日內漲跌幅超過20%等十二個指標。

【個案】美國安隆上演恐龍大滅絕

2001年11月28日，美國規模最大的能源交易集團安隆（Enron，經濟日報譯為恩龍），從新經濟概念股，落得如今走上破產之路，股價當日暴跌85%，跌到只剩0.61美元。

安隆若是破產，將創下美國史上資產最大的企業破產紀錄。2001年《財星》雜誌票選美國十大新聞，911紐約世貿大樓撞機事件排名第一，第二名是經濟衰退，第三名就是安隆財務危機，此外，也是年度商業最爛事件（工商時報2001年12月24日，第6版，林國賓），可見這事的重要。（經濟日報2001年12月11日，第8版，陳智文）

此事對公司鑑價有很多涵義：包括假造報表以求股票上市、掩飾虧損的各種伎倆；對信用評等公司、投資人都覺得「怎麼可能偌大的企業帝國說垮就垮」。

安隆成立於1985年，由休士頓天然氣公司和內布拉斯加州的InterNorth合併為全美最大能源交易公司，公司位於德州休士頓市。安隆以電力、天然氣產品起家，後來又擴展能源零售行銷業務，為工商業作現代化能源管理服務，並涉足高科技寬頻產業。

營運範圍遍及全球40幾個國家，員工超過2萬1千人。2000年營收1010億美元，2001年第三季虧損6.38億美元。

安隆旗下事業包括電力、天然氣銷售，能源和其它商品（包括金屬、煤、紙漿、紙張）配銷運送，以及提供全球財務和風險管理服務。

該公司分為三個核心事業群：

1. Enron Wholesale Services：提供全球能源批發服務，包括商品行銷和運輸，以及財務、風險管理服務。在全美以及歐洲的電力、天然氣交易，市佔率高達25%左右，是全美第一大能源交易公司；以營收規模而言，則是全美第七大企業。

2. Enron Energy Services：是安隆主要的零售事業，提供工商業客戶能源和設備整合管理的服務。

3. Enron Global Services：這是安隆資產基礎事業。在北美以及全球多處有能源管線、配銷營運。

至2001年9月底止，資產總值為620億美元，其中包括1萬5千哩光纖纜線和3萬哩能源管線。2000年設立EnronOnline（網路交易平臺），開始提供線上交易服務後，股價在2000年8月達到90.56美元顛峰。（工商時報2001年11月30日，第2版，林秀津）

一、經營者

㈠董事長：雷伊

1943年次的董事長兼執行長肯尼斯‧雷伊（Kenneth Lay），密蘇里州大學經濟學博士，他

在1985年撮合兩家瓦斯管線公司合併成立安隆時，就胸懷大志，積極尋求突破安隆只是一家傳統能源公司現狀。

(二)執行長：史基林

為了實踐理想，雷伊找上了當時在麥肯錫公司當企管顧問的史基林 (Jeffrey K. Skilling)。從1997年出任營運長到2001年夏天以執行長身分離職的短短4年多的時間裡，史基林成為安隆拜占庭式金融結構的擘劃者，執行者則是金融才子法斯托。

史基林接掌安隆營運長一職後，便亟思賣掉安隆的國際資產，加速安隆的多角化經營，頻寬交易平臺即是其中的代表作。即使2000年3月網路股崩盤，史基林仍不願縮小頻寬交易的版圖。不過，也正是頻寬交易美好的前景，賦予安隆高達近60倍的本益比。

安隆股價在1999、2000年分別飆漲55%與87%，讓史基林和法斯托手上握有大筆熱錢進行資產負債表外的交易，如衍生性商品或境外控股公司的投資。不過，這種情況卻讓安隆如同吸毒品般，越來越依賴資產負債表外的金融投資來融通企業高速的擴張腳步。

(三)財務長：法斯托

從事融資買下 (leverage buy-out) 出身的金融鬼才法斯托 (Andrew S. Fastow) 執掌財務大權。

(四)智慧資本

上自董事長雷伊，下至安隆的基層交易員，這家公司全體上下，可說個個絕頂聰明，身懷一身金融理論和實務的絕技。史基林老是掛在口中的一句話是，智慧資本是安隆最大的資產。每年，史基林從全美最頂尖的商學院網羅超過250名企管碩士，而且還聘請氣象學家、經濟學和數學博士為安隆分析龐大的資訊和建立數理預測模型供作交易之用。

據任職過安隆的一位主管指出，史基林所持的理論是，資產是不好的，智慧資產才具有價值。史基林在2001年1月份接受媒體訪問時表示：「我們要把資產的觀念倒轉過來，應該說資產為人工作才對 (assets work for people)。」諷刺的是，安隆於12月2日向法院申請破產保護，為捍衛自己的資產而努力掙扎。

(五)信評公司再一次後知後覺

11月28日，安隆傳出破產危機，標準普爾將其債信評等降至垃圾等級，安隆即日起自標準普爾500支成分股中除名，11月29日收盤後改由繪圖晶片製造商Nvidia取代。

10月中旬，當安隆公布財報呈現「所謂」強勁稅前獲利之時，惠譽、標準普爾都重申安隆的債信評等為BBB+，即使是最質疑的穆迪也僅暗示最多只會調降安隆債信評等一級。(工商時報2001年12月3日，第9版，李鏟龍)

(六)銀行、投資人死一缸子

股價重挫，包括花旗、摩根大通等數十家跨國金融集團都慘遭拖累。最令投資人不解的是，安隆過去的業績成長驚人，財務報表所呈現的數字太漂亮，許多華爾街分析師在安隆出事前一個月，仍然建議大幅買進，事後檢討才恍然大悟，原來這些數字是假的。（工商時報2001年12月9日，第2版，小欄「安隆啟示錄」）

(七)小時胖不是真的胖

1999年有許多刊物大幅誇獎安隆的傑出成就，它創立能源交易新事業，這種未受到法令充分規範的事業做的是信用交易，能源賣方和買方簽下安隆在數月或數年後履行的遠期合約。

如此一來，安隆的角色有如銀行，接受存戶的資金並承諾日後歸還。不過，跟銀行不同的是，安隆並沒有聯邦存款保險，無法確保客戶在安隆財務出狀況時的權益，這也成為安隆的致命傷。

安隆向來長於建立新市場，靈活運用創新的財務結構和大膽的會計辦法，造就初期的輝煌成就，也因此種下日後敗因。安隆大膽開創各類交易，有電力的商品化交易，也有像是保障業者免遭天候因素損失的天氣衍生性金融工具。安隆藉由間隔數年的能源買賣雙方利差，賺取龐大利潤。（經濟日報2001年12月1日，第6版，劉忠勇）

二、虧損的原因

安隆經營危機始於2001年年初，原因有三：

(一)本業不順

2001年能源（主要是石油）價格大幅下滑導致安隆獲利大為減少，11月，原油價格跌幅已達28%。

(二)衍生性金融交易虧損累累

第二個原因是從事利率方面的衍生性金融商品交易大幅虧損，這又緣自於誤判利率走勢，操作歐洲美元期貨和美國公債出現巨額虧損而慘遭滅頂，跟1998年長期資本管理公司面臨財務危機的情況頗為類似。

交易員指出，安隆以為美國經濟將持續走軟，誤判利率將持續走低，投資人都看多債市可能是其金融操作的最大致命傷。也就是安隆始料未及的是，10月中旬，美國經濟開始出現復甦曙光，投資人認為聯邦準備理事會（Fed）降息將告一段落，利率開始走高，美債價格開始下滑。

債市這種變動讓堅信經濟疲軟將使利率持續探底的交易員措手不及。為了降低損失，交易員只好殺出更多債券，導致債券價格大幅下跌，殖利率則是節節竄升。從11月12日迄月底，短短兩個星期期間，兩年期美國國庫券殖利率從2.41%勁揚到3.18%。（工商時報2001年11月30日，第2版，謝富旭）

(三)轉投資也都是烏鴉叫衰

受到國際經濟不景氣影響，網路及其它國外投資又都出現巨額虧損。

三、最佳錯誤示範教材

公司會虧損、會倒本來就不是新聞，但是值得放在教科書上的是，以操縱財務報表的伎倆來說，該公司可說使出渾身解數，可視為最佳負面教材。

(一)隱藏營業虧損

在財務報表上下手腳，亦是史基林與法斯托美化安隆財務的擅長伎倆。安隆1998年投資英國自來水公司Wessex，由於英國政府調降公用事業費率讓安隆始料未及，眼睜睜地看著將蒙受巨額投資損失。於是安隆便成立一家名之為大西洋自來水信託的公司，取得其中五成股權。這種方式得以讓Wessex的投資成為資產負債表的表外項目。但是，為了吸引其它的投資人入股剩下股權，安隆承諾必要時願意以自己的股票來為債務做擔保。而且還承諾，如果安隆的債信被降至投資等級以下，或者股價跌至某種程度時，安隆將承攬起合資企業高達9.15億美元的債務。

(二)內線交易、做假帳

10月以來，安隆爆發不當交易的醜聞，法斯托利用其主管合夥事業的方便，從事內線交易，並且做假帳，掩飾安隆交易虧損。美國證券交易管理委員會（類似臺灣的證期會）已著手展開調查，安隆為此把法斯托撤職。

(三)外人不知道洞有多大

安隆不但財務狀況複雜，同時負債龐大。華爾街日報引述參與安隆債務討論的銀行人士指出，安隆總負債400億美元。只有130億美元在資產負債表揭露出來，包括欠銀行的40億美元貸款、90億美元的公司債。其它270億美元的負債則是資產負債表外的交易，包括30億美元的銀行借款、70億美元的公司債、高達170億美元的能源衍生性商品、信用狀以及其它種種複雜的舉債工具。

安隆的實體資產（如天然氣輸送管線）則早已被公司做為貸款抵押品。

由於安隆債務結構太過複雜，儘管其公司債在短短數星期內已大跌超過八成，但連專門收購不良債權的「兀鷹投資家」都興趣缺缺。

更大的不確定性在於，安隆手中握有為數眾多的交易契約，交易標的從石油衍生性商品、利率交換契約到頻寬等不一而足。但這些商品契約除了安隆交易人員外，連該公司的債權銀行都搞不清楚這些契約到底有沒有價值，或者值多少錢。（工商時報2001年12月1日，第7版，謝富旭）

(四)公司治理，唉，別說了！

以短支長、耽溺於金融投機活動是所有企業的致命傷，安隆也不例外。離譜的是，即使是

身為董事長兼執行長的雷伊，對安隆獲利灌水和高階管理者中飽私囊的情況完全沒有辦法提出解釋，可說是完全處在狀況之外，因為疏於最基本的風險控管，導致安隆霄間樓起樓塌。（工商時報2001年12月23日，第10版，謝富旭）

㈤柯林頓的白水案歷史重演？

2002年1月，安隆公司破產所扯出來的疑似政商勾結案繼續發展。在聯邦司法部和國會緊鑼密鼓調查安隆公司的破產案的同時，美國財政部11日透露安隆公司在2001年底宣告破產前曾要求布希政府介入，白宮則努力畫清布希跟董事長雷伊的關係，不過他們的互利關係早在數年前就已存在。（經濟日報2002年1月13日，第3版，董更生）

安隆公司不但曾慷慨捐助布希總統競選，也是美國名列前茅的政治獻金金主。兩大政府監督團體說，至少15位美國高階官員2001年持有安隆股票，超過250位國會議員收受過安隆的捐款。（經濟日報2002年1月13日，第3版，湯淑君）

㈥安達信銷毀文件招疑

安達信公司（Arthur Andersen）是全球前五大會計師事務所，該公司銷毀安隆公司數千頁簽證相關文件後，商譽可能嚴重受損。

2002年1月13日，美國《時代》雜誌線上版週日報導，國際會計事務所安達信的高層主管，曾於2001年10月12日下紙條要求員工銷毀安隆能源交易公司的帳務資料，導致今日美國相關單位在調查安隆案時，無法獲得該公司的重要文件。眾議院委員會已去函安達信，要求交出銷毀安隆文件的相關資訊。

《時代》雜誌報導，負責調查安隆案的國會調查人員透露，當安隆首度向外界承認其財務陷入危機，第三季損失高達6.18億美元的前四天，安達信主管發出的一張紙條中下達指令，要求負責管理安隆帳務的員工銷毀所有帳務資料，只留下一些最基本文件。（工商時報2002年1月15日，第5版，林秀津）

會計產業觀察家表示，安達信公司揭露銷毀文件的醜聞，已對該公司產生若干無法挽救的損害。美國證券管理委員會（SEC）前任會計長透納（Lynn Turner）說：「如果將來安達信公司沒有因鉅額賠償而破產，公司信譽也會嚴重受損，客戶將大量流失，營運也會一蹶不振。」「一家會計公司被捲入美國史上金額最龐大的企業破產案，而且還把相關文件銷毀，這是我前所未聞的。」（經濟日報2002年1月13日，第2版，黃哲寬）

四、安隆啟示錄

2001年12月2日，美國第七大公司安隆提起美國史上最大的一宗企業破產保護申請案，投資人和退休金被用來投資自家公司股票的安隆員工群情激憤，安隆股價只剩下67美分。

一直到安隆宣布破產前，很多證券分析師還是看漲安隆股票。例如，8月15日股票已從2000

年8月時的90美元巔峰跌至一半價格時，高盛分析師弗萊舍（David Fleischer）和一組研究人員為該公司客戶製作的一份報告便指出：「這家公司股票的持有人相信，只要有煙，就一定有火災。」「但我們很確信，安隆不會發生火災。」

根據《彭博市場》雜誌報導，10月16日，當安隆主席雷伊在一通視訊電話中說話後，至少有6位華爾街主要券商分析師，還繼續建議買入安隆股票。由於誤判行情，以致投資人跟著倒大楣，問題出在哪呢？

財經界的衛道人士指出，現在的分析師扮演雙重角色，一方面他們是提供投資指引的研究人員；但一方面他們也為自己公司創造大筆投資銀行業務。

(一)利益衝突

一些批評人士把矛頭指向公司內分隔投資銀行業務和研究部門「長城」的倒塌。有人說，這種界線的瓦解，是在證管會1975年取消股票交易固定佣金制度，而市場競爭又開始壓縮券商獲利後，才開始的。

自此，華爾街券商開始藉由收受像安隆這種需要有人協助發行股票和公司債，規劃合併計畫的公司所支付的百萬美元費用，來獲取更大利潤。在這種新收費結構之下，分析師面臨不可讓他們公司的金融服務大客戶投資評比太難看的壓力。

根據研究機構Thomson Financial資料顯示，從1986年以來，華爾街知名大券商因承銷安隆股票和債券，總共收受該公司3.23億美元費用。其中，高盛以收受6900萬美元，而名列榜首，瑞士信貸第一波士頓6400萬美元尾隨其後，接著是所羅門美邦的6100萬美元。

為避免得罪客戶，在股票評比方面，負面評比幾乎不存在。Thomson Financial 指出，2000年被分析師列為「賣出」等級的股票比率只有0.9%，目前則是1.6%。

(二)無能嗎？

還有人批評，華爾街分析師其實根本不懂安隆龐雜的財務結構，但又不敢承認。部分分析師也辯解說，他們都被安隆誤導了，而且，分析師可獲得的資訊還是有限，大致包括公司呈交給證管會的財務報告和新聞稿。

美國證券業協會首席律師凱斯維（Stuart Kaswell）指責安隆沒有提供分析師需要的資訊。他說：「我認為，當這些分析師拿到不正確資訊，而我們批評他們，說他們沒有盡責，這是不公平的。」

但是，批評者說，安隆出事前已有充足警訊出現。過去兩年來，安隆就以嚴格管制公司資訊聞名。2001年間，安隆寬頻投資失敗跡象愈來愈明顯。資深主管開始賣股票，而且，這些交易也都出現在提交證管會的文件中。安隆前執行長史基林2001年8月離開這家公司，他是安隆得以全身而退的高級主管中之一。

◆ 本章習題 ◆

1. 請你把去年財務危機的上市公司找出來，依圖3-1程序來看其財報可信度。

2. 由表3-3，找出會計師提出「相反意見」、「無法表達意見」的財報，來看這些公司出現財務危機的比重。

3. 由表3-1，找出去年會計師簽具「無保留意見」（例如上市公司中佔460家），但公司卻出現財務危機的（例如佔15家），算出審計失敗比率。

4. 把表3-4、3-5 update（即找出2000、2001年資料），再作歷史（三年）比較分析。

5. 以表3-9為架構，找出二家（製造業、服務業各一）上市公司資產灌水的詳細作法。

6. 以表3-10為架構，找一家公司走權益法、成本法漏洞的作法。

7. 以表3-13為架構，其餘依第5題內容去做。

8. 以表3-14為架構，以去年財務危機公司為對象，詳細標示各家公司（每家公司一個表）的蛛絲馬跡。

9. 以圖3-4為架構，其餘依第8題內容去做。

10. 以§3.4五為架構，其餘依第8題內容去做。

第四章 ⸺⸺⸺⸺⸺⸺⸺⸺⸺

公司買賣時鑑價

良好的企業透明度是企業妥善管理的領先指標，越來越多的證據顯示，高標準的企業透明度與公開化，對資金成本有很重要的影響。

⸺George Dallas　美國標準普爾公司管理和諮詢事業部主管

經濟日報2001年11月16日，第2版

學習目標:

公司鑑價的目的就是平時自抬身價、併購時抬高售價;相反的,站在買方立場,則是如何避免「吃米不知米價」的當冤大頭。在本章中,具體的把公司鑑價結果運用得淋漓盡致,可說是本書特色。

直接效益:

如何把公司賣個好價錢是所有股東的共同心願,第二節讓你能光明正大的自抬售價;至於第一節則是讓你能自抬身價,不致出現2001年陶子主打歌「太委屈」的哀怨。

本章重點:

- 財報透明度。§4.1三
- 國際會計準則公報。§4.1三
- 追蹤股。§4.1五
- 公司、事業部、資產出售時提高售價的決策流程。圖4-1
- 美國併購交易告吹的原因和件數。表4-2
- 賣方提高談判籌碼的方式。表4-4
- 公司價值評估時常犯的錯誤。表4-5
- 贊成、反對激情併購的理由。表4-6
- 四種決策過程紀律舉例。表4-7
- 美國上市公司併購溢價幅度。圖4-3
- 鑑價公司服務範圍。表4-8
- 不動產估價服務辦法與收費標準。表4-9

前言：自古無場外舉人

公司鑑價最重要的場合便是公司要出售時，希望使出渾身解數，怎樣合理的把公司賣個好價錢，本章第二節，知道賣方耍什麼把戲，在第三節中，買方便可以「以子之矛，攻子之盾」，以避免買貴了。

術業有專攻，不管是買方、賣方，最好都求助於鑑價公司，給你一份客觀專業的報告，以免師心自用，事後再來後悔，這是第四節的重點。

◆ 第一節　「財」要露白
——如何讓你的公司看起來更值錢？

「心事哪嘸說出來，有誰人唉知」，這是一首知名臺語歌的歌詞，甚至變成「男人真命苦」的生活流行語。的確，如果不毛遂自薦，可能得「開在深山人未識」的「鬱鬱不得志」一輩子。

在講究個人行銷的時代，許多人都惟恐天下不知，孔子所說「人不知而不慍」早已褪流行。同樣的，許多公司也擔心外人（主要是投資人）看低了它的價值，以致股價委曲了；尤其在新股上市、現金增資、併購時，更顯出「物超所值」的重要性；否則便「賤賣祖產」了！

本節說明如何透過提高報表透明度、追蹤股，讓外人可以看清楚你公司的真正價值，不致把你看扁。

一、財要露白

在說明如何讓公司財報「露白」（提高透明度）之前，先說明怎樣讓你看起來像億萬富翁（美國有這樣的書：*How to Look Like A Millionaire*），這些道理也適用在公司。

1.開林肯車，請穿制服的司機：在美國，林肯車是著名的豪華車，在臺灣則是賓士S320級以上。而且你還得捨得花錢聘請司機，而且還得穿制服（至少開車時要戴白手套）。如此外人才不會誤以為開車的人是車主，而坐在後座的你是乘客。

2. 穿名牌衣飾，佛要金裝，人要衣裝。

3. 每週找人修指甲，而且擦指甲保養劑，由你雙手就可看出是位富貴人家。

二、報表透明度，在亞太敬陪末座

2001年11月中旬，國際信用評等公司標準普爾（S&P）在香港發布亞太地區企業透明度和資料揭露水平第二階段研究報告，在標準普爾亞太一百指數內的企業中，臺灣企業的透明度最低，有26家企業（包括國巨、威盛、華邦、東元）的評分屬最低等別，顯示臺灣企業仍有待加強。

亞太地區得分最差的後20%多半是臺灣企業，31家中佔了26家。得分最佳的前六成公司臺灣企業沒有一家上榜。臺灣企業透明度最高的是宏碁、華通電腦、臺灣化纖、台積電和聯電，但只居排行榜中下水準。

對於這樣的結果，中華信評公司分析師認為，主要是因為這份報告是根據企業最近一年的年報，75%以上採用年報的英文本所致。由於臺灣企業的年報中文本往往比英文本詳細很多，對全球投資人來說，英文的資料揭露並不充分。

亞洲各國在經過1997至1998年金融風暴的教訓後，均致力提升企業透明度和資訊揭露；相對地，臺灣當時受創程度較輕，或許就是因為這樣而掉以輕心，沒有明顯改善。

根據標準普爾的標準，亞太市場企業的透明度和資訊揭露程度都不夠，透明度倒數第一名的是南韓的三星公司，亟需改善。即使是透明度較高的企業，年報揭露最多只包含所有可揭露項目的八成。

澳洲和新加坡企業無論在公司治理評分的平均得分或資料揭露的平均水平都處領先地位。大陸企業所得評分甚高，它們達到監管規定的最低要求，且跟香港企業的評分不相上下，也令標準普爾感到意外。

企業透明度不足是導致東亞國家在金融風暴時出現危機的關鍵因素，金融風暴過後，在各項市場潛在風險評估的主要因素中，企業提高業績報告的透明度已成為投資者的普遍要求。充足的資訊揭露是決定公司管理優劣的首要指標，這對資金成本有不容忽視的影響。（工商時報2001年11月16日，第16版，洪川詠）

三、看不透你的身價的後遺症

由於臺灣企業財報欠缺國際公認的透明度，以致阻礙外資來臺投資，總金額高達25億美元。資誠會計師事務所認為，在爭取外資投入臺灣市場的同時，修改會計制度符合國際水準，可說是改善投資環境的關鍵步驟之一。

外國企業海外籌資共有兩大管道，一是赴美國紐約證交所發行存託憑證（ADR）；二是發行海外可轉換公司債（ECB）。前者依據美國會計準則即可，但後者卻常常得依據國際會計準則公報（IAS）進行調整，才能順利發行籌資。

臺灣公開發行公司的報表都經會計師簽證，具備一定程度的允當性，真正的重點在於，臺灣會計準則跟國際潮流存有相當多的差異。

由於各國企業所依據的會計準則不同，赴海外籌資的臺灣企業，其財報必須加以調整，以符合IAS評量基礎，有價證券才能順利發行。手腳快的企業如台積電、鴻海就能調整到國際投資人的要求，但一般企業人才有限，得花不少時間才能調整出一份IAS的財報，結果往往錯失掉海外籌資的黃金時機。

資誠會計師事務所最近結合四大會計師事務所的力量，針對臺灣現行會計準則跟國際會計準則公報進行差異調查，結果發現，臺灣在「企業合併的會計處理」、「關係人交易的揭露」、「衍生性金融商品的認列」等方面跟IAS有顯著差異。這些差異大幅降低臺灣企業財務報表的「透明度」，不利於吸引海外法人來臺投資。

對於這個問題，財政部證期會和負責研擬財會準則的會計原則發展基金會正積極研修臺灣會計準則，目標是兩年內把現行財會準則全面修改為IAS制，以便與國際接軌，並利於吸引外商來臺。

臺灣過去的會計準則以美國財務會計準則委員會（FASB）為依歸，但FASB公報只能規範美國境內企業，跟歐洲和其它國家通用的IAS存有不小差異。基於會計準則一元化的理想，再加上美國FASB也逐漸向IAS靠攏，為了避免被排拒在全球化大門之外，臺灣會計準則有修改必要。

國際間彼此「看不懂」財務報表的問題確實很嚴重，因此全球四大會計師事務所之一的PwC今年就曾發表一份「反透明指數調查報告」，詳見表4-1。在全球35個主要國家中，臺灣跟阿根廷、巴西同為61分，並列第18名，最透明的國家為新加坡，

反透明指數為29分。

　　一個國家是否適合投資的透明程度，取決於該國的貪污和腐化、法律制度、經濟政策、會計規則、立法結構等五大指標。其中會計規則直接影響財報允當性，更跟海外投資人的投資意願息息相關。

　　新加坡的公司企業直接採用IAS編製財報，各國投資法人都能看懂，「透明度」當然全球最高，會計制度透明指標為38分。臺灣則因為會計規則跟IAS存有不少差異，會計指標為56分。(工商時報2002年1月5日，第8版，蔡沛恆)

表4-1　35個主要國家的反透明指數調查分析表

國家地區	阻礙外商直接投資程度(%)	阻礙外商直接投資金額（億美元）	隱藏稅負(%)	對資金成本的風險	反透明指數
阿根廷	139	187.32	25	639	61
巴西	141	402.61	25	645	61
智利	0	0	5	3	36
中國大陸	*	*	46	1316	87
哥倫比亞	138	45.93	25	632	60
捷克	194	59.64	33	899	71
厄瓜多	179	12.95	31	826	68
埃及	125	12.87	23	572	58
希臘	122	13.40	22	557	57
瓜地馬拉	162	5.02	28	749	65
香港	54	103.05	12	233	45
匈牙利	83	17.38	17	370	50
印度	156	44.58	28	719	64
印尼	218	12.68	37	1010	75
以色列	97	18.90	19	438	53
義大利	71	31.51	15	312	48

日本	137	86.62	25	629	60
肯亞	183	0.28	32	848	69
立陶宛	128	7.68	23	584	58
墨西哥	70	85.54	15	308	48
巴基斯坦	147	10.94	26	674	62
秘魯	123	23.63	23	563	58
波蘭	157	98.74	28	724	64
羅馬尼亞	197	28.74	34	915	71
俄羅斯	263	98.02	43	1225	84
新加坡	0	0	0*	0*	29
南非	134	26.32	24	612	60
南韓	208	123.47	35	967	73
臺灣	140	25.60	25	640	61
泰國	173	102.24	30	801	67
土耳其	212	18.22	36	982	74
英國	0	0	7	63	38
烏拉圭	100	1.76	19	452	53
美國	0	0	5	0*	36
委內瑞拉	155	69.88	27	712	63

註：1.反透明指標五項因素包括貪污和腐化、法律制度、經濟政策、會計規則、
立法結構。指數越低代表越透明。

2.本統計以五項指數最透明的新加坡為標竿基礎，但並非表示該國完全透明。

*無法衡量。

資料來源：資誠會計師事務所。

四、模範生不怕攤在陽光下

上半年的財報最後公布日可以到8月底,過去大部分的公司也都到8月才陸續公布。

1998年7月20日,台灣積體電路公司舉行法人說明會,公布上半年財務報表,董事長張忠謀希望公司在邁向世界級的過程中,對於資訊的揭露速度也能趕上世界一流公司的水準。張忠謀認為還可以再快,並以英特爾可以在14或15日前後就公布上半年財報情況,來要求公司的財務和其它部門配合。

台積電建立網際網路的首頁,讓海內外所有投資人能以最快速度取得公司相關資訊。甚至未來還能在股東提出對公司的疑問時,能夠在兩、三天內就把問題及回答放到網頁上,做到資訊透明化及制度化的目標,讓台積電對股東的資訊提供和服務更世界級。(經濟日報1998年7月9日,第15版,林宏文)

五、追蹤股──把內在美化為外在美的新方式

在美國,公司報表透明主要集中在尚未單獨發布各事業部的營收、獲利。為了避免「養在深閨人未識」的情況,只好內衣外穿,讓人家看見你的內在美。方法之一便是發行追蹤股。

追蹤股(tracking stock)又被稱為特定標的股,主要用來鎖定企業中某一特定事業部,以反映其潛在價值,進而使公司價值內在美看得到。

通用汽車在1984年首開發行追蹤股先例,是為了併購電子資料系統公司而發行。但日後的使用方式較寬廣,不限定於併購時使用。

追蹤股最初用來鎖定獲利穩定的事業部,但近年來則轉向新興、高度資本密集的部門,尤其是電信公司。

大型通信業者的傳統核心通信服務(如市內電話)已進入成熟期,成長速度緩慢,但是旗下行動電話、高速網際網路接續服務等新興通信事業部正當紅,但一般投資人往往把美國電話電報公司(AT&T)跟小貝爾公司當作公用事業股來看待,使這些公司的價值吃了不少暗虧。發行追蹤股可讓投資人除去老牌通信業者成長緩慢的印象,充分彰顯出業務快速成長部門的真正價值。

(一)好　處

發行追蹤股的好處有以下幾種：

1. 保持企業的營運效率，因為新事業部投資龐大回收緩慢，如果同列一份財務報表，恐拉低公司的營運效率。

2. 個別事業部的財務運作將更有彈性。

3. 個別事業部的員工配股，其股價表現將更切合該事業部的營運良窳，有激勵員工的效果。

4. 讓個別事業部的潛在價值得以彰顯。

(二)發行方式

發行追蹤股的方法基本上有兩種，第一種是依股權比例以特別股的方式發給原股東，當這些追蹤股在次級市場流通時即可反映出該事業部的真實價值。如果股價上漲，股東將因此獲利，但因沒有新資金挹注，對該事業部發展並無幫助。

例如1998年史普林特追蹤股發行時也打算採取初次公開發行，但因市況欠佳而撤回，最後僅發給原股東。

第二種是把部分股權進行首次公開發行，其餘部分則以特別股方式發予原股東，此法可引進新資金，對急於籌措新資金的新興業務事業部較有利，但前提是市況良好，否則將導致賤賣股權的反效果。

(三)跟母公司股票的關係

究竟要發行追蹤股或獨立成不同公司？各方意見不一，追蹤股如果以初次公開發行來處理，還兼具向資本市場集資的功能，不過，追蹤股鎖定的事業部並非獨立運作，仍屬於母公司所管轄，這可能導致利益衝突，因為對追蹤股有利的作法未必對總公司的整體有利。

1999年10月，美國MCI世界通訊併購史普林特（Sprint）後，保留史普林特原有的追蹤股，該股股價比總公司還高。

六、財會制度標準化至少是個起頭

信託商品審查由信託公會負責，信託業必須加入信託公會，才能爭取信託市場龐大商機。因信託業會計科目還未建立統一制度，也沒有客觀財務報表數據為憑。

除會計制度尚未建立外，外商銀行信託部做帳方式也不一樣，在帳上並未列出信託資產、信託負債，而是列入消費金融帳上。因此，即使市場知道某些外銀信託業務承作量大，但也缺乏實際財務報表可供佐證。

信託公會2002年4月建立信託業務量評定標準和營業總收入，並統一信託業會計制度和財務報表，這是銀行信託業務首度建立會計制度，未來各信託業者承作量將檯面化。(經濟日報2002年1月8日，第7版，謝偉姝)

第二節　怎樣把公司賣個好價錢？
——合理的自抬身價

賣方最大的心願為以最快時間把公司賣到最高價，達成此目標，一如賣房子一樣，要有策略，但這跟第三節「如何避免買貴了」並不會發生「以子之矛，攻子之盾」的問題，本節中強調的是「合理的自抬身價」。

「賣個好價錢」的決策流程如圖4-1所示，時間夠、(上市)條件足的情況下，當然是熬到新股上市再來脫手，此時本益比(約30倍)比未上市時(約8倍)高，即股價至少會漲3倍。圖左是本節的相關段落；右邊當出現「撤資時間夠(即不是急售)，但上市條件不夠」時，建議你採第一節一㈠中所主張的，藉由入流會計師事務所來提高你財報的可信度，即損益表中的獲利機會是有價值的，而不是採成本法(甚至像美國車庫拍賣)，以賣資產的方式來賣公司。

一、股票上市，取信投資人，股價更高

大部分公司常嘆外人不識貨，因此股價偏低，這是因為公司董監人比外人擁有更多的內部資訊，曉得公司的「內在美」，只有內衣外穿才能彰顯傲人身材，相同的，股票上市也有同樣資訊揭露的功能；另外的功能為透過自我約束，以降低代理成本，此足以提高公司價值。這種透過新股上市以求賣個好價錢的撤資方式，稱為「新股上市型撤資」(IPO divesture)。

圖4-1　公司、事業部、資產出售時提高售價的決策流程

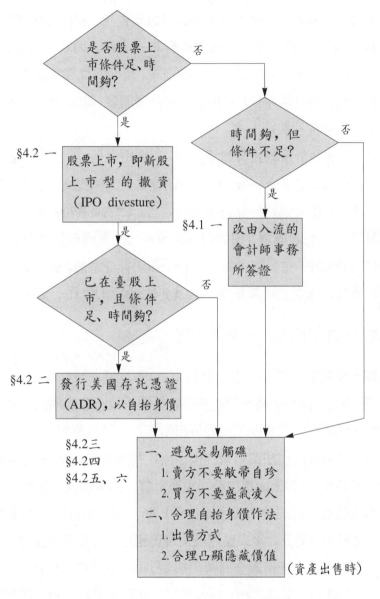

二、挾洋自重，股價鍍金

　　一山還有一山高，跨國上市，股價二地不同，原因之一在於美國投資人反倒比臺灣投資人更能「欣賞」台積電的價值，台積電ADR高於臺股38%。差別來自美股有嚴格的資訊揭露要求，以降低資訊不對稱並促進資本市場活潑；對公開說明書的

內容要求極為詳細,解釋法令更是無數。發行美國存託憑證需提供依美國一般公認會計原則編製的財務報表,或把本國報告調節成報告表。發行美國存託憑證之後,每年年度結束後6個月內也須送交美國證管會20-F審核,內容與初次掛牌的F-1相同。美股的嚴規不但沒嚇跑企業至美國掛牌上市,反而促成那斯達克與紐約股市的交易量為全球最大,流動性亦佳,雖然美國存託憑證發行和維持成本極高,全球各地企業仍然前仆後繼前往美國上市。

因此,臺灣大學會計系教授吳琮璠建議,以聯電為例,一向為外資詬病之處即為財務透明度,在新聯電五合一後,財務透明度雖然大幅提高,但未來若能成功發行美國存託憑證,必能大幅提升外資對它的信心。(工商時報2000年3月19日,第14版)

2000年3月23日,報載聯電在6月發行6億股以內的美國存託憑證,可望籌措600億元來興建12吋晶圓廠。這是聯電第一次發行美國存託憑證,顯見在五合一後,亟欲建立國際級地位,並走上國際舞臺。(經濟日報2000年3月23日,第18版,曹正芬)

三、如何避免賣不出去──賣方角度

並不是知名度高的公司便可以順利售出,1992年1月時,成立已132年的梅西(Macys)百貨公司,因負債高達35億美元,美國哥倫比亞廣播公司董事長提議出價10億美元擬收購梅西,因梅西公司覺得出價太低,以致沒有成交。1月27日,梅西只好向法院要求根據破產法第11章提供保護;在全美擁有251家分店的梅西,仍可維持營業,但必須在120天內提出公司重整計算,由債權人和法官批准。

固然說梅西是被美國經濟不振所困,但1986年在收購行動中舉債35億美元,1988年,債務增至46億美元,後來雖經股東增資挹注,但沉重債務仍居高不下,各銀行已經停止對梅西提供任何現金周轉,梅西公司已毫無債信可言,根本無法繼續進貨;再加上出售案價格又談不攏。梅西董事長芬格斯坦在一份公開說明中指出,在經濟不景氣中,梅西背負的債務已超過負荷,宣布破產可能是對梅西未來最好的選擇。

梅西只是數百個求售無門的個案之一,那麼併購交易為何無法成交?賣方公司對此應比買方更有興趣。因為無論是撤資以停止無底洞的損失,或是將撤資的收入轉戰其它領域,終歸是「早死早投胎」;反之很可能「拖得越久,賠得越多」。由表

4-2可看出，1990年併購交易告吹（deal breakdown）的原因，最主要的（63%以上）為在「相親」階段便告吹了，公司間的羅曼史只有開始卻沒有結局。這個表的資料很具代表性，所以我們不列2001年交易告吹的原因，詳見*M&A*月刊2002年2月號。

表4-2　1990年美國併購交易告吹的原因和件數

談判（或初步協議）破裂	169
賣方拒絕買方的要約	28
買方撤回要約	21
融資問題	17
賣方不賣了（買方出價太低）	6
政府管制	4
破　　產	3
敵意併購中止	3
再資本化／重組	2
訴　　訟	2
委託書搜購失敗	1
買方的股東反對	1
缺乏公平意見	1
其　　他	9
總　　計	267件

資料來源：*M&A*, May/June 1991, p. 15.

另一原因則為融資問題，尤其是在資金緊縮（financing squeeze 或 financial snag）時，採融資買下者只好縮手，而策略併購者也會多秤秤自己的荷包。雖然表4-2中，此型案件只有17件，但併購專家咸信此只是冰山上的一角罷了。賣方如果對買方有信心，不妨考慮給予買方融資即賣方融資，常見方式如買方延後付款、非現金支付併購款。

還有一個原因為賣方不願拉低身價出售，價格談不攏，買賣雙方只好自認白忙了一場，但對賣方來說，就怕「撿啊撿，撿到個賣龍眼」。

如果在幾次流標後，賣方仍不願降低價碼，看來只有待後市變好時再推出。要是賣方急於出售，而且資產已壓榨得所剩無幾，這種便不能以「全屋」方式出售，

只好把產品線拆散開來賣，分別賣給同業；這種後院大拍賣方式可能會比全屋銷售來得曠日費時，不過，總售價可能會比全屋被視為爛屋出售的總價還高。

表4-3是二個價格談不攏，以致併購告吹的例子。

表4-3　美國二個併購價格談不攏的案子

年　月	買　方	目標公司
1999　6	德士古（Texco）	雪弗龍（Chevron）
12	國際特殊製品（Inter-national Speciality Products）	戴克斯特（Dexter）

以生產各類材料為主的戴克斯特表示,公司董事會在聽取財務顧問雷曼兄弟公司的意見後，一致同意拒絕接受ISP在14日提出每股45美元的併購價碼。理由是它的身價可沒那麼低。戴克斯特在紐約股市27日收盤價38.38美元。（經濟日報1999年12月29日，第9版，郭瑋瑋）

在臺灣，我們看到許多公司出售交易告吹的主因之一，則為賣方敝帚自珍，昧於行情的吊高價位，以為跟一般討價還價一樣，可以漫天喊價。另一種情況為小家子氣，總價10億元的交易，很可能為了5百萬元的尾數而僵持不下；其實，真心要賣的情況倒是「滿載而歸，勿惦漏網之魚」，甚至可佔了便宜而不賣乖，以退為進的要求買方用較有利的付款條件來履約。

賣方出價過高，以致買方縮手的案例例如：

日本本田技研工業株式會社月前向慶豐集團董事長黃世惠家族提出,購入三陽工業股份案，由目前12.5%提高至30%，黃世惠日前雖已同意，惟本田技研堅持要以三陽當前市價（約4～5元）購入，這跟黃世惠、慶豐集團向債權銀行質押價格（26元）差距太大，導致三方價格談不攏。（工商時報2001年11月16日，第16版，沈美幸）

四、買方「贏了裡子」，賣方贏了面子

許多併購案一開始便觸礁，根據美國併購專家Marks & Mirvis（1998）的經驗

指出，買方常顯露出兵臨城下的征服者姿態，而賣方往往有「敗軍之將何敢言勇」的自卑心態。如果買方又有意無意批評賣方（對人不對事），有些賣方可能會有「不食嗟來食」的心理，另尋懂得尊重他人的買方。

買方的投資銀行針對買方的併購人員進行勤前教育，宜三令五申的避免傷及賣方公司人員的自尊。

五、賣方提高談判籌碼的方式

一般來說，賣方比較處於弱勢，往往任由買方們挑肥撿瘦。雖然如此，如果能參考表4–4美國費城戴溪特（Dechert Price & Rhoads）法律事務所歐唐耐爾（O' Don-nell, 1994）等三位合夥律師的建議，當可挽回頹勢，提升「談判均勢」（negotiating leverage），進而在履約日時維持雙贏局面，而不是在併購簽約日後便被買方予取予求。

除表4–4中的措施外，在簽約日迄履約日之間，賣方還是得保留下列壓箱寶：

1. 把配方、專門知識等智慧財產密而不宣。

2. 盡量避免買方跟賣方公司經理階層接觸，免得這些人吃裡扒外。

公司出售方式中，一般來說，拍賣（auction）方式由於是採行公開競標，較能激發盲目出價（blind offers），因此比議價方式的售價還高。

六、凸顯出你的公司資產價值

賣方無不希望能賣越高價越好，但光憑漫天出價並不具有說服力，唯有拿出證據才能自圓其說。美國鳳凰城GVA M&A 公司總裁維納（Viner）和資訊長柯恩（Cohen）（1990）認為下列「研究和重新計算程序」（research and recasting process）應可發掘出公司隱藏的價值。

(一)找出高估的費用

過去的損益表並不見得能抓得住賣方公司的獲利情況，尤其是費用常故意虛報以節稅。這類費用其實應適度調降，例如下列五項：

1. 經營者的薪水、紅利、額外津貼（perquisites）也許都高於同樣水準。額外津貼範圍很廣，小從俱樂部會員卡、書報雜誌訂閱、飛機季票，大至豪華租車、租

表4-4　賣方提高談判籌碼的方式

作　　　法	說　　　明
1.挑選身分問題少的買方	主要是指那些有政府管制或須第三者同意（如銀行）的買方。
2.要求買方「盡力」(best effort) 完成交易	例如買方須通過Hart-Scott-Rodino此一法案的申請許可。
3.遲延履約 (deferred closing)	把履約生效日訂在簽約日後30（或60、90天），以觀察買方是否有能力履約。
4.更新揭露可能造成違約事項	在簽約日迄履約日期間所產生的賣方新增可能違約事項（例如法律訴訟），有了此條款，至少賣方不會被買方控告詐欺，頂多只是併購交易告吹或是調整併購價格。
5.明定「重大負面影響」的「陳述與保障」才算違約	要把買方關切的「重大負面影響」(material adverse effect) 列進來；除此之外，對於小違約，則可透過調整併購價格、損害賠償來補償買方。
6.避免調整併購價格	如此才不會被買方拿刀架著脖子，若要調整購買價格，最好採公式價格，而且財務報表由賣方提供。
7.買方違約時賠償違約金 (break-up fee)	此項違約金可以避免「假併購之名，探公司之虛實」。

資料來源: O'Donnell, G. Daniel, "Evening Up the Odds in Negotiating a Deal of the 1990's," *M&A* Jan./Feb. 1994, pp. 37～43.

遊艇、租寓所及租機。

2. 經營者的退休金。

3. 人頭員工的薪資福利。

此外，還有二個大項目值得往下調整。

4. 非例行性（或臨時）費用 (nonrecurring expenses)，這些費用只是偶一出現，而且在可見的未來不會再發生，對於公司獲利潛力不會有負面影響；因此，賣方可

主張把過去所發生的許多非例行費用剔除，如此將使盈餘提高。這些非例行費用項目琳瑯滿目，從開辦費、人員召募費用、資本密集的營業擴充、機器修補和重置、特定的法律和顧問費用。

　　5.加速折舊的折舊費用，採加速折舊法提列折舊費用，將使公司早期費用高估、盈餘降低，因此需將此種提列過度的費用扣除。

　　不過，另一方面公司也要把遞延費用金額預估出來，以免買方認為賣方故意隱瞞費用性負債，導致對賣方的其它說詞嗤之以鼻。

㈡找出低估和隱藏的資產

　　許多資產的價值可能被低估，甚至被隱藏了，這又可分為有形、無形資產兩部分來看。

　　1.有形資產：許多有形資產的價值常被低估，一般分為下列三類。

　　　⑴例行性費用：小工具、備件、設備、服務等，由於金額太小，因此在支出時常被視為費用，但其實如果小工具遺失了，才會體會它的價值。這些費用性資產在大公司眼中或許金額不大，但如果賣方是中小企業，那也不能小看。

　　　⑵歷史成本資產：資產大都以歷史成本入帳，無法反映其重置成本的價值。

　　　⑶預付款：諸如維修、清潔、辦公用具、執照和許可、廣告等預付費用，對公司未來營收有正面助益。

　　上述這些資產無論是由公司的資材室（或會計處），或委由外界機構負責，都應該將公司此類資產價值找出來。

　　2.無形資產：無形資產又可分為二種。

　　　⑴商譽：其價值不能自吹自擂，一般來說大抵有個行情，如果沒有行情，也得請外界專業機構來評估。

　　　⑵商譽以外：包括客戶名單、雇用契約、電腦軟體、有利融資條件、商業機密、智慧財產、被保護的權利、經銷權、總代理權、購貨權、租賃權(leasehold interest)；這些無形資產可以買賣，所以價值更高。例如租賃權益來自租金低於目前的租金行情，低估的部分便是此租約的權益價值。

　　至於「未交貨訂單」(backlog of orders) 也是無形資產，只要以存貨去交貨，

便可實現利潤；因此未交貨訂單所折算的未實現利潤，也是賣方的無形資產。

第三節　如何避免買貴了？

公司價值評估不管採用什麼方法（一般至少用二種方法），假設買方董事長不採信其中一個數字，那麼再好的鑑價努力也是枉然。由於決策過程有瑕疵，決策的結果（即收購價出價，bid price）常常是高得驚人，也就是「買貴了」。

就跟任何決策管理一樣，要避免「買貴了」、「買錯了」的併購決策錯誤，必須決策過程要正確，本節將建議你一些方法。

一、想歪了，所以射偏了

公司價值評估絕不是完全理性的活動，就連何種評估方法比較適用，也是言人人殊；縱使勉強得到方法論方面的共識，但是，究竟應根據哪些基本假設（例如經濟成長率、利率、貝他係數）來進行分析，可能十個專家有十一種答案。更何況公司內部的權力鬥爭，會使原本複雜的事演變成「剪不斷，理還亂」。由表4-5可看出，在進行公司價值評估時常犯的錯誤，大都肇因於決策過程的不當。

(一)買方採取獨裁式決策

當買方公司採取獨裁式經營，而且董事長又剛愎自用、傲慢（自負），很容易眼高手低的高估併購綜效，其結果是買貴了、買錯了。這種致命錯誤只要多犯幾次，原來扮演攻城掠地的買方角色，恐怕難逃反被敵意併購的噩運，敗軍之將的董事長也只好捲鋪蓋走路。

不過站在管理者的立場，如何才能避免被董事長的錯誤決策所拖累呢？當自己並未獲邀參加併購小組，則宜透過毛遂自薦、上簽呈等向上管理方式，表示自己所處部門來自此併購案的綜效金額有多大。縱使自己是併購小組的一分子，董事長認為你該背負的綜效金額為2000萬美元，然而你自己認為只有1800萬美元，除了據理力爭外，不妨考慮請外界客觀的顧問公司提供評估報告，如果花費10萬美元，也是划得來的。自己所堅持的數字還應列入會議正式記錄中，屆時，縱使董事長下臺或推諉責任，你也有證據支持自己事前曾力諫過，而不是放馬後炮。

表4-5　公司價值評估時常犯的錯誤

錯誤原因	說　　明	結　　果
一、買賣雙方董事長方面		
1.買方經營者傲慢	・常見的症狀是不聘請投資銀行、鑑價公司、律師、會計師提供服務	・買貴了！ ・買錯了（買了卻管不來）！
2.賣方股東昧於行情	・對於公司控制市場行情不清楚，而且敝帚自珍	・行情好時賣不出去，行情壞時被迫便宜出售
二、買方內部政治問題	・有些部門想得標，因此高估併購綜效 ・有些部門不願從事此案，因此低估併購綜效	・買貴了！ ・沒買到！
三、買方審查評鑑作得不紮實	原因有： ・審查評鑑時間太倉促 ・沒聘請到適任的併購顧問 ・賣方詐欺	・買方買貴了！
四、代理問題	・常發生於初次從事併購的公司，太過信任投資銀行，後者為了賺取成效費，會建議買方出高價、賣方壓低售價	・買方買貴了！ ・賣方賣便宜了！

(二)慎防高階管理者間「內神通外鬼」

　　有些併購案起源自高階管理者，他（們）常會熱誠地向決策者（如董事組成的經營委員會）、策略幕僚推銷此案，甚至利誘其它高階管理者加入其行列，以造成

「眾人皆曰可」的聲勢。

另一種公司內部的權力鬥爭，可能來自某併購案使某一派系獲得較多資源（職位、地盤、權力），而其它派系則可能會反對。

縱使沒有這些派系間的合縱連橫的政治運作，光就集體思考、帕金森定理等也足以使決策過程中的理性無法完全發揮，而只能得到次佳的決策。

二、正確的決策過程

許多年輕小妹妹，禁不住路邊攤的跳樓大拍賣，買了一衣櫃的衣服，因洗一次便縮水而後悔不已，但又不能抗拒「俗擱大碗」的誘惑。同樣的，衝動性購買照樣會出現在企業併購中，如何避免老闆被沖昏頭而不計任何代價要併購，是正確決策過程中主要的課題。

㈠先避免「傲慢與偏見」

決策難免會受到一些衝動、自尊等情緒因素影響，例如「輸人不輸陣，輸陣歹看面」的心態，以表4-6中第3項來談，有些買方硬吃賣方，只是不想讓對手順利的買下賣方公司。

㈡正確的決策過程

除了董事成員要有正確觀念外，正確的決策過程（詳見圖4-2）也可避免決策錯誤，進而提高決策品質——在此情況下為併購出價價位。這屬於策略管理課題，有興趣者可參考圖中所載拙著的相關章節。

㈢四種決策過程紀律

正確決策過程的落實方式之一便是「標準作業程序」（SOP），其中有些會詳述表4-7中的（決策）過程準則（process discipline），他山之石可以攻錯，那貴公司的在哪裡呢？

三、改造董事會

如果董事會本身就是「違法亂紀」的始作俑者，那麼如何讓董事成員變聰明呢？這涉及董事會改造，有二種作法：

㈠外部董事

表4-6　贊成、反對激情併購的理由

激情併購的理由	反對激情的理性理由
1.如案子不多，今天不買（賣方公司），擔心以後沒機會了	1.併購、公司出售已成常態，今天案子不多，並不代表明天不會沒有許多的跳樓大拍賣
2.有些策略性考慮是無法用貨幣來衡量的	2.任何策略性考慮皆會反映在價值動力上，也就是可以量化。要是價值評估數字無法反映所有策略考慮因素，回過頭來檢查鑑價方法項目是否欠當
3.我不併購它，我的對手會把它吃下，屆時我將失去競爭優勢	3.二種情況： ・如果賣方公司售價太高，你的對手買下，以後也會受傷不輕，不見得能撈到多少便宜 ・如果你防禦性的硬把賣方公司高價買下，那明天輪到你「吞不下而噎著」，屆時還是可能得吐出來

資料來源：整理自 Eccles etc., 1999, pp. 143～144。

圖4-2　正確的策略管理程序可避免出高價併購

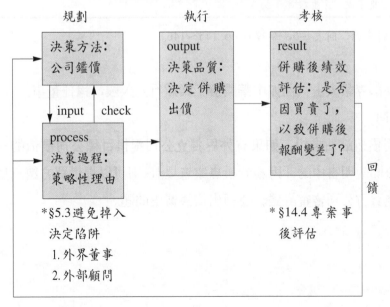

*伍忠賢，《實用策略管理》，遠流，1998年12月。

表4-7　四種決策過程紀律舉例

決策紀律	範　例
1.訂出併購價格上限，逾此，則放棄此案，此價格稱為「走開價格」（walk away price），此價格應低於買方的「綜效價值」（synergy value）	如Hutchison Whampoa、Allied Signal 等公司
2.對負責併購談判的管理者(negotiating manager)，應該規範其出價上限，而且應低於上述走開價格	如Hutchison Whampoa、Allied Signal 等公司
3.以報酬率來自動授權	例如 Interpublic Group of Companies （IPG）把決策權下授給事業部，只要求併購後5至7年投資報酬率12%以上的案才可作。該公司在過去15年正進行400個併購案
4.當有董事說：「基於策略考量，我們來作吧!」決策紀律是其它董事就說:「太貴了」。	荷蘭銀行（ABN AMRO）

資料來源：同表4-6，整理自 pp. 145～146。

　　尋找外部專業人士（例如中華開發工業銀行）入股，擔任董事。

㈡外界顧問

　　以公司價值評估來說，如果有外界獨立公司提供目標公司價值的允當意見書——類似公開說明書中的「財務分析專家意見」，則可以提供買方第三隻眼來看事情，以避免買方公司審查評鑑、公司出價決策出問題。

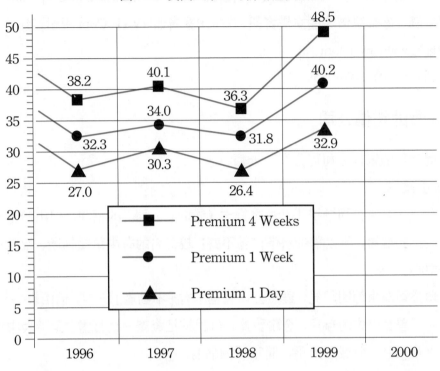

圖4-3　美國上市公司併購溢價幅度

第四節　鑑價公司的服務與收費
——會計師、鑑價公司

「聞道有先後，術業有專攻」，有鑑於隔行如隔山，在鑑價時仍宜花小錢聘請顧問來提供專業服務，以免因小失大。想把鑑價工作外包卻又怕投資銀行業者有道德風險，宜聘請鑑價公司（valuation corporation）來代勞，其結果為「鑑價報告」（appraisal reports 或 valuation reports）。

一、美國的鑑價公司

在美國比較著名的例如：

美國鑑價公司（American Appraisal Associates, 簡稱AAA，在臺的合資公司為

美商泛美不動產鑑價公司）和鑑價研究公司（Valuation Research Corporation）。有關美國併購、產業鑑價等成交價資訊，有ICP業者如NVST. Com 提供，連絡方式：

網址：www.nvst.com/val

電話：（800）843-9559

二、臺灣的鑑價公司

臺灣常見的鑑價公司可分為二大類。

㈠不動產鑑價

約有一千多家公司懸掛「不動產鑑定（顧問）公司」的招牌，但由於不動產鑑價師還沒正式認證，所以業者水準良莠不齊；較著名的有中華徵信所、福茂和中國生產力中心。

這類公司為求簡明起見，雖然公司名稱中有「不動產」三字，但由表4-8可見，資產項目只差動產中的存貨、金融資產，可說是把資產一網打盡。至於表中橫欄所描述的服務項目，分成四大項，簡稱「勘估」。

㈡會計師事務所

有些大型會計師事務所或其轉投資的企管顧問公司，設有併購部和鑑價部門，提供客戶(尤其是其簽證客戶)鑑價服務，這是許多會計師事務所大力開拓的業務。

會計師事務所在鑑價方面的利基：

1. 會計師整體形象良好，尤其是獨立、客觀及注重信譽。

2. 專業，尤其是依成本法、市價法（特別是金融資產）的鑑價。

三、會計師事務所的角色

如果買賣方投資銀行業者在處理公司價值評估時，可能出現代理問題，那麼是否可委由不賺佣金的會計師事務所來處理呢？雖然許多大型會計師事務所（或其附屬的管理顧問公司）有設立併購部門，以提供公司價值評估的服務，但是鑑於會計師謹遵穩健保守原則，因此我們建議：

1. 當使用成本法進行公司價值評估時，宜聘請外界獨立的會計師來處理。

2. 使用淨現值法，且有綜效時，雖然會計師可能不願承認綜效價值，但是會計

表4-8　鑑價公司服務範圍

服務內容 項目	徵信、調查	鑑定證明	投資分析	估價
1.動產 　(1)機器（儀器） 　(2)設備(如車輛) 　(3)動物 　(4)其它	1.信用調查 2.財產調查 3.其它	1.含損毀，共 　有物分割鑑 　定 2.公證，如進 　出口貨物公 　證、整廠輸 　出等公證	1.市場調查 2.風險評估 3.投資規劃	
2.不動產 　(1)土地 　(2)建築物（如廠 　　房） 　(3)其它地上物			包含問題諮 詢、甚至不動 產管理	
3.無形資產 　(1)專利 　(2)商標 　(3)著作權 　(4)公司股權		含印文、筆跡 鑑定		

師計算的數字可作為公司價值的下限。

　　3.在合併情況，由於買賣雙方對未來獲利的看法往往南轅北轍，因此淨現值法往往不受青睞，反而是較沒有爭議的「淨資產價值法」（無形資產列入鑑價）較易獲得雙方妥協而被採用；接著再討論、決定各項資產的鑑價方法（例如存貨計價採先進先出法）。

　　雙方各會委託自己公司的簽證會計師計算公司的價值,往往最後仍得求助第三家專業的會計師事務所，以其客觀超然的立場再算一遍；如果雙方不服，則合併案極可能會胎死腹中，這種半途而廢的案子屢見不鮮。

　　如果碰到機器、設備、土地等固定資產，買賣雙方也會協議由那些專業鑑價機

構（如中國生產力中心、中華徵信所）來評估，以彌補會計師事務所的不足。

四、鑑價公司的責任

1994年7月8日，為防制抵押放款發生超貸、及購買不動產低價高買的情節繼續發生，臺灣銀行已修訂有關不動產鑑價作業辦法，規定委託專業鑑價公司進行不動產價格勘估時，需在委託契約上明訂，如果鑑價公司的估價偏離市價，造成該行的損失，則鑑價公司需負法律責任。因此，多家鑑價公司表明不願再承接臺銀的委託案，但仍有中華徵信所等十餘家正派經營的鑑價公司，欣然接受臺銀新修訂的委託規範。(工商時報1994年7月9日，第3版，張明暉)

五、鑑價收費──以中華徵信所為例

鑑價公司收費跟律師、會計師很類似，各公會皆訂有參考水準，每家公司再酌情調整。除了公告牌價外，也有專案議價（佔案例二成左右）的，費率甚至可能打對折；收費的會計科目為服務費或顧問費。

謹以業中翹楚的中華徵信所的不動產估價收費方式，供作參考，跟汽車廣告一樣，實際收費水準以該公司為準。

1.估價標的以在一個行政區內（市、鄉、鎮、區）為一件辦理委託。報告如需分打時，每加一式（二本）加收工本費5250元。

2.報告時間：本市以8～10工作天，外埠以10～12工作天。如要求估價時間縮短，得酌收加急費30～100%。

3.差旅費用：標的物為臺北市、臺中市、高雄市以外者加收交通費1260元，臺東、花蓮、離島地區加收差旅費4200元。

4.工本費用：估價報告正副本共計二本。超過二本時，每本加收1050元。增加副本時間限自估價日起6個月內辦理，逾期則需重估。

5.翻譯費用：報告以中文為主，若需英文或日文報告需加收5250～10500元，另增加2～4工作天。

6.代申請膳本費用：

表4-9 不動產估價服務辦法與收費標準

鑑定總額 （新臺幣）（A）	收費率 （B）	基本收費額 （C）	收費總額 （單位：元）	收費總額
200萬以下	–	5250元	5250	1. 計算式 (A×B)×1.05+C=收費 （鑑估時值總金額乘收費率再加基本收費額）
201萬至1000萬	萬分之5.5	4200元	5360～9975	
1001萬至2000萬	萬分之3.5	6300元	9979～13650	
2001萬至12000萬	萬分之2.5	8400元	13653～39900	2. 代申請各項謄本規費由客戶負擔
12001萬至20000萬	萬分之2.0	14700元	39902～56700	
20001萬至30000萬	萬分之1.9	16800元	56702～76650	3. 上列計算標準以委託書內所列標的物（土地、建物）估價總時值為計算標準，且以萬元為計算單位，不足萬元者以萬元計
30001萬至40000萬	萬分之1.8	19950元	76652～95550	
40001萬至50000萬	萬分之1.7	24150元	95552～113400	
50001萬以上	萬分之1.5	34650元	113402～	

⑴影印謄本──土地、建物五筆以內收250元，五至十五筆收650元，十五至三十筆收1000元，三十筆以上收1000元，每超過一筆加收50元。

⑵電腦謄本──土地、建物五筆以內收400元，五至十五筆收1000元，十五至三十筆收2000元，三十筆以上收2000元，每超過一筆加收50元。

7. 注意事項：

⑴委託案件應視筆數多寡預收基本費，五筆以內收5250元，五至十筆收10500元，十筆以上收21000元，另臺東、花蓮、離島地區加收差旅費4200元。

⑵如因委託者提供不正確資訊而重複向政府機關申請資料者，除應納規費外，每重複申請一次應加交通費525元。

(3)委託估價之案件，如需出席法庭作證或公證，每次酌收出席費用5250元。

(4)委託者於簽訂委託書後，如因故取消估價時得要求取消委託。但本公司已進行估價工作時應支付注意事項(1)之基本服務費。

(5)估價標的如係無人領勘之空地，建物未辦理登記需本公司自行尋找標的或派員丈量估價者，按難易程度及筆數多寡加收服務費3150至10500元。

(6)委託者於收到估價報告後，對報告內容有異議者，應於10日內提出複查之要求。

8.本公司提供之不動產估價報告，係以受託時取得之資料所為判斷，僅供委託者參考之用，不得公開。

9.因本委託書約定事項所生爭執，雙方同意以臺灣臺北地方法院為管轄法院。

◆ **本章習題** ◆

1. 以第一節自抬身價幾種方式作表，以去年電子股為對象，看他們採取哪些作法。

2. 公司分割（事業部獨立成子公司）也是財要露白方式之一，以去年為期間，作表整理有多少上市公司這麼做。

3. 行有餘力的話，找3支美國追蹤股，跟其總公司股價比較，分析股價差異原因。

4. 以IAS的標準，以聯電等為例再詳細分析臺灣企業財報透明度不足的地方。

5. 以表4-2為基礎，取材工商時報、經濟日報，整理上市公司去年併購（含金控公司換股）告吹的原因。

6. 以表4-5為底，你能舉出去年美、臺哪些公司犯了公司價值評估的錯嗎？

7. 以表4-6為基礎，分析惠普想合併康柏是「激情」嗎？

8. 仿圖4-3樣子，整理去年上市公司被併購的併購溢價幅度。

9. 上網找資料，比較美國的鑑價公司提供表4-8中的哪些服務，收費方式如何？

10. 上網去找美國不動產估價服務辦法與收費標準的資料，再跟臺灣的收費標準比較。

第五章 ··

成本法

擁有許多好點子的最好方法是，先有一大堆點子，然後丟棄爛點子。

——鮑林（Linus Pauling）　諾貝爾化學獎得主

學習目標：

成本法是股票、房地產贈與或遺產鑑價最基本的方法，此外，許多資產股（如銀行、旅館等）鑑價大都採取此法。因此，學會本章，不僅可用於鑑價，而且可用於投資。

直接效益：

應收帳款鑑價、銀行業鑑價是資產證券化的重點，本章第四、五節詳細說明，讓你可以舉一反三的運用，可見「天下沒那麼多新鮮事」。

本章重點：

- 成本法在公司鑑價的二種運用。表5-1
- 不動產分類。表5-3
- 不動產鑑價方法和用途。表5-4
- 對海外子公司應收帳款的會計處理和影響。表5-5
- 由常規交易來判斷應收帳款的真偽。表5-6
- 利差模式。§5.5二㈡
- 有效利差。〈5-2〉式
- 銀行的分類。§5.5二㈢
- 逾期放款定義和承受擔保品的歸類。表5-7
- 銀行的經營績效指標。表5-11
- 金融業透過海外子公司放款的流程。圖5-3
- 不良債權的分類。表5-12
- 財務困難的等級。§5.6三
- 財務問題公司的鑑價方法和對象。表5-13
- 清算成本和重整價值間關係。表5-15
- 影響機器設備資產售價的因素。表5-16

前言：前胸貼後背

有些公司沒有未來（如大部分重整公司），或是屬於資產股、局部出售（含資產作價入股）資產，此時採取成本法來鑑價可說相當適當；詳見表5-1。

在第二節，我們詳細說明運用物價指數倍數表來調整土地等價值，第三節則更以不動產為例。

第四節說明應收帳款、應收票據、存貨的鑑價，道理是相通的。第五節則以資產本質上「應收帳款公司」的金融業（以銀行為代表）來詳細說明應收帳款鑑價的執行，並且介紹很好用的鑑價方法——價差模式。

在第六節中，介紹財務問題公司、不良債權的鑑價，這是清算價值最標準的情況。

表5-1　成本法在公司鑑價的二種運用

	不動產	應收帳款	銀行	財務困難公司
一、獲利法				
(一)市價法				
1.選擇權定價模式				§5.7五(二)
2.原型				
(二)淨現值法	§5.3三			§5.7五(一)
二、成本法				
重估後帳面價值	§5.3二(一)			
淨資產價值		§5.4	§5.5	
清算價值				§5.7六(二)

◢◣ 第一節　成本法快易通

成本法（cost approach）又稱會計鑑價法、資產法，適用於公司清算和資產股公司（如旅館、百貨公司）、非營利事業等機構。一般來說，本法鑑價往往較低，可視為賣方公司不適合繼續經營、買方僅想收購賣方資產，此時的賣方公司價值約

等於資產價值，這屬於資產鑑價（asset valuation）。

一、成本法的種類

成本法依其鑑價結果，由低往高，至少可分為下列三種：

㈠清算價值（liquidation value）

即賣方清算出售，清算後公司不存在，因此其公司名稱此一無形資產（例如商譽）不值一文，但商標等不列入其中，因其可單獨存在，無須依附於賣方公司名下。

㈡淨資產價值（net asset value）

即總資產減負債後的淨資產價值，無形資產也列入鑑價項目，但無形資產如何鑑價已不算是會計問題，因此買賣雙方的看法難免會有差異。

此外，此法還有下列用途：

1.遺產、贈與時股價認定標準：依據遺產及贈與稅法施行細則第29條，未公開上市公司股價，以繼承開始或贈與日該公司之每股淨值估算。

2.以每股淨值作為股價的下限：依據1990年諾貝爾經濟學得主哈利·馬可維茲（Harry Markowitz）的主張，「每股淨值」是判斷股價是否合理的重要依據，此主張被許多重視基本分析的投資人奉為圭臬。

㈢重估後（restated）帳面價值

本法又稱重置價值（replacement value），應用步驟如下：

1.估計有形資產的合理（fair）市價，尤其是土地、機器設備。

2.估計無形資產的合理市價，包括商譽、商標、商標名稱、員工或管理層勞動契約、有利的供貨契約、仍進行中的契約、繼續經營的價值（尤其是執照價值）與對客戶的報價單。

3.估計中途解約下負債的合理價值，除了長、短期負債外，也應包括遞延營所稅。

通訊業或有大量通訊器材的公司（如語音下單券商），通訊資產（telecom assets）金額往往很大。鑑於通訊科技的發達，通訊設備的取得、使用、維修成本逐年降低，所以公司帳上通訊設備的淨值其實是高估的——要賣可沒這個價；美國達拉斯市Source公司總裁David C. Potter特別強調此點。

二、成本法的用途

1.賣方公司的有形資產淨值，對可能的買方而言，無異是併購後再出售時的最低價值，買方可藉此衡量併購風險。

2.適合作為向銀行融資的保證基準，尤其是那些偏好以資產作為融資抵押品的金融機構。

3.基於稅務規劃的目的，買方可依據賣方重估後的公司價值，適當地把併購金額分配在有形和無形的資產之間。例如重估後資產價值提高，可提列的折舊費用也提高，如此可作為淨現值法計算時的參考依據。

4.在共同基金的運用：成本法在基金投資策略的運用最有名的便是華倫‧巴菲特等實行的價值投資，即「撿便宜貨」。

　⑴最簡單的是買進股價低於淨值的股票，1998年起證期會鼓吹投信公司發行資產重置型（或價值）基金，以免傳統產業股因股價過低而無法現金增資。

　⑵巴菲特是以該股（如華盛頓郵報）重置成本作為股價高低的標竿。

三、成本法的缺點和限制

1.並未考慮公司未來的獲利。

2.不同種類的資產（如應收帳款、土地、機器、商譽）常須使用不同的分析方法。

3.無形資產的計算頗困難，例如服務業公司中的人力資源。

第二節　重置成本法——物價指數調整法

重置成本法可說是成本法中的市價法，但有時為了省事起見，不針對每項資產去更新其成本，而是採取物價指數來一視同仁的調整。這種物價指數連動最常見的運用，便是個人所得稅中的扣除額，以物價指數累積上漲3%作為調整的門檻。

一、物價指數調整法

基於下列二項理由，只好採歷年物價指數（如1999年100.18%、2000年101.48%、2001年下跌0.01%）來普遍性的重估資產價值。

　　1.在初步投資評估時：此時犯不著花很多成本、錙銖必較的去重估資產價值。

　　2.公司資產種類相當多，而且明細不公開。

至於針對不動產，則宜依據內政部編列的不動產物價指數來調整。

二、稅法上的資產重估方法

資產重估用物價倍數表主要是考量企業購置的固定資產、遞耗資產以及無形資產，會受到物價上漲的影響，購置成本所受物價因素若無法扣除，無形中將增加廠商的負擔，因此稅法允許物價累積上漲達25%時，公司得實施資產重估價，提高資產的購置成本，相對降低稅捐的負擔。至於自用土地得按公告現值調整，不用贅敘。

㈠物價倍數表

根據稅法，財政部必須每年發布薑售物價指數和資產重估用物價倍數表，詳見表5-2。

㈡25%是門檻

營利事業在1979年以後新成立，或曾經以1979年到2000年的物價指數為依據，辦理資產重估價者，因為其間的物價上漲幅度未達25%，依法不得申請辦理資產重估。

㈢舉例說明

根據財政部所公布的資產重估用物價倍數表，企業在1978年以前（包括1978年）設立並取得的資產，不論過去是否曾經辦理資產重估，都可以依法申請辦理資產重估。

以1978年取得的資產為例，公司可以按物價倍數1.3454計算資產的重估增值。假設資產扣除折舊後的價值為100萬元，辦理重估後提高為134.5萬元，多出的34.5萬元就可以列為費用，按照資產剩餘的折舊年限，按年攤提費用，逐年降低所得稅負擔。

表5-2　躉售物價指數及資產重估用物價倍數

年 份	躉售物價指數 1996年=100	物價倍數	年 份	躉售物價指數 1996年=100	物價倍數
1961	32.24	2.9650	1970	37.93	2.5202
1962	33.22	2.8775	1971	37.94	2.5195
1963	35.36	2.7033	1972	39.63	1.4121
1964	36.24	2.6377	1973	48.69	1.9632
1965	34.56	2.7659	1974	68.45	1.3965
1966	35.07	2.7257	1975	64.98	1.4711
1967	35.95	2.6590	1976	66.78	1.4314
1968	37.02	2.5821	1977	68.62	1.3930
1969	36.93	2.5884	1978	71.05	1.3454
1979	80.87	1.1820	1990	93.09	1.0269
1980	98.29	0.9725	1991	93.24	1.0252
1981	105.79	0.9036	1992	89.82	1.0642
1982	105.59	0.9053	1993	98.08	1.0381
1983	104.35	0.9161	1994	94.07	1.0162
1984	104.84	0.9118	1995	101.01	0.9463
1985	102.03	0.9360	1996	100	0.9559
1986	98.71	0.9686	1997	99.54	0.9603
1987	95.5	1.0009	1998	100.14	0.9546
1988	94.01	1.0168	1999	95.59	1.0000
1989	93.66	1.0206			

附記：　1. 本表資產重估用物價倍數係按下列公式計算：
物價倍數=重估年份躉售物價指數/取得（或光復移入或上次重估）年份臺灣地區躉售物價指數。
2. 營利事業曾以1961年1月1日為基準日辦理重估價後迄未再辦理重估者，該重估資產於本次辦理重估時所適用之物價倍數一律為2.9816（95.59/32.06=2.9816，以1996年為基期之1961年1月物價指數為32.06）。
3. 表列指數在1970年以前係由臺灣省政府編布，1971年起由行政院主計處根據該處編布之處理漲跌率銜接。
4. 營利事業曾以1979至1998年指數辦理重估者，本次不得辦理。

㈣多次重估時

由於資產重估用物價倍數表編列只到1961年，財政部特別規定，凡是企業在1960年以前取得的資產（如廠房等），曾以1961年1月1日為基準日，辦理重估價後迄今未再辦理重估者，如果要在2000年再辦重估，其重估時適用的物價倍數一律為2.9650。以100萬元的固定資產為例，重估後價值為296.5萬元，企業約可增列200萬元重估增值。

㈤申辦程序

申請辦理資產重估的企業，應在年終了後2月底前，檢具資產重估價申請書，載明企業設立日期、會計年度起迄日期及曾否辦理資產重估價，向管轄稅捐機關申請辦理。

符合重估條件的公司，應在接到稅捐機關核准函後起60天內，填具資產重估價申報書、重估資產總表和明細表、重估前後比較資產負債表，向稅捐機關辦理重估申報。

◆ 第三節　不動產鑑價

不動產往往佔許多公司資產的四成，尤其是資產類股比重更高，因此有必要單獨說明不動產鑑價（real estate valuation）方式。

一、不動產分類

不動產（real estate）的範圍很廣，從使用權到所有權，詳見表5-3。2000年1月17日，銀行公會授信委員會決議，地上權設定可列為有擔保債權的授信範圍。例如臺北國際金融大樓便是按地價七成，設定70年地上權利，金額為208億元。

二、不動產鑑價

不動產鑑價方法還是二大鑑價法的運用，只是有時有些特定名稱罷了。各種鑑價方法和適用時機詳見表5-4，表中的邏輯，是假設有個無形的縱軸表示價值的高低，由下往上排列，只有土地公告現值一項例外。

表5-3　不動產分類

收益 種類	所有權	證券化	使用權
不動產 種類	1.商業區 2.工業區 3.住宅區，如員工、主管宿舍 4.農業用地	1.建設公司 2.不動產證券化	1.地上權 2.50年租用使用權 3.（有土地持分）高球證、度假中心卡

表5-4　不動產鑑價方法和用途

鑑價方法	說　明
二、獲利法 　㈠市價 　　1.計量方法	由大樣本來推論個案，比較不會犯局部謬誤，詳見§1.5
2.參考價	由信義房屋等房仲公司可以免費查得物件最近成交價
3.土地公告現值	只包括土地，適用於下列二情況： 1.土地交易時，繳交土地增值稅時 2.贈與稅、遺產稅課徵
㈡淨現值法 　　收益（還原）法	套用折現法，把房租收益（房租減維修費用和稅）折現，尤其適用於地上權等鑑價
三、成本法 　　1.重置成本	主要用於建物，以新的營建成本取代原來的營建成本
2.歷史成本	公司資產入帳建物價值，以供攤提折舊費用，申報營所稅用

㈠土地公告現值

各縣市每年度皆會公告核定土地的公告現值，作為課徵土地稅、土地交易（含贈與、遺產）時土地增值稅的依據。一般來說，公告現值約比市價低三成。因此，很可能比由淨現值法計算出的基本價值還低。

㈡如何從房地總價分離房價？

建設公司出售房地產時，都是以房屋每建坪的單價作為買賣雙方協議的基礎，例如消費者購買一棟面積40坪的集合建築，以每建坪25萬元成交，總價1000萬元。在簽訂房地產買賣契約書的時候，由於房價和地價必須分別計列，建商必須從房地總價1000萬元裡面，分離出房價和地價的數額。

由於建商所開立的統一發票，在土地部分不需要加計營業稅，所以建商往往把大部分的金額分配在地價上面。至於建物的價值，則往往只照建商興建房屋時，帳上所記載的房屋成本來分配，所以房地總價中，建物價金所佔的比率，通常只佔三、四成左右。

三、房地產主觀鑑價

市價法最大的缺陷在於可能遺漏未來可能的地目變更所造成的重大增值空間。由於都市計畫（含地目變更）變更常需一、二十年，因此有些有遠見的建商（和投資人）「養地」期間甚至長達二十年，可說需要相當的遠見。

但另一方面，房地產炒風甚烈，三峽的臺北大學附近套牢一缸子人；購物中心旋風也帶動預定地附近房價，但首座購物中心桃園南崁的台茂購物中心，第一年（1999）虧損1億餘元，臺灣是否能養得活這麼多家購物中心——約須60萬人才能容納一家，而至少有30家即將興建。

㈠地目變更，醜小鴨變天鵝

土地投資的關鍵因素在於對商圈的預測，也就是對於都市發展要有概念，例如1980年代，臺北市發展重心已由西區逐漸移轉至東區，而市政府的遷移往往也是原因。1990年代，臺中市發展重心也由火車站逐漸移轉到中港路。漲幅最大的地區集中於二大新開發工業區：雲林縣台塑麥寮工業區、臺南縣南部科學園區。南部第二科學園區花落何家，也會有點石成金的效果。

2002年1月22日，中國化學公司發布重大訊息，公告樹林廠土地申請變更為商

業住宅用地。為了配合地目變更作業和樹林廠土地開發規劃的需要,已經跟建設開發公司簽訂土地專案變更契約,該廠土地1萬多坪,打算將緊鄰長壽路和中山路土地變更為商業用地,其餘部分擬變更為住宅用地,重估後土地成本3.27億元。

　　根據法人估計,以每坪土地20萬元計算,此次中化樹林廠變更地目後的土地增值利益將可達到15億元以上。(工商時報2002年1月23日,第19版,李東珠)

　　交通動線的開放也有同樣效果,捷運具有局部麻雀變鳳凰效果;而高鐵(預估2005年完工)則具有線、面(新市鎮)的魔術效果。

(二)財報揭露之修正趨勢

　　一般公司的存貨由於均有報價、合約價、現貨價等各類真實市價之限制,加上會計原則採成本市價孰低法,因此就算有意提高存貨價值,但跟實際價值總是不會相距太遠。法令並未明文規定公司土地資產必須逐年或逐季依市價重新評價,部分公司的帳面資產價值早已過時,甚至有膨脹之嫌。土地資產評價時所用的市價標準也難界定,彈性相當大。在景氣欠佳階段,往往因公司負債增加,多以美化資產帳面價值來提高淨值,導致股市上充斥對上市公司資產「膨風」的詬病。

　　證交所跟財政部證期會、會計研究發展基金會舉行初步分組會議,積極展開訂定公司「資產評價機制」研究計畫,將針對公司進行資產評價時所用的「市價」標準研擬修改方案,該計畫將於2003年6月完成。之後,將做出修正建議,以使上市公司財報上資產價值更貼近實況。(工商時報2001年12月10日,第4版,許曉嘉)

(三)以工業區為例

　　由於工業區法令逐漸鬆綁,允許金融、通訊、高科技等產業相繼進駐,以內湖六期重劃區為例,臺達電等30餘家廠商陸續進駐後,年租金報酬率已逾6.8%,並擴散至竹科旁工業區土地。上櫃公司德利建設位於竹科旁5300坪工業區土地,出租給英國第一大零售商TESCO和臺灣B&Q特力屋,20年租金共達50億元,創下工業區最大筆租金紀錄。(工商時報2000年3月22日,第10版,陳高超)

(四)股市和房地產互動

　　在股市處於多頭時,民眾(預期)財富增加,因此比較能花大錢買房地產;許多實證指出,基於投資組合理論——股票和房地產是局部替代品,股市、房地產報酬率正相關,有時相關係數甚至高達55%。

(五)對營建類股股價的影響

營建類股在政府振興房地產市場陸續推出多項重大利多措施,加上政府許可未來公司處分固定土地資產可列入企業盈餘、配股,激勵資產股下,被視為最有土地資產的營類股2002年1月7日大漲4.8%,成為大勢漲聲中漲幅最耀眼的類股。

35種營建類股開盤後即隨勢強勢上漲,盤中高達28檔股票漲停,收盤並有國產實業(2504)等24檔股票高掛漲停。類股漲幅高達4.8%,領先大盤漲勢。(經濟日報2002年1月8日,第18版,鄧郊)

(六)折現率

對於營運型不動產的折現值,常用的權益資金成本為採取相似營建公司作為標竿,例如在高雄市,辦公大樓的代表性公司為長谷。

四、國際參考資訊

不動產鑑價方法不難,但涉及很多法令,所以有許多專業期刊深入探討,對不動產投資、鑑價想進一步了解的讀者,請參考下列期刊:*Journal of Property Investment & Finance*。

◆ 第四節　應收帳款鑑價

1998年3月以來,股市流行「業績膨風」的地雷股,癥結在於應收帳款的真偽。

應收帳款(含應收票據)往往是公司可以動手腳的資產項目,在「財務報表分析」課程中討論如何判斷應收帳款的價值。實務上建議步驟如下:

一、先剔除無因且非常規交易者

一般企業對正常客戶會採取常規交易(at arm-length's transaction),但對於製造業績的假交易,售價較低,應收帳款天期較長,即大都是非常規交易。銷貨對象大都是子公司、關係企業、關係人企業(例如董事長出資成立的公司),邏輯上來說,尤其是關係人交易(related-party transaction),這些應從應收帳款中剔除,往往帳都收不回來。

二、海外子公司是堆貨倉庫？

許多公司（以出口導向的電子業最多）在國外設有子、孫公司從事行銷業務，母公司的會計處理是在出品時立即認列銷貨收入和應收帳款。

許多電子公司營運、財務出問題，都是來自海外應收帳款收不回來，當你懷疑為何呆帳率如此高，或是為何不採取應收帳款買斷（factoring）時，竟然才發現這只是會計科目遊戲——對海外子公司的應收帳款無異是臺灣母公司在海外的存貨。

㈠海外存貨有多少？

貨物出口到海外，一般包括船運1個月、海外庫存1個月及海外子公司再銷售給真正購買者的2個月收款期間，共約需120天才能把款項匯回母公司以沖銷應收帳款。由此粗估母公司財務報表對子公司應收款項，在正常情況下，有半數金額是在運送途中或存放在子公司的倉庫裡。

根據證期會1999年10月抽查20家上市電子公司後發現，其整體比率為53%，個別公司中以中強公司的92%最高，也因此，這部分母公司對子公司的應收帳款債權，實質上是母公司的存貨。（工商時報1999年10月25日，第2版，譚淑玲）

㈡應收帳款收不回來怎麼辦？

當海外子公司貨物銷售不出去，母公司帳上應收帳款也不可能掛太久，常見的遮掩方式如下：

1. 銷貨退回。
2. 銷貨折讓，把子公司當做經銷商。
3. 子公司代母公司支付海外廣告費、研發費。
4. 應收帳款轉成對子公司的增資投資。

㈢電子股的海外應收帳款

2000年流行電子股海外應收帳款倒帳風，由於上市公司出貨予海外子公司，便已認列營收，但海外子公司在無法全部順利銷售狀況下，因而形成存貨，加上部分產品，如電子資訊產品的生命週期較短，存貨時間越長，存貨價值下降的幅度越大，經過一段時間後，便須由母公司認列存貨損失。股市先前就曾爆發有些掃瞄器廠過去便曾因為認列海外子公司的存貨損失而成為地雷股事件，並引起市場喧然大波，

因此,上市公司海外子公司應收帳款與存貨問題,成為證交所和投資人關心的焦點。

據了解,約有10家上市公司曾因出貨給海外子公司,而發生應收帳款和子公司存貨偏高,已遭證交所列為查核對象。其中,大多數為電子公司,包括茂矽、力捷、昆盈、鴻友、廣宇、美格、精英、全友、興達及中強等列名其中。

各上市公司把今年上半年財報檢送到後,證交所近期已再度針對該10家公司一方面要求會計師提供工作底稿,另一方面則要求公司說明解釋,並比對各公司1998年全年、1999年上半年財務資料,以了解各公司海外應收帳款偏高等狀況是否已有改善,並在查核完畢後,把查核結論編製成專案報告送證期會。(工商時報2000年10月2日,第3版,周克威)

在半導體公司中唯一被證交所點名應收帳款和海外子公司存貨偏高的茂矽電子指出,主要係因公司的銷售作業,還涉及DRAM產品外包作後段封裝測試甚至作成模組後才銷售所致。

(四)承銷商對新股上市的審查評鑑

1999年12月,證交所規定申請股票上市公司跟海外子公司間的交易合理性,列出會計帳務處理、交易真實性等上市審查評估標準項目,讓申請公司、承銷商有所依循,詳見表5-5。而違反規定的申請公司會面臨相當嚴格的上市審查,以減低未來股市再度發生地雷股的機率。

1.會計帳務處理方面:為避免虛增或預計認列營業利益,以及為要求會計處理的正確性,子公司於接獲訂單後立即轉給母公司,並由母公司直接運交買方,即母公司負該筆交易所有責任,該交易經事實認定為居間行為,則子公司以佣金收支列帳。

母公司跟子公司間涉有提供原料或半成品委託加工者,如果加工產品所有權或風險並未移轉,則不屬於進銷貨交易的型態,應避免以進銷貨處理,才不會膨脹營業收入、預列營業利益。

2.有關海內外交易真實性的問題:為避免子公司的營運損害母公司或對子公司有塞貨以虛飾業績的不當情事,承銷商應實地訪查子公司以了解其銷貨收款情況、主要客戶徵信、授信情形(即背景資料的了解)、客戶各期交易金額的變動情形,以及檢閱會計師簽證的財報或借閱會計師工作底稿,取得足夠的證據以判斷子公司

營運狀況的合理性。

　　承銷商應分析子公司存貨和應收款項周轉率（含存貨貨齡及應收款項帳齡分析）的合理性，有沒有存貨呆滯或呆帳損失提列不足，而間接影響母公司營運的情形。

表5-5　對海外子公司應收帳款的會計處理和影響

	會計處理方式	對母公司不利影響
損益表方面		
銷貨收入	採取「法人個體觀念」，商品一旦出門，開立發票，便列為收入	宜採取「經濟個體觀念」
−銷貨成本		
＝毛利	在未向子公司收款前，有遞延毛利存在	
−營業外支出	子公司削價出售產品時，子公司的虧損反映在母公司的營業外支出	投資人看不出母公司銷貨正處於不利狀態
資產負債表方面		
應收帳款	1.母公司對子、孫公司的應收帳款不能提備抵壞帳 2.子公司對存貨可能設有提列備抵存貨跌價	一旦子公司銷售出問題時，應收帳款可能高估
長期股權投資	子公司虧損作為長期股權投資的減項	

三、從比較分析看出破綻

　　接著再由表5-6來進一步推估「假」應收帳款的金額，可以拿同業水準作為門檻，超過的部分，除非賣方公司可能自圓其說，否則往往是有名無實的應收帳款。

表5-6 由常規交易來判斷應收帳款的真偽

比較標準	說　　明	產業水準
應收帳款／銷貨額	40%	20%
帳齡	60天	30天
客戶		
1. 集中度 （前4大客戶）	60%	40%
2. 身分	子公司、關係企業、 關係人企業	分散

四、應收帳款鑑價

應收帳款、存款、金融投資在會計上皆有備抵損失（reserve accounts或allowance accounts），因此在鑑價時，就是在評估備抵帳戶提列是否允當（adequacy of allowance accounts）。

由下式可見，當備抵壞帳（allowance for bad debts）提列不足（underreserved），即表示應收帳款鑑價過高（over valuance）。在英文用詞中，壞帳有bad debts、doubtful accounts、 uncollectibles等同義字。

損失準備（allowance accounts）>預估數（estimated）　準備過多（over reserved）

即鑑價過低（undervaluation）

損失準備<預估數　準備不足（underreserved）

即鑑價過高（overvaluation）

五、稅法上的處理方式

依照營利事業所得稅查核準則的規定，公司債權中，經催收逾2年後，仍無法收取本金或利息者，才可視為實際發生呆帳損失。

要是呆帳發生於2001年，必須要到2002年時才能列為損失，作為費用（bad debt expense）出帳，以沖銷（write-off）部分應收帳款的價值。

六、應收票據

應收票據（notes receivable）的鑑價方式跟應收帳款相似，只是得注意一種狀況，當應收票據（如本票）的發票人是所有股東時，此時很可能此「股東往來」代表著公司在股東大會決議前先預付（一部分）現金股利給股東，而在會計處理時先記在帳上罷了。

七、投資人對思科的三大隱憂

2001年4月4日，英國金融時報指出，導致思科新經濟光環褪色的原因，主要來自於投資人認為的三大隱憂，其中之一便是應收帳款會變呆帳嗎？

主要客戶通訊服務提供商的破產消息頻傳，是否會對思科造成傷害，尤其以賣方融資（vendor financing）方式，向思科借款購買他們產品的那些破產公司，例如Digital Broadband、HarvardNet與Vertris，不但無法償還累積高達2億美元的借款，還以低於市價一到二成的價格，拍賣思科的設備，形成自相殘殺的局面。（工商時報2001年4月6日，第7版，張秋康）

◆ 第五節　銀行業鑑價——應收帳款專論

如同水母體中水佔九成一樣，銀行最大的資產是放款（佔八成以上），也就是「應收帳款」。所以以銀行業鑑價來深入說明應收帳款鑑價，不僅具體明瞭，而且也可藉此多了解銀行股的價值，可說是「一兼二顧，摸蛤兼洗褲」的事，有不少英文鑑價書往往用一章來討論，甚至專書介紹。

一、Why?為什麼討論銀行業鑑價

我們無意討論特定產業的鑑價，以避免冗長的產業分析，但本節以銀行業鑑價（bank valuation）為題，原因有三：

㈠銀行（或更大的金融業）股是主流類股

不論你是否投資於金融股，都必須了解金融股的走勢，大部分股市中金融股都是佔指數前三名類股；也就是成事不足，但敗事卻綽綽有餘。

㈡鑑價重點

本節焦點擺在呆帳（主要是佔銀行資產八成的貸款）的分析，或者談應收「帳款」（即本息）價值的鑑定。跟第四節應收帳款鑑價不同的是，本節注重呆帳金額的衡量（假設你已經懂帳齡分析）。

行政院金融重建基金決議2002年1月底前將中興商業銀行公開標售，中央存保公司委託會計師針對中興銀行資產評估報告初步完成，據悉，中興銀淨值約為負3百億元，與最初的估計有相當大的出入。據內情人士說，中興銀行不良放款高達8百多億元，以致中央存保委託會計師初步評估興銀淨值為負3百億元，這個數字「並不離譜」。（工商時報2001年12月22日，第8版，唐玉麟、林文義）

應收帳款在金融業、行銷公司的資產中皆佔很高比重，所以透過本節「讓你一次看個夠」。

㈢鑑價方法

許多行業皆具有下列特性：「管銷費用固定，因此只要知道毛利，純益也就八九不離十了」。產品售價跟營業成本，包括材料成本、製造費用常成固定比率，即毛利率很穩定，製造業中的典型便是電線電纜業，銅價（原料成本）約佔售價六成。利用產品售價跟營業成本的價差來推估公司價值的方法稱為「價差模式」（spread model），在銀行鑑價時稱為利差模式。

二、How?鑑價方法

㈠基本放款利率連參考價值都沒有

基本放款利率是用以計算放存款利差的放款利率指標，只可惜，從2001年起銀行怕「嘔客戶」，因此高掛基放利率，以三商銀來說，2002年7月為7.535%，一年期定存利率2.3%，看起來利率差高達5.235%。

但是另一方面，銀行又私下削價競爭，以致2001年12月五大銀行（臺銀、合庫、三商銀）加權平均放款利率只剩4.462%，名目利率差才2.162%。

㈡利差模式

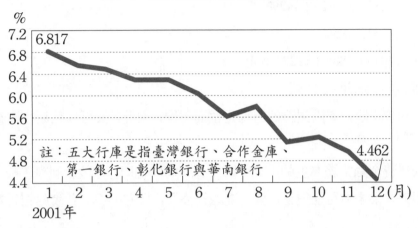

圖5-1　五大行庫新承作放款利率走勢

註：五大行庫是指臺灣銀行、合作金庫、
　　第一銀行、彰化銀行與華南銀行

資料來源：中央銀行。

　　銀行管銷費用佔營收比很固定（例如10%），因此知道毛益率後，純益就呼之欲出。常見的便是以存放款利率差乘上放款以計算毛利，但常見以基本放款利率減一年期定存利率的「存放款利差」卻不足以有效的反映價差；因放款利率需扣除呆帳率和營業稅。而存款利率便考慮銀行需繳交存款法定準備率，此處以一年期定存利率作為存款加權平均利率，實際數非常接近。

　　因此，有效利差（effective interest rate spread）為2.0788%，並不是5%；由前者所計算出的毛益率為62.5%（5%/8%）。有效存放款利差乘上放款金額便是毛利，以2002年5月來說，約為2910億元。

毛利＝平均單價－平均變動成本……〈5-1〉

有效利差＝$R_L \times (1-BLR)(1-營業稅率) - R/(1-R_R)$……〈5-2〉

R：一年期定存利率

R_e：放款利率，依中央銀行統計月報為準，2001年1月所獲得2001年第3季數字為5.9%

R_R：加權平均法定準備率(4%)

BLR（bad loan ratio）：壞帳比率

$$有效利差=4.462\%(1-10\%)(1-2\%)-\frac{2.3\%}{(1-2\%)}$$

$$=3.9355\%-2.347\%$$

$$=1.5885\%$$

毛利=14兆×1.5885%=2224億元

(三)用利潤來源把銀行分類

放款利率、壞帳率因銀行的市場定位而不同，因此，又可以把銀行大致區分為三類：

1.以消費金融業務為主的「零售銀行」(retail bank)，存放款利率差較大，只要徵信做得好，呆帳率可能很低，像裕隆融資公司，只有0.4%，代表性銀行為花旗、萬通銀行。

2.以企業放款為主的「批發銀行」(wholesale bank)，包括外商銀行（共44家，不包括花旗）、舊銀行、新銀行。

3.以財務操作（外匯、股票）為主的「投資銀行」，為了跟證券公司承銷部（俗稱投資銀行）有所區別，所以套用英國名詞稱為「商人銀行」(merchant bank)。其中股票投資為主的，在臺灣又稱工業銀行，名義上有2家，即中華開發、臺灣，實質上交通銀行也是。此外,以外匯操作見長的銀行如大眾(因為總經理林進財之故)、中國信託商銀。

(四)鑑價的重點

傳統銀行的鑑價關鍵在於呆帳率的估計，而重點在於：

1.逾期放款比率的估計，換句話說，也就是對銀行（放款）資產品質的分析。

2.對子公司的鑑價，有些投信公司的債券型基金買到地雷債，為了掩飾，最簡單的作法便是找子公司買下；銀行掩飾不良放款的機構常見的為旗下租賃公司、海外子公司，後者詳見本節第四段。

(五)壞帳堆中如何煉出黃金?

垃圾也有再生價值，同樣的，「壞帳」資產也有價值，就和跳樓大拍賣一樣，需具有下列的慧眼，才能找到物超所值的便宜貨。

1.逾期放款殘值估計：逾期放款並非一文不值,宜針對放款品質去估計其價值。如果看得準,那就如同在礦區花1美元買進一袋碎礦石一樣,有機會碰到寶石,否則就是「偷雞不著蝕把米」。1997年7月2日東南亞金融風暴爆發,1998年1月新加坡發展銀行收購泰國興業銀行,買方以為已完全摸透多年密切往來的賣方,但在收購後,才發現賣方放款品質比預期還要差。因轉投資虧損拖累,新加坡發展銀行的當年度獲利腰斬。(亞洲週刊,2000年3月26日)

2.抵押品價值：抵押品市價減掉清算費用,便是清算價值。但有些買方視為逢低買進房地產,而不是想賺放款的利息,著眼的是「繼續經營價值」,因此對房地產投資必須很擅長。

3.未來獲利機會：前二項談的都是銀行現有資產的價值,至於未來獲利機會,則顯現於銀行的下列特性：

(1)區位 —— 例如新竹、南部科學園區。

(2)客戶品質,尤其是消費金融業務中的信用卡業務,像1999年時,美國商業銀行就把信用卡部門賣給荷蘭銀行。

三、What?放款的價值

銀行最主要的資產便是放款,可惜,由於管理代理問題,分行經理向總行報告往往報喜不報憂,「低估」逾期放款的金額。總行對外也是如此藏拙,弄得美國的信用評等公司對臺灣所公布的逾期放款比率總是會再加上幾個百分點。

臺灣如此,那麼開發中國家就更不用說了,1998年時,中華開發工業銀行本來想收購泰國第四大銀行京華銀行,但後來擔心其實際逾放比率可能高達四成,而不是帳面上的一成,到最後只好打消買意。

(一)放款的品質

為強化金融機構體質及損失承擔能力,確保銀行資產品質的健全,財政部依據新修訂銀行法的規定,把現行「銀行逾期放款催收款及呆帳處理辦法」從嚴修正,改為「銀行資產評估損失準備提列及逾期放款催收款呆帳處理辦法」。有關授信資產品質的分類,將由現行的四類改為五類,第二類原本不需提損失準備,財政部將要求銀行增提準備,其比例視今年銀行打消呆帳的狀況而定,此一新制可望年底實

行。（工商時報2002年1月27日，第7版，步明薇）

圖5-2　銀行呆帳損失準備

逾期放款、呆帳等不良債權（或壞帳）（bad loan）只是衡量銀行資產品質的一部分，其它還包括產業集中性、客戶集中性、授信政策和授信過程等。就銀行對債信不良的企業集團集中授信問題，國際清算銀行正推動銀行淨資本的計算，需把授信對象的信用評等列為計算指標。

至於銀行臺灣還沒跟上，券商、票券公司的資本適足度（capital adequacy）8%的下限，則是衡量銀行中長期償債能力的指標。不過，我們並不同意此作用，就一般公司而言，自有資金比率（一減負債比率）小於50%，那就缺乏償債能力。在金融業，資本適足度近似於一般公司的自有資金比率；那麼48%都不夠賠，何況是8%呢？銀行的防線在於放款品質，而不在於資本適足度。

（二）「逾期放款」的定義

「逾期放款」顧名思義，至少是指沒按月繳息的客戶，至於操作性定義請見表5-7。

（三）逾放比率的四種版本

1.財政部的統計：央行在2000年10月底開始，逐季公布逾期放款和應予觀察放

表5-7　逾期放款定義和承受擔保品的歸類

	國　際	臺　灣
逾放標準	遲繳息3個月以上	遲繳息6個月以上,這和開發中國家標準比較近
協議償還	－	下列二項不列入逾放: 1.展期 2.符合協議償還
承受擔保品	列為閒置資產	列為其它資產

款,兩者合計可稱為廣義逾放(即以國際標準計算的逾放),約為目前銀行公告逾放(稱為狹義逾放)的1.5倍,但個別銀行並未發布正確的逾放金額。2001年底,逾放比率約8%。

海外媒體和法人提出各種臺灣逾放數字,均與財政部統計相去甚遠,各種數字定義不一,但均凸顯隱藏逾放及壞帳的嚴重性,詳見表5-8。

海外媒體及法人提出的各種逾放比率,有些稱為壞帳比率,有些稱逾放比率,實際上逾放、壞帳和問題資產,各有不同的定義。

問題資產的範圍比逾放大,除了法定逾放外,還包括可能變成逾放的放款金額,逾放的範圍則比壞帳或呆帳大。銀行主管指出,雖然各種數字定義和計算方式不同,但都質疑官方統計的逾放數字失真,凸顯隱藏性逾放和壞帳問題。(經濟日報2000年12月6日,第2版,邱金蘭)

根據財政部和央行達成的共識,可不列入銀行逾放統計的放款包括:銀行對中長期分期償還放款逾3個月但未滿6個月者、其它放款本金未逾3個月而利息未按期繳納逾3個月但未滿6個月者,和協議分期償還放款、已獲信保基金理賠及有足額存單或放款備償放款,及其它經專案准免列逾放者。

2.標準普爾的估計:2001年10月10日,標準普爾國際信用評等公司(S&P),發表「2001年全球金融體系壓力報告」,指出在美國911驚爆事件之後,包括臺灣、大陸、美國等15個金融體系正面臨嚴峻壓力,資產有惡化的疑慮。標準普爾把臺灣金融體系的潛在問題資產佔總資產的比重(GPA)調升至15至30%,大陸則為35至70%。

表5-8　各機構對銀行逾放及問題資產估算比較

發布單位	法定逾放比率	問題資產比率（法定逾放+可能變成逾放）	可能變成逾放定義
財政部	5.49%（10月底）	8.39%（5.49%+2.9%）	展延紓困+3到6個月利息逾期+分期償還放款逾期3個月
中華信評	5%（9月底）	9～10%（5%+4～5%）	協議分期償還+3到6個月利息逾期+承受擔保品
英國經濟學人雜誌	–	10到15%	未明確
美國商業周刊	–	15%	未明確
美國所羅門美邦證券	–	1.7到2兆元（約14%）	未明確

註：表中問題資產比率，各家機構有不同定義，因此使用的名稱和計算方式均不同。財政部用「法定逾放」（NPL）加上「應予觀察放款金額（loans under surveillance）佔放款比率」；中華信評用「問題資產（impaired assets）比率」；所羅門美邦用「壞帳（bad debts）比率」；商業周刊引用所羅門美邦估算和財政部NPL比率比較；經濟學人雜誌用「壞帳（bad loan）比率」。

資料來源：財政部等單位。

標準普爾從1997年起，連續5年對全球68個銀行體系進行評等。（工商時報2001年10月11日，第1版，李玉玲、謝錦芳）

3.致遠的估計：2000年11月1日，亞洲華爾街日報指出，根據致遠Ernst & Young亞太金融顧問公司公布的調查報告顯示，亞洲地區壞帳水準過去兩年來已增加33%至2兆美元，約佔該區國內生產毛額（GDP）的三成，詳見表5-9。此一數據不僅遠高於亞洲政府自行估計的17%，更反映出壞帳問題的嚴重性，其中又以日本的情況最為險峻。（工商時報2001年11月2日，第7版，張秋康）

以表5-9中臺灣數字為830億美元或2.9兆元。

4.臺灣經濟新報社的估計方法：臺灣經濟新報社從2001年7月推出「TEJ銀行逾

表5-9　2001年亞洲壞帳預估值

	壞帳 （單位：億美元）	壞帳佔GDP的 比例
日　　本	12610	26%
中國大陸	4800	44%
臺　　灣	830	26%
南　　韓	640	14%
泰　　國	500	41%
馬來西亞	430	51%
印　　尼	220	14%
菲 律 賓	110	13%
總　　計	20140	28%

資料來源：致遠亞太金融顧問公司。

放比率推估值」，竅門在於由各銀行應收利息比率推估銀行真實逾放比，並進而推估真實呆帳費用、常續性利益和淨值等，也就是銀行重編一套較可靠的財務報表，然後再選取適當的財務指標，進行銀行經營績效之評等，例見表5-10。

　　全世界比較穩定的國家，平均逾放比在3%以下，才屬於安全水準。一般銀行的股東權益約佔銀行資產10%，一旦逾放比率高達10%，業主權益已盪然無存，已有倒閉之虞；即使逾放達5%，也把股東權益吃掉一半。由全體來看，臺灣所有金融機構的淨值約1.4兆元，但問題放款高達1兆元，銀行體系可說處於瓦解邊緣。

㈣銀行股股價不支倒地

　　以2000年7月股價跟3月每股淨值來比較，49支上市金融股已有28支股價跌破淨值。外資在2000年3月起一路賣超金融股，主因為大部分銀行的逾放比居高不下，獲利不看好。

㈤冰凍三尺，非一日之寒

　　銀行逾放比率高，就跟「羅馬不是一天造成的」一樣，是有跡可循的，表5-11中

表5-10　銀行逾期放款和資產品質分析表

單位：億元

	2000年10月底	2001年3月底	2001年6月底	2001年9月底	2000年10月底至2001年9月底增減
1.逾期放款	7765	8423	9291	11201	3436
2.總放款	141557	143077	143609	143765	2208
3.逾放比率（1÷2）	5.49%	5.89%	6.47%	7.79%	2.30%
4.應予觀察放款（5+6+7）	4101	4655	4938	5370	1269
5.中長期分期償還放款逾3個月但未滿6個月	1368	1568	1564	1858	490
6.其它放款本金未逾期3個月，而利息未按期繳納逾3個月但未滿6個月	646	756	745	848	202
7.已達列報逾放而政府准予免列報者（註1）	2087	2331	2629	2664	577
8.應予觀察放款佔總放款比率(4÷2)	2.90%	3.25%	3.44%	3.74%	0.84%
9.逾期放款和應予觀察放款合計(1+4)（註2）	11866	13078	14229	16571	4705
10.逾期放款和應予觀察放款佔總放款比率[(1+4)÷2]	8.38%	9.14%	9.91%	11.53%	3.15%
11.廣義逾放比/狹義逾放比(10÷3)	1.53	1.55	1.53	1.48	－

註：1.免列報者包括——協議分期償還放款、已獲信保基金理賠和有足額存單或存款備償放款、921震災經合意展延者、擔保品已拍定待分配款和其它經專案准免列報者。

　　2.中華信用評等公司表示，依外國標準計算逾放比，除第9項所列數字外，尚應加計金融機構承受擔保品，承受擔保品佔金融機構總放款估計低於1%。

資料來源：白珊憶、鍾俊文。

存放款比率是領先指標，逾放比是同時指標，呆帳、虧損是落後指標。除了看絕對數值外，趨勢分析也很重要，例如銀行資產負債表中的「其它資產」出現趨勢性明

顯成長，就應該特別注意是否銀行放款品質逐漸惡化。至於「不務正業」的商人銀行，則須注意投資損益盈餘貢獻度過高，存放款利差向來是銀行主要獲利來源，近年由於直接金融興起的衝擊，利差收入佔整體營收的比率有逐漸下降趨勢，使得銀行不得不轉而增加股票投資比重。

表5-11 銀行的經營績效指標

	存放比率 ──────► 逾放比率 ──────► 壞帳（即呆損）	
公 式	$=\dfrac{放款}{存款}$	$=\dfrac{逾期放款}{放款}$
合 理 區 間	65%<比率<85%，當大於85%屬於積極放款型，但宜注意縱使比率大於100%時，有多少來自銀行業主權益，尤其是新銀行	1. 損益兩平時逾放比率約3% 2. 財政部容忍上限2.4%，希望目標1%以下

四、Where?銀行的呆帳防空洞──子公司

許多人都把家中不要的東西堆在儲藏室中，同樣的，銀行常把不良債權轉賣給其子公司（例如租賃公司），讓子公司做白手套來「絕緣」。許多電子類股公司也是這麼做的，把貨「堆」在國外子公司。

雖然母子公司合併報表可以讓此類窗飾手法露出原形，但只要子公司們是一筆糊塗帳，外人也很難看出什麼端倪，接著，我們以華夏租賃為例來說明。

華夏租賃公司不良放款流程

1999年10月爆發的華夏租賃公司弊案，其中之一為部分高階主管涉嫌違法承作12筆授信，總金額近10億元，有挪用資金、掏空公司之嫌。為了「瞞天」只好「過海」，利用會計部對海外子公司的帳不易查核的罩門，把放款拉到海外去做，詳見圖5-3。

図5-3 金融業透過海外子公司放款的流程

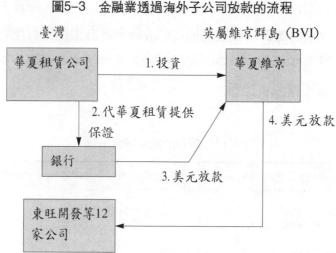

華夏租賃放款4億元給東旺開發公司，以不動產及股票作為擔保品，期間東旺多次更換擔保品，1999年3月發生倒帳，華夏租賃副總經理毛齊方1999年10月坦承，這筆貸款抵押權價值只剩3000餘萬元。

東旺公司資本額5000萬元，主要業務是新社區開發、住宅大樓開發租售和進出口等業務。(經濟日報1999年10月14日，第2版，宋宗信、黃閭運)

第六節　財務困難公司鑑價

1998年9月股市重挫，一些護盤過度的公司，紛紛不支倒地，稱為本土型金融風暴。2000年4月，臺鳳、中興銀行、臺灣土地開發公司等上市公司發生財務困難，拖累股市。財務困難似已成為上市公司的常態，不像以前那樣視為驚天大事。財務困難公司(financial distress company或distressed firms)鑑價的情況也就很容易碰到，對買方來說，這是千載難逢撿便宜貨(尤其是借殼上市)的機會，如果因擔心法律、地下債權等而畏而遠之，那很可能以後會有遺珠之憾而搥胸頓足。

針對金融機構不良債權問題，除了以銀行直接打銷呆帳外，尚可出售不良債權，即成立資產處理公司處理壞帳，例如美國資產處理公司 (RTC)，而日本處理不良債權的整理回收機構 (即日本版的RTC)，則以18兆日圓的預算處理不良債權，馬

來西亞、泰國、韓國等國也都採取美國方式。

美國資產管理公司處理銀行不良債權約4千億美元，其中65%順利出售，美國GM、JP、美林、高盛等公司則大量買入日本銀行的不良債權，充分顯示不良債權市場的活力，尤其是外資對日本的興趣，可見「就算是破銅爛鐵，經過處理後仍有其價值」。

一、不良債權的分類

不良債權（distressed claim）跟公司股票上市與否一樣，可分為二大類：證券化（securitilization）、未證券化，詳見表5-12。證券化的優點在於易流通，投資人較廣；反之，未證券化的不良債權則只有應收帳款買斷業者、資產管理公司（包括討債公司）才敢「專釣大鱷」。

表5-12　不良債權的分類

	賣　　方	目標投資人
證券化	一、銀行 　1.一般放款 　2.不動產放款（MBS） 二、上市公司 　1.「垃圾」債券（美元計價） 　2.其它	銀行 上市公司 投資公司
未證券化	未上市公司 1.應收帳款 2.應收票據 3.租貸契約 4.法律訴訟	左述1、2項為應收帳款買斷業者（factors）

二、「賭」對了就大賺

吃河豚要有膽量，否則嚴重的話連命都可能賠上。同樣的，在美國，「明知山

有虎，偏往虎山行」、專釣大鱷的，敢投資於財務問題公司或不良債權，這種人被稱為禿鷹（velture），禿鷹的胃能耐得住腐肉所滋生的細菌，要是正常人吃了鐵定食物中毒，還真應了「沒有那樣的胃，就不要吃那樣的瀉藥」的道理。代表性例子為美國最大基金公司富達的"Capital & Income"基金，其長期以來的投資策略為價值投資，尤其是破產邊緣公司（bankrupt firms），特別是剛結束重整，公司要上還是要下仍不是很明確。

㈠專門挑多刺魚吃的人

在臺灣，有幾家專業的財務危機拯救公司，大都掛名為企管、財務顧問公司，專門盯住發生財務問題的上市公司，常見以總資產帳上價值打3折方式出價來收購公司股權。先撿便宜，再把公司整理一下（主要是榨出現金來還債），再將公司出售，賺取財務利潤。

㈡死馬當活馬醫

主動去虎嘴裡拔牙的人終究不多，倒是被迫中獎的人不少──尤其是供應商抱著一堆應收帳款、銀行吃呆帳，只好被迫入主；有時，公司第二大股東也被迫出面善後。既然遇上了，也只好努力「少輸就是贏」。最後一種情況是，財務問題公司的經營層（尤其是董事長）仍試圖找投資人或跟債權人達成協議，也須進行鑑價，以證明「好死（即清算）不如歹活（如重整或債權協議）」。

三、財務困難的等級

財務問題公司（troubled firm）依問題嚴重程度依序可分為二大階段。

㈠財務失敗（financial failure）

1.財務危機（financial crisis）：當公司出現周轉不靈，而債權人也同意債期展期（常見方式為換票）。

2.財務困難（financial distress）：當債權人不同意債期展期，把票軋進發票人的銀行帳戶，公司無力償債（insolvency），以致被銀行列為「拒絕往來戶」。

㈡法律失敗（legal failure）

當債權人對公司訴之公堂而且勝訴，公司遭遇法律失敗，依嚴重性分成三狀況。

1.重整（reorganization）。

2.破產。

3.清算。

四、鑑價的主體

對財務困難公司的各項請求權，稱為「不良債權」、「跳樓大拍賣債權」(distressed claim)，這字是從「跳樓大拍賣商品」(distress merchandise) 來的。

可分為二種鑑價情況：

1.整體：鑑價對象為發生財務問題的公司，這是本節的重點。

2.局部：例如資產證券化，財務困難的公司把應收帳款作抵押品，來發行票券。此時投資人敢不敢買這種高收益債券（俗稱垃圾債券），雖然此類債券大都是無擔保的，但是以跳樓大拍賣債權來作抵押，也只是五十步笑百步罷了！當然，如果發行公司額外找銀行來替此債券作保，來強化信用 (credit enhancement) 到投資級（債評BBB級以上，臺灣），那又另當別論。

五、財務問題公司鑑價

財務問題公司的鑑價，在方法上應注意二個重點。

(一)公司鑑價取代權益鑑價

由表5-13可見，在不同階段，宜用不同的鑑價對象。即在財務困難期，甚至過渡期，由於可能仍虧損，沒有盈餘，像本益比法無用武之地，尤其是負債比率快速降低，不宜運用權益必要報酬率穩定為佳的盈餘折現法。

在過渡期時，勉強可用景氣循環股 (cyclical firms) 的鑑價方式，即二種處理方式：

1.以平均或常態化盈餘 (normalized earnings) 來衡量獲利，詳見表5-13。

2.或是折現率，把盈餘的暴起暴落加碼上來。

(二)選擇權定價模式

財務問題公司股東跟認股權證投資人沒兩樣，只要還得完負債，公司便是屬於你的。此時，可類比為嚴重價外的選擇權，雖然實質價值為零，但卻有些「熬得過來，又是浴火鳳凰」的時間價值，詳細類比請見表5-14。

表5-13　財務問題公司的鑑價方法和對象

時期	財務困難期	過渡期	正常期 (financial health)
說明		1. 債務展延，暫時不用或只付一點點利息 2. 償債計畫的可行取決於預估損益表	1. 負債比率降至正常水準 2. 有常態化盈餘（normalized earnings）
鑑價方法	1. 淨現值法以計算公司價值 2. 選擇權定價模式		淨現值法以計算權益價值

表5-14　股票可視為一種認購權證

選擇權	認購權證	財務問題公司股票
標的證券價格	股價	公司價值
履約價格	同左	負債金額

六、富貴如何險中求？

吃河豚的中毒風險無法完全消除，但卻可以控制——例如找領有執照的廚師。同樣的，不良債權的投資宜進行下列可行性分析，本小節將深入分析：

1.營運可行性：該公司至少須處於成熟階段產業，否則處於衰退階段產業，大部分公司皆是「在虧錢產業，很少有賺錢公司」。

2.財務可行性：銀行團等債權人願意跟公司達成償債協議外，新投資人（尤其是買方）還須能帶進營運資金，甚至機器設備汰舊換新或維修所需資金，否則心有餘而力不足，到最後也是「一文錢逼死一名英雄好漢」。

3.法律可行性：以聲請公司重整為例，前提是要能十之八九的預測法院核准的機率，詳見第三段說明。

(一)本業有無前景

「財務問題」只是結果，原因大都在經營，負債比率太高只是雪上加霜的次要因素。而覆巢之下無完卵、朽木難撐大局，這些諺語都在形容不能逆勢而為，所以財務問題公司是否有機會反敗為勝，產業有無前景（即不能落於衰退階段）便是必要條件。

1.本業沒前景，連艾科卡也救不來：1998年7月29日，安峰鋼鐵發生跳票危機，銀行緊縮銀根，加上鋼鐵業景氣持續低迷，亞洲金融風暴所引發的國際同業殺價競爭壓力，終於讓臺灣第三大鋼鐵廠的安峰鋼鐵不支倒地，於1999年初向高雄地院提出重整聲請，經過6個月審理，法官認為公司雖有繼續經營價值，但總資產207億元，負債高達205億元，熱軋鋼前景並不樂觀，公司營收難以償債，因此裁定駁回重整案。

2.本業前景看好：1998年9月25日東隆爆發鉅額違約交割事件，資產遭高層主管掏空，營業額下降，財務陷入困境，為避免債權人扣押東隆資產，影響工廠運作，董事會10月中旬向嘉義地方法院聲請重整，並獲裁定財產保全處分。經過調查，地院認為東隆資產被侵佔，該公司財務報表跟證期會查證內容，有相當大的出入，以申請不實，且該公司財務困難，沒有重整的可行性和必要性，1999年1月11日予以駁回。重整案被駁回後，銀行團跟東隆緊急召開協調會議，希望由銀行團代提重整，但東隆的債權銀行相當多，意見十分分歧，重整案被駁，不但讓銀行團對東隆的發展日趨悲觀，更讓銀行團協商出現僵局。

最後東隆債權銀行召集人由中興銀行轉為匯豐銀行，並連同法國巴黎、澳洲國民等二家外商銀行，替東隆聲請重整，於1999年5月17日獲地院裁定准予重整，8月由債權人表決通過重整計畫，目前則進入重整階段。

債權銀行指出，東隆五金經法院通過重整案，由於本業相當賺錢又擁有世界專利，毛利率達二至三成。證期會通過東隆五金減資至2億元再增資30億元的減資增資案，增資每股以14元進行認購。東隆五金只要好好經營本業，未來或許有重見天日的一天。

3.守得雲開見月明：佔日本製造業產值近四分之一的電子業，七大電子公司當中，僅有新力和三菱電機預期本會計年度（至明年3月底止）能夠出現淨利。東芝、恩益禧、日立、富士通和松下通信等另外五大公司，已經預估今年的淨損總額將高達93億美元。（工商時報2001年12月22日，第6版，陳虹妙）

由於東京股市深陷於似乎是無量下挫中，沒有一位全球基金經理會根據基本面（如獲利）來購買股票，反而是根據企業重整展望在挑選股票。（工商時報2001年12月24日，第6版）

㈡銀行會不會跟你達成償債協議

債權銀行會不會同意公司的還款計畫，除了核算前述所談的公司繼續經營價值外，另外就是「一鳥在手勝過九鳥在林」的清算價值。

1.清算成本有多高：財務問題公司值不值得經營下去，重點之一在於清算價值、重整價值（reorganization value），後者是指法院核准公司重整後「好死不如歹活」的公司價值；重整價值減清算成本（liquidation cost）為清算價值。

但清算成本究竟有多高呢？這可沒個準兒，表5-15只是美國聖路易大學企研所教授Alderson & Betker（1996）對71家公司研究的結果。計量模式對清算成本的解釋能力頂多只有二成。這並不足為奇，因為清算成本中以「繼續經營價值」（going-concern value）佔86%，這些不是靠幾個自變數、線性函數的模式設定所能解釋的——詳見第一章第三節。此外，不須任何統計分析，邏輯推理也可得知，固定資產比重（佔總資產）跟清算成本呈負相關。

2.固定資產的售價：機器設備、廠房等固定資產的售價，至少取決於表5-16中的因素，當然其它共通情況無需列上：

⑴急賣無好價。

⑵競標比議價更容易刺激買方出高價。

3.不死也半條命：光是財務困難就足以讓公司價值大打折扣，來自優秀員工離職、客戶訂單流失、砍研發費用以致明天缺乏競爭力，這些至少使公司價值減少8%以上，稱為「公司破碎代價」（business disruption costs）。

㈢律師的意見

接手財務危機公司的關鍵成功因素之一在於：判斷法院是否會核准該公司重

表5-15　清算成本和重整價值間的關係

	清算成本	重整價值
美國法源破產法比重	第7章 1. 未來獲利機會32% 2. 清算費用5%	第11章 100%

表5-16　影響機器設備資產售價的因素

售價	低　　　→　　　高	
1. 產業景氣	衰退	景氣
2. 機器設備的特性	該公司量身訂做 (firm-specific asset)	一般使用
3. 二手貨（或次級）市場	不活絡 (illiquid)	活絡

整，這須仰賴專攻破產法的律師（bankruptcy attorney）的研判。

第七節　資產證券化鑑價

　　金融資產證券化是指銀行、信用卡公司和保險公司等金融機構（稱為創始機構），把公司所擁有的住宅抵押貸款債權、汽車貸款債權、租賃租金債權、應收帳款債權、對中小企業的放款債權以及信用卡債權等金融資產，透過簽訂特殊信託契約方式，將其信託給信託機構（trustee，擔任發行者issuer），並以信託憑證方式，發行各種不同種類或期限的受益證券，銷售給投資人。發行的有價證券以債券為主、證券為輔，投資人定期收到有價證券發行人所支付的收益。而證券化的資產所產生的獲利，則是支付投資人收益的來源。

　　金融機構持有住宅貸款債權達3兆餘元、信用卡應收帳款債權達6000億餘元，預估可發行金融資產證券化的潛在市場規模達4兆元。金融資產證券化因背後有抵

押權及銀行信用支持，投資報酬率也比銀行定存利率高。銀行業者準備推出的證券化商品，以房貸證券化、商業貸款抵押證券形式居多，即以房貸、商業貸款作為擔保品而發行的固定收益證券。

一、信用強化功能

2002年6月，立法院通過金融資產證券化條例，立法架構採用特殊目的信託（specialpurpose trust, SPT）而不採取特殊目的公司（special purpose vehicle, SPC），因為如果採用後者，要重新翻修公司法等法令，從稅、公司組織、董事會的功能等，重新制訂，到時候法令可能有2、3百條，才能排除公司法的規定，等於重新創造一種公司。如果一種法令有300多條，要通過行政院、立法院的審核的機會相當低。

因此在立法技巧上，採取不需花費太多成本又可以達到目的的特殊目的信託即架構在特殊目的的信託，所以受託機構限定是信託公司或設有信託部的銀行。依照金融資產證券化條例第60條規定，受託機構對非特定人公開招募受益證券，應經財政部認可的信用評等機構評定其等級，以保障投資人權益。受託機構應把信評等級、增強其信用情形，載於公開說明書、投資說明書或證交所規定的其它文件，不得有虛偽或隱匿的情事。

二、債權證券化的分類

資產證券化以債權為主，包括銀行的抵押貸款、信用卡放款、汽車資融公司的汽車貸款，這些大都有抵押品，稱為有抵押債權（collateralized debt obligations, CDO）或貸款抵押證券（collateralized loan obligations, CLO）。依投資標的不同，CDO可分為二類：

1. 資產負債表CDO：主要是銀行資產負債表中的放款資產。
2. 套利CDO：主要是投資銀行業者（如票券、債券商）養票想賺價差，但透過資產證券化拿出來出售。

三、第一砲

各家金融機構研發中的商品，大都以各自的主力業務為主。臺灣工銀考慮整合

表5-17 債權證券化的分類

（求償）順位 (subordination)	英文	債權證券化的券別 (tranches)
第一順位	senior "debt" （或portion）	有信用強化（credit enhanced）的現金流量CDO（cash flow CDO）
第二順位	mezzanine debt （中層負債）	
無抵押	subordinated debt	CDO值不值錢，視CDO發行人（CDO managers）的營運績效而定

旗下的企業放款業務，將這些貸款包裝後證券化；中國信託計畫以房屋貸款為標的，透過發行債券籌募資金。專營應收帳款管理業務的迪和應收帳款公司，則打算將手中的應收帳款證券化，發行債券取得資金。

　　第一宗金融資產證券化商品2002年6月由臺灣工業銀行發行問世，總經理駱錦明跟法國興業銀行臺北分行簽約，法國興業銀行將持續引進最新的技術，協助第一個金融資產證券化商品正式發行。由於這是金融資產證券化首宗案例，臺灣工銀為了測試市場的接受度，以臺灣工銀所承作的企業放款為主要標的，金額約在30到40億元間。未來會透過一連串的包裝、信用評等、信託、承銷發行等程序，將這項商品包裝後正式對外發行。

　　臺灣工銀表示，依據金融資產證券化條例草案的規定，金融機構自家的企業放款或房屋貸款，不得由同一家信託部承作信託業務，因此這張首度推出的商品將由其它銀行信託部承作。（工商時報2002年1月24日，第7版，蔡沛恆）

　　以該行6個月期到5年期債信優良的放款為標的的貸款抵押證券（CLO）受益憑證，預估交付信託的商業貸款筆數約50筆，每筆交付信託貸款金額近1億元，貸款戶數約35家，其中以高科技電子業居多。發行規模在30到40億元間，分為3年和5年券兩種。以私募方式對特定投資人發行，收益率暫訂3.2%。第一宗證券化商品一定要為投資人所接受，因此臺灣工銀初步挑的貸款品質，至少要信評A級以上，而暫

訂出的3.2%收益率，是以1月底5年期公司債加碼計息訂出，高於市場利率，有些債券型基金和壽險業已表達投資意願。(經濟日報2002年1月25日，第7版，謝偉姝、白富美)

　　臺灣工銀一開始想要切入的商品是債信優良的放款債權、企業應收帳款和信用卡債權的證券化商品。即希望從優良資產切入，尤其是優良債信評等企業的資產，例如臺電的貸款，就是可以拿來作證券化的好例子。臺電評等優良，每個月貸款會固定還本付息，在擁有現金流量下，投資者就可依照臺電和臺電資產證券化商品的評等，選擇短期或長期持有，投資人持有這種受益憑證，可隨時變現，流通性會更大，並且，這種資產證券化商品，基本上評等的要求，會比公司債來得更為嚴謹。
(經濟日報2001年10月11日，第9版，謝偉姝)

四、跟債券基金很像

　　CDO證券化跟債券基金很像，更狹義的話跟銀行放款品質也很像，也就是主要是看CDO內這20億元（房屋貸款）本息是否能收回。在美國，二大信評公司會針對大的CDO證券化進行風險分析，並發布像債信評等的「多角化分數」(diversity scores)。此字背後涵意之一是美國地區經濟差距甚大——像以高科技聞名的加州矽谷2001年房價跌三成，由此（房貸）抵押品（collateral pool）地區越分散，房貸戶違約機率會較小。

　　由於基放利率無法有效即時反映市場利率變動，在美國房貸市場中，基放利率很少作為房貸定價指數，美國八成的浮動利率房貸(adjustable rate mortgages, ARM)是以三大指數定價，而不採基放利率。中信銀擬妥「定儲利率指數房貸工作手冊」和「定儲利率指數房貸契約修正草案」，明列房貸客戶借據債權文件修訂條文，是首宗非釘住基放利率的房貸方案。

　　中信銀研究報告指出「定儲利率指數房貸」充分反映市場利率狀態，以提供客戶透明、公平的房貸計價方式，詳見〈5-3〉式，並健全銀行利率風險管理。當房貸定價指數充分連結市場利率後，銀行可藉由財務工程設計新房貸產品，並推動房貸證券化(mortgage backed securities, MBS)。(工商時報2002年1月17日，第7版，劉佩修)

$$房貸利率=定價指數 + 風險加碼 \cdots\cdots 〈5-3〉$$
(index rate) (credit spread)

表5-18　中信銀定儲利率指數房貸訂價方式

項　目	說　明
指數成分（銀行）	參考臺銀、合庫、土銀、一銀、彰銀、華銀、臺企銀、世華、中國商銀、臺北銀行等十家銀行一年期定儲平均固定利率
指數調整	每3月更新一次
基期	基期（2001.11.23～2002.2.22）房貸訂價指數選取日為基期前一日（2001.11.22），基期房貸訂價指數為2.51%
更改選取標的利率條件	1.標的銀行合併或消滅 2.標的銀行短期債信低於中華信評twB 3.指標利率產品停售
指數變動通知	公告於營業大廳和中國信託網站利率看板

資料來源：中信銀。

◆ 本章習題 ◆

1. 林口高爾夫球場會員卡一張值40萬元，這行情價位怎麼求得？

2. 銀行對房地產詢價最常用的方法便是電詢該地的房屋仲介公司，那你會找哪一家（假如有3家）？

3. 以表5–5為基礎，把成霖等外銷概念股資產負債上應收票據、應收帳款分類。

4. 以表5–6為基礎，找一家上市電子公司（如鴻海），餘同第3題。

5. 以利差模式、〈5–2〉式來評估第一銀行的毛利。

6. 三類銀行中各找一家來鑑價，比較其差異。

7. 以表5–7為基礎，找華南銀行將其逾放、擔保品分類。

8. 以表5–8為基礎，分析高、中、低逾放比率銀行在放存款比率是否有差異。

9. 以表5–9為基礎，分析華南銀行的不良債權結構。

10. 以表5–10為基礎，計算東隆五金公司的價值。

第二篇

淨現值法

第六章

淨現值法導論

　　三件事， 1.定義你的使命， 2.執行， 3.「就像你媽教你的一樣：你想別人怎樣待你，你就怎樣待人。做到善待別人這一點，你已成功了90%。」

Three things. Define your mission. Execute. Treat people like you would want to be treated yourself, like your mother taught you. That gets you 90 percent there.

　　——瑪格麗特‧惠特曼　電子灣公司執行長
　　Margaret Whitman, CEO of E-Bay

　　瑪格麗特所說的當然是善待你的顧客和員工。Unisys的總經理勞倫斯‧溫巴赫（Lawrence Weinbach）有類似的說法：「顧客、員工和聲譽就像是三腳凳的三隻腿。除非這三隻腿都很牢固，否則你是不可能坐穩在凳子上的。」

學習目標:

本章是鑑價最重要的部分,對於適用獲利、折現率必須弄清楚,至於鑑價速算公式不必記,只要懂如何導公式便可。

直接效益:

令人覺得諷刺的,鑑價困難的部分竟然不在於計算(會按計算機就會算),反倒是一堆學者專家所提出令人眼花撩亂的各種獲利衡量方式。本章以簡馭繁,只採用應計基礎的會計盈餘觀念,既簡單又容易,而且有用!

本章重點:

- 公司vs.股票鑑價。表6-1
- 公司價值、權益價值適用時機。表6-2
- 獲利衡量方式和鑑價方法。表6-3
- 各種鑑價方法的價值分解成分。表6-4
- 現金流量觀念的二大缺點。表6-5
- 權益自由現金流量。表6-8
- 三種情況下資金成本、折現率名稱。表6-9
- 名目vs.實質折現率。§6.2一(二)
- 淨現值法的衍生、修正、特例和延伸。圖6-2
- 三種執行淨現值法的方式。表6-12
- 計算常態化盈餘的三中類方式。表6-14
- 殘值vs.持續價值。§6.4三(一)
- 多階段成長率模式。§6.5四

前言：第一次就上手

「有夢最好，希望相隨」、「股價看未來」，這些話皆在形容人、公司的價值，主要反映著未來的獲利機會。但是未來獲利機會的價值怎麼衡量呢？答案在大二財務管理中的二章：

1. 「價值」指的是現值，因為分析、決策的時點大都是現在；當然，邏輯上也有可能是10年後（2011年），那就查「終值」（future value）表或年金終值表。

2. 如何把未來「獲利機會」求現值，這是「資本預算」一章中的主題。這麼看來，淨現值法（net present value method, NPV）用於衡量公司未來獲利機會的答案也就呼之欲出了。而這又可分為公司、權益價值二種情況，獲利機會、折現率的衡量方式也略有差異，詳見表6-1。先把這大圖給弄清楚，那麼便不會被附錄一公司現金流量、折現率四種衡量方式或是表6-8權益現金流量等弄迷糊了。

至於未來獲利的預測方法，留到第九章第三、四節再說。

表6-1　公司 vs. 股票鑑價

對象　　成分	（稅前）公司價值	股票價值
一、獲利　　1.應計基礎	稅前息前盈餘（EBIT）	營業淨利
或 2.現金基礎	稅前營業現金流量（EBITA）	權益現金流量等
二、折現率	加權平均資金成本（WACC） 1.負債資金成本(R_d)，§8.5 2.加權平均資金成本，§8.6	權益資金成本（R_e） 1.公司：§8.2〜3 2.事業部：§8.4

一、保持距離，才能看清全貌

簡單的麵粉卻可做出主食、點心，令人目不暇給。同樣的，光是「未來獲利折現值」這簡單七個字，實際執行時，卻有萬種的排列組合，看似令人目不暇給，尤

其是當你看書時。然而採取簡單的5W1H問題解決架構，反倒容易理出頭緒，詳見圖6-1。

在下段中，我們先把約當現金流量法淘汰掉，情況就簡化一半了，就跟走路徑圖一樣，一開始便選擇了可行的路。但剩下的抉擇，比較不像過關斬將的樹狀圖，而是「任誰都會碰到的柴米油鹽醬醋茶問題」，本章將一一回答。

圖6-1　5W1H架構來看鑑價的執行要點

How	分子處理:	確定約當現金流量法
	分母處理:	風險調整折現率
Which	§6.1	分子: 公司價值vs.股票價值
	§6.2	分母: 資金成本vs.權益折現率
What	§6.3	淨現值法快易通
How long	§6.4	逐項計算vs.公式速算
Where	§6.5	速算公式一覽表、附錄一～四

二、兩雄對決的淘汰賽

唸過財務管理的人應當會記得在資本預算一章中，對於未來不確定情況獲利，如何把風險納入考量，有二種處理方式:

㈠在分子下手的約當現金流量法

這一派的人認為從分母（折現率）下手，爭議太多，尤其是權益資金成本更是沒有定論。於是，另起爐灶，從分子下手，即獲利採預期值，但分子折現率則為無風險利率；此即確定約當現金流量法（certainty-equivalent cash flow approach）。美國加州大學洛杉磯分校企研所教授Eduardo S. Schwartz（1998）認為，當鑑價對象收入主要來自商品，而且商品遠期市場存在時，最適合採用本法。其好處有二:

1.無風險利率的爭議性頗低──不過他也不否認確定約當現金流量的爭議仍

存在，

　　2.可以使用選擇權定價模式，因為其履約價格的折現率是採無風險利率。

　　但由於各獲利情況的機率值言人人殊，此法也就紅不起來。

㈡在分母動手的風險調整折現率法

　　在分子作處理，尤其是權益資金成本是無風險利率再加上權益風險溢酬，此即「風險調整的折現率」（risk-adjusted discount rate）。

第一節　獲利的衡量方式

　　光一個溫度的表達方式就有攝氏、華氏二種，長度也有英寸、公分，日期更有陽曆、農曆、回曆數種。那麼你就不會奇怪為什麼獲利機會至少有二大衡量方式：會計上應計基礎的盈餘、現金基礎的現金流量（自由現金流量只是其衍生觀念）。

　　在本節第三段中，我們先分析盈餘、現金流量觀念的優缺點。接著，本章主要以應計基礎的營業淨利來討論公司鑑價、權益鑑價。

一、公司價值、權益價值

公司價值=負債現值+（業主）權益價值……〈6-1〉

　　〈6-1〉式是套用總資產等於負債加上業主權益的觀念。由前述公司現金流量所算出的公司價值（firm value, FV或company value, CV），即公司鑑價（firm valuation）。另外，由權益現金流量、權益資金成本所計算出的權益價值（equity value, EV），稱為權益鑑價（equity valuation）。權益主要指普通股、轉換特別股，所以不能縮小用詞的說股票鑑價，而只好說權益鑑價。

　　只要負債鑑價正確、獲利成長率「一致」（即公司獲利成長率，經負債比率調整後得到權益獲利成長率），那麼公司價值、權益價值只需算出其中一個，另一個就呼之欲出。要是股東關心的是權益價值，那又何苦算出公司價值呢？至少有二個理由：

　　1.當公司虧損時，只好用稅前息前獲利先算出公司價值，再扣掉負債、營所稅，

得到股票價值。

　　2.公司價值比較不易激烈波動，詳見表6-2。

表6-2　公司價值、權益價值適用時機

	公司價值	權益價值
優點	1.比較適用於高負債比率或此比率常變動的公司，例如融資買下時。 2.比較能分析各種價值動力。	在左述情況，財務風險較高，因此一旦獲利成長率、負債比率些微變動，權益價值可能大幅波動。

㈠咬文嚼字

　　有些英文書，把公司價值又稱為「個體價值」（entity value），這源自於會計用詞中的「會計個體」（accounting entity），「個體」最簡單的解釋就是商業組織（如合夥事業、股份有限公司等）、非營利組織。

　　更延伸的說，以公司為鑑價對象的模式又稱為「個體模式」（entity model），如果是依現金基礎來衡量獲利，則又稱為「個體折現現金流量法」（entity DCF model）。

　　這跟有些企業管理的書為了表明其放諸四海皆準，因此不用「企業管理」為名，而稱為「組織管理」；不過繞了一圈，反而更令人迷惑。

㈡不同目的，不同方法

　　光是一架F-16飛機，隨著配備的不同，可發揮攻擊、攔截等功能；同樣的，淨現值法也衍生出許多方法，由表6-3可一目了然，恰可用「一個蘿蔔一個坑」來形容，即一種獲利指標就有一種鑑價方法；在採盈餘進行權益鑑價時，股利折現法是盈餘折現法的衍生型。

　　邏輯上來說，在公司鑑價時，經濟利潤法所算出來的值可能比會計基礎所計算出的值略低。

　　在表6-3的下半部，我們再一次的把（會計）盈餘、現金流量、經濟盈餘的優

缺點整理，但這些都不是核心。

表6-3　獲利衡量方式和鑑價方法

基礎 對象	會計基礎		經濟盈餘
	應計基礎	現金基礎	
公司鑑價	營業淨利 =盈餘+利息(1-T) ・EBI或net income ・NOPLAT	公司現金流量 （FCFF） =EBITA	經濟利潤 →經濟利潤法
權益鑑價	盈餘 　1.盈餘折現法 　2.股利折現法	權益現金流量 （FCFE） →股東價值(分析) 法	
優　　點	跟現金基礎優缺點 相反	避免不同會計制度 （尤其是折舊方法） 和負債比率（尤其 是FCFF）對鑑價的 影響	可避免公司操 縱資本投資、 營運資金金額 來改善現金流 量
缺　　點		計算自由現金流量 所需的資本投資等 資訊，外界人士比 較缺乏	

二、朝三暮四 vs. 朝四暮三

不同鑑價方法所得到的鑑價結果縱使相近，但其價值成分可能不同，表6-4把它一分為二包括資產價值、未來獲利價值。而以資產價值來說，又可粗分為二：

㈠現在就算

在第38頁中，曾提及美國財務大師蒙迪格里尼和米勒的公司價值的定義，現有資產價值和未來獲利機會現值，看似有理，其實是不通的，因為這二者只能存在一個，現有資產價值是成本法，而未來獲利機會的價值是淨現值法的運用；採取M&M

的方式，會重複計算公司價值，以致高估。

不過，也有學者作翻案文章，用數學證明M&M的公式跟經濟利潤法的結論是一樣的。

(二)以後再算的終值現值

資產未來價值的現值最簡化的情況便是速算公式，就跟英國100年期統一公債一樣，今天來看，本金已被折現得幾近於「一文不值」。除此之外，殘值還是或大或小有價的。

表6-4　各種鑑價方法的價值分解成分

	資產價值	未來獲利機會
一、Miller & Modigliani （1966）	現有	✓
二、折現法 1.逐期、分階段計算	終值	✓
2.速算公式	無限期後，資產現值趨近於0	✓
3.經濟利潤法	投資資金	經濟利潤現值

三、盈餘 vs. 現金流量

如何衡量獲利？至少有盈餘、現金流量二種方式，投資人常用每股盈餘來衡量公司每股的獲利能力，財務學者則主張用（每股）現金流量，也就是以現金基礎（cash basis）所計算出的每股獲利，稱為「現金流量折現法」（discounted cash flow approach, DCF）。

(一)現金流量的優點

負債多寡等財務結構、折舊的方式、以及企業併購時的攤銷等因素，都會影響企業獲利。稅前息前營業現金流量（EBITDA）可以儘量排除這些影響獲利的因素，

因此被視為觀察本業實際獲利能力的重要指標。

(二)適用於虧損公司

新崛起的通訊、軟體等新經濟企業幾乎都處於虧損狀態，無法計算每股獲利，權益報酬率也使不上力，因此EBITDA再度受到重視。

美國投資人也套用本益比的分析方式，來套用「股價／EBITA」。(經濟日報2000年6月6日，第9版，孫蓉萍)

(三)以時代華納公司為例

使用EBITDA典型的例子是美國媒體業者時代華納公司，2000年第1季虧損9600萬美元，EBITDA減去有線電視播映設備等固定資產的折舊(D)費用後，EBITA 11.73億美元。

雖然現金流量觀念看起來很吸引人，但是簡單的說，盈餘是在應計基礎下所算出的獲利；要是此無法正確反映出公司獲利狀態，那麼遲早會被現金基礎所取代，但我們並不這麼認為。

由表6-5可見自由現金流量（定義詳見附錄一）的重大缺點，繞了一圈還是回到原點，使用盈餘不見得沒學問，而採取現金流量來分析也不見得更高明。所以我們還是花很多篇幅介紹以盈餘為基礎的鑑價方法，即第七章第三、四節、第十三章第二節盈餘倍數法。

至於我們的立場，則是採取盈餘作為獲利衡量方式，不採取現金流量觀念。由表6-6可見，自由現金流量金額比盈餘還低，因此所計算出的權益價值也低；多算幾個例子便可印證所言不假，自由現金流量無法（比盈餘）抬高身價，也就是弄巧成拙。

四、公司現金流量

公司的現金流量至少有四種衡量方式，詳見附錄一，我們的處理竅門是由下往上，依現金流量由低往高排列（想像成Y軸）。最底下的公司自由現金流量(free cash flow to the firm, FCFF)，這是最基本的觀念，其它的現金流量衡量方式頂多只是增加、減少罷了。

此外，鑑古可知今，各現金流量衡量方式的表達方式有二種，其中一種是跟盈

表6-5　（自由）現金流量觀念的二大缺點

比盈餘新增二大項目	評　論
一、投資活動 　+折舊（含購入商譽 　　分攤） 　−資本支出 二、理財活動 　+舉借新債 　−還本 　−新增營運資金需求	優點：當資本支出大於折舊費用時，表示機器設備重置成本大於歷史成本，自由現金流量更趨近實況，即盈餘高估。 缺點1：但外人往往不知道公司為維持今天獲利能力，明天所需付出的資本支出有多少。 缺點2：左述是來自理財活動的現金，跟獲利有什麼關係?權益自由現金流量頂多只是表示公司支付現金股利的財力罷了!

表6-6　現金流量和盈餘的相同處

現金流量	盈　餘
$$DCF=\frac{CF_1}{(1+R)}+\frac{CF_2}{(1+R)^2}+\cdots+\frac{CF_n}{(1+R)^n}$$ $$-CF_0$$	$$\frac{E_1}{(1+R)}+\frac{E_2}{(1+R)^2}+\cdots+\frac{E_n}{(1+R)^n}$$

已知 1. $CF_0=I_0$

　　 2. $CF=E+Dep$

　　 Dep：折舊

則：

$$DCF=\frac{(E+Dep)}{(1+R)}+\frac{(E+Dep)_2}{(1+R)^2}+\cdots$$

$$=\frac{E_1}{(1+R)}+\frac{E_2}{(1+R)^2}+\frac{Dep_1}{(1+R)}$$

$$+\frac{Dep_2}{(1+R)^2}-I_0$$

餘有關的，以方便讀者比較。

(一)現金流量、盈餘一線之隔

　　或許你對會計上盈餘（應計基礎）、現金流量（現金基礎）還記得一些，以單一投資的資本預算案來看便很容易明瞭。由表6–6可得到「就全期（此處n年）來說，現金流量、盈餘法的淨現值相同」，那不同的原因在哪呢？只要你單挑任何一年，這恒等關係便破功了。

　　如果全期（盈餘）是對的，那麼單挑現金流量的任何一期就是錯的，舉二期來看：

　　1.第1期扛下不可承受的重：

$$\frac{CF_1}{(1 + R)} - CF_0$$

　　這CF_0便是台積電12吋晶圓廠的初期投資額——900億元。

　　2.第2期（以後）：

$$\frac{CF_2}{(1 + R)^2}$$

　　可見第2期以後便不理會第1期投資的貢獻，這當然是錯誤的。

　　這也是本書不採取現金流量的原因，因此一般常以折現現金流量法（discounted cash flow, DCF）來稱呼，我們以淨現值法來稱呼，便是為了有所區別，表明我們向「盈餘」靠攏，不理「現金流量」。

　　要是現金流量比盈餘更足以衡量公司的獲利，那麼會計學者專家早就幡然改圖，而你我看到的上市公司損益表上的獲利便是現金流量而不是盈餘了！

(二)定義略有差異

　　光去背附錄一中的四種獲利能力定義和英文代號，就已經令人頭痛了；其中息前營業淨利甚至有四種英文稱呼。更何況，有些人不照這定義走，例如財務大師Copeland等三人（1995）合著的*Valuation*一書，便把息前營業淨利視為自由現金流量；連我們都被弄得有如「歧路亡羊」了。

　　此外，有關「獲利」的英文用詞，至少就有benefits（較少用）、income、profits、earning四字，我們以前常把income誤以為是營收，但實際上revenue才是營收；其中，earning用於已考慮營業外收支後的（稅前或稅後）盈餘。

(三)營業 vs. 營業外現金流量

公司價值來自二個現金流量：

1.營業現金流量（operating cash flow），以息前營業淨利衡量。

2.營業外現金流量（nonoperating cash flow），主要包括：

⑴中斷（如火災造成）營運收入（discounted operations）。

⑵例外項目（如匯兌收入，如為匯兌損失則為減項）。

⑶關係企業以外（unrelated subsidiaries）的轉投資收入（尤其是金融投資）。

有些學者以是否重複發生（recurring）來區分營業、營業外（或稱「非常損益」），例如以子為貴的「控股公司」，來自子公司的轉投資收入便屬於營業現金流量。

(四)「自由」

自由現金流量中的「自由」（free）一詞很容易理解，由附錄一中第3欄該項第1種定義可看出。套用表6–7的比喻，個人的自由現金俗稱「閒錢」；在貨幣銀行學中商業銀行的「自由準備」（超額準備減借入準備）可說是爛頭寸；另外，個人「自由」可支配時間的精神也是一樣的。

表6–7　個人閒錢跟公司自由現金流量類比

對象	個人、家庭	公　　司
稅後	每月薪資淨拿5萬元 −生活必需支出4萬元 =閒錢1萬元	盈餘（加回折舊等無現金支出的費用科目） −維持獲利水準所需的新增資本支出和營運資金 =可動支於支付現金股利的資金

(五)稅前 vs. 稅後獲利

為何會考慮「稅前」情況呢？原因是外人常不知公司適用的有效稅率，也就是不能單純的把稅前盈餘乘上0.75（假設營所稅率0.25）便得到稅後盈餘：

1.歷年虧損可扣抵未來三年的盈餘（loss carry-forward）。

2. 適用獎資條例的費用支出。

3. 分離課稅項目，主要是票券投資。

4. 免稅項目，如債券（基金）的資本利得。

五、權益自由現金流量

權益自由現金流量（free cash flow to equity, FCFE）的定義、跟公司自由現金流量的關係，詳見表6-8，主要差別在於減掉「稅後利息」這一項。

表6-8 權益自由現金流量

定　　義	跟公司自由現金流量相比
淨利（或盈餘） ＋折舊 －資本支出 ＋舉借新債 －還本 －新增營運資金需求	＝公司自由現金流量 －利息（1－營所稅率） ＋舉借新債 －還本 －特別股利

net income：（稅後營業）淨利，又稱盈餘（earning）。

⚜ 第二節　折現率的衡量方式

計算獲利機會現值的關鍵有二：獲利機會、折現率；折現率就跟鞋子一樣，有慢跑鞋、釘鞋（快跑用），並不是只有一種。其影響有二項主要因素：

1. 視鑑價對象而定，有公司、權益折現率，詳見本節第一段。

2. 其次，在上述分類時，依獲利成長率、折現期數，至少可分為三種情況，詳見本節第三段說明。

一、不一樣的說法，同一件事

「腳踏車」、「鐵馬」（臺語）、「孔明車」（古代臺語）雖然用詞都不一樣，但指的皆是同一物。同樣的，財務管理中令人頭疼的便是用詞多元化，但指的即是同一件事，折現率、必要報酬率、資金成本即是一體三面，詳見表6-9。

表6-9　三種情況下資金成本、折現率名稱

	權　　益	負　　債	公　　司
成本面	權益資金成本 (cost of equity)	負債資金成本 (cost of debt)	資金成本 (cost of capital, WACC)
折現率	權益折現率 (equity discount rate) 權益必要報酬率 (hurdle rate)	負債折現率 (debt discount rate)	公司折現率 (company discount rate)

㈠折算 vs. 折現

太過咬文嚼字會令人生厭，但重要用詞可得小心斟酌，或許你注意到我們用折「現」現金流量而不是折「算」現金流量，一字之差，似乎不必在意，但究其原意是用折現率（discounting rate）把未來數年的現金流量予以折現（discounting）。

㈡名目 vs. 實質折現率

和經濟學、中等會計學的物價上漲時會計處理一樣，皆會談到名目折現率（nominal discount rate）、實質折現率（real discount rate），名目折現率減（預期）物價上漲率即為實質折現率。後者看似較具有說服力，但因為分子（獲利）皆為當期值（即名目值），所以要計算出實質公司（或權益）價值便有其困難。所以，仍以計算出名目價值比較合宜。

㈢轉換證券的處理方式

在計算資金成本、獲利時，皆會遇到轉換證券（convertible security）到底歸在哪一邊的問題，表6-10便是很好的答案。

表6-10 轉換證券的處理方式——以特別股為例

	不可轉換	可轉換
情　　況		1. 嚴重價外時，視為不可轉換特別股。 2. 價內時，計算約當股數。
資金成本	股利殖利率，視為負債。	1. 伍氏權益資金成本， 2. 選擇權定價模式。

此外，實質價值還有二個問題：

1. 不易溝通：縱使實質價值可計算出來，臺灣以0年為移動基期，2001年所算出台積電名目價值9000億元、實質權益價值8000億元——以1991年的購買力衡量，但時隔10年，8000億元可以買到幾部賓士S320汽車呢？

2. 名目利率等於實質利率加上（預期）物價上漲率，可惜這穩定關係的費雪效果（Fisher effect）在美、臺皆未獲實證支持。

二、巧手求簡化

淨現值法跟魔術有點相像之處在於：當假設各年獲利成長率相同情況下，有如等比級數，那麼便可以得到一個快速求解的公式，以免於冗長計算。這也就是表6-11中，為何有那麼多相似的折現率的緣故，而獲利資訊只需第1年的便可。

在投資學中，討論盈餘倍數法時，你或許還記得總有許多情況（取決於獲利成長率的性質），令人看得頭暈目眩。其實，那些公式（包括表6-11中）大可不必去記，縱使手上沒有財務軟體、附表可用，只消笨一點的從淨現值法，一項（即1年）一項去算折現值，最多只算二十次（20年），求解速度雖然慢一些，但也慢不了幾分鐘。

表6-11 計算公司、權益價值所用的折現率、獲利成長率

價值項目 / 情況	公司（或資產）價值	權益價值
一、折現率		
1.一般	WACC-g	R_e-g
2.特例		
(1)g=0	WACC	R_e
(2)T→∞（即無限期時），稱為資本化率	(1)(WACC-g)/(1+g) (2)近似值WACC-g	(1)(R_e-g)/(1+g) (2)近似值R_e-g
二、符號 b g ROA	盈餘保留率=1-股利支付率=1-$\dfrac{D}{E}$ 獲利成長率 資產報酬率	
三、獲利成長率 1.公式 2.例子	FCFF成長率 =b{ROA+D/E[ROA-R_d(1-T)]} =0.91{12.82%+0.67[12.82%-8.4(1-0.25)]} =15.64%	FCFE成長率 =b×ROA =0.91×12.82% =11.67%

無限期時的折現率──尤其是土地

主要的精神在於未來獲利機會的長期化（perpetuity）、資本化，所以此法常稱為永續成長折現法（perpetual growth DCF method）。

無限期時的代表性情況為：英國的統一公債（consols）跟土地。此時由無限期成長模式所得到的折現率可稱為「資本化率」（capitalization rate, 簡稱cap rate），詳見附錄三。

第三節　淨現值法一以貫之
——破解經濟利潤法、股東價值法

考古人類學家有此一說，人類共同祖先來自三百萬年前非洲的女人露西。同樣道理，從生物DNA特徵分析來比喻，才發現許多鑑價方法皆緣自於淨現值法，由圖6-2可以看得一目了然，我們這個意外的發現，也大大簡化了鑑價方法的複雜性。

圖6-2　淨現值法的衍生、修正、特例和延伸

淨現值法

一、衍生（分母、分子的變　　｜　二、修正：第八章伍氏權益資金成本的計算
　　更）　　　　　　　　　　｜　三、特例、運用
　1.現金流量折現法　　　　　｜　　1.鑑價期間長達10～15年：第十五章網路股的鑑價
　2.經濟利潤折現法§7.1　　　｜　　2.鑑價期間長、無殘值：第十六章無形資產的鑑價
　3.股東價值（分析）法§7.2　｜　　　——以軟體股為例
　　　　　　　　　　　　　　｜　四、延伸：§7.3四市價與淨現值混合法

一、風險調整現值法只是多此一「詞」

有些用詞謹慎的人認為經營公司（投資股票）一定有風險，所以要把股東權益的風險溢酬考慮進折現率，也就是「風險調整」（risk-adjusted）；這跟股票投資組合（如基金）的「風險調整後績效」（risk-adjusted performance, RAP）是同一件事。在鑑價時，稱為「調整現值法」（adjusted present value approach）。但本書中不再額外區別，在計算公司價值時，調整現值法本來就是對的，不會有人去用無風險利率作折現率。這就跟我的書中只稱臺幣而不稱「新臺幣」一樣，因為「舊臺幣」並不存在，那又何必浪費唇舌多講一個「新」字呢？

二、說穿了不值什麼錢

我們一向認為天下沒有那麼多學問,有些書用一章,甚至一本書來討論經濟利潤法、股東價值法……,好似這是多大的發明。但如同附錄一中的現金流量幾種衡量方式大同小異,這些方法也僅是各找其中一種方式去發展鑑價內容。

(一)己已巳的差別

有一位中文老師教外國學生時,把己已巳三個字寫在黑板上,並問同學這是什麼字:熱情的法國學生當場暈倒,因為他不相信這是三個不一樣的字,有科學精神的德國學生拿著尺到黑板上去量出頭的地方有多長;好奇的美國學生懷疑老師作弄學生。同樣的,有許多財務方法看似名稱不同、公式複雜,再加上數字舉例更容易讓人越弄越糊塗了。想避免治絲益棼的作法,就是回溯到最根本處。

(二)太極生二儀

假如說淨現值法是「己」,那麼現金流量折現法只是其特例罷了,可視為「已」,即以現金流量來衡量獲利(淨現值法的分子)。至於盈餘倍數法則是另外一個特例,可視為「巳」,以盈餘來衡量獲利。那麼,現金流量折現法、盈餘倍數法可說是太極生出的二儀囉。

(三)二儀生四象

由附錄一,你可以看出二儀中的折現現金流量法又可分為四種計算方式;至少二種情況:營運現金流量法、經濟利潤折現法以計算公司價值,股東價值分析法以計算權益價值。

三種常見的公司價值評估方法,都是淨現值法的衍生,只是分母、分子的處理方式不同罷了。嚴格來說,並不足以大到單獨成為一種方法,以經濟利潤折現法來說,比較適宜的說法為「經濟利潤折現法」(economic profit present value method),也就是以「經濟利潤」來代表「淨」(net)一詞。既然如此,那為什麼有這麼多衍生方法推出呢? 主要是供公司內部人員進行價值經營(詳見第一章第一節)之用,請見下一段說明。

(四)價值經營

鑑價在策略管理的運用則為價值經營,常見的是圖1-2,把獲利(率)由上往

下區分為三個層級：

 1.公司（generic）。

 2.事業部。

 3.產品或地區（grass roots level）。

例如在經濟利潤法時，把公司級的投資報酬率進一步分解（呈樹狀圖），並強調可進而細部分析價值動力來源，例如想提高公司價值，可行途徑：

 ⑴提高投資報酬率，尤其是其細項如獲利成長率（g）等。

 ⑵降低資金成本。

三、本方法的限制

由於「未來獲利」受公司的重大投資影響很大，外界人士很少擁有此資訊，所以此法大都只有買方公司採用。外界人士（如證券分析師）採用此法，也只能根據公司所公布的經營計畫，所得到公司價值很可能是底線，不過，這部分會比較客觀。

四、市價和淨現值混合法

鑑於市價法和淨現值法各有優缺點，因此實務上有混合兩種方法，截長補短的稱為「市價和淨現值混合法」。本法僅考慮公司5到10年內，計算出公司價值的折現價，並加上第5（或10）年底的預估股價的現值，二者適當加權後以作為公司的價值基礎。

此法的優點在於當股價偏高或偏低時，能兼顧淨現值和市場價格，具有調和的功能。

◆ 第四節　淨現值法的執行要點

折現法有點像一個人一生的薪水收入，由表6-12可見，最精確的計算方式是逐年計算，但不談二、三十年的收入好不好估計，光是按計算機就夠累了。很多人（像公務人員、公司藍領和低階白領階層）調薪方式蠻固定的，有點像等比級數，帶公式求解反倒快。至於有些人的情況剛好落於前二者之間，那麼計算時，只好分成二

（或三）階段方式。

表6-12　三種執行淨現值法的方式

鑑價方式	逐年計算方式 (explicit DCF approaches)	綜合方式	公式方式 (formula-based DCF approaches)
優點	沒有公式方式的缺點，尤其是獲利成長率稍一有差池，結果可能是天壤之別	分成二階段： 1.7年以內逐年計算 2.8年以上的終值：套用公式方法，還可再細分為二種成長率	方便計算
缺點	計算費時		1. 宜特別注意景氣循環問題，所以必須把盈餘常態化，尤其是虧損公司 2. 太過簡化，即假設一個獲利成長率跑全場（適用於全期）

一、逐年計算

逐年計算方式（explicit DCF approaches）優缺點已於表6-12中說明，最適用於「先賠數年後再賺」的案子，以前的代表性案例為中華映管公司，虧損15年後才開始大賺。

二、公式求解

為了避免計算未來30年的獲利折現值，簡化之道，便是設公司未來獲利（在各

階段）呈現年金收入現象，也可以說獲利成長率呈現固定值。

　　例如，美國證券分析師在作上市公司獲利預測時，通常只預測當年、下年的每股盈餘，接下來再估未來5年獲利成長率，帶入鑑價公式便算出公司的基本價值。

㈠常態化盈餘

　　公式方式最受爭議的便是「一葉落而知秋」，也就是以一個獲利數字再加上其成長率，就跟細菌繁殖一樣，很簡化的想代表整個公司的未來獲利型態。成熟階段（如食品、塑化、航運）公司也往往受景氣循環之苦──稱為景氣循環公司（cyclical firms），此外，大部分單一產品公司受產品壽命的宿命折磨，受公司壽命的牽絆，所以單取任何一段期間（3、5年）皆不足以代表公司的獲利，套句計量經濟學的術語，此為「要徑相依」（path independent）。解決之道，跟經濟數字的季節調整一樣；將其擴大成為「景氣循環調整」（business cycle adjusted），而求得「常態化盈餘」（normalized earnings），如此才具有代表性，不致偏低（景氣衰退時取樣）或偏高（景氣繁榮時取樣）。

　　當今年（或去年）作為基期以計算出基期盈餘、獲利成長率，可能不是抽樣代表性時，至少有下列三種解決之道。

　　1.最簡單處理方式為混合求解：2001年9月11日爆發的紐約911事件可視為百年難得一見的「巨災」，如果在2002年災後愁雲慘霧時來進行鑑價，可採取二階段的混合求解法，詳見表6-13。

表6-13　在2002年時進行公司鑑價

分　　　期	2002年	2003年以後
性　　　質	過渡期	正常期
公司價值分成二階段	逐年計算獲利	以2003年視為基期年，2004年以後視為「終值」

　　2.調整獲利成長率（adjusted growth rate）：無論哪一年作為基期，其獲利、獲利成長率皆須經過〈6-2〉式的景氣調整，這跟（一年內的營收、獲利）季節調整

的道理是一樣的。

$$獲利成長率×景氣調整值……〈6-2〉$$

　　　　　1.繁榮時：0.7

　　　　　2.衰退時：1.428

=8%×0.7

=5.6%

3.以長期取代「基期」：就跟編製指數時一樣，基期年（base year）最好穩定，如此基期獲利（base-year earning）也具代表性。但這是百中選一，另一種做法為把期間拉長，高獲利、低獲利（甚至虧損）等狀況皆包括，全期（往往以一個景氣循環期2.5年）才具有代表性。

同樣的，不僅不可抗力外力會造成公司忽上忽下，公司本身也有旦夕禍福（可用「運」來形容），不足以代表長期趨勢（可用「命格」來形容）。計算常態化盈餘方式至少可分為三中類，主要是因狀況、資料可行性而定，詳見表6-14；眼尖的你可能會發現「殊途同歸」，雖然方法不同，但結果、答案都一樣。再一次的，連我們自己都感覺作表整理真是易懂易記呢！

㈡差之毫釐，失之千里

獲利成長率跟年金化利率是同一件事，所以只要數字有一點不同，時間越長，所造成的差距也越大，這跟子彈從槍口射擊出去的角度稍有差異，彈著點可能上下差距很大的現象如出一轍。

圖6-3便是具體寫照，基本資料如下：

基本情況　　獲利　　　100元

資金成本　　　　　　10%

橫軸：新投資資金的各種獲利率

左縱軸：獲利率的成長率

右縱軸：獲利率的成長率

由圖6-3可見，當預期投資報酬率14%情況，獲利成長率6%時，公司值1400元，但成長率略升至8%（上升33.3%），公司價值暴增50%而達到2100元。

表6-14 計算常態化盈餘的三中類方式

情況	大環境因素（如景氣衰退）且公司賺錢	公司（特定）因素，且公司虧損	
		公司最近大變動（併購）	有債信評等時
解題技巧	假設：期間拉長，才不至於只挑到衰年，例如1997年7月亞洲金融風暴，到1999年才逐漸恢復正常	假設：其它相似公司（或產業平均）ROE=11.50%	假設同一信評等級公司的利息保證倍數相同，以臺灣來說，假設BB級為3.3倍，即：稅前息前盈餘÷利息=3.3
已知	（第2類方法）1999～2002年資產報酬率（ROA）7%	每股淨值18.74元	利息1億元
計算	1.（歷史成本）公司價值 2.稅後息前盈餘 =公司價值×ROA =47.14億元×7% =3.3億元		1.稅前息前盈餘3.3億元 2.常態化（稅後）盈餘 =(3.3億元－1億元)×(1－25%) =1.725億元
答案	第1類方法： 剔除1997、1998年以1999～2002年四年（假設目前為2003年）平均EPS 2.156元	第2類方法： 有債信時狀況的計算過程、結果 3.常態化每股盈餘 =每股淨值×ROE =18.74元×11.5% =2.156元	3.常態化每股盈餘 $=\dfrac{常態化盈餘}{股數}$ $=\dfrac{1.725億元}{0.8億股}$ =2.156元

資料來源：Damondran, Aswath, *Investment Valuation*, John Wiley & Sons, Inc., 1996, pp. 269～271.

㈢二種情況的獲利成長率

公司權益鑑價時，前者包括範圍較廣，所以在計算獲利、獲利成長率時也各有

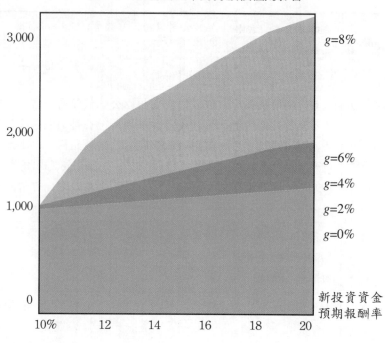

圖6-3 獲利成長率對持續價值的影響

不同，後者詳見附錄四。由公式定義來看，以權益獲利成長率來說，是指保留盈餘用於再創造獲利，而且假設權益報酬率不變；所以保留（盈餘）率（未分配盈餘被盈餘除）乘上權益報酬率便是盈餘的成長率。

四獲利成長率的預測

公司獲利成長率的預測，至少有二種以上方式，詳見第九章第三節。

1.生手：依該產品（例如大哥大，個人電腦）的銷售成長率，頂多再把（預期）物價上漲率加進來，後者從2002年起，約為1%。

另一種方式則為採用證券分析師的預測，詳見第九章第二節。

2.熟手：對該公司熟悉的人，則大可量身定做。

三、混合求解

以前在大學求學唸法律時，常有甲說、乙說，各執一詞，相持不下；「聰明」的人只要把甲、乙說截長補短，便得到折衷方案。

這現象在鑑價中也很常見，例如市價和淨現值混合法（詳見第三節四）。同樣

的，在戰術層級的求解方式上，融合逐年計算方式、公式方式的綜合方式也最討好，
詳細說明如下。

㈠終值的意義

終值（terminal value）對許多人是個陌生名詞，而且大部分美國學者把它拿來
跟殘值（residual value）交換著用。但我們又死記得財務管理書上說殘值是指公司
鑑價最後一期（尤其是清算時）資產價值。但這又只是終值的一小部分，詳見表6-
15。尤有甚者，少數學者用「持續價值」（continuing value）來取代終值，可說更
達意。

表6-15　終值的定義

用詞	1. 終值（terminal value） 2. 持續價值（continuing value），如Copeland用詞
成分	預測期間以後的繼續經營價值 ⊕ 殘值 　　　　　　　　　　　　　　　　　（residual value）
定義 （說明）	假設鑑價期間25年、預測期間 ⊕ 鑑價最後1年的 5年，終值為第6～25年獲利折　　資產價值 現值

㈡掛一漏萬

由圖6-4可見，當只預測未來5年時（explicit forecast period），約只佔整個持續
經營價值的二成，縱使長達25年時，也還有25%「遺漏」！

◆ 第五節　淨現值法公式大閱兵

我們一再強調分類整理的好處，最佳呈現方式便是做表，這樣才能避免治絲益
棼。淨現值法在各小類方法、各情況，公式至少有30種以上，連我們都記不住，也
不敢想像會有多少人懂得運用。我們透過下列二方式，有技巧的避開這團混亂：

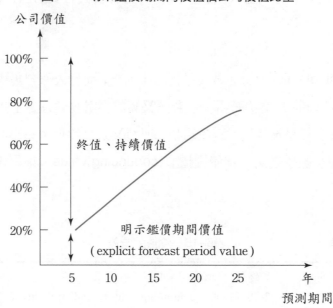

圖6-4 明示鑑價期間內價值佔公司價值比重

　　1.以電腦取代人腦：如同計算機取代心算一樣，淨現值法各公式主要目的在於節省計算時間，既然電腦那麼普及，就沒有必要為了效率而犧牲準確。

　　2.技巧上：對於想看公式的人，也不會失望，請見附錄三，這個表會讓你覺得只是分母（獲利指標）、折現率不同罷了，公式皆相同，可見只有四種公式，其餘只是運用而已，天下沒那麼多學問！

一、古人的相信，今人的迷信

　　如果你查過年金現值表的話，可能會覺得它太不適用了，因為假設各期年金金額相同、折現率相同，但這麼雙重巧合的情況可說是鳳毛麟爪。同樣的，淨現值法也是「年金」求現值的數學問題。前人在沒有電腦協助情況下，作了一些獲利成長率的假設，好把它簡化成等比級數求解，只要找到等比因子，求解就簡單了。

二、你聰明，它傻瓜！

　　不管是假設「公主和王子從此快樂過生活」的單一（growth-perpetuity）成長率，或不同期間內的成長率（growth-annuity）皆相同，這單階段、多階段可說是成長率

的特例。在美國，1980年代大大流行，投資人並不是不知道它有些脫離現實，但至少很好用。當然現在還是有不少人在使用，甚至美國路易斯安那州州立大學教授 Arnold & James（2000）還提出新計算公式，強調只須用計算機便可快速鑑價，以取代逐年計算的曠日費時。

尤有甚者，在第八章中我們強調隨機折現率（即資金成本、獲利成長率每年不同），那麼速算公式沒有多少存在空間。在個人電腦這麼普及的時代，逐年計算也花不了多少時間，因此我們不擬花很多篇幅來介紹淨現值的16種（以上）公式。

三、永續成長——盈餘資本化法為代表

在各年獲利成長率相近情況下，則整個未來幾年獲利折現式將成為一個等比級數，所以求解也很乾淨（neat）、公式很漂亮。只消求出第1期獲利、獲利成長率，再加上折現率便可以計算出價值。

但問題是，天下哪有這麼好的事：「獲利成長率每年相近，而且『天長地久』」呢？

四、多階段成長率模式

公司獲利成長率反映著產品生命週期，所以大抵是由絢爛（成長期）趨於平淡（成熟期），此種方法稱為「多階段成長率方法」（multi-stage growth rate model），常見的有二種：

㈠二階段折現法（two-stage model）

把獲利成長分為異常（或高）成長、穩定成長，把這二階段獲利分別折現，再加上「資產現值」（股利零成長時），便是價值。

㈡三階段折現法（three-stage model）

比二階段折現率多考慮一階段（即過渡期）。

1.有總比沒有好：預測期間該多長？當然最好是盡人事，但最好在7年以上，8年以上的終值部分再用速算公式來算。總之，有個大概的數字總比「想像力漫無限制奔馳」來得妥當。

2.鑑價期間多長？公司鑑價期間長過30年是否有意義？一言以蔽之，由「富不

過三代」一句話，可看出公司的壽命（至少是黃金歲月）很少超過30年，至於原因則不是本書應該探討的，但是在作鑑價時，則應具備這些策略管理的能力。

五、依負債比率調整權益必要報酬率

因各公司負債比率不同，所以其權益必要報酬率也須調整，這個我們留到第八章第四節時再討論。

◆ 本章習題 ◆

1. 以表6-3為基礎，計算台積電的各種價值。

2. 你同意我在表6-4的分析，即M&M（1966）搞錯了嗎？

3. 你同意我在表6-5的分析，即有些美國投資人、財務學者還是硬要用現金流量觀念嗎？

4. 以表6-8為基礎，計算台積電的過去三年權益自由現金流量。

5. 以表6-11為基礎，計算台積電過去三年公司、權益價值所用的折現率、獲利成長率。

6. 以表6-12為基礎，計算台積電的權益價值。

7. 以表6-14為基礎，以台積電為對象計算常態化盈餘。

8. 以表6-15為基礎，計算台積電的持續價值。

9. 以圖6-4為基礎，把第8題的結果作圖。

第七章 ————————————————————

淨現值法專論

只會用自己的錢投資的人是三流生意人,負債和自有資產比率一比一的,才是一流的生意人。

——高清愿 統一集團企業總裁

經濟日報2001年3月12日,第38版

學習目標：

盈餘折現法是計算權益價值最常用的公式（其實就是淨現值法的運用），在投資學方面，衍生出股利折現法。

直接效益：

經濟利潤法、經濟附加價值在2001年變紅的，而我們一語道破（表7-1），我們不認同此法，但卻必須能三言二語就讓你進入狀況。公司外部鑑價時更少人用此方法。

本章重點：

- 會計利潤、經濟利潤。表7-1
- 股東權益附加價值的衡量方式。表7-2
- 每股盈餘和權益報酬率對權益價值的影響。表7-3
- 盈餘品質。§7.3二
- 基本vs.稀釋後每股盈餘。§7.3二㈣
- 股利折現法。§7.4

前言：抓大放小，執簡御繁

在第六章中我們把淨現值法的族譜提綱挈領的介紹。對於想進一步深入了解的讀者，本章可說是「主題的旅遊」的深度之旅。

第一節經濟利潤法屬於公司鑑價，第二節股東價值分析法屬於權益鑑價，皆屬於價值經營的範疇，比較偏向公司內部使用，不僅想知道公司的價值，而且還想了解附加價值的來源，就是第一章第一節中所稱的價值動力。

如果只是單純的想知道鑑價結果，尤其是公司外人士，那麼第三節盈餘折現法就可以計算出權益價值，至於第四節的股利折現法、第十三章第二節盈餘倍數法（本益比法），皆是源自本方法。

◆ 第一節　經濟利潤法

經濟利潤法（economic profit approach）看起來很有學問，其實就跟把雞腳美稱鳳爪一樣。看了〈7-1〉式的定義，再由表7-1，便很容易理解經濟利潤法的精神，只是把大一經濟學中經濟利潤延伸到公司鑑價罷了！

一、股價看未來，不看過去

無需舉例說明，光是「股價看（公司）未來，不看過去」一句話，已指出歷史盈餘無法解釋股價，「窮則變、變則通」，順理成章的解決方式便是以未來的（未來無限期）預估盈餘取代歷史盈餘，再加上帳面價值，這就是「剩餘盈餘（折現）法」的基本精神。其中「剩餘」一詞主要指扣除資金成本後的盈餘（rediscounted residual income model），不指股利或現金流量。

二、基本精神

它的基本精神可說是把投資（或資產）獲利減掉投資資金成本（本處稱capital charge），便是經濟利潤，各期經濟利潤現值之和便是公司價值。

由表7-1可看出經濟利潤法的本質（在本書中則為價值的來源）。公司價值

等於：

  1.投資資金現值：這是假設投資報酬先還「本」（即投資資金或總資產）。

  2.經濟利潤現值：此項目可正可負，當出現負值時，也會侵蝕到投資資金現值，也就是虧損，即連投資資金都沒賺回來。

對於經濟利潤法的實際例子有興趣者，可參考本節參考文獻中Srinivasan（1997）的文章，不再贅敘。

經濟利潤=投資額×（投資報酬率−資金成本）……〈7-1〉

投資報酬率（return on invested capital, ROIC）

=NOPLAT／投資額

=EBIT$(1-T_c)$／投資額

NOPLAT（net operating profit less adjusted taxes）

=EBIT$(1-T_c)$，稅後息前盈餘，如果可以的話可寫成EBI，另見附錄一。

T_c是cash tax rates，可譯為有效營所稅率。

表7-1　會計利潤、經濟利潤舉例說明

	開雜貨店	公司投資
會計利潤	10萬元	100萬元
一、資本家的機會成本	7萬元	(1)投資額（I）=1000萬元 (2)資金成本（WACC）=14.52%（詳見〈8-6〉式）
二、經濟利潤	3萬元	(3)=(1)×(2)即資金的機會成本，或譯為投資成本 　=1000萬元×（100/1000−14.52%） 　=85.48萬元

三、太陽下沒啥新鮮事

由上述定義可看出，本法新創的英文代號其實也只是新壺裝舊酒罷了。

1. NOPAT=EBI=NOPLAT（不同作者用詞不同）。

2. ROIC=ROA。

3. 投資額=總資產。

投資額（invested capital）又稱總投資資金（total investor funds）；簡單的說，便是下列二者之一：

1. 資金來源，資產負債表右邊的負債加業主權益。

2. 資金去路，資產負債表左邊的總資產。

四、修正經濟利潤

在經濟利潤的基礎上進一步修正，美國印第安那大學教授Boquist等（1997）提出「修正經濟利潤」（refined economic value added, REVA）。

修正經濟利潤=NOPAT–（WACC×前期資產市值）

其中，公司市值=負債市值+業主權益市值

簡單的說，經濟利潤是「會計利潤」減掉資金機會成本，而「修正」則減掉資金「市值」機會成本，即資金不是採歷史成本（此例為期初餘額），而是採市價（此例為期初市價）。這跟以重置成本來取代歷史成本的道理是相同的。可惜，其模式在實證時，解釋能力很低（只有4%），而且以市場模式來計算超額報酬，所以本書只介紹其觀念，以指出經濟利潤觀念演進方向。

五、電腦軟體

應用軟體中最有名為Stern Steward & Co. 公司打響的軟體EVA（即economic value added）。

第二節 股東價值分析法

把淨現值法更進一步加工，計算出（併購等）對每股盈餘的影響（背後隱含對股價、市值的影響），便可說是股東價值法（shareholder value approach或shareholder value analysis)，所以它並不是一種公司鑑價方法，難怪大部分鑑價的書連這個名詞都沒有。

一、借用經濟利潤法的結果

權益價值=期初股本+經濟利潤現值……〈7-2〉

由〈7-2〉式可見股東價值法的精神，在於看投資報酬率是否大於資金成本，如果答案是肯定的，即代表（新）投資對股東權益有附加價值，以每年的經濟利潤代表「權益附加價值」(shareholder value added, SVA)，表示資金槓桿效果為正。

由表7-2可見，二種衡量權益附加價值的方式。

表7-2　股東權益附加價值的衡量方式

原創者	衡量方式
通用電器公司（General Electric），1950年代	剩餘盈餘（residual income） =超額盈餘（少數情況下） =經濟利潤
Stern Steward管理顧問公司，1990年代	經濟附加價值(economic value added, EVA) =剩餘盈餘 　+所得稅遞延準備(deferred tax reserves) 　+存貨會計方法變更準備 　+累積商譽攤銷 　+未在會計上記錄的商譽 　+壞帳準備 　+保證金準備(warranty reserves)

二、用　途

㈠經營分析

股東價值分析法在策略管理中的用途則為可藉此以評估各可行策略方案的優

劣。換另一個角度來說,在使用股東價值分析時,便須先進行策略規劃,透過SWOT分析、策略矩陣分析等,如此所得到的現金流量才會準確。最後,站在公司事業投資組合管理的立場,利用本法正足以檢定目前的資產配置(即事業部)是否能使股東價值極大;如果不能,那麼如何透過併購、撤資、自行發展新事業,以重建公司投資組合,也就是股東價值分析法可以提供決策所需的資訊。

股東價值分析法實際例子可參見本節參考文獻Rappaport (1998),該文以美國柯達公司於1988年以51億美元收購Sterling Drug公司為例,這二篇文章皆是同一作者所寫的。

㈡併購時

在併購交易方面,誠如美國密爾瓦基市勤業(Arthur Anderson)會計師事務所的鑑價部經理丹尼爾‧比林斯基(Daniel W. Bielinski, 1993)表示,由於價值經營模式使用的是過去資料,買賣雙方達成共識的可能性較高,因此不僅適用於中型公司,也適用於大型公司。

三、電腦軟體

美國西北大學教授艾佛特‧雷帕波特(Alfred Rappaport)在1979年提出本方法,哈佛、西北等大學討論併購的課程都採用此法。國外許多公司採用此法,甚至一家名稱為艾爾卡(Alcar Group Inc.)的顧問公司也據此設計出一套訓練課程與三套電腦軟體名為策略規劃(The Strategy Planner)、公司價值規劃(The Value Planner)、經營規劃(The Manager Planner),可見它是經得起實務考驗的。

至於其修正版稱為「價值經營模式」(value-based management model, VBM),是以公司過去5年的正常現金流量來計算公司的底線現金流量,而敏感分析也是針對此過去期間來做的。此法用途之一是作為經營分析之用,了解過去有哪些值得改善的,雖往者已矣,但來者可追!尤其是股東價值法中的價值動力項目,大都是總經理以上人員權責,而價值經營模式則更把價值動力項目細分到功能部門層級,讓中階管理者也能體會到自己在創造公司價值中的角色。

♦ 第三節　盈餘折現法執行要點

「盈餘」看似一個簡單觀念，有人認為反正就是「每股平均賺多少錢嗎?」定義人人會說，但執行起來，就可分出師父、徒弟。接著，再來深入說明什麼是「每股」、「盈餘」。

一、每股盈餘 vs. 權益報酬率

每股盈餘是臺灣投資人衡量公司獲利能力最主要的指標，站在股東的角度，公司不是只拿資本額來作生意，還包括保留盈餘和資本公積，也就是整個業主權益。所以，應該拿股東權益報酬率 (ROE) 來作為衡量公司替股東賺了多少，這個道理，可由表7–3看得一目了然。A、B二家公司業主權益、稅後盈餘相同，股東權益報酬率皆為10%。因為二家公司的業主權益結構不同，A公司股本5億元（一股面額10元），所以每股盈餘2元，但B公司股本10億元，每股盈餘只有1元；看起來，B公司顯得比較不會賺錢。當然，這只是個錯覺罷了。在15倍本益比情況下，預期股價30元，看似股票可比B公司的15元多賣一倍價錢。但是A公司股數少（只有0.5億股），所以股票價值15億元，B公司股數多 (1億股)，縱使每股盈餘低，但一樣值15億元。這個例子告訴我們，採用盈餘倍數法時，無須把資本公積、保留盈餘甚至轉換證券全部「換算」成資本，因為二種方法的權益價值結果都是一樣的。

在歐美，投資人比較關切權益報酬率，甚至連日本也是。2000年3月，日本經濟新聞對大企業經營者所做的「企業高層股價」調查指出，受訪的董事長、總經理最重視的經營績效指標為權益報酬率。(工商時報2000年3月22日，第7版，邱龍輝)

二、盈餘的品質

對公司「每股盈餘」的關心，不只是針對其數量，而且「盈餘品質」(earning quality) 也一樣重要，這包括下列二項。

(一)盈餘的內容

應該關心的是「每股純益」，也就是剔除「不務正業」、「非恆常性」的營業外

表7-3　每股盈餘和權益報酬率對權益價值的影響

	A公司	B公司
⑴稅後盈餘	1億元	1億元
⑵股數	0.5億股	1億股
⑶業主權益	10億元	10億元
資本	5億元	10億元
資本公積	5億元	－
⑷＝⑴/⑵ 　每股盈餘	2元	1元
⑸＝⑴/⑶ 　權益報酬率	10%	10%
⑹＝⑷×⑵×15倍 股票價值	15億元	15億元

收益（主要為處分不動產、股票等收益和匯兌利得），也就是不看重「每股盈餘」。由於「稅後」，才是屬於股東的，所以除非想特別以「稅前」為討論狀態，否則純益、盈餘指的是稅後狀態。

　　當然，一些實質上有控股公司色彩的公司，轉投資收入已成恆常性收入，那只好自行判斷調整。

　　一般證券報刊都會同時刊出每股稅前盈餘、每股稅後純益的資料，以讓投資人各取所需。

㈡盈餘的波動性

　　盈餘波動越小的公司，代表公司風險（主要是事業風險）較小，以權益鑑價來說，投資人要求的必要報酬率較低，權益價值無異水漲船高，股價也就會有較好表現。

㈢預估股本（或股數）

　　工商時報出版的四季報上的預估本益比是基於當年度預估盈餘再除上當時股本，這很不搭調，外國券商還會去預估年底股本，以此作為計算預估每「股」盈餘的基準。

　　預估年底股本，這涉及：

1.除權，包括股票股利（即無償配股）、現金增資（即有償配股），前者可由過去的股利政策去推測。

2.約當股數，這是對有發行轉換公司債（例如四成），再乘上可轉換股數（例如400萬股），二者相乘，便得到可能轉換160萬股，這便是約當股數。

3.會不會減資，這情況鳳毛麟角，一年頂多五家。

4.會不會現金增資，增資金額、股數多少。

㈣美國總是搶先一步

一事不煩二主，美國1997年2月發布的財務會計準則第128號公報，要求公司以後須發布二個每股盈餘數字：

1.基本每股盈餘（basic EPS）。

2.稀釋後每股盈餘（diluted EPS），即有發生（員工認股）選擇權、轉換證券（指轉換公司債、轉換特別股）和其它轉換權利，即前述「約當股數」。大部分證券分析師、媒體對外報導的每股盈餘指的是這個。

三、每月營收公告的影響

盈餘只有年度財測，但每季（或每月）報紙會發布上市公司盈餘達成率，據以判斷公司是否有希望達成財務報表預測上宣稱的盈餘目標。因此，每個月10日前上市公司公告並申報上月份營業額就成為投資人惟一可用最短時間的財報資料，並據以推估月盈餘。

四、越快越仔細越好!

許多公司皆在網際網路上有公司網址,在網頁上是否該儘快的把財務報表揭露出來,以力求財務透明化呢? 甚至更挑剔的說,是否可以讓網友查看你財報的工作底稿（例如應收帳款明細）。這個「電子財報報告」（electronic financial reporting）是美國會計師協會（AICPA）技術委員會所選出2000年會計師所面臨的十大技術挑戰（第一名項目是電子商務）。

💠 第四節 股利折現法

股利鑑價法鼻祖為美國哈佛大學教授J. B. Williams（1938），便是把未來現金股利現值當作權益價值，難怪本法又稱為股利折現法（dividend discount model, DDM），號稱（美國）最普遍採用的股票鑑價方法，投資人慣稱為股利報酬率、股利殖利率、現金收益率法。簡單的說，可說是以「每股（現金）股利」（dividend per share, DPS）取代每股盈餘（earnings per share, EPS）。

一、盈餘 vs. 股利

投資學中把盈餘倍數法再細分出股利鑑價法（dividend valuation model），其實這可說是殊途同歸，至少權益價值不受影響——除非發生除權後的填權現象；實證也支持，股利政策（除息、除權或平衡股利）不會影響股價。股利折現法在美國流行，其實就代表盈餘折現法，因為美國公司不興除權，缺錢就辦現金增資，所以賺多少錢（盈餘）大都就發放多少現金股利。

二、現金流量 vs. 股利

用權益自由現金流量、股利折現法只有在下列二種情況下，結果會相同：

1. 現金股利等於權益自由現金流量。
2. 權益自由現金流量大於股利，但這「保留現金」（套用保留盈餘的用詞）用於投資，但其淨現值為零。

否則，在其它情況下，權益自由現金流量折現法的權益價值會大於股利折現法；有此一說，前者適用於被併購公司，後者比較適合沒人聞問的未公開發行股票。

三、執行要點

股利鑑價法的執行關鍵有二：

1. 預測盈餘。
2. 預測股利支付率（dividend payout ratio）。

股利支付率的預測方式可分為二種：

1.事後的，以過去5年的平均值作代表，最單純的公司是採最（狹義）平衡股利政策的公司，股利支付率為0.5。

2.事前的，即預測今年、明年公司的股利支付意圖。

四、三項式股利鑑價模式

就跟三階段折現法比二階段折現法更周延一樣，同樣的，三項式股利鑑價法（trinominal dividend valuation model）也比二項式（股利提高或不變）股利鑑價法（binominal DDM）多考慮股利支付的一種情況（股利掛零）。原創人加拿大京士頓市軍事學院教授Hurley & Johnson（1994）主張本方式今說是最周延的。不過，為了模式求解，他們仍採慣用方式：把各年股利流量假設是馬可夫過程（Markov process），他們稱此為「馬可夫股利流量」（Markov dividend stream）。

馬可夫過程就跟碳的衰退期一樣，假設是固定（機率）的衰退率，當然這不符合現實。如此脫線，只是學者希望有個漂亮的模式封閉解（closed form solution）。

五、缺　點

股利折現法比盈餘倍數法（甚至單純的盈餘折現法）多一個缺點，即除了得預測盈餘外，還得預測股利支付率，如果這二道程序的準確率各只有八成，那麼股利預測值的準確率只有64%，誤差相當大。這個問題在美國並不嚴重，因為大部分公司皆採現金股利政策，缺錢時再採現金增資方式，不採股票股利方式來強迫股東多持有股票。

本法的立即可見的缺點便是不適用於零股利公司，而這往往佔上市公司家數的四分之一，更不要說網路股，此比重可能佔99.9%。

為了解決上述零股利所造成的股利折現法不適用的問題，美國哥倫比亞大學教授Ohlson（1990）把早期學者的方法稍加改善，姑且名為Edward-Bell-Ohlson（EBO）鑑價法。額外的貢獻在於「預測」股利支付率，例如可以採取：

1.過去（5年）股利支付率平均值。

2.當期股利支付率。

【個案】　臺灣大哥大上櫃承銷價

　　臺灣大哥大在2000年9月26日股票上櫃，由於是臺灣客戶數最多的手機通訊業者，再加上7～9月中華電信釋股沸沸揚揚。二個因素加在一起，臺灣大上櫃案自然成為媒體焦點。

　　臺灣大最大股東是太平洋電線電纜公司，持有16%股份，其它主要股東宏碁電腦、明碁電通和聲寶公司。

　　1997年底行動電話業務開放民營，一下子釋出七張行動電話執照，當時行動電話用戶普及率只有6%，市場潛力十足，在多家業者競爭下，2年半後，普及率已超過60%，是全亞洲成長最快的地區。

　　電信服務業具有獲利率成長幅度超過營收成長的特質，臺灣大開臺第一年就賺錢，獲利40億元。

　　其餘民營業者遠傳、和信、泛亞、東信也在營運第二年嘗到獲利的果實。

　　現在行動電話用戶數已超過1500多萬用戶，普及率達六成，成長已步入緩慢期。每個用戶的平均帳單費用跟往年相比，已減少許多。多家大哥大業者指出，以往每個用戶的平均月帳單約為1300元，現在都降到1000元以下，用戶的平均價值滑落不少。（經濟日報2000年8月19日，第5版，費家琪、呂郁育）

　　4月25日，成立二年的臺灣大宣布，用戶數超越中華電信，兩雄競爭的戰火從此開打。臺灣大4月24日獲准上櫃，可望搶在中華電信之前進入公開市場掛牌營運，又再打贏一役。

　　里昂證券也表示，臺灣大可望成為臺灣手機市場去管制化後的最大受益者，臺灣大行動電話用戶有400多萬戶，已超越中華電信，臺灣大未來的價值將依恃手機的數據業務發展，預計幾年內將有爆炸型的成長。

　　臺灣大上半年營收約211億元，比去年同期106億元成長近一倍，稅前盈餘更高達68億元，也較去年同期32.2億元超過一倍，上半年每股純益約2.24元。

　　中華電信今年在用戶數首次敗北後，力圖在營收和獲利上表現。中華電信由1999年7月累計到2000年全年營收目標設定為2840億元，稅後盈餘686億元，每股盈餘為7.11元。

　　中華電信具有市場先進的優勢，各種設備都已攤提完畢。面對民營大哥大、固網業者的競爭，中華電信強調民營化後，將擺脫改制前的多種限制，以更靈活的市場操作因應市場，營收、獲利一定可以大放異彩。（經濟日報2000年8月12日，第3版，呂郁育）

　　2000年營收目標463.8億元，獲利153.3億元，每股盈餘由5元調高為5.56元。

　　臺灣大的2001年的本益比（PER）以及企業的現金流量比（EV/EBITDA）分別為11.5倍及8.8倍，而預測EBITDA的1999至2004年的年複利成長率將達37%。

表7-4　中華電信、臺灣大哥大比較

	臺灣大哥大	中華電信
至6月底行動電話用戶數	443萬	約400萬
至6月底營收（億元）	211	1999
至6月底獲利（億元）	66.8	598
今年營收目標（億元）	463	2840
今年獲利目標（億元）	153	900
資本額（億元）	280	964.77

註：中華電信營收與獲利計算基準為1999年下半年起至
2000年上半年。

資料來源：呂郁育，「臺灣大獲准9月上櫃」，經濟日報2000
年8月12日，第3版。

一、佣金攤提拖延上櫃時程

臺灣大由於佣金攤提問題受質疑，使上櫃案一波三折。

針對此問題，政治大學會計系教授在2000年7月《會計研究月刊》上有詳細說明，接著我們把該文重點摘錄於下。

(一)問題出在哪？

行動電話業者的服務循環包含下列5個步驟：

1. 經銷商把手機門號賣給用戶，並且簽訂契約，約定最短使用期限，以及如果未滿足約定時的處罰方式。

2. 用戶啟用門號。

3. 在約定使用期限中，用戶使用該門號通話。

4. 約定使用期限屆滿。

5. 在約定使用期限屆滿後，用戶繼續使用該門號通話。

在上述服務循環中，業者支付給經銷商的佣金，約達每一個用戶3000元；包括一次性佣金（2700元）和分期計算的佣金（300元）二種。只是一次性佣金的支付方式，並不是一次付清，而是分成三次。第一次是在經銷商銷售手機、門號時，只有小部分（200元）；第二次，在用戶啟用門號時，則是大部分（2000元）；第三次，則等到合約期間屆滿時，也是小部分（500元）。

表7-5 大哥大業者營運比較

單位：億元

		臺灣大哥大	中華電信	遠傳電信	和信電訊	東信電訊	泛亞電信
1998	營業額	124.2	1816.9	74.8	39.5	24.1	27.8
	稅後獲利	35.8	544.8	(8.9)	(10.8)	(2.8)	(3.1)
	每股盈餘（元）	4.54	5.65	(0.99)	(2.93)	(1.01)	(1.63)
1999	營業額	268	1947	186.2	115.8	48	66.8
	稅後獲利	60.2	517	16.35	14.2	2.9	9.6
	每股盈餘（元）	3.22	5.36	1.49	1.48	1.25	2.93
2000（預估）	營業額	463.8	2787	300	214	60	90
	稅後獲利	153.4	686	30	20	2.29	12
	每股盈餘（元）	5.56	7.11	2.6（約）	1.29	0.7	3.7
	資本額	200	964.77	113.7	155	2000	32.75

註：(1)中華電信2000年度營運計算基準為1999年下半年至2000年全年，共一年半。如果以一年計算，每股稅後盈餘約為4.66元。

(2)（ ）表示虧損。

至於分期計算的佣金，業者都在各期支付，即該經銷商出售門號的客戶實際通話收入，乘上佣金給付率計算而得；僅有效門號才會為其帶來收入。如果用戶未繼續使用門號，或雖繼續使用但不正常繳款，都會被剔除。至於佣金給付率隨達成目標不同而有不同等級。這些均顯示業者透過佣金來激勵經銷商努力推銷門號。

行動電話業者補貼經銷商，方式如下。業者指示經銷商以990元的低價出售成本2000元的手機，並搭配該業者的門號，以強制用戶使用其門號。於是，每當經銷商售出一支手機和一個門號時，業者即須補貼經銷商1010元。業者在推銷門號時，為保障自己的權益，會要求用戶訂約。契約的內容，包括：(1)門號使用期間的下限和(2)保障業者權益的方式。保障業者的權益是指在

用戶未滿足約定的最短期限時，對用戶的處罰。處罰的方式是沒收用戶繳納的保證金，或是要求用戶繳納業者前曾支付的補助款，把業者當初補貼給經銷商（或用戶）的手機補貼款還給業者，讓業者取得債權。要是業者跟用戶沒簽契，用戶沒繳保證金，那麼業者權益很難有保障。

在正常的銷售情況下，當用戶向業者申請門號時，業者除要求用戶簽約外，一般還會向用戶收取設定費（600元）和保證金（2900元），共計3500元。保證金是用來在客戶退租或停止使用門號時，抵償未付的通話費，如果客戶通話費已付清，業者須退回保證金。在促銷時，業者可能不收設定費，也不一定收取保證金，甚至也不要求用戶簽約。

在這種經營方式下，業者的行銷支出和資本支出都為數鉅大。臺灣大和遠傳二家公司累積的資本支出均超過百億元。但臺灣大跟遠傳對客戶取得成本（含付給經銷商的一次性佣金和手機補貼款）和折舊費用的會計處理並不相同。

對於客戶取得成本，臺灣大當訂有合約時，係先資本化，然後再攤銷；否則，即逕記費用。攤銷期間為合約約定的門號使用期間下限。遠傳在支出的當期逕行記入費用。

(二)會研基金會的解釋函

2000年6月28日，財團法人會計研究發展基金會針對客戶的取得成本提出解釋函。採取不准資本化的立場，是因為這些支出雖可能有未來經濟效益，但不確定性很高，基於穩健原則，才不准資本化。例外情況是在門號銷售當時，業者不但跟用戶簽訂契約，而且還已收取保證金；因用戶已繳付保證金，所以其提前解約的動機已降低；即使用戶提前解約，業者因已掌握業已收到的保證金，以及在用戶願被業者沒收保證金的承諾下，客戶取得成本在未來喪失價值的可能性降低，所以可認列為資產。如果業者雖跟用戶簽訂契約，但不容許業者沒收保證金，而是賦予業者得向用戶收取債權（債權之金額可能是業者前曾支付的補貼款）時，這種客戶取得成本即不得資本化。

2000年7月15日，臺灣大哥大重編1999年的財務報表，並予公告，將原列報淨利92.1億元降為60.2億元；每股盈餘則自4.92元降為3.22元。

二、霸菱證券的看法

港商霸菱證券的電信產業研究小組採用現金流量折現法（DCF）加以評估，以11.7%的折現率、10年期來看，認為臺灣大的市值應有4290億元，每股有155.42元的價值。（經濟日報2000年8月25日，第3版，白富美、張志榮）

◆ **本章習題** ◆

1. 請用Chap.7伍氏權益資金成本公式計算出台積電權益資金成本，再套用表7–2計算台積電經濟利潤。

2. 承上題，用經濟利潤計算台積電的權益「經濟價值」。

3. 把§7.1 Srinivasan（1997）文章中的例子找出來，譯成中文。

4. 把§7.2 Rappaport（1998）文獻中的例子找出來，譯成中文。

5. 你同意在表7–3中的觀念「每股盈餘不足以代表公司獲利，權益報酬率才足以」嗎？

6. 計算台積電去年的基本、稀釋後每股盈餘。

7. 把台積電、聯電過去盈餘曲線畫出來，哪一家公司盈餘品質較高？

8. 用股利折現法（當年股利支付率）來計算台積電的權益價值？

9. 用過去5年股利支付率來再算一次第8題。

10. 承上題，盈餘、股利折現法計算出台積電權益價值會相同嗎？如果不合，差異在哪裡？

第八章

伍氏權益資金成本的估計

美股未來十年投資報酬率為7到8%。

——華倫·巴菲特（Warren Buffet）　美國投資之神

經濟日報2001年12月21日，第9版

學習目標:

權益資金成本是公司鑑價爭議性最大的項目,本章從實證、創意來回答如何計算。

直接效益:

學者喜歡用資本資產定價模式 (CAPM) 來計算權益資金成本,此模式只能解釋實況三成,比丟銅板的準確性還差,實務人士不用此方法,因此你可省下這些弄懂CAPM、β的時間。

本章重點:

- 資本資產定價模式被宣布二次死刑。§8.1
- 市場模式。§8.1
- 多期情況下各組織層級的權益必要報酬率。表8-1
- 伍氏權益必要報酬率基本型。〈8-2〉式
- 股市基本報酬率。§8.2一㈡
- 大盤報酬率二種預測方式。表8-2
- 美國的權益風險溢酬。§8.2二㈡
- 未上市公司的權益資金成本。〈8-4〉式
- 權益資金成本 —— 專家調查法。§8.2四
- 權益資金成本的期限結構。表8-4
- 事業部的權益資金成本。§8.4
- 負債資金成本的成分。表8-5
- 負債資金成本各項目的資訊來源。表8-6

前言：先破壞才能有建設

　　如果你覺得財務管理、投資學等課程中，已經把權益資金成本估算方式「講清楚，說明白」，因此就想將本章跳過，那你可能會錯失好戲，在第一節中，我們先採取「破劍式」的把資本資產定價模式（CAPM）全盤否定，不破無以立，並在第二節中提出「大大好用」的伍氏風險調整的權益必要報酬率，進而於第四節中推衍出事業部的權益報酬率。

第一節　資本資產定價模式無用論
——貝他係數死二遍啦

　　教科書對投資人投資某股票所要求的必要報酬率（hurdle rate），十之八九皆採取資本資產定價模式來估算。這個由夏普(Sharpe)、林特納(Linter)和莫新(Mossin)於1965年所提出的用二個自變數就想解釋複雜的股價行為，由於跟現實相差甚遠，因此連美國實務界人士皆很少採用。

　　資本資產定價無用論是拙著《實用投資管理》（華泰文化）第六章第二節的內容，本處不再贅述。但由於有些傳統教科書死忠派仍有疑慮，在此簡單舉例說明前述「此模式跟現實相差甚遠」一句話。如果我們把歌手張惠妹的臉部照片遮住七成，只露出三成，你能猜出她是誰嗎？同樣的，不管美臺或哪裡的股市，單一股票或投資組合（如共同基金），此模式對股價行為（在此為報酬率）的解釋能力（即模式的判定係數）很少超過三成。換言之，亂猜都比煞有介事的依此模式（實證時採市場模式(market model)）跑實證來得準，因此，依此模式所計算出的貝他係數（β）也就不值得一觀了。

一、貝他被宣布死了二次

　　對於有好學精神、喜歡相信權威的人，我們舉出二篇先後宣布此模式死亡的文獻。

(一)第一次

　　1976年Steven Ross提出套利定價模式（APT），以取代資本資產定價模式；他在1977年專文中，可說是第一次宣布此模式壽終正寢。道理很簡單，前者用更多自變數，因此模式解釋能力（判定係數高達0.7）當然遠勝過「一葉落而知秋」的資本資產定價模式。

㈡第二次

　　1992年，財務管理大師Fama & French 一篇實證研究，研究期間長達26年（1965迄1990年），結論很簡單：「貝他係數跟長期平均報酬不相關」。後續不少文獻支持此結論，遭此重擊，他們甚至用「貝他係數死二遍」來形容資本資產定價模式的處境。

㈢資本資產定價模式進階版也沒用

　　CAPM的支持者負嵎抵抗，例如Fama & French（1993），提出三因子模式(three-factor model)，在市場模式（只有一個自變數，即風險溢酬項）中加上公司規模、淨值股價比。但是美國Notre Dame大學教授Loughran & Ritter（2000）的實證，還是指出「加東加西」的三因子模式，仍是朽木難撐大樑。

二、你會想買1960年代的電腦嗎？

　　當686個人電腦已成主流，你還會用1960年代的小博士型個人電腦（80×86級）嗎？同樣道理，社會科學進步一日千里，一個1965年的簡單模式，用邏輯來推理，早就過時了。至於有些傳統教科書、文獻還以此為基礎，此時，「盡信書不如無書」這句話就派得上用場。

　　我們不想在沙灘上蓋大樓──否則比義大利的比薩斜塔還慘，因此提出我們自創的權益資金成本估計方式。

◆ 第二節　經營時權益資金成本

　　既然教科書、期刊採取資本資產定價模式、套利定價模式皆欠允當，因此我們提出伍氏風險平減報酬率（Wu's risk-adjusted rate of return），運用於淨現值法時，其公式如〈8-1〉式所示。在詳細說明多期、不同組織型態（事業部、公司、集團）、

上市（已上市和未上市）狀態等狀況下如何計算伍氏權益必要報酬率之前，先以表8-1彙總。其中多期情況應採取折現率期限結構部分，留到第三節再來討論。

伍氏淨現值法（Wu's NPV method）公式：

$$股票價值 = \frac{E_1}{(1+R_1)} + \frac{E_2}{(1+R_2)^2} + \cdots + \frac{E_n}{(1+R_n)^n} + \frac{RV}{(1+R_{rv})^n} \cdots\cdots \langle 8-1 \rangle$$

E：盈餘

i：第i年

R_i：R_e　第i年權益必要報酬率，即權益資金成本

RV：殘值(residual value)

表8-1　多期情況下各組織層級的權益必要報酬率

公司層級 ＼ 期間	單期（第1年）	多　　期
一、公司	R_e ⟶	全部（折現率）(overall rates)
1.已上市公司	1.獲利公司　2.虧損公司　↓　$R_e=0.6R_u$	1.T+i年折現率　(going-in discount rate)　2.殘值折現率　(residual discount rate)
2.未上市公司	變現力折價　所以$R_u=R_e/0.6$	
二、事業部　三、集團企業	套用信評方式詳見　表17-2	

一、伍氏權益必要報酬率

在拙著《實用投資學》（華泰出版，1999年10月）第六章第三節中，我們提出伍氏（權益）必要報酬率（Wu's hurdle rate），詳見〈8-2〉式，主要是以股市報酬

率作為權益投資績效標竿（benchmark），以相對本益比來衡量權益風險溢酬。因為只考慮本益比，未考慮淨值；所以此方式不適用於以淨值為主的資產類股（主要是飯店、部分食品和紡織類股），所幸此部分佔上市（上櫃）股不到2%，其次是不適用虧損公司（因為沒有本益比），這種公司也不到5%，而且值得投資的不多。

(一)以相對本益比作為權益風險測度

由表8-1中多期、公司權益資金成本欄可看出，全部（折現率）（overall rates）分為二個期間：

1. 繼續經營時的折現率（going-in discount rate）。

2. 結束營業時的折現率，詳見本節第五段。

〈8-2〉式適用於已上市且有盈餘的公司，詳細說明如下。

伍氏權益必要報酬率基本型：

$$R_i = \frac{\text{i公司本益比}}{\text{大盤本益比}} \times \text{大盤報酬率} \cdots\cdots \langle 8\text{-}2 \rangle$$

舉例：$16\% = \frac{40x}{30x} \times 12\%$

(二)股市基本報酬率

股價看未來，所以大盤報酬率應該以未來為主，以2002年為例，大部分券商認為會漲到6500點，以年初5551點為例，大盤報酬率19%。只可惜，預測期間太短，頂多2年內比較有足夠資訊（例如經濟成長率）以資判斷，此稱為「資訊期間」（information horizon）。

股市長期報酬率或基本報酬率（market's basic return）該是多少呢？美國Bernstein公司總裁Peter Bernstein（1997）以美股175年（1803～1978年）歷史來看，（名目）報酬率9.6%，報酬率標準差1.6%。各次期時股票報酬率起伏不定，但長期來說，有回復均值（mean-reverting）現象，尤其是實質報酬率更明顯。

有些美國出版的書籍，像《未來十年好光景》（聯經出版）、《Dow 36000》，皆預言2009年，道瓊指數會上漲到36000點，以2002年11000點來看，每年（複利）報酬率約9.5%，應該有達到的機率。

大盤報酬率的預測方式至少有二種，詳見表8-2；由歷史經驗來看，爭議比較少；但到底取樣期間該多長呢？比較常用的是從1981年起算，其次是1986年9月大盤600點起漲點。其次，這樣的報酬率有20%，似嫌太高，那就打個折，以12%來說。

表8-2　大盤報酬率二種預測方式

	預測期間	
	資訊期間	投資期間
事前（ex ante），即預期	常見的為1年，但也有3年，甚至10年	例如：3～5年
事後（ex post），即歷史	過去10年，大盤每年成長率12%	

㈢以產業平均報酬率為指標

或許你會懷疑為什麼我們不用類股（指數）報酬率作為標準，尤其是對專注本業的公司來說，這頗符合邏輯在事件研究法(event study)中，也常用產業平減(industry-adjusted)方式來計算超常報酬(abnormal return, AR)；背後假設有一個共通的產業風險等級(industry risk class)存在。但是美國密西根大學教授Bhattacharyya & Leach(1999)認為，必須小心「榮辱與共」的風險外溢(risk spillovers)問題。我們舉例說明，例如2000年4月3日，美國微軟公司被判決違反反托拉斯法，微軟當日股價一度重挫13.5%，連帶也帶動美股一波重挫；也就是產業平均報酬率往下修正。只要能擠進上市公司之列，就有足夠分量「牽一髮而動全身（此處為整個產業）」。

二、虧損公司的必要報酬率——實務人士常用的必要報酬率

新創、虧損公司沒有本益比，所以我們改用實務人士的經驗法則。

實務人士為求簡便，常用經驗法則推算必要報酬率。最簡單的想法，有下列二種方式。

㈠最低標準

公司會虧損，甚至倒閉，此時股票便成為壁紙；所以股票必須比無風險利率（risk free interest rate, R$_f$）高，才能補償投資人的風險，這部分稱為「權益風險溢價」（equity risk premium），實務人士常用的加碼幅度為8個百分點——詳見〈8-3〉式。這樣的經驗法則，最近獲得美國AQR資產管理公司總裁Clifford S. Asness（2000）實證的支持，他的實證期間長達120年（1871～1998年），他認為中短期來看，股票報酬率、公債（甚至公司債）殖利率似乎井水不犯河水。但長期來看，這關係仍存在；可推論出他支持貨幣需求理論中各資產間報酬率環環相扣的「投資組合理論」。

㈡美國的權益風險溢價

2001年臺灣940萬勞工平均薪資為年薪46萬元，雖然不是每個人都可以賺到這金額，但也差不遠了。同樣的，投資股票長期來說，「應該」比存銀行定存多多少報酬率呢？下列二個方向的結論皆相同。

　1.學術研究：權益風險溢價可說是財務管理的核心，有關此題目，美國排名居先的財務期刊在2001年有二篇文獻，可說是舊話重提。

　⑴排行榜第1名：「股票報酬比公債利率平均高8個百分點」，這個耳熟能詳的經驗法則，源自於著名的資料庫公司Ibbotson Associates（在臺灣則臺灣經濟新報社很像）所發布的年度統計，研究期間從1926年股市高檔開始，也就是包含1929～1933年經濟大蕭條所帶來的股市崩盤。

　⑵另類想法：美國哥倫比亞商學院教授Thomas和巴克萊投資公司Claus（2001）的複雜研究，期間1985～1998年，認為美國股市權益風險溢價只有3個百分點，並批評8個百分點太樂觀。

可惜的是，這另類結論卻因研究方法不當，反而不足取，還不如我們在下一段所引用的簡單作法，即實務上以股價指數來計算股市報酬率。

　2.最近的證據：至於近15年的資料可參考表8-3，以算術平均報酬率來說，美股比美債報酬率高6個百分點。你可以看出，我們故意略去2001年，主要是該年因911紐約撞機事件，標準普爾指數下跌12%，是1974年能源危機（當年下跌30%）以來，指數表現最差的一年。（經濟日報2002年1月1日，第9版）

表8-3　標準普爾500指數跟歐美重要債券指數年報酬率比較

年	標準普爾500指數	摩根美債指數	摩根歐債指數
1986	14.6%	15.8%	10.2%
1987	2.0%	2.2%	8.5%
1988	12.4%	6.8%	8.6%
1989	27.3%	14.0%	3.9%
1990	−6.6%	8.6%	6.7%
1991	26.3%	14.8%	14.6%
1992	4.5%	7.2%	12.9%
1993	7.1%	10.1%	20.6%
1994	−1.5%	−2.9%	−4.4%
1995	34.1%	17.3%	17.6%
1996	20.3%	2.9%	12.0%
1997	31.0%	10.0%	9.6%
1998	26.7%	10.3%	13.4%
1999	19.5%	−2.9%	−2.4%
2000	−10.1%	13.9%	7.5%
算術平均	13.84%	7.87%	8.62%
幾何平均	5%	1%	2%

資料來源：彭博資訊。

　　大多數機構投資人以 S&P 500指數作為美股投資的指標，該指數2001年下跌13%，如果把再投資的股息計算在內，該指數的市值則減少12%。

　　此指數成分股企業2001年的股息比2000年約少3.3%，是1951年以來減幅最大的一年。(經濟日報2002年1月4日，第9版，吳國卿)

　　美、臺的實務人士對無風險利率的採用指標不同，所以要求的權益必要報酬率

也不同。臺灣投資人偏向短線投資，所以參考的無風險利率也偏向1年期。由於第一銀行存款金額最高（放款金額以臺灣銀行奪魁），所以連中央銀行出版的「金融統計月報」也是以一銀的利率為指標利率。

$R_e = R_f + 8\% \cdots\cdots \langle 8\text{-}3 \rangle$

美國R_f：7年期政府公債殖利率

臺灣R_f：1年期定存利率（以第一銀行為準）

實例：

美國$R_e = 2.65\% + 8\% = 10.65\%$

臺灣$R_e = 2.3\% + 8\% = 10.3\%$

(三)民間借貸利率法則——適用於虧損公司

當你不想那麼文謅謅的照章行事，也可以採用民間借貸利率來作為股票投資的必要報酬率的下限。2002年7月臺北市民間借貸利率為25%，依算術平均來說，也就是4年還本，這樣的投資報酬率很容易令人接受。

至於（幾何平均或複利）報酬率低於15%的投資案往往乏人問津，例如東部國道高速公路BOT案，由於（有土地開發）投資報酬率僅14%，所以只有環宇公司獨家投標，主因在於利潤太薄。（經濟日報1999年11月4日，成章瑜）

上述案件，後來連環宇公司也棄標，政府考慮自籌資金興建，再次驗證15%是投資必要報酬率的下限。

三、未上市公司的權益資金成本

未上市公司必要報酬率

$R_u = R_e / 0.6 \cdots\cdots \langle 8\text{-}4 \rangle$

$33.3\% = 20\% / 0.6$

〈8-4〉式是指準上市股的報酬率打4折才是已上市股的報酬率，這將在第十二章第六節中說明。至於離上市八字還沒一撇的股票，變現力折價可設定為打6折。

四、專家調查法

要是你不想照我們的方法作，那麼不妨依照實務人士常用的（專家）「調查法」（survey approach）。常見的方式：

㈠老闆的期許

老闆（尤其是公司的董事長）的好惡常是決定是否投資的關鍵，因此在大張旗鼓的計算權益資金成本時，最好先請示（或揣摩上意）老闆主觀的必要報酬率（desired rates of return）。例如，老闆認為至少須5年還本，粗略的說，年平均必要報酬率為20%。

㈡主要投資人的期望

不動產（及證券化）的投資案，則宜以主要投資人（large investors）為受訪者（interviewee），詢問其想要的報酬率。

五、殘值折現率

由於機器設備可出售給同業使用，所以美國的American Business Appraisers公司匹茲堡所副總裁Frank C. Evans（2000）主張，宜以產業平均資金成本來作為殘值折現率（residual discount rate）。

◆ 第三節　權益資金成本的期限結構

一、隨機折現率

隨機折現率（stochastic discount factor）並不是新奇觀念，「隨機」主要運用於利率，所以順勢一揮用到折現率也就理所當然。由於資本資產定價模式盛行，而要作到「隨機」，也就是貝他係數並不是固定值，而是與時俱進（即是時間的函數）。最近的文獻，例如加拿大多倫多大學教授Ken & Zhou（1999）的方法，也仍是在比薩斜塔上加東加西罷了！

二、緣　起

　　權益必要報酬率的期限結構(term structure of hurdle rate)觀念跟利率「期限結構」很像。我們第一次看到以這題目為主的文獻是美國加州大學洛杉磯分校（UCLA）財金系教授M. J. Brennen(1997) 在《財務管理》（*Financial Management*）季刊上的一篇重要文章。由於他以市場模式為主，雖然方法不對；但卻給了我們靈感。但如何預測利率期限結構呢？

三、遠期市場也無能為力

　　理論上，當遠期市場、選擇權、期貨、資產交換等衍生性商品市場存在時，其價格應可作為未來即期價格的不偏估計式。可惜的是，以利率來說，下列問題使得其參考性七折八扣。

　　1.市場不存在，如利率期貨。

　　2.縱使存在，遠期利率協定、利率選擇權期間大都為一年期以內，利率交換大都有行無市，成交價不連續，比較缺乏參考價值。

　　3.縱使沒有前項問題，但今天的3年期利率交換的利率往往不是3年後現行利率的不偏估計值。

四、學者如何預測利率期限結構

　　有關於利率期限結構的預測有採取事前（先驗）、事後（實證分配）的二種設定方式，以後者比較符合實況。例如荷蘭Groningen大學商業和經濟系教授George J. Jiang（1998）採取無母數方式來設定即期利率的動態過程，尤其是擴散過程（diffusion process），他以美國3個月、10年期國庫券為研究對象，研究期間1962年1月到1996年1月共24年；結論支持不預先限制動態過程各項係數值（或函數型），比較符合不拘於一格的實況。

　　對利率期限結構的研究，大都停留在動態模式的推導，反而實證文獻不多，所幸，美國德州大學商研所財務管理教授Chapman & Pearson（2001）的文章，執簡御繁的說：光是短天期利率（以1個月期倫敦銀行同業拆款利率來作代理變數）就

可以解釋長期利率（國庫券）九成的變動。剩下的只是如何捕捉短天期利率的行為罷了，他採取最普遍使用的連續模式的函數型：

$$dr_t = \mu(r_t)dt + \lambda(r_t)dw_t$$

其中

r_t：t時短天期利率（short rate）

μ：飄移函數（drift function）

λ：擴散函數（diffusion function）

w：布朗寧運動（a Brownian motion）

剩下便是以資料實驗，求出$\mu(r_t)$、$\lambda(r_t)$的係數值，那就可預測短天期利率的變動了。

五、我們怎麼預測資金成本期限結構

利率預測本不容易（尤其是轉折點），更何況是利率期限結構，何況大部分人缺乏利率期限結構預測所需的計量能力，因此，由表8–4可見，我們取巧之處在於不預測各天期的利率水準，而且先從現況出發，來看中長期利率比短期利率加碼之處；包括三項：

1.預期物價上漲。

2.變現力加碼（即凱恩斯所稱的流動性溢價）。

3.預期倒閉（或違約）風險加碼 ── 當公司債信在A（含）級以下時。

㈠物價上漲、變現力風險溢酬

其中第(1)、(2)項不易分解，這二項我們可用指標銀行（以存款金額第一的第一銀行為代表）一年期定期存款利率來作為短期無風險利率，2002年7月時2.3%。二年期利率比一年期高0.1個百分點，三年期則高0.2個百分點。

無風險利率期限結構基本上有三種衡量方式：

1.以代表性公債為主：根據到期年限把1997年12月19日後，公債分為四種：1至5年、6至10年、11至15年、16至20年，各類別代表性公債分別為央債89之1期、央債89之6期、央債89之7期、央債89之9期。

表8-4　資金成本期限結構

	1年	2年	3年	4年	5年
(1)預期倒閉風險加碼（AA降至BBB）	0.15%	0.25%	0.35%	0.45%	0.55%
(2)預期物價上漲和變現力加碼	–	0.10	0.20	0.30	0.45
		價差來自			
第一銀行一年期定存利率 2.3%		2.40 −2.30 0.10%	2.50% −2.30% 0.20%		
	0.15%	0.35%	0.55%	0.75%	1%
(4)=20%+(3)資金成本期限結構	20.15%	20.35%	20.55%	20.75%	21%

2.以公債指數為主：大華證券的中央公債指數、富邦流通公債指數，兩者指數組成成分和計算方式不同，均可供債市參與者作參考。

3.前3年用存款利率、3年以上用公債利率：上述不採取預期物價上漲率來作為「物價上漲風險溢酬」(inflation risk premium)，隱含著1930年的費雪方程式 (Fisher equation) 不存在，即名目利率等於實質利率加上物價上漲率。最近的實證是美國喬治城大學經濟系教授Martin D. Evans (1998)，主要反映著物價上漲率不易預測。

㈡公司風險溢酬

至於倒閉風險溢酬 (default risk premium) 則留到第五節再說明，但此僅考慮了公司風險中的財務風險，未考慮經營風險，實因後者不易估計，所以用倒閉風險溢酬作為公司風險的下限。

六、長期的預期報酬率

長期的預期報酬率究竟應該取算術或幾何平均數呢？答案是，這不是二選一的問題，美國Kent州立大學教授Indro & Lee (1997) 用舉例方式（學術味濃一些的稱

為模擬），證明Bleeme（1974）所提出的期間加權的算術和幾何平均數（horizon-weighted average of the arithmetic and geometric averages），比較不會有序列相關偏誤。我們不想文謅謅的討論其公式，但簡單的說，1、2年內，預期報酬率以算術平均數來代便可，但10年以上，則以幾何平均數為宜。

◆ 第四節　事業部的權益資金成本

在多事業部的公司中，無論是內部經營管理，由外部衍生出獨立公司（以便合資或新股上市、出售），皆跟公司一樣，需要時時正確的鑑價，才能知所取捨。

一、CAPM的衍生型：喔，算了吧!

CAPM的死忠教義派者如美國芝加哥大學商研所教授、財務大師Fama & French （1997），嘗試在CAPM上再加入變數，以研究產業的權益成本，實證結果大失所望。連帶的，他們也想當然爾的認為用來估計公司、專案的權益成本，其準頭更低。

二、單一事業公司作為標竿

實務人士對於事業部必要報酬率（divisional hurdle rate）許多採取Fuller & Kerr （1981）提出的「單一事業部公司法則」（pure play technique），找一家跟本事業部相同產品的單一事業上市公司（pure play firm）來作為標竿，再加上負債比率的調整，便可得到所要的結果。

當然，這相似公司常常可遇不可求，所以只好找同產業內幾家相近公司的必要報酬率，求取加權平均值，權數可用市值（value leverage-adjusted）。

三、財務風險的考量

當採取前述標竿法時，需額外對財務風險進行調整，主要依據是負債比率（leverage adjusted）。調整方式借用零融資時貝他係數跟有融資時貝他係數間的關係，詳見〈8-5〉式。

舉例時，我們假設事業部（及其所屬公司）、標竿公司的營所稅率皆為25%，當然也有可能不同。

    1.當標竿公司為外國公司時，例如美國營所稅率34%。

    2.縱使皆在同一地，但適用獎投條例的緣故，營所稅率不同。

由本例可看出，該事業部負債權益比20/80（即0.25%），比標竿公司的40/60（即0.66）低。因財務風險低，所以負債比率調整後權益資金成本（leverage-adjusted cost of equity）僅12.66%。

$$R_{de} = \frac{1 + D_d/E_d(1 - t_a)}{1 + D_b/E_b(1 - t_b)} R_b \cdots\cdots \langle 8\text{--}5 \rangle$$

    b：標竿公司（benchmark）

    d：division事業部

舉例：

$$12.66\% = \frac{1 + 20/80(1 - 25\%)}{1 + 40/60(1 - 25\%)} \times 16\%$$

㈠當負債比率固定時

此處我們套用的公式是R. Hamadd（1972）所提出的，原來是運用於對於貝他係數的修正。它背後假設這家公司的現金流量不變——這又隱含負債比率不變，因為債息有節稅效果，會影響盈餘。

㈡當負債比率變動時

當負債比率隨時變動時，特別會出現在下列三種情況：負債重建、專案融資和融資買下（LBO），此時鑑價稱為「高負債比率公司鑑價」（highly leveraged firms valuation, HLFS valuation）。美國哥倫比亞大學企研所教授Enrique R. Arzae認為其中解決之道，在於在各負債比率時期，採用不同的權益折現率，假設仍套用前述的Hamadd公式。

四、專案的事業風險

在一事業部進行某項「專案」（project），舉例來說，產品研發專案，美國迪吉

多（Digital）主要以圖8-1的「市場產品技術組合」（market, product, technology mix, MPT mix）來建立風險等級表（risk class schedule）。

　　在圖下面，我們還是硬把專案的營運（或事業）風險套用信用等級的加減碼倍數來作為「專案必要報酬率」（project hurdle rate），但實際上「倍數」則須依個案來認定。

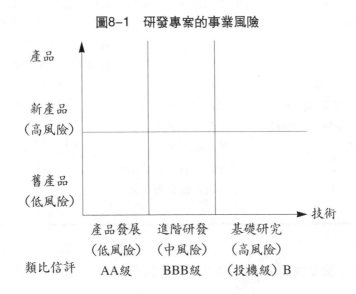

圖8-1　研發專案的事業風險

第五節　負債資金成本——兼論信用評等的用途

一、負債資金成本的項目

　　除了應付所得稅、（少數）應付帳款（含票據）外，大部分的負債皆是必須付利息的，依幣別、項目的不同，其利率也不同，詳見表8-5。

二、負債資金成本

　　負債資金成本（cost of debt）很容易計算，即把各種負債項目的利率加權平均即得，這對公司內部人員很容易；但是外部人士可就沒有「近水樓臺先得月」的資

表8-5　負債資金成本的成分

幣別　　項目	臺　　幣	外　　幣
一、貸款 二、租賃 三、公司債 　1.浮動利率 　　（FRN） 　2.固定利率 四、混血型證券 　1.轉換公司債 　2.不可轉換特別股 　　（straight preferred stock）	同公司債情況 同公司債情況 用利率期限結構、遠期利率協定來代 1.價外時： 　⑴保障收益率 　⑵無保障收益率時，依票面利率 2.價內時，假設投資人會換股，依票面收益率	比臺幣負債額外需考慮臺幣貶值的匯兌損失，以瑞士法郎公司債為例，票面利率1.7%，預期貶值幅度4%，所以公司債利息成本5.7% 此處以遠期匯率來計算貶值幅度，但限制則為報價期間大都為9個月內

訊，於是不得不像臺諺所說「有樣學樣，沒樣自己想」，表8-6便是這樣的結果。

表8-6　負債資金成本各項目的資訊來源

負債項目	上市公司	未上市的公開發行公司
貸　款	1.由年報、公開說明書來看 2.由公司債發行利率來推	1.同左1 2.同下
公司債	由債信評等來順推信用風險價差（credit spread）	由中華徵信所、臺灣經濟新報社的評等來推估，詳見本節第五段

三、信用評等的功能

信用評等（credit rating）的主要功能依序可分為下列二個相關功能。

㈠預測公司倒閉率

信用評等由上而下，尤其到了投機級（B級以下），還款違規機率更是突破1%，高達3%以上。以美國慕迪信評為例，信評B級公司第1年倒閉率（default rate）8.3%、第2年7.13%。

㈡衡量違約風險溢酬

延伸上述功能，於是金融機構便可據以估算（在相同到期期間）的加減碼幅度，即信用風險價差（credit spread）。例如，在美國，以國庫券利率作為無風險利率，1年期AAA級公司債加碼17基本點，AA級加碼24基本點；BB級則加碼177基本點。

四、信用風險價差

利用信用評等似可進一步推論出信用風險價差，到期期限越長，信用風險價差越大；在表8-7中，以美國標準普爾（S&P）公司5年期公司債為例來說明：

1. 以BBB級為基礎，作為基本放款利率，套用臺灣2002年現況，大多數銀行為7.535%（不過這只限1年期）。

2. 信評越優，則依基本利率減碼，BBB級到AAA級約減碼1個百分點（精準的說0.93個百分點）。

3. 反之，信評等級越差，則依基本利率加碼，由BBB級到CCC級，加碼4個百分點；到D級則加10個百分點，可見D級債券倒閉機率之高。

㈠套用美國的經驗

來自違約風險的信用風險價差在臺灣尚未形成慣例，此處只好套用美國的例子。

㈡信用風險價差的穩定性

在固定收益證券投資書中，大都強調這利差幅度並不是一成不變的，而且很難預測的；尤其是投機級（B級）以下的公司。美國第二大信用評等公司慕迪的副總裁Jerome S. Fons（1994）嘗試用倒閉率（由歷史資料而得）等變數來衡量信用價差，研究期間1970～1993年，共4000多支各信用等級的公司債；但仍待進一步研究。

表8-7　負債比率、信用評等跟信用風險價差

負債比率	中華信用評等	信用風險價差
<11%	AAA	−38bps
11～20%	AA	−32bps
21～30%	A	−23bps
31～40%	BBB	0
41～50%	BB	+50bps
51～60%	B	+150bps
61～70%	CCC	+200bps
>70%	D	+600bps

註：bps (basic points)：基本點，即0.01%或萬分之一。

五、信用評等的限制

然而，信用評等機構的前二述功能，其準確性卻稍有疑問：

(一)信評降等成為落後指標

信評機構以穩健保守為原則，比較不能「先天下之憂而憂」的作烏鴉，否則要是不準，那可變成「狼來了」。信評公司最令人失望的是，無法預測1997年7月的東南亞金融風暴（即主權信用評等宜降為F級）。

(二)在臺灣，信評比價倫理還沒建立

美國信用評等所造成的信用利差在臺灣並不完全適用，也就是發生「信評較差者，公司債發行利率較低」情況。

六、中華信評等級的內涵

中華信評可說是美國標準普爾信評（共15級）的縮小版，由表8-8可見，中長期信評只有8級、短期只有6級。右欄則是我們簡化的處理，BBB級以上屬投資級，BB級以下屬投機級（以公司債為例）。

表8-8　中華信評（tw）的等級

中長期	短期	說明：償債能力
AAA	A-1	
AA	A-2	十分令人滿意、能承
A	A-3	受環境變動
BBB		投資級債券
BB		投機級債券
B	B	垃圾債券 (junk bond)
CCC		或高收益債券 (high-
	C	yield bond)
D	D	無法付息
	(default risk有倒帳風險)	

七、信用評等的相關機構

　　臺灣有關信用評等的主要機構有三，詳見表8-9，其中中華信用評等公司為政府出資，跟美國標準普爾公司合資，公信力頗高，但因人力有限，所以評等對象大受限制。臺灣經濟新報社則採取利基定位，著重在公開發行公司，主要客戶是銀行。

　　中華徵信所是最老牌的徵信公司，除了有龐大的徵信資料庫外，與各國著名徵信機構也都建立業務合作關係，提供全球徵信資訊。

第六節　資金成本

　　公司價值評估時，是以「資金成本」（cost of capital）作為折現率，計算方式詳見〈8-6〉式，也就是針對資產負債表右邊的二大資金來路（負債、業主權益），以計算加權平均資金成本（weighted average cost of capital, WACC）。光講資金成本就夠了，無須費時的加上形容詞。

(一)資金vs.資本

　　英文用詞很混亂，尤其是capital一詞，例如：

表8-9 臺灣的信用評等機構

信評機構	對　象	說　明
中華信用評等公司	1.上市（櫃）公司 2.債券基金 3.其它（如證券、證金、壽險……）	
臺灣經濟新報社	1.同上1 2.公開發行公司2000家中的一半	1.TEJ投資評等 2.TCRI信用評等
中華徵信所	同臺灣經濟新報社	

1. capital management company：直譯為「資本管理公司」，比較像臺灣的投資信託公司，少數像合法代客操作的投資顧問公司；所以也可以譯為資產管理公司，但譯為資金管理公司仍反映出本質，不過似乎狹窄了些。

2. 在資金成本時，capital則是指資金。

資金成本（WACC, cost of capital）計算公式：

$$=\frac{E}{D+E}R_e+\frac{D}{D+E}R_d(1-t)\cdots\cdots\langle 8-6\rangle$$

符號說明

D: 負債餘額　　R_d: 負債利率　　　t: 營所稅稅率

E: 股東權益　　R_e: 權益資金成本

D+E=V: 公司價值

$$=\frac{60}{40+60}16\%+\frac{40}{40+60}6\%(1-25\%)$$

$$=9.6\%+2.4\%=12\%$$

(二)負債成本

負債成本指（加權平均）負債利率乘上（1−t），因為利息有節稅（tax shelter，不宜譯為稅盾）效果，所以公司有效的負債成本為$R_d(1-t)$。

◆ 本章習題 ◆

1. 找出任何一篇以CAPM去計算R_e的文獻，看看其模式的R^2（判定係數），你會相信這結果嗎？

2. 以〈8-2〉式為例子，計算台積電的$E(R_e)$。

3. 仿§8.2二㈡美國權益風險溢酬，計算臺股的權益風險溢酬。

4. 以表8-2為基礎，估計臺股的當年預期報酬率。

5. 找一家（主機板）的未上市公司（或興櫃股票）計算其$E(R_e)$。

6. 以CAPM、〈8-2〉式計算台積電去年$E(R_e)$，看哪個比較準（即估計誤差比較小）。

7. 以表8-4為基礎，在〈8-2〉式的結果下，寫出台積電的權益資金成本期限結構。

8. 以〈8-5〉式為基礎，以華碩電腦為對象，計算其電腦主機板、筆記型電腦（NB）、手機主機板三個事業部的權益資金成本。

9. 依表8-7，算出臺灣去年的信用風險價差。

第九章

獲利預測

公司鑑價所需能力：
　　有七成跟產業、公司分析有關，
　　有三成屬於財務管理領域，
　　有一成跟會計有關。

　　——伍忠賢　真理大學財金系助理教授

學習目標：

獲利、折現率是公司鑑價的二大重點，本章由上（技術、產業）到下（公司、產品）說明獲利
預測的方法。

直接效益：

我們曾利用第四節伍氏盈餘估計法，以挑選「價值股」，以1997～2000年電子類股為對象，其
投資報酬率皆高於這三年第一名高科技基金，可見此方法「簡單又好用」!

本章重點：

- 資訊不對稱。§9.1一
- 上市公司財務預測種類。§9.1三
- 證交所對上市公司更新財測的二種審閱制度標準。表9-2
- 冷靜期條款。§9.1五㈣
- 證券分析師預測缺乏效率。§9.2三㈢
- 盈餘預測方法。表9-3
- 技術預測。§9.3二1
- 產品生命週期舉例。§9.3二1
- 新舊產品的產品生命週期曲線。圖9-1
- 損益表預測的第二步。表9-4
- 損益表結構的預測方式。表9-5
- 盈餘意外。§9.3四
- 伍氏盈餘估計法。§9.4

前言：說比做容易

　　淨現值法的關鍵之二在於獲利的估計，在短期投資時，由於有上市公司財務預測、「券商、投顧和證券週刊的預測」(簡稱證券分析師預測，financial analysts forecast、analysts forecast、concensed forecast 或 consenses forecast)，是否可以偷點懶、用現成的呢？可惜的是，在第一節中我們說明對上市公司財測「死了這條心吧」。在第二節中我們討論專業的證券分析師所做的預測也可能失誤。如果自己能力好，那只好DIY的對公司進行財務預測，第三節說明盈餘預測方法，第四節是其特例，即盈餘持續公司的盈餘預測(earnings forecasts)。

第一節　小心上市公司財測膨風

　　既然「近水樓臺先得月」，上市公司比外界人士擁有更多有關公司的資訊（即資訊不對稱），那麼是否該一股腦兒的相信上市公司所做的財務預測 (management forecast)？可惜，我們的建議是：盡信書不如無書，原因是道德風險，因為許多公司透過財測、財測更新來操縱盈餘，進而影響股價：

> **・充電小站・**
>
> management forecast（公司）財務預測
>
> 　　使用management一詞，中文意思是指公司經營階層（董事會），管理階層則為administration。
>
> financial forecast（證券）分析師預測
>
> 　　俗稱市場預期，使用financial一詞，來自證券分析師英文學名為financial analyst，實務稱為security analyst。

　　1.績差公司「（年初）先報喜，（年尾）再報憂」，大股東先高價售股，再低價補回，1998年10月，股市因11支膨風股不支倒地，刮起本土型金融風暴，可見「狼來了」問題的嚴重。

　　2.績優公司反其道而行，「先報憂，再報喜」，股票低進高出，這種方式比較不容易讓投資人失望，然而本質上仍然是內線交易。

　　總之，上市公司董事會在能力上比外人更能抓得住公司的未來發展，但卻比較沒有「據實以告」的意願，此即「大股東剝削小股東」的權益代理問題跟「大股東剝削債權人」的負債代理問題。接著，

我們再詳細說明。

一、從資訊不對稱談起

2001年10月中旬，瑞典皇家科學院把諾貝爾經濟獎頒給三位美國經濟學家：加州大學柏克萊分校的艾克羅夫（George A. Akerlof）、史丹佛大學的史賓塞（A. Michael Spence），和哥倫比亞大學的史蒂格里茲(Joseph E. Stiglitz)，理由是三人在「資訊不對稱分析」方面有卓越成就。訊息經濟學（information economy）的理論，近年廣泛應用於金融、保險市場，對政府政策制定也有極重要啟示。

古典經濟學家在討論市場機能運作時，為簡化分析，常假設市場參與者擁有「完全資訊」，即供需雙方對彼此和市場價量瞭若指掌，因此很容易達成均衡的價格與交易量。但現實的社會絕非如此。艾克羅夫1970年在*Quarterly Journal of Economics*發表膾炙人口的著作，題目是：「檸檬市場：品質不確定性和市場機能」。以中古車為例，指賣方較買方對品質有優勢資訊，買方只好以平均品質出價，結果造成逆選擇（adverse selection）問題，在交易發生後則有「道德危機」問題。例如貸款人取得資金之後，即不按照原來的承諾運用資金，反而從事高風險投資。因成功可享厚利，如果不幸失敗就放手倒閉，讓放款人血本無歸，道德危機同樣會阻礙資金融通。（工商時報2001年10月17日，第2版，社論）

二、財務預測的功能

史賓塞證實，市場裡消息靈通的經濟行為者（economic agents）可能具有誘因，去採取足以觀察和代價高昂的行為，向消息不靈通的行為者暗示他們所掌握的資訊，藉以改善股市結果。公司的經營階層因此可能負擔股利的額外稅負成本，藉以暗示公司的高獲利能力。（工商時報2001年10月11日，第5版，蕭美惠）

財測是報表（包括季報、半年報、年報等）公告前的前導資訊。報表主要在報導公司的價值的變動，所以財測就在預測公司未來價值與股價的變動。如果財測與報表具相同準確性，那麼財測的價值在於它比報表更具即時性。公司在新上市或現金增資時，為了說服投資人，讓投資人充分了解公司未來會如何有效地使用所籌募的資金時，公司會心甘情願地編製合理化的財測。在股市上，公司並無籌資的壓力，

由於財測本身具未來的不確定性，如果要編製高準確度的財測，其編製成本所費不貲，加上公司不願在財測中洩露未來營運機密，所以高品質的財測難求。假使投資人會利用財測來評估公司未來的營運狀況，作為投資決策的基礎，在法律責任不高的情況下，便會導致公司內部人員利用其資訊優越地位，以財測來誤導投資大眾，謀求本身最大利益。

三、上市公司財務預測

　　證期會當初制定財務預測制度，原本是希望藉著上市公司制定財測，讓投資人了解公司未來一年的營運布局和前景，而有更充分的資訊作投資研判。

　　由上市公司所提出的預估財務資訊（prospective financial information），可分為二種：

　　1.財務預測（financial forecast）：屬於一般人士（如投資人）使用（gereral use），最常見的便是上市公司的財務預測公告，包括預計損益表等四種（年度）財報。

　　2.財報推估（projection）：比較偏重特定人士（如銀行貸款）時所做的，可說是僅限專業人士的「限制使用」（limited use）資訊，考慮情況（如營收成長率）比較多。

㈠誰該公開財測？

　　根據財務預測實施要點應公開財務預測者有下列四大項：

　　1.已上市上櫃公司有下列情形者：

　　　⑴當期辦理現金增資，發行轉換公司債者，

　　　⑵同一任期內董事發生變動計達1/3以上者，

　　　⑶有公司法第185條第1項各款情事之一者，即讓與或受讓他人全部（或主要部分）的營業（或財產），

　　　⑷跟其它公司合併者，

　　　⑸公司因重大事故預計影響營業收入達最近一年營收三成以上者，

　　　⑹公司最近一年營業收入比其前一年減少三成以上者。

　　2.未上市上櫃的公開發行公司於現金發行新股並對外公開發行時。

　　3.當期申請上市或上櫃的公開發行公司。

4.自願公開財務預測者。

㈡何時該更新財測?

當編製財務預測所依據的關鍵因素或基本假設發生變動,以致稅前損益金額變動達20%以上,且影響金額達3000萬元及實收資本額5%者,公司應依規定在發現之日起10日內公告申報經會計師核閱的更正後財務預測。在實施要點中明示,財務預測內容有虛偽隱匿的情事者,依證交法第174條規定處理,即處5年以下有期徒刑,或科20萬元以下罰金。

㈢禾伸堂還可以做得更好

2000年4月,上櫃股王是被動元件大廠禾伸堂,股價一度逼近千元。但是政治大學會計系教授康榮寶以「禾伸堂的公開資訊應有股王風範」為題,建議宜「講清楚,說明白」,以免誤導大眾。他的推論:

3月4日,公司公告經會計師核閱的財務預測,更新2000年財測,稅前淨利調高至7.19億元,依當時的股本計算,每股盈餘19元。全年預估稅前淨利率僅21.5%。

但是第一季稅前淨利率分別為1月33%、2月33%、3月35%。已重大異於全年稅前淨利率(變動程度約為55%),但禾伸堂卻沒有多作說明造成差異的原因;例如或許第一季可能是公司產品價格最高的旺季。

公司在公告財務預測時,應當提供更多的資訊,例如每股盈餘中有哪些部分是屬於業內活動,哪些部分是屬於業外活動;由於該公司營收部分來自代銷,所以在公告時也應區別代銷和自製部分的獲利能力。(工商時報2000年4月15日,第11版,康榮寶)

㈣這個也未免太扯了吧!

少數公司更新財報可說是「豬羊變色」、「從天堂跌到地獄」,2001年12月21日,營建股長億實業公布由會計師核閱後的更新財測,詳見表9-1。長億實業指出,在房地產市場低迷,該公司原預計銷售上石碑、學士路等案素地無法達成,及受景氣影響預計處分長生電力股份(預估處分利益約20億元)無法全部達成,因此無法達成原財務預測。

四、狼來了的財務預測

㈠數字會說話 vs. 數字會騙人

表9-1 2001年長億更新財務預測

	原目標	12.21公布
營收	62.96億元	17.39億元
稅前盈虧	0.25億元	−21.52億元
每股稅前盈虧(元)	0.02	−1.73

資料來源: 整理自黃繡鳳,「長億營收嚴重縮水,轉盈
為虧」,工商時報2001年12月22日,第15版。

臺灣證券交易所統計,上市公司2001年編製財務預測家數共計有317家(含初
次申請上市及上櫃轉上市),正式經會計師核閱並將更新財務預測送達證交所的一
次更新財務預測的家數計有159家。其中有高達135家調降財務預測,調降比率高達
43%,其中以電子股調降家數61家最多,今年新股上市的京元電則是三度調降財測,
為唯一調降次數最高的上市公司。(經濟日報2001年12月29日,第16版,蕭志忠)

每年上市公司更新財測的家數,常高達數百家,使得投資人懷疑公司到底有無
能力編製財測、公司何時宣布更新財測,這些都會嚴重影響股價,有時候甚至還會
被指為是坑殺、拐騙投資大眾的工具。

㈡由財測種類來看盈餘操縱

由財務預測的種類是否可看出上市公司居心叵測呢?至少陳玄英(1998)的實
證指出:當年僅揭露強制性財測公司(簡稱純粹強制)不操縱財測,但自願揭露財
測公司(簡稱純粹自願)操縱盈餘程度比較明顯;第三種情況,同時發布強制性和
自願性財測公司盈餘操縱的程度最高;至於程度高低衡量方式為盈餘操縱綜合指標
(earning manipulation integrated index)。

五、亡羊補牢

證期會要求上市公司提供財測,原本想保障投資人權益,沒想到反倒給有些人
士一個借題發揮的管道,亡羊補牢計有下列方式:

㈠強制財測的正當性

　　1999年11月7日，證期會指示證交所，全面檢討上市公司財務預測的存廢，或者研擬替代目前財測制度的方案，以防止上市公司利用更新財務預測炒作股票，有損投資人權益。(經濟日報1999年11月8日，第1版，蕭志忠)

　　證期會指出，財測制度繼續存在應該對市場投資人比較好，因可以避免公司負責人或特定機構，以不實或誇大的訊息誤導投資人。(工商時報1999年11月25日，第21版，林明正)

　　強制財測不是全面實施，只有新上市公司、辦理現金增資、董監事變動等幾項原因的上市公司，需要制定財測。

　　2002年鴻海、台積電、廣達前三大民營製造業，因無須編製財測，2001年1月中旬再次引發討論：「上市公司是否有必要編製財測？」

　　1.技術上是「不可能的任務」：電子業產業變化快速，產品推陳出新，季節性影響既深，又易受大環境變化牽連，DRAM、TFT-LCD價格一日三市，尤其現在流行短排程，很多電子業看不到一個月以後訂單，廣達、鴻海等強調全球運籌帷幄的電腦業者，有時接單後，5天就須把貨送到客戶手中，想在每年第一季訂出全年財測，確實不太容易。(經濟日報2002年1月12日，第3版，陳漢杰)

　　台積電董事長張忠謀表示，半導體景氣波動快速，很難預測未來一年的營運狀況，財務預測制度值得商榷；上市公司貴在透明公開，台積電定期召開法人說明會，公布營運狀況，效果比財測還好。聯電董事長曹興誠日前更打趣說：「高科技產業變化快速，要公司每年提出財測就像算命一樣。」他建議證期會修改財測制度，要求上市公司定期公布營運狀況，而不是像「算命師」般的提出財測報告。(經濟日報2002年1月11日，第1版)

　　2.證期會「可改不可廢」的立場：證期會強調，要求上市公司在相關情況下公開財測，最重要的就是要促使公司資訊公開，杜絕公開發行公司任意發布預測盈餘等訊息，企圖炒作股價，因此這項制度仍有存在的必要，不可廢除。

　　證期會研議放寬有關經營權變動應強制公開財務預測的條件，董事任期屆滿改選或同一任期內發生變動累計達三分之一以上，且導致經營權發生實質變動，才需辦理財測。(經濟日報2002年1月12日，第3版，馬淑華)

(二)證期會對財測更新的事後審閱

　　當上市公司財測的基本假設或是關鍵因素變動，上市公司可更新財務預測。證交所根據表9-2中的標準；按「審閱上市公司財務報告作業程序」，進行審閱以發現是否有異常。縱使只是形式審閱程度，但如果發現有疑問，證交所隨即進行實質審閱。實質審閱重點包括會計處理原則有無違反相關法規和一般公認的會計原則、會計師核閱意見有無異常、財測基本假設是否合理、更新或重編財測的時點有無異常、財測重要基本假設是否涵括所有項目。審閱發現有缺失，該公司處記缺失一次，並報證期會備查，做為未來審核該公司增資等申請案件核准與否的重要參考依據之一。

表9-2　證交所對上市公司更新財測的二種審閱制度標準

	形式審閱（3天）	實質審閱（2個月）
1.稅前盈餘變動率	20%	50%
2.稅前盈餘變動金額	0.3億元	1億元
3.佔股本比率	逾0.5%	

(三)及時 vs. 定期更新

　　財測更新的時機頗具彈性，只要公司發現財測跟現況有重大差異，應於發現日起二天內公告申報說明原財測編製完成日期、會計師核閱日期、所發現變動致原發布資訊已不適合使用的情事和其影響，並於發現日起10天內公告申報經會計師核閱的更新後財測。否則，有可能被證期會依證交法第155條的「意圖影響集中市場有價證券交易價格，而散布流言或不實資料」等情事，將以個案判斷予以處分。證期會正研擬，未來上市公司如果要宣布更新財測，只能固定在每月的某一天（例如10日）。如此，公司就不能突然宣布要更新財測，導致投資人無所適從。

(四)資訊更新與禁聲

　　基於2001年上市公司紛紛調低年度財務預測，許多公司做出誇大不實的財測，讓投資人損失不貲。考量上市公司年報距第三季季報發布有6個月空窗期，證期會2002年開始實施財務預測預告制度，凡是2001年有發布財務預測的上市公司，在

2002年1月底前必須申報去年財務達成情況。

在2001年底公告實施冷靜期條款,2002年開始上市公司在證期會申報募集和發行有價證券至核准前,以及自證期會核准之日起至有價證券募集完成之日止,嚴禁公司發表預測性資訊,要是發言人發布不實資訊對股價或股東權益有重大影響,證期會得撤銷其申請案。

第二節 證券分析師也往往失誤

禮失求諸野,既然上市公司不見得「從實招來」、「全盤托出」,那麼信賴「旁觀者清」、「術業有專攻」的證券分析師的預測總沒錯吧?

一、人腦勝過電腦

用時間數列等計量模式應該會最準吧?可惜,事實並非如此,許多研究(如Brown, 1996)指出,證券分析師的人腦還是勝過電腦,主因是有許多無法量化的因素,人腦比較靈活些。

然而許多研究指出,分析師的盈餘預測具有二項特色:

1.短期內準確,一年以上可就沒個準兒。

2.分析師容易樂觀、對「新」資訊容易反應過度,前者又來自證券公司賺客戶的下單佣金(即券商手續費),如果扮演烏鴉實話實說,恐怕客戶只剩小貓兩三隻。

接著我們將詳細說明這幾點。

二、崩盤週年感言

2000年3月18日,在那斯達克指數崩盤滿週年,紐約時報撫今追昔,一度被證券分析師大力吹捧的新式股價衡量標準,如今隨著美國股市重挫,科技股慘跌,證明新方法不僅不靈光,而且簡直是荒謬至極。

當美股牛氣沖天時,網路股和電信類股狂飆猛漲,儘管不少人質疑股價是否高得離譜,分析師卻堅稱,這些新經濟概念股是推動產業革命的先鋒,投資人不應該再用本益比、現金流量之類的老觀念衡量股價,取而代之的是營收成長幅度、網站

點閱率和客戶對股價的預估值。

此外，「虧損越多股價越高」也是當時廣被股市接受的新觀念，像亞馬遜、價格線（Priceline）和網路村（iVillage）根本是只有支出沒什麼收入，虧損不斷擴大，股價卻頻創新高。

柏布森價值型基金經理馬拉馬可表示，那時候股市的想法是新科技已經出現，所以大家也應該用一套全新的方法來檢討上市公司的財務報表。不過話說回來，業者終究要有獲利，如果光是會花錢，根本撐不了多久。

知名的美林公司分析師布洛傑（Henry Blodget）可能是最能闡釋新經濟股價觀的華爾街名嘴，2000年1月他在研究報告中寫道：「何時該賣出超漲的股票，股價衡量標準通常派不上用場」，他特別提到網路資產公司（Internet Capital），當時每股高達173.88美元，現在只剩下3美元。

或許投資人在上一波多頭行情最失策之處是誤信上市公司的吹噓。巴爾的摩RG公司總裁席西斯基指出，當時公關的重要性凌駕財報，投資人反而不肯相信財報上的具體數字，等股價大跌，後悔已經來不及。

亡羊補牢未為晚，投資人如果要避免以後賠得更慘，就得從錯誤中記取教訓。多數券商為了促成交易，習慣報喜不報憂，提供過於樂觀的投資報告，投資人最好自己下功夫研究投資標的，以免吃虧上當。（經濟日報2000年3月19日，第9版，郭瑋瑋）

或許你認為三年（1997～1999年）看錯那斯達克指數是「仙人打鼓有時錯」，不足為訓。美國加州大學戴維斯分校企研所教授Barber等四人（2001）更勁爆，他們從Zacks投資研究公司取得大證券公司分析師的潛力股推荐名單，研究期間自1985（Zacks開始有資料）至1996年。結論是跟著分析師共識選股，一年可多賺4個百分點，但因為進出頻繁，扣掉手續費、證交稅（臺灣），可說白忙一場。

三、利益衝突以致利令智昏

2000年7月上旬，美國司法部和歐盟執委會封殺世界通訊（WorldCom）和史普林特（Sprint）合併案，現在看起來，自從世界通訊宣布要斥資1290億美元合併史普林特開始，許多華爾街的分析師就不當地漠視了該筆交易不可能獲主管機關首肯的種種跡象。

㈠分析師能力夠嗎?

許多證券分析師表示,大型通訊公司合併的案子從來沒有被政府阻止過。而且,分析師對於兩家公司聘僱由許多擅長反托拉斯法的律師所組成的顧問團深具信心。另外,也有許多分析師假設長途電話市場不再是獨立的市場此一論證站得住腳。股市普遍預期,歐盟會擔心世界通訊將對網際網路有過高的影響力,但幾乎所有的分析師都認為只要將史普林特瘦身,賣掉其網際網路業務,就可以解除歐盟的顧慮。

1999年10月,這二家公司宣布合併,美國聯邦通訊委員會的主席肯納德就說,這顯然是在長途電話市場上的投降行為,而兩家公司要證明消費者如何受益會是很艱困的挑戰。

就世界通訊合併史普林特一案來說,許多分析師低估了美國主管機關對於如果讓市佔率分別為第二、三名的兩家公司合併,八成的長途電話市場將落入新公司和AT&T手中,而採取抵制行為的決心。

許多分析師都說,他們過度倚賴上市公司來作預測,此外,華爾街跟政權中心華府似乎有脫節問題。

㈡利益衝突只好昧著良心

還有一個讓華爾街預測失誤的原因在於,許多分析師是靠促銷合併案來收取服務費。

對此合併案最看好的分析師葛盧門就替所羅門美邦工作,而所羅門美邦就是撮合世界通訊和史普林特的紅娘。如果合併成功,所羅門美邦將因此獲利數10億美元。葛盧門在2月份時說,司法部門在6月前應該就會審核完畢史普林特合併案,他呼籲投資者購買世界通訊的股票;而且還說,審核過程比投資人所預期的容易許多,尤其是歐盟可能不會嚴審該案。

Monument通訊基金資產經理嘉理坡指出,分析師的分析總是會出現利益衝突,你希望他們能夠提供你最好的顧問意見,但是事情總是如此嗎? 我看未必。3月份,華府的先驅者公司分析師克里藍曾提出報告說明司法部會駁回該筆交易,報告中訊息充分,顯示他在司法部可能獲有內線消息。但是,他的警語並沒有受到華爾街分析師的注意。(工商時報2000年7月10日,第6版,孫曉莉)

㈢證券分析師也可能被收買

證券分析師對盈餘預測是否是理性、最佳的？在美國，Nicholas Applegate 資產管理公司基金經理Nutt（1999）等三人的大樣本（近萬個公司）的資料，得到證券分析師對新資訊會樂觀反應，不過其迴歸模式的解釋能力在7%以下，我們不想多說明。但至少他們的推論，證券分析師看好公司的盈餘，而且前後一致，似乎顯示其所服務的證券公司有意暗示投資人做多。

大部分研究皆指出證券分析師似乎犯了連續錯誤——高估者持續高估、低估者持續低估，即他們是有偏頗的，預測缺乏效率（forecast inefficiency）。

在美國，很多上市公司似乎越來越擅長達到證券分析師的盈餘預測目標。以公司實績比分析師預測每股盈餘（concenses earnings）高2美分為例，落點這麼精準的比率，1992年只有二成，1999年達三成。

究竟上市公司只是精通操縱分析師的盈餘預測遊戲，或確實以出色的業績超越分析師的預測？答案似乎是兼而有之。這對股市是件好事，但如果以盈餘超越預測的幅度判斷，卻不是那麼令人愉快。（經濟日報2000年4月21日，第9版，陳澄和）

顯示上市公司跟主要券商證券分析師套好招（洩露實績）。

四、看誰說得準？

套句美國前總統雷根的話，投資人對提供建議的專業人士應該「要信任，但先查證」。換句話說，投資人在決定相信某位分析師的看法之前，不妨先做些功課查明他們的底細。網際網路正是理想的查證工具，有些網站把分析師的過往紀錄赤裸裸地攤在陽光下，讓投資人自行判斷此人的話足不足以採信。

據《巴隆金融周刊》評比結果，合理見解網（www.validea.com）是箇中翹楚。該網站觀察眾多市場觀察家，檢視業界期刊（31種）、投資專家（約6500位）最近建議的投資標的（約6萬支個股），並評論他們挑選的股票和建議合不合理。

使用合理見解網提供的投資大師分析工具（Guru Analysis tool），使用者可鍵入股票代碼，了解特定幾位分析師對該股可能的評價如何（此是根據該網站對分析師個人風格的分析）。

例如，同一支個股如戴爾電腦公司，林區（Peter Lynch）可能給100%的評等，齊維格（Martin Zweig）會給42%，葛拉漢（Benjamin Graham）可能給43%。網站

另提供連結,引導使用者進入包含更詳盡分析的網頁,有助於了解其中的差異何在。

合理見解網也提供頂尖專家評比排名,根據的是他們擇股的準確度。尤其一目了然的是專家的經歷表,顯示長久以來他們所選股票表現的紀錄,間隔時間距離他們發布投資建議一週到一年不等。每一位專家的績效另與「一般人」和標準普爾500種股價指數的績效作比較,然後給予「一」到「五」的等第。

利用該網站提供的篩選工具,使用者也可查閱平面刊物對分析師投資建議的評比,便能對某分析師有個概念。當然,合理見解網不該是投資人唯一的決策輔助工具,但它的確能協助投資人以批判的眼光來看待分析師的建議,不再只是照單全收。

跟合理見解網迷宮似的結構相比,股市表現網(www.marketperform.com)的結構比較不複雜,可是功能也比較少,但也有些好料。例如提供數種方式,協助投資人查出某支個股走勢是誰預測得最準確。

使用者可查閱主要金融機構名單,然後逐一檢查,從「強力買進」、「買進」、「表現超越大盤」、「升級至強力買進」、「降級至中立」等特定操作建議類型中挑選。對應的圖表會顯示該項建議的平均報酬率,且能加以調整,以反映不同的時期。另有連結引領使用者至針對特定個股更詳細的建議,以及後來的操作績效,建議日和檢驗績效日的間隔日數另有標示。

以上兩個網站都免費,但投資明星網(www.investars.com)則需月繳50美元,便可使用即時報價、選擇、工具和圖表等服務,該網站依據具專屬權的成功系統比率(ROSS)來評估主要投資銀行和研究公司的績效紀錄。(經濟日報2001年8月26日,第11版,湯淑君)

五、專家財測競賽

政治大學會計系教授康榮寶認為,在目前的法規環境中,無論從理論或實務的角度來看,證交所很難利用管制的方式來提高財測的品質,只能聽天由命,或任由公司派調高調低。他以為股市本身的監督力量才是最好的管制,即「專家財測競賽」才是提高財測準確性的最佳保證。(工商時報1998年9月14日,第19版,康榮寶)

報刊三不五時就調查30家券商、投信,對下一季指數或對下週選股預測。好好把成績比較一下,便可發現哪些證券研究員鐵口直斷,這無異就是專家財測競賽。

六、何必捨近求遠

不少碩士論文試盡各種方法想由財務報表等歷史資料,透過計量模式來預測盈餘。不過,令人洩氣的是,預測準確率只有七成,而且還比外界證券分析師(以工商時報《四季報》為代表)的還稍微差一點,詳見藍順德(1997)第117頁。有些證券業者宣稱有用上市公司財務資料去預測本益比,那可能還不如買本《四季報》來得快又好。不過,這只能解燃眉之急,還是如同前言中所說的,預測盈餘的期間僅限當年(例如2002年),僅如汽車的近光燈,照的距離太有限了,所以只好自求多福。

第三節　盈餘預測第一次就上手

盈餘(或明確的說「稅後淨利」)預測(earnings forecasts)的方法很容易懂,在本節中,我們力求讓你一看便上手;就跟食譜一樣,剩下的只是火候功力(尤其是營收預測)、刀工(表現在對表9-5中損益表比重的預測)的差別罷了!

一、盈餘預測——預測方法都是一個樣

由表9-3可見,(每股)盈餘預測方法只是計量方法的運用——以財報資料為主的預測方法(financially driven forecast)為例,並沒有特殊之處。至於證券分析師的盈餘預測,大都以產業分析為架構,參酌上市公司的財測,再加加減減,比較少用計量模式去處理。由於許多公司都透過營業外收益來達到盈餘平滑(earning smoothing)的目的,由此透過粗糙的時間數列方法(如單元時間數列)或較先進(多變數)類神經網路,準確程度約有八成,可說相當令人滿意。

然而在盈餘操縱之前的純益可不會這麼平順,尤其當經營環境變化越來越快——最具代表性的形容便是美國最大IC設計英特爾公司董事長葛洛夫名著《十倍速時代》。連許多高科技上市公司都看不清楚下一季的營收,更不用說以過去資料為基礎的計量模式了。

最後,如果計量模式那麼有用的話,那麼以專業經驗取勝的產業、證券分析師

表9-3 盈餘預測方法

機構、方法　　　預估EPS	上市公司	投資人從財務報表去預估	外界證券分析師	
			四季報	證券公司研究
一、盈餘（內容） 　1.營業純益	∨	1.財務報表分析中之趨勢分析（即最簡單的方式）	∨	∨
2.營業外收益	有些有，有些不估	—	—	
二、股本（或股數） 　1.期初股本	∨	∨		
2.當年預估（加權平均）股本	—	—	—	∨
三、預估每股盈餘＝一／二		2.單元時間序列法（ARIMA）、類神經網路(BPN)		
優點	理論上，公司擁有最多之經營資訊，故預測應較外界準	當缺乏（上市）公司財測或不可信賴時，只好靠「數字不會說謊」	有加上對上市公司財測的主觀判斷，應該比較客觀	應該比四季報或財訊月刊等準確
缺點	不善經營者藉高估財務預測，甚至假財報，以欺瞞投資人，以致1996年以來，地雷股屢有所聞，1998年10～12月，引發地雷股效應	1.財務比率之趨勢分析太過簡單 2.上述2.陳政初（1995年，第68頁）準確度只有68%，Logit、ARIMA更差	一季只預測修正一次	甚至連外商券商也只是挑重點公司進行研究，往往不超過100家，不到上市公司的三成

恐怕都逐漸「沒頭路」了，事實並非如此。所以，在本節中我們只能討論觀念，但無法向你推荐誰「鐵口直斷」。

二、財務預測

如果稅後盈餘無法由古觀今，那只好多辛苦一些，乖乖的進行「大圖（即損益表）預測」，主要項目如表9-4所示，步驟：

表9-4　損益表預測的第二步

損益表	比重	假設（前提）
營收	100%	1.售價（產業趨勢） 2.銷售量（市佔率目標、產能）
毛益率	40%	1.原物料成本 2.薪資費用
−管銷費用	20%	1.廣告費用 2.運輸費用 3.房租
=純益率	20%	
−利息費用	2%	
−所得稅25%	4.5%	
稅後純益	13.5%	

㈠最重要的是產品生命週期

產品生命週期可說是產業的「宿命」——網際網路取代傳真機，也就是會出現「十年河東，十年河西」現象。影響售價（連帶的毛益率）最大的因素是產品生命週期，而這主要又受產品普及率、替代品的衝擊，如WAP手機、智慧家電、PDA等資訊應用裝置將逐漸取代個人電腦的上網功能，所以未來將進入「後PC時代」(經濟日報2000年5月3日，第9版，王寵)，以致主機板、監視器、滑鼠、鍵盤的毛益率逐年下滑，主機板甚至低到只有3%。

預測產品生命週期二大重點：技術預測、市場預測，底下將詳細說明。

1.技術預測

科技是未來世界的主導,但技術預測並不難,第五波可望發展的三種重點產業,分別是應用網路技術使生產力提高、融合生物科學和資訊科技,以及把毫微米科技應用在資訊科技領域。

資訊科技產業和生物產業集中的地區只有美國西岸的矽谷和東岸的波士頓,矽谷自認可享有下一波的繁榮。

矽谷當地企業經營者、投資人、研究員等相關人士日前製作了「矽谷新時代──跟上技術革新潮流」報告。報告指出,矽谷在二次大戰後,經歷四次繁榮和蕭條。1950年代開始的第一波,因為國防需求使惠普（HP）等公司急速成長。

1969到1971年刪減國防費用後,軍事技術轉換為民生需求的第二波於是出現。以積體電路（IC）為主的第二波中,英特爾、超微等30家半導體企業誕生,也因此有了矽谷這個名字。不過因為設備過剩,以及競爭力不如日本等外國企業,1980年代中期第二波結束。

半導體企業開發中央處理器（CPU）,使用CPU的個人電腦形成第三波,這一波持續到1990年代中期,因為削減國防預算和設備過剩而結束。源自軍事需求的網路轉換到民生用途的第四波隨之興起,持續到2001年春季。（經濟日報2002年1月7日,第13版, 孫蓉蓉）

2002年科技業將展現何種風貌？在知名科技雜誌*Red Herring*發布的2002年趨勢預測中,跟分散式運算、政府管制、再生能源、基因體製藥相關的議題,繼2001年之後再度入圍。至於美國911事件引發安全關注、奈米科技錢潮、虛擬行動通訊突起、科技公司成為被併購主角、小型裝置走向多功能整合等,則是新入圍的趨勢。

*Red Herring*鎖定的科技趨勢預測對象以新興科技為主,趨勢現象得具備兩項條件：具解構既有市場的能力、可吸引大量投資並創造新市場。（工商時報2002年1月6日, 第9版, 陳怡慈）

2.市場預測：產品生命週期舉例

技術可行情況,剩下的只是新產品蠶食舊產品市場,量產、售價是最重要的決定因素, 以DVD為例, 便可以看得一清二楚。

充電小站

奈米科技

　　奈米科技（Nanotechnology）是指在1公尺的十億分之一的結構中，操控物質，獲取傑出性能，在這麼小的構造中，要操控物質，需要奈米級的工具和材料，欲建立奈米科技環境，必須從特殊材料與裝備著手。

　　奈米科技製程技術，定位在小於100奈米，也就是1公尺的千萬分之一，因此奈米科技操控、生產、運用的材料是分子或原子，此操控單元亦稱奈米級砌磚，包括原子、分子、奈米點、奈米粒、奈米束、奈米棒、奈米管、奈米膜層、奈米結晶等。

　　外界對於奈米計畫的了解仍止於1公尺的十億分之一概念，但依據美國國家科學委員會奈米科技小組委員會的報告，奈米科技涵蓋範圍極廣，跨物理、化學、材料工程、電機、電腦、生技、半導體、醫療、環保材料應用等。

　　2001年是DVD放影機自1997年以500美元問世後，價格跌幅最大的一年。分析師表示，儘管美國經濟前景堪憂，2002年可能仍是DVD業者豐收的一年。DVD放影機的魅力快速侵蝕錄放影機在家庭娛樂的地位，消費者發現，DVD和電腦、遊戲主機的相容性，使其比傳統錄影帶具備更多樣的用途。

　　eBrain市場研究公司（eBrain Market Research）估計，DVD放影機的平均售價，由2000年的202美元降至2001年的158美元。該公司預測2002年DVD放影機將進一步跌至146美元，一直到2005年，成本還有約10美元的下降空間。但在最近的銷售中，價格下降的速度似已超出預期。

　　由於DVD的毛利比影帶高，零售商和電影製片廠莫不積極推廣，提高市場對DVD科技的興趣。大型連鎖零售商如沃爾瑪百貨（Wal-Mart）、上選公司（Best Buy）、電路城（Circuit City），和電影出租連鎖百事達（Blockbuster），都在假期中推出售價低於100美元的DVD放影機，大幅提升業績。

　　根據亞當斯媒體研究公司（Adams Media Research）的統計，截至2001年年底，DVD放影機在美國家庭的滲透率，已經高達36%，已超過一般錄放影機（VCR）。

　　針對2002年，亞當斯預測DVD在美國家庭的普及率升高到54.5%；2001年電影業的消費者營收有半數來自DVD，於是我們可以得到圖9-1的結果。

　　全美最大電影出租店百事達公司，決定撤除25%的錄影帶上架空間，改陳列快速成長的DVD光碟。DVD僅佔百事達所有出租影帶的三成，其餘仍舊來自傳統錄

圖9-1　新舊產品的產品生命週期

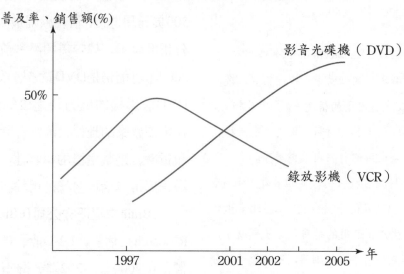

影帶，但該公司估計，到2003年，DVD承租比率將成長至50%。（經濟日報2002年1月7日，第13版，陳智之）

　　同樣例子也出現在TFT-LED顯示器，其在2002年成為電腦螢幕（監視器）的主流。

　　2005年電漿電視也將取代陰極射線（CRT）電視，大（38吋以上）、薄的電視將成為家庭新寵。

㈡小心產業循環

　　財務預測時最忌挑到景氣谷底或高峰，那容易以偏概全，不過這問題在鑑價時，並不太嚴重，這可分為下列二個層級來說明。

　　1.景氣循環：除非碰到1997年7月的亞洲金融風暴這種「大風暴」，否則全球經濟大抵呈穩定成長（2.2%）的趨勢，所謂的「循環」也只不過是沿著此一均值趨勢線上下波動罷了。臺灣中長期經濟成長率平均值為3%，上檔4%、下檔2%（2001年因發生全球經濟衰退以致–2%），一個「景氣循環」期間已縮短至2.5年；所以公司鑑價以5年為期，已跨二個循環期。

　　2.產業循環：至於產業出現循環現象的，大都為成長（如半導體晶圓代工）、成熟（紙、塑化、運輸）階段，而且為資本密集，會出現蛛網定理現象，股市中稱

為景氣循環股。

　　由房地產「7年一循環」這業務經驗的不靈——從房價（每坪單價或公告地價）、建築申請面積等價量數字來看，房地產從1989年泡沫破滅，至少到2002年皆處於衰退階段。須俟餘屋（2001年政府普查結果為130萬戶，每年自用住宅需求14萬戶）消化，房市才能回春。

（三）營收假設——情境分析（scenario analysis）

　　產業是公司營收的疆界，產業的預估可套用外界資訊——資訊業如資策會ITIS、一般工業可參考經濟部（或工研院）ITIS，由於往往有許多機構，可從過去預測績效中挑一家比較準的。

　　接著再來估計公司營收、毛益率，美國紐約市里昂信貸美國服務（Credit Lyonnais America Service）公司副總裁克里斯多夫‧雷查內（Christopher Razaire, 1995）便建議，在進行公司鑑價時，實在不應怕麻煩，根據可能的情境——最代表性的便是最可能、悲觀、樂觀三種情況（勉強可視為敏感度分析），據以計算出公司價值，並評估各情況可能（或滿意）的機率。

（四）結構假設

　　獲利率、成本、費用佔營收的比重並不是固定的，大部分企業都有規模經濟的現象。對於損益表比重的假設，常用方法如表9–5所示。

　　我們最常用的是「例外管理」，即以去年比重為基礎，針對重大異常項目以變動。

表9–5　損益表結構的預測方式

依據 說明	過去5年 平均	去年再加變動修正	相似公司
說　　明	長期比較 不易誤判	1.最容易估算：房租、薪資、利息（利率預測） 2.其它	1.不宜以產業平均標準來做標竿，因為「大小差太多」 2.「相似」指相似產品線、市場，而且最好是標竿策略中所指的標竿企業

至於外界人士對未公開發行公司、新公司，則只好套用相似公司作合理猜測。

三、預測期間多長

除非是還本期間很長的行業，否則預測期間以7年為宜，逾此，盈餘預測誤差大。

四、意料之外才有影響

針對預測外的盈餘對股價的影響，美國Clemson大學商學院教授Alexander & Ang(1998)的實證指出，二期意外盈餘的方向也會影響股價，意外盈餘（earning surprise）變大，具有成長爆發力，股價更容易狂飆。反之，則股價如同氣球洩氣。這表示投資人對盈餘的反應是「路徑相依」(path dependent)，稱為「盈餘路徑」(earnings paths)，而不僅是考慮意外盈餘的金額（比較有資訊內涵效果）罷了！

以2000年5月2日，美國電話電報公司（AT&T）調降財測為例，每股盈餘調降4.7%（由1.89~1.94美元調降至1.80~1.85美元），但當日股價卻重挫14%，反應激烈，可見投資人的失望，並反映出網路電話、大哥大電話對固定通訊網路的威脅。

（經濟日報2000年5月4日，第9版，林聰毅）

五、一家烤肉萬家香？

同一產業內的公司，月營收、季盈餘的公布時間各有不同，所以「由小看大」，利用先公布的公司 (prior firm) 揭露的盈餘跟證券分析師的盈餘預測 (analysts forecast)間的預測誤差——例如實際數低於預測數，來快速修正後公布公司(later firm)的盈餘預測，有點「前車之鑑，後車之師」的味道，美國喬治城大學教授Baber（1999）三人研究結果，指出有此同產業相似公司的資訊，有助於減低盈餘預測誤差，尤其是臨時性的盈餘，他們稱此為「資訊移轉」(information transfer)，背後顯示出證券分析師甚至投資人有循序的預期心理（sequence anticipation）。

六、文獻和軟體

企業預測（business forecasting）是專門的學問，有興趣深入者可參考*Journal of*

Business Forecasting，本節參考文獻便引用了數篇。

User friendly的預測工具不少，例如John Galt公司在網路上可下載的Forecastx軟體。

◆ 第四節　伍氏盈餘估計法

針對成熟產業的公司，如果年復一年，即「盈餘持續」(earnings permanence)，那麼用歷史盈餘來預測未來盈餘，大抵不會差太多，但依據計量經濟學的精神，應該給予較近的資訊較大的權數，由表9-6可見，我們採取會計上加速折舊的觀念，過去5年的權重計算方式舉例如下，分母為15（即1+2+3+4+5），去年（此例為2001年）的權數為5/15，餘類推。

只要有過去5年的每股盈餘，便可計算出加權平均的每股盈餘，此例為2.832元。

表9-6　過去5年每股盈餘的加權平均值

	1997年	1998年	1999年	2000年	2001年
(1)每股盈餘	5元	4元	3元	2元	2.5元
(2)權數	1/15	2/15	3/15	4/15	5/15
(3)=(1)×(2)	0.333	0.5333	0.600	0.533	0.833
(3)合計	2.832元				

◆ 本章習題 ◆

1. 請以表9-2為架構，把去年有哪些公司財測被證期會形式、實質審閱，有哪些相似點？

2. 作表整理，過去三年有哪些公司調降財測三、二、一次，看看這些公司是否年年都喊「狼來了」。

3. 把去年報上（如經濟日報每週日潛力股推荐）的推荐股票的投資報酬率算出，有多少超額報酬？

4. 以表9-3為基礎，比較各種盈餘預測的準確性。

5. 技術預測很難嗎？資料來源在哪？（Hint：可參考拙著《策略管理》§10.3）

6. 以圖9-1為架構，畫出電腦螢幕、手機（2G vs. 3G）新舊產品生命週期曲線。

7. 以表9-4為架構，自行預測二家上市公司的今年財測。

8. 以表9-5為基礎，其餘依第7題去做。

9. 分析盈餘意外對上市公司股價的影響。（也可以參考碩士論文，即請你做文獻回顧）

10. 以伍氏盈餘估計法為底，預測5家電子股去年的EPS，再來驗證差多少。

第十章 ....

無形資產鑑價

雅虎網站的成功，主要原因在於執行全球化的策略，經營值得信賴的品牌，以及提供端對端的商務平臺。

雅虎的產品和服務都具有全球性的平臺和統一的基礎。我們希望提供深度和豐富的服務。而雅虎最大的資產是「品牌忠誠度」。

——Mark Inkster　雅虎全球營運總監

工商時報2000年10月23日，第15版

學習目標:

無形資產是九成以上公司的價值最主要來源，因此如何評估無形資產是本章的目標。

直接效益:

第一節把無形資產的分類作了很有系統的整理，也把用詞不當的「必也正名乎」，可以更清楚的抓住無形資產的內涵。

本章重點:

· 無形資產的項目、內容。表10-1
· 財務準則公報對無形資產的會計處理。§10.2三
· 品牌「資產」(brand equity)。§10.2五
· 常見的「資本」、「權益」用詞的動力來源。表10-2
· 無形資產圖解。圖10-1
· 無形資產的鑑價方法。§10.3
· 權利金節省法。§10.3四(一)
· 無形資產總值分解方法。表10-4
· 研發費用資本化適用情況。§10.4一
· 購入商譽淨值。§10.4六

前言：原來不過如此

在知識掛帥的新經濟中，無形資產（在知識經濟中特指知識）的重要性與日俱增，「資產股」似已漸褪流行，「知識股」正大行其道。

無形資產顧名思義是看不到、摸不到，那麼鑑價不是虛無飄渺嗎？然而從美國威廉麥特管理顧問公司二位執行董事Reilly & Schweiks (1999) 的巨著（約600頁）*Valuing Intangible Assets* 一書中，第2篇以四章說明成本法等鑑價方法的運用，並於第16～24章專章討論9種無形資產的鑑價要點。

他們已經是拿著放大鏡來看鑑價——本書只用一章篇幅，不少人還拿顯微鏡來看鑑價，例如美國資誠會計師事務所紐約所資訊技術策略部主管Christopher Gardner (2000) 甚至寫了一本*The Valuation of Information Technology*的專書。

光以求取新知此一學習目標來說，僅無形資產鑑價這主題，便可用汗牛充棟來形容，那豈不應了莊子所說「吾生也有涯，而知也無涯，以有涯逐無涯，殆矣！」但「讀書不誌其大，雖多而何為？」如果詳細看一下Gardner《資訊技術鑑價》一書的目錄，發現它僅用第八章來討論鑑價方法，而且僅止於淨現值法中的折現現金流量法。

看過這些書後，不得不捏把冷汗的說：「還好沒錯過什麼重點」，一如本書強調的重點：「鑑價方法是共通的，各人對不同產業、資產鑑價金額不同，主要在於經驗、（產業、公司）知識的差異」。

「為用而訓」、「弱水三千，我只取一瓢飲」，這些皆指出「行有餘力，再以學文」；同樣的，本章也只能「登堂」似的重點討論，至於細項（例如棒球隊、律師事務所值多少錢），這些等你遇到了，再來找書刊「入室」囉！

❖ 第一節　無形資產的重要性

有許多數字強調無形資產的重要性，下列例子似較可信，美國標準普爾500指數中的成分公司，固定資產（價值）只佔公司市值的26%，或者說無形資產為有形資產的3.8倍。

依據商標法，公司可以把商標設定質權，向銀行借貸資金，可見商標的價值已獲得具體的肯定，而商標越值錢，所得貸款的額度就越高。舉個例子來說，1994年

時「acer宏碁」這個商標，據美國泛美鑑價公司的估算，值48億元（同等值1.817億美元）。

一、無價之寶就很難維護

根據商標法第61條，商標專用權人對於侵害商標專用權者，得請求損害賠償，並得請求排除其侵害，有侵害之虞者，得請求防止。排除侵害部分，通常可以藉由要求對方限期回收標示該商標的產品獲得解決，並依商標法第66條第3項，就查獲侵權商品零售價500至1000倍的金額向法院提出求償要求；而業務上的信譽損失，則可另行要求侵權人賠償相當的金額。不過，常因舉證不易，以致不易計算所遭受的損害（即侵權行為所造成的損失）。甚至原告所花的訴訟（主要是律師）費用跟議決賠償金額相差不遠，造成有些商標專用權人維護商標可說意興闌珊。不過，大部分律師皆認為最好挺身一戰，對於喜愛走仿冒投機路線的侵權者，足以發生嚇阻的作用，同時也可以彰顯商標原創不容侵犯的精神。

二、專利的重要性

2000年4月8日根據這期的《經濟學人》雜誌指出，美國政府近年核發的專利數已達10年前的兩倍，1999年的專利申請案達到近27萬件，核發的專利則近16萬件。從1980年代起，美國企業對專利觀念日漸重視，一些瀕危的知名企業甚至靠專利授權與專利訴訟才得以翻身，譬如1990年代初期的德州儀器和國家半導體等都是受惠於積極的專利政策才得以起死回生。

受反托拉斯案纏身的微軟，寧冒被分割的風險也不願輕易公布程式原始碼的原因，就在於想掌握各種與專利相關的智財權。微軟曾為了專利權吃過大虧，並因此支付3000萬美元的賠償金給IBM，使該侵權案達成和解。當時董事長比爾蓋茲下令全公司，儘可能申請各種專利。

戴爾電腦很早就看出企業經營方式（business model）專利權的重要性，該公司把引以為傲的先接單後生產（build to order, BTO）方式拿來申請專利，現在戴爾這類專利約有77種，成為公司的珍貴資產。

專利權對生化科技公司更為重要，許多公司成立數年來完全沒有營收，全靠專

利權在創造價值。

三、人力資源會計和策略管理用途

從公司經營的角度，在知識經濟的時代，公司必須重新思考，他們所擁有資源的價值，哪些無形資產需要被納入？如何計算其價值？這對公司獲利非常重要，因為無法準確衡量無形資產價值，就不能計算出這些無形資產的獲利率。

例如蓋一座工廠，一般人可以算出它的獲利，但若是投資研發或軟體設計，或決定是否要挖掘更好的人才或訓練現有的人才，並沒有工具可以決定這項投資的獲利。(經濟日報1999年7月25日，第6版，蕭君暉)

更進一步延伸上述說法，如何評估知識密集產業員工的價值，這也是人力資源會計的範疇。

四、智慧財產在企業併購時的重要性

在知識經濟時代，科技產業併購佔併購案件之首，所以對公司價值的主要來源智慧財產，本就應該投入比較多的心力去了解。

在評估目標公司的價值時，智慧財產權是重要因素；要是買方一時疏忽，併購後不僅可能會引起訴訟而喪失市場競爭力，而且公司的價值也會下降。在許多收購案中，已逐漸顯現出智慧財產權的重要性，特別是在資訊電子等科技公司 (technology companies)、專利消費品、製藥和健康醫療設備等科技為主 (technology-based) 產業，這些產業的競爭地位決定於幾家領導廠商對研究發展、生產和行銷的保護。縱使在較商品化、低科技的產業中，專利、商標和其它智慧財產權往往可以巧妙地應用，而成為競爭利器。因此，完整的審查評鑑應包括目標公司和其主要競爭對手的智慧財產權，以確保併購後能順利地移轉智慧財產。

企業是否能持續自由地使用、製作、銷售某項智慧財產，通常對公司的競爭力有重大的影響。如果競爭對手擁有主宰某一商品或服務的智慧財產權時，則目標公司的獲利能力甚至存續將大受考驗。要是賣方公司一直疏忽自身的和其競爭對手的智慧財產權，買方最好特別警覺；如果競爭對手掌握賣方公司製造新商品技術的智慧財產權，這種失察可能會危害賣方公司的生存，而貿然接手的買方有可能是一位

大輸家。

智慧財產權的商業價值期間往往有限，因此宜搶時間，在專利期間內發展市場利基。當智慧財產權是向外租借來的，如果企業延遲發展、保護智慧財產權，則極可能遭受支付權利金、停止使用及同時（或）被迫支付昂貴的訴訟費或賠償金等巨大壓力。

五、高科技產業中智財權管理的範圍

智慧財產權是高科技產業的命脈，高科技公司的專利訴訟，不是只作為公司技術防護的工具，專利訴訟所贏取的權利金，會成為公司的獲利來源之一。因此，智慧財產權的管理不只是傳統的權利防護和權利被侵害的訴訟，將包括技術的鑑價、技術移轉、國際協商，以及智慧財產權的運用策略等。

以臺灣企業中全球專利權數第一的鴻海精密公司來說，法務室員額就有80人，其中僅6人為法務人員，其餘皆為專利工程師，提供技術的專業服務。

六、學界的發展

迎接知識經濟時代，加上全球高科技和網際網路產業發燒，電子商務與智慧財產權管理，已成為全球科技管理系所的「顯學」。大學當然也不會自外於全球科管系所這波浪潮之外，交通大學、政治大學科技管理研究所，紛紛成立以電子商務為主的科技管理課程外；交大2000年由科管所衍生成立科技法律研究所，政大也規劃成立智慧財產權法律和管理研究所。

第二節　無形資產的分類

分類是學習的第一步，不同的分類方式讓我們從不同角度來了解事物的性質；接著才可能進行更高層次的分析（本書為鑑價）。

一、無形資產的性質

無形資產具有下列性質：

1. 無實體存在，但也不是「看不到（如商標），摸不到（如專利權）」。
2. 有排他專用權。
3. 供營業使用。
4. 有未來經濟效益。
5. 效益年限超過1年。

二、稅法上的分類

由表10-1可見無形資產的項目、內容，這是按稅法對權利金支付的規定來分類的。

表10-1　無形資產的項目、內容

稅法上權利金	內　　容	常見行業	商　　品
專利權 (patents)	工業產品偏向製程、消費產品偏重產品專利（如藥局）或特許執照 (licenses)	高科技產業、生化產業	DVD
商標權	商標 (trademark)、品牌 (brand name)、公司形象	棒球隊	迪士尼
著作權	版權 (copyright)	出版、電影、錄音	書、電影、錄音帶、VCD
特許權 (right)	如航權、採礦權、加盟特許權(franchise，又稱專賣權)、商品經銷權（如代理權）	連鎖行業，如超商	
秘密方法：專門技術（know-how）、商業機密 (trade secret)	專業公司	化粧品業、律師、會計師	

智慧財產權（intellectual property, IP）是無形資產中最大一系，基本上可分為

下列三類:

　　1. 專利權、商業機密（trade secret）和專門技術（know-how）。

　　2. 商標權。

　　3. 著作權。

三、財報規定

　　財報是由民間團體所發布,不像政府的法令（如稅法）對企業具有強制約束力,但終究會形成共識的影響法令, 由下列二大類公報來看無形資產的會計處理。

㈠美國財務準則公報

　　美國財務會計準則委員會對無形資產會計處理集中在二個公報中。

　　1. 第141號公報: 為了跟商譽有所區別, 無形資產必須能脫離公司而存在, 即必須符合二條件之一。

　　　⑴是契約或法律權利（如專利權）的結果。

　　　⑵能脫離公司而仍存在, 如品牌。

　　2. 第142號公報: 本公報並未明載無形資產必須符合第141號公報的條件, 但顯然已把此視為理所當然。

　　尤有甚者,此公報把無形資產的分攤期間由40年,降為有用期間(即經濟壽命),當然也可能超過40年, 只要理由站得穩。

㈡國際會計準則

　　國際會計準則委員會（The International Accounting Standards Committee, IASC）, 在1998年10月發布的國際會計準則(International Accounting Standard, IAS)第38號公報, 主題為無形資產會計處理的規範。

四、無形資產的分類圖解

　　其它更清晰的分類, 例如法國巴黎SMG公司總裁Petersens和北美部主管Bjurström（1991）, 嘗試依公司內、外部資料, 和歷史、競爭者比較, 這二個變數把無形資產分成四大象限, 各象限再細分為「量化」、「質化」資料, 例如品牌屬於外部、競爭者象限中的量化資料, 詳見圖10-1。

圖10-1　無形資產的分類圖解

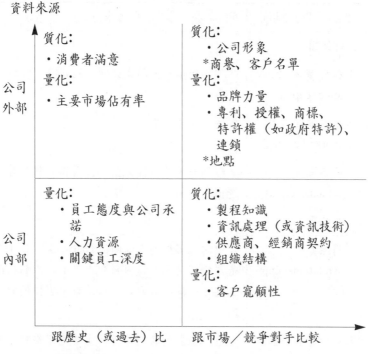

資料來源

質化：
・消費者滿意
量化：
・主要市場佔有率

質化：
・公司形象
*商譽、客戶名單
量化：
・品牌力量
・專利、授權、商標、
　特許權（如政府特許）、
　連鎖
*地點

公司
外部

量化：
・員工態度與公司承
　諾
・人力資源
・關鍵員工深度

質化：
・製程知識
・資訊處理（或資訊技術）
・供應商、經銷商契約
・組織結構
量化：
・客戶寵顧性

公司
內部

跟歷史（或過去）比　　跟市場／競爭對手比較

*本書額外補充。

資料來源：Petersens & Bjurström, p. 49 Figure 2.

五、是資產，不是權益

　　許多學者還絡繹不絕地把行銷、策略等各項資源冠上資本、權益，詳見表10-2
第 1欄；品牌權益（brand equity）可說是品牌「作價成為股本」（或稱資本化）。此
外，學者用詞還不統一，智慧「財產」（asset）、「資本」（capital）皆有，而且一副
你曉得我在講什麼的樣子。不過，還是以「資產」比較合適，因為跟機器設備一樣，
無形資產也必須保護維護，例如用廣告來維持品牌、（公司）形象，以教育訓練來
維護人力資源的品質；否則無形資產照樣會折舊、耗損。

　　美國勤業管理顧問公司Boutton等三位合夥人，推出《破開價值密碼》（*Cracking
the Value Code*, 2000），把顧客、通路等稱為「顧客資產」（customer asset）。這個用
詞便正確，不愧是硬底子起家的顧問公司。

表10-2　常見的「資本」、「權益」用詞的動力來源

「資本」的分類	動力來源
一、行銷類	
1.顧客資本（customer capital）	品牌等所塑造出的寵顧性、（品牌）忠誠度
2.品牌權益（brand equity）	靠廣告塑造出來
3.通路權益（channel equity）	靠經銷商折讓、優先供貨、業務員鋪貨等塑造出來
二、策略面	
1.關係資本（relational capital）	即中國人俗稱的人脈關係（network），這主要是靠錢、時間、信用耕耘出來的，人脈指的主要是指關鍵客戶，其次是策略聯盟的夥伴間
2.社會資本（social capital）	1.「社區」的良好關係，主要是跟媒體，其次是政府、銀行、投資人（股票上市公司） 2.就總體來說，社會資本建設指知識生產部門（企業、大學、研究機構和政府）間的互信，特別是跟產業界（知識使用部門） 3.基本定義，是指一個社會組織為共同利益而集體行動的特徵，如規範、網路與信任

　　美國哈佛大學教授Robert D. Putnam的書《獨自打保齡球》（*Bowling Alone*, 2000），雖然集中探討「社會資本」（social capital），但他很自然把它視為一項資產。

　　可口可樂臺灣分公司行銷總監陳美慈認為，比起動輒上億元的廣告預算，可口可樂的廣告經費不算多，2001年2500至3000萬元，國際性廠商注重的是品牌的建立，對於品牌資產的建立強調一致性。（工商時報2002年1月1日，第21版，范碧珍）

　　由這三個例子可見，把詞用對的大有人在。

　　美國密西根大學商學院教授Kale（2000）等三人，甚至把策略聯盟中企業夥伴間的互信，具有減少交易成本、機會主義（見利忘義）功能，無異「關係」具有無

形「資產」的功能，所以稱之為「關係資產」(relational capital)。

第三節　無形資產鑑價方法

無形資產的鑑價會成為問題，比不動產還嚴重；不動產價值只是沒有充分揭露罷了，外界人士（如證券分析師）很容易取得市價行情來估算。但是無形資產除了購入商譽外，大都沒有列示在資產負債表上，因此，資產、獲利能力皆大大被低估。

一、報表揭露只是問題來源之一

由於一般公認會計準則的規範，大部分無形資產的投資，皆是以費用科目出帳，因此反而使資產負債表更難看──使當年度盈餘減少，進而使業主權益項、無形資產項皆減少了。這將造成財務報表無法充分反映公司價值，換個說法是財報喪失股價攸關性，可說是「揭露不足」(reporting deficiencies)。這對研發密集公司的高階管理者當然有利可圖──因為「春江水暖鴨先知」，所以逢低買進股票的內線交易利得更高。

二、無形資產的鑑價沿革

在無形資產價值評估的歷史發展方面，1995年以前，主要還在探討連鎖店、專業服務公司（如律師事務所、顧問公司）等的價值，之後，隨著軟體股的興起，焦點大幅集中在這方面，這留到第十六章再來討論。

三、楚河漢界的殘差

有一個人被箭射中，送到醫院時，外科醫生把露在身體外的箭身剪掉，他說：「在身體內的箭頭、箭身屬於『內科』醫生的事」，這當然是笑話，把內外科醫生調侃了一番。

但是在採淨值法作無形資產鑑價時，也是如此「一刀兩斷法」。

以下式為例，在2001年盈餘中扣除有形資產的貢獻，剩下的便是無形資產的功勞。這是計量經濟學中「殘差法」(residual method) 的運用，也就是把模式（方程

式）內自變數解釋因變數能力0.8，那剩下二成就是其它變數（未設定在模式中）的功勞了。

2001年盈餘	50億元
有形資產的貢獻	−30億元
=有形資產×ROA	
=200億元×15%	
=無形資產貢獻	20億元

四、名異實同

有時我覺得自己是電影「雨人」（rain man）中的主人翁（達斯汀·霍夫曼飾），討厭接受太複雜的事物。同樣的，每次碰到千奇百怪的方法、名詞，我總是習慣性的探源尋根。如果你看過無形資產或技術鑑價的文章，會感到奇怪，怎麼有這麼多新方法，難道是因為「無形」的本質，以致「傳統」鑑價方法不適用嗎？

由表10–3可見，只是用詞（包裝）不一樣罷了。以成本法來說，把（過去到現在）研發費用乘上必要報酬率，便等於今天的技術價值；把廣告費用乘上必要報酬率，便等於商標價值。但問題是「必要報酬率該設定為多少?」這似乎是「先有雞，還是先有蛋」的問題；此外，你可以明顯的看出，此處所稱的「成本法」，是指成本法中的重置成本法此一中分類。

超額利潤法、權利金節省法皆只是淨現值法的「結果」，算不上什麼方法。以統一超商來說，毛益率33%，比大部分超商毛益率28%，高出5個百分點，再乘上未來營收，折現；這部分超額利潤便是無形資產所帶來的貢獻，這方法稱為超額利潤法。至於權利金節省法則是指以擁有技術後所節省的權利金，作為技術的價值。

最後，在表中右下方我們排除了三個方法，其中「資產帳戶計算」可說是「青蛙跳水——不通」，犯不著浪費篇幅介紹，然後再推翻它。

當然，還有1990年代在會計學界流行的迴歸分析，這已於第二章第五節中說明了。

㈠權利金節省法

權利金免除法（relief from royalty method）是指授權人不向被授權人收取「現

表10-3 無形資產鑑價方法跟鑑價方法名異實同

大類 中類	成本法	獲利法	
		市價法	淨現值法
小類	1.成本法: 會計上 2.重置成本法: 成本法(其實是 成本加成法) ・商標 ・研發費用 在技術鑑價 時,又稱Glob- al法、GBPA	在此稱為 市場法	1.權利金節省法 2.超額利潤法 $A\pi$(abnormal profit) $=FC_i-FV_c$ FV:代表相似公司公司價 值 不包括下列方法: 1.收益還原法,其實即內部 報酬率(IRR) 2.資產帳戶計算,又稱資產 貢獻法 3.特徵價格法

金」,而採取其它實物作抵,這部分的價值便可視為權利金。例如日商先進顯示器(ADI,隸屬三菱電機集團)首肯,轉移大尺寸TFT面板生產技術給臺灣的中華映管公司,但因為是日商破天荒、頭一遭把技術外流臺灣,因此相關的條件自然也開得相當高,例如,華映跟該公司簽有技轉附加的限制條款,ADI有權採購華映三分之一的產品(尺寸從12.1到15吋都有),而且報價要依照平均市場報價打9折,運費由華映負擔。(工商時報2001年12月27日,第14版,陳泳丞)

（二）超額利潤法

　　跟沒有無形資產(以品牌為例)相比,公司多賺的部分稱為超額利潤(abnormal profit),把這部分長期淨現值算出來,會計學者狗尾續貂的稱為「超額利潤資本化法」(capitalization of profit margin differential),例子詳見第十章附錄。

（三）超級明星的價值——超額利潤法的運用

　　有許多公司的價值繫乎一(或幾)個靈魂人物(key person),例如東森頻道Jacky Show中的藝人吳宗憲,報載東森以2年1億元的代價簽下他。

　　靈魂人物的價值怎麼評估(valuation of key person)?說穿了還是超額利潤法

的運用，也就是換另外普通主持人取代吳宗憲的主持棒，那廣告收入（假設是惟一收入）、盈餘會減少多少？

一個人時這麼鑑價，多個人（如律師事務所、球隊、餐廳主廚們）時也可如法炮製，並沒有什麼新奇之處。

五、各項無形資產單獨鑑價

無形資產鑑價的工作第二步驟便是鑑價，不過說起來容易，做起來卻不容易，例如如何評估品牌的價值（brand valuation），品牌跟通路等因素常糾纏不清；而且缺乏客觀交易資訊（即市價）。

如果硬要採取化學實驗中的「分解」，那麼表10-4是可用方式之一，其中商譽視為「黑箱」，是先求出其它「可見」的無形資產項目後剩下的；不過，這數字不僅包括商譽（此例主要指公司形象），而且還包括「其它」項，尤其是組織能力。但這種作法也是無奈，一如在分析經濟成長的來源時，考慮了四種生產要素後，剩下的便一股腦兒的歸於「技術」的貢獻一樣。

表10-4　無形資產總值分解方法

鑑價項目		鑑價方法
無形資產總值	100	超額利潤法
−商標	40	成本法
−專利	50	成本法或市價法
−其它	？	人力資源可採成本法，但組織能力不易估計貨幣價值
=商譽	10	視為殘差項

六、可用期間分析

許多無形資產有有效期間，例如美國智財法的智財權授權期間上限為10年，所以鑑價的重點便在下列二種尚存有用期間進行鑑價（remaining useful life analysis），

即經濟壽命：

　　1. 契約載明。

　　2. 按產品生命週期評估，以主要相關產品的年度變動量觀察。

　　3. 買、賣雙方各自預期的壽命。

　　4. 法令（尤其是稅法）規定的壽命。

　　5. 無形資產價值估算。

　　無形資產鑑價專書以1章來詳論「可用期間分析」，在決定可用期間時，可向業界專家諮商，稱為「破壞檢驗」（impairment tests）。

經濟壽命的例子

　　立衛自結2001年營收達9.53億元，由於記憶體測試業務朝高階封裝轉型，低階測試的記憶體設備產能利用率偏低，董事會因此決定提前認列5億餘元設備跌價損失，以降低資產價值符合該批設備的實際狀況，導致稅前虧損金額擴大至12.1億元，造成財測必須第三度調降。以股本20億元計算，立衛每股稅前淨損高達6元。（工商時報2002年1月16日，第26版，陳惠美）

◆ 第四節　無形資產鑑價方法專論——成本法

　　成本法是公司內管理會計的主要結果，也是會計學界探討的核心之一，所以有必要進一步詳細說明。

一、一國二制

　　「研發費用資本化」視為資產（資產負債表角度），而不是費用（損益表角度）出帳，這問題在高科技公司併購越來越頻繁時，逐漸會出現一國二制情況。

　　1. 視為資產：在購入技術（即付出技術權利金）、併購二種情況下，此種「收購研發」（purchased R&D）視為資產，跟購入商譽可列為資產一樣。

　　2. 自製研發：至於自行研發（internally produced R&D或in-process R&D, IPR&D）則只能作為費用出帳。

　　美國愛荷華大學會計系教授Clem & Jeffrey（2001）認為稅法、財務會計準則再

不修改，將會扭曲企業的資源分配，即「寧與外人，不與家奴」，也就是儘量自己少做研發。

2000年1月，促進產業升級條例修正案完成立法，企業從事研發及人才培訓支出抵減營所稅上限，將由現行的25%，放寬至35%，IC廠根留臺灣的意願升高。台積電2001年研發費用達100億元規模，提高抵減上限的效益更為可觀。(經濟日報2002年1月8日，第34版，陳令軒)

二、會計學者的努力——這至少是下限

會計學者——像美國紐約大學的Lev & Zarowin (1999)，嘗試透過下列二種方式解決問題：

1.資本化：無形資產投資資本化，以取代費用方式出帳，有如機器設備的貸款利息資本化（把利息滾入機器設備的採購成本），常見的例如電腦軟體開發支出資本化（software capitalization）。但此方式因稅法的限制，以致適用範圍大打折扣。

2.多套財務報表：於是另一種繞過稅法的變通方法為財報揭露，而不涉及認列，即同時公布二份以上財報，一份是基本的，一份是前述無形資產支出資本化的資產負債表，讓外界人士各取所需，政府的國民所得帳甚至換新面孔，詳如下段所述。

三、稅法上研發費用認列標準

狹義的說，前述的研發費用必須符合稅法的認列標準：公司為研究新產品、改進生產技術，改進勞務提供技術及改善製程而支付的研究發展實驗費用，依下列規定核實認定。

1.供研究或試驗耗用的原料、物料，按其研究實驗的有關紀錄分別核實以費用列支。其未具備有關紀錄，或混雜於當年製品成本之內而未能查明核實者，不予認定。

2.供研究或實驗用的器材設備，耐用年數不及2年者，得列為當年度費用。耐用年數在2年以上者，應列為資本支出，逐年提列折舊。但符合促進產業升級條例規定的公司，其供研究發展、實驗或品質檢驗用的儀器設備，節省或替代能源的機器設備，及基於調整產業結構、改善經營規模及生產方法需要的特定產業，其機器

設備耐用年數在2年以上者，得適用促進產業升級條例第5條有關加速折舊的規定。

依所得稅法第51條第2項規定，各種固定資產耐用年數，依固定資產耐用年數表的規定。但為防止水或空氣污染所增置的設備，其耐用年數得縮短為2年。

3.委託其它機關或個人代為研究，所支付的研究費用，應訂有委託研究契約，並將受託者的名稱（或姓名）、戶籍地址、身分證統一編號等資料，依所得稅法第89條末項規定，向稅務機關申報免扣繳憑單。

4.其它列支，如專業研究人員的薪資、改進生產技術或提供勞務技術的費用、研究用消耗性器材、原材料及樣品的費用、研究用儀器設備的當年度折舊費用或工具性及專業性應用軟體之當年度攤折費用、研究發展單位用建築物的折舊費用或租金、為研究發展購買的專利權、專利技術及著作權的當年攤提費用、委託國內大專院校或研究機構研究、聘請大專院校教授或研究機構研究人員的薪資，以及其它經中央目的事業主管機關及財政部專案認定屬研究發展費用等，均應檢具有關憑證，核實認定。

四、總體經濟數字率先修改

美國經濟在2000年2月，打破1960年代的紀錄，邁入有史以來歷時最久的景氣擴張期中，科技革新應居首功。它對美國經濟的影響，是透過投資支出及生產力提升兩種截然不同的面向。

從1990年以來，企業投入電腦和各種軟體的費用不下2兆美元，光是1999年的科技產品支出便成長22%，達5100億美元，佔企業投資額40%以上。

從1996年以來，生產力平均每年成長率達2.6%，比1974到1995年間的1.4%有長足進展。（經濟日報2000年2月1日，第3版）

公務統計中也逐漸重視研發支出的角色，例如美國商務部經濟分析員在1999年9月8日宣布，國內生產毛額（GDP）的計算方式將重大修訂，主要是企業、政府的電腦軟體採購計算方式。過去會計帳上，軟體支出列為成本之一，但此後將視為投資，並於3到5年內折舊攤提，以反映出電腦軟體對經濟產出的真實貢獻。

這項修改對國民會計帳到底有何影響？舉例而言，1996年GDP將因此而小幅增加1150億美元，公司盈餘也會更高。此外，物價指數經調整後，科技更新所帶來的

附加價值提升，將使物價上漲率更低。（經濟日報1999年9月10日，第9版）

　　由於會計處理方式的改變，政府對過去國民所得帳將依新法「重編」（restate-ment）；同樣的，公司財報也一樣。

五、會計處理的限制

　　不過，會計師、學者受限於穩健保守原則，因此對於無形資產價值的充分揭露，基本上仍是採取成本法（頂多只是重置成本），而無法採取「預估」的獲利法。因此，在無形資產的財報揭露方面，前述努力只能視為無形資產價值的下限，而實際金額則必須借助獲利法。

六、購入商譽的淨值

　　許多國家在會計上對購入商譽（purchased goodwill）視為跟機器設備相似的（經濟）資源，透過「資本化」，將其視為資產，每年（最多40年）可攤提（折舊）費用。

　　根據美國德州等大學Jennings（1996）四位教授的研究，期間為1982～1988年，研究美股中201家公司，股價跟會計上商譽間的相關。結論比較支持重置成本法，而不是歷史成本法，也就是對購入商譽的經濟價值宜每年重估，而不是機械式的看其直線攤提後的淨值。由此來看，成本法只是購入商譽淨值的下限。

【個案】國泰人壽值多少錢？

總資產已逾1.1兆元的壽險業龍頭國泰人壽（2805），究竟值多少錢？

由國壽為主體籌設的國泰金控公司，已獲財政部許可籌設，國壽並訂12月31日以一股換一股方式轉換成國泰金控，但為計算出跟群益證券（6005）、匯通銀行（2835）和東泰產險共組金控的換股比率，國壽近期委託公正第三機構國際知名專業Trowbridge精算公司及投資銀行J.P.摩根等，進行相當嚴格的資產評估作業，2001年12月3日公布結果。前者是全球前四大會計師事務所，也是臺灣最大精算顧問公司。

一、資產透明度不高的後遺症

外資法人對國壽資產評價精算結果更是重視，其中，瑞士信貸近期曾以國壽未公布手中持有的房地產價值，造成股市疑慮為由，一度把國壽評等由「買進」降至「觀望」。佔摩根史坦利指數比重約5.3%的國壽，外資實際持股卻不到3%，主要關鍵即在於外資法人對國壽財務透明度的質疑。（經濟日報2001年12月3日，第18版，葉慧心）

二、鑑價過程和方法

假設國壽未來年平均投資報酬率為6.45%，並主要參考國壽資產配置狀況、對未來市場預測及專業考量未來市場配置如何比較合理推算，其中，平均資金成本6.1%，投資報酬率在5%，則為損益兩平。而在新契約長期平均年增率方面，則參考國壽過去成長能力及市場展望，估計國壽新契約成長率約為9%；至於國壽證券投資價值部分，是以6月29日的市價進行調整。（工商時報2001年12月4日，第1版，彭慧蕙、邵朝賢）

截至2001年9月底止，所有資產中以放款比重佔44%為最大，其次依序為：短期投資19%、現金18%、不動產投資8%、其它資產5%、長期債券投資4%、固定資產1%和長期股權投資1%。

(一)鑑價基準時間

國壽2001年上半年全面停售高預定利率保單後，7月新契約保費收入掉到只剩12.2億元，8月14億元，當時壽險同業還在搶賣高預定利率商品，9月業界全部停售後，國壽單月新契約保費收入即增加為20億元，10月36.15億元、11月31.4億元，跟2000年新契約保費收入平均每月29.5億元相比，國壽的新契約業績已由低預定利率風暴逐步回復。

國壽近年進行人事精簡已頗具成效，1997年內勤人數有7052人，目前已降至4385人，減少2667人。

以國壽此次進行資產評價的時點來看，主要集中在2001年6、7月間，當時不但股票及不動產都處於最低檔水準，也是國壽全面停售高預定利率保單後，新契約業績大幅衰退最慘烈的時期。Trowbridge是以最保守的條件、最差的狀況來對國壽進行評價作業，所以國壽這次公布的

表10-5　國泰人壽的基本價值

	帳面價值	重　估	每股價值
不動產有效契約	958	1700	
內含價值 (embedded value) ⊕新契約保單價值		2690～2950	50.2～55.1
評估價值 (appraisal value)		5110～6390	95.4～119.4

資料來源：整理自葉慧心、陳欣文，「國壽身價」，經濟日報2001
年12月4日，第1版。

的數字，並非「巔峰狀態」下的產物，然而資產評價低估的事實，相對也給予外界更多的期望和想像空間。(經濟日報2001年12月5日，第5版，葉慧心)

㈡不動產部分

不動產的帳面價格為922億元，經二家不動產專業鑑價公司的鑑定，認定其重估價格，「至少」為帳面價格的1.75倍。這些不動產大部分是20年前所購入，如將當時市價，跟現在市價相較，其漲幅應在3倍以上。

國泰人壽副總經理黃調貴公開坦承，不動產的市價以1.75倍漲幅計算，確實有偏低之實；但此漲幅是假設需進行資產清算的價格，而不是以收益為基準所計算的不動產市價。

㈢保單價值

800萬件有效契約的資產是國泰人壽計算淨值的利器，尤其3年期以上的有效契約，因費用率是逐年持續調降，只要長期保單繼續率維持在九成以上，其內涵淨值的價格可升高至2900億元的水位。但是如果加計新契約保單的潛在價值，其每股的價格可大幅向上攀升，對國泰人壽的換股作業比較有利；依壽險實務上，新契約保單納入淨值的計算作業，有一些變數存在，諸如新契約保單前二年的繼續率，是否能維持在九成以上，否則，這些未來潛在價值，將不會如期兌現。

富邦人壽加入富邦產為主體的金控公司，其計算換股比率，由於因加計新契約的潛在價值，而獲得最優惠的換股比率；此一案例是國泰人壽追求的目標，國泰人壽透露計算淨值的結果，提供二個股價指標的風向球，其中把新契約的潛在價值納入計算，應是國泰人壽的底牌。
(工商時報2001年12月4日，第2版，張明暉)

三、股市對鑑價結果的反應

英商華寶（UBS Warburg）證券最新研究報告指出，由於國壽隱含價值跟原先預期相符，加上近期臺股漲幅驚人，第四季可沖回部分投資跌價損失，因而將國壽投資目標價從35元調高到52元；J. P.摩根也重申國壽「買進」評等，並設定65元投資目標價。

國壽股因資產重估每股內含價值逾50元，5日仍持續吸引市場買盤挺進，股價受此激勵一路飆漲，自選後已連拉三根漲停板，昨日股價持續上攻，一舉收復50元價位，並出現第三根漲停，在年底做帳行情發酵之際，已成為金融保險類股最強勢指標。（工商時報2001年12月6日，第21版，彭慧蕙）

四、蔡宏圖對鑑價結果的看法

國壽董事長蔡宏圖對外部鑑價結果的看法：

(一)不動產部分

此次房地產評估是委請香港及臺灣兩家公司進行，評估方式是以當前打算賣掉時的價值來計算，國壽長期持有這些不動產，一般都是以租金收入反算回來，但鑑價機構則是以急售價格估算，所以我覺得這樣不太正確。因為在現在這樣景氣下，誰會有錢來買200多棟大樓？不過，這也表示，此次重估的價值是以最保守標準所估算出的結果，認為國壽不動產重估價值至少是帳面價值的1.75倍。

以國壽在臺北市仁愛路上的總公司大樓為例，這次鑑價每坪只有41萬元，怎麼可能？不過我們尊重其專業能力，也不願去爭論；以這樣最保守的估價看，將來不論經濟好轉或是以租金收入角度來估，國壽不動產重估價值都應高於帳面的1.75倍。

(二)保單價值

內含價值是國壽現在的價值，是很具體的東西，較少爭議；評估價值是日後的價值，有許多假設條件，大家對這些假設有不同意見，是見仁見智的問題。

(三)每年鑑價

不過，法人機構都很高興看到國壽這個報告，不一定贊同評價結果，但贊同國壽公布EV及AV的作法，國壽今後每年都會公布一次。（經濟日報2001年12月17日，第3版，葉慧心等）

◆ 本章習題 ◆

1. 以表10-1為架構，寫出某一上市公司的重大無形資產（要能夠賣錢的）。

2. 請比較大陸、臺灣、美國、國際（財務）會計準則公報對無形資產的會計處理。

3. 「公司名稱」是品牌還是商譽？

4. 以圖10-1為架構，寫出某一上市公司的重大無形資產（最好還能算出其價值）。

5. 以§10.2三為準，算出統一超商、聯強國際的無形資產價值。

6. 對於表10-2的內容，你是否有不同的意見？試說明之。

7. 找一家自行研發成功公司，比較技術市場行情，以說明權利金節省多少。

8. 以表10-4為基礎，算出統一超商的各項無形資產價值。

9. 以鴻海精密、台積電為例，說明如何將其研發費用資本化以列示在資產負債表上。

10. 找一家剛收購別家公司而帳上出現購入商譽情況，分析其會計處理，對損益表的影響。

第十一章

無形資產鑑價專論

　　強勢品牌就是高度競爭優勢的象徵,因此千萬不要低估品牌對客戶滿意度與忠誠度的影響力。此外,一家公司若要快速成長,必須先建立可以吸引顧客並具有獲利能力的強勢品牌和企業文化。

——錢伯斯(John Chambles)　美國思科(Cisco)公司總裁兼執行長
工商時報2001年11月14日,第2版

學習目標:

品牌權益、技術(最常見的是專利)鑑價是無形資產中最常見的二大分類,了解其鑑價也就成為鑑價人員的必修課。

直接效益:

或許你曾看過智慧資產及其鑑價的文章,看到本章第三節討論此主題,便見獵心喜。抱歉的是,以我寫了二本知識管理的巨著,本節指出智慧資產只不過把一些無形資產大雜燴拼湊,有些(如流程資產)甚至不知所指,因此不可能也不必去衡量智慧資產的價值。但是我們也很簡明說清楚什麼是智慧資產,至少讓你可以快速長點見聞。

本章重點:

- 行銷資產的分類。§11.1二
- 品牌資產的定義。§11.1四
- 品牌資產的前因後果。圖11-1
- 行銷費用的內容、性質。表11-1
- 英國Interbrand公司的鑑價方法。§11.1七
- 行銷資產對股東價值的影響。圖11-3
- 技術移轉的種類。表11-4
- 三種技術移轉收入的區分方式。表11-5
- 技術權利金的議價區間。圖11-4
- 權利金的給付方式。§11.2九
- 斯堪地亞公司的價值圖。圖11-5
- 智慧資本圖解。圖11-6

前言：硬不如軟！

　　1990年代以後，大抵來說，（在先進國家中）供過於求，於是出奇才能致勝，有錢（土地、資本）不見得會更有錢，想作（勞力）不見得有工作，也就是「貧者因書而富，富者因書而貴」的時代逐漸來臨。相對於資產負債表上的有形資產，無形資產的重要性越來越高，對無形資產的鑑價需求也就越來越殷切。本章談三個常見的無形資產的鑑價，但在此之前，先從二個角度來「必也正名乎」，不管各類無形資產英文用詞是什麼，我們一律稱呼為某某資產，理由如下。

◆ 第一節　行銷資產鑑價——以品牌資產為例

一、Kennex值1.26億元嗎？

　　曾經是臺灣企業自創品牌成功典範的光男企業，經法院宣告破產後，破產管理人將拍賣光男除美國地區以外的註冊商標（使用權），底價1.26億元，2002年1月18日開標。

　　光男企業以生產碳拍、電腦、高爾夫中管為主，另有釣竿、運動鞋、鋁拍、羽拍等周邊產品，主要外銷美國、歐洲及日本市場，品牌包括肯尼士（Kennex）、艾鉅（Arche，電腦專用）、溫布頓等。

　　過去Kennex品牌標誌的網球拍、衣服、運動鞋，甚至襪子，常常在英國溫布頓網球公開賽等國際性比賽上看到。

　　光男以肯尼士等商標行銷全球，是自創品牌成功的代表性企業之一，1987至1989年每股純益在3元上下；並贊助當時的女網名將胡娜，在美國網壇打出一片天。

　　光男股票於1987年底上市，1989年最高曾漲至210元，1990年營收達55億餘元，在1980年代風光一時。

　　可是，光男業績從1990年以後逐漸走下坡，加以投資設立券商、涉入股市過深，海外投資連連失利，引發財務危機。董事長兼總經理羅光男花在宗教的心力又多，使光男的光環失色，由絢爛歸於平淡。

同業表示，光男的商標如果在早幾年拍賣，甚至以收取權利金方式，可能會吸引較多廠商的興趣。如今，排除美國後，在其它市場的價值幾何？將視投標情況而定。（經濟日報2001年12月29日，第4版，魏錫鈴）

二、行銷資產的分類

行銷資產（market-based assets）是許多消費品業的最主要資產，由於是無形資產，所以是「資產負債表外資產」（off-balance-sheet assets）。許多實務人士、學者，用「股價淨值比」等數字，來說明超過1的部分，便反應無形資產所帶來獲利機會的現值，來凸顯投資人對無形資產的重視。美國德州大學行銷系Srivastava（1998）等三位教授，嘗試把行銷資產分成二類：

1.行銷面關係資產（relational market-based assets）：跟第十章第二節第五段所談的關係資產是同一件事，其內容詳見圖11–1中的第一欄。其中跟經銷商的互信所帶來的好處，又稱為「通路權益」（channel equity），品牌資產的鑑價是最常碰到的行銷資產項目。

2.行銷面知識資產（intellectual market-based assets）：主要是指業務部人員對客戶、經銷商、競爭者、供應商、利益團體等現況和未來所具備的商業知識，但也很難量化。

三、摸不到，看得到

品牌很神奇，摸不到，卻看得到，底下是二個例子。

㈠Sony電視就是比較貴

跟Sony公司的電視比，性能差不多的松下公司電視（即國際牌）可能貴1萬日圓，消費者卻仍願意多付這1萬日圓。可惜，以日本來說，一般會計準則中允許公司在會計中包含無形資產一項，例如專利權、營業權等，不過這些項目必須能計算出明確金額；但是就是不包括品牌資產。在日本以研究品牌鑑價聞名的一橋大學研究所教授伊藤邦雄相當肯定島野公司的企業品牌力，認為品牌等看不到的資產（無形資產）非常重要，「企業品牌才是提高公司價值的魔杖」。他說1980年代以前，工廠等有形資產會產生公司價值，但是1990年代以後，決定公司價值的是無形資產。

㈡專櫃的品牌授權

走在百貨商場專櫃，冠上一個洋化或本土的品牌似乎成為彰顯企業精神、象徵與產品內涵的手段，同時具有區隔市場的作用。

品牌授權可概分為卡通圖案授權、影片娛樂授權、藝術畫作授權、運動品牌授權和淑女、紳士品牌授權等。

海外有許多經營數十年、甚至百年的品牌，比較著名的如：迪士尼系列、米飛兔、史努比、泰迪熊等，經由合法的品牌授權，深入各種商品，包括：文具、玩具、禮品、各種家用品和服飾等。一旦冠上這些商標，產品市場大門頓時大開，消費者對產品的接受度大增、採購的猶豫時間明顯縮短，有效提升購買慾。

一般而言，授權金約佔商品批發價的10至15%。(經濟日報2002年1月11日，第32版，翁永全)

四、品牌資產的定義

有關品牌資產的定義，可用多如牛毛來形容。在行銷與財務觀點的文獻，美國行銷科學學會（MSI）在1988年的研討會提出定義，即它是一（品牌）聯想（brand association）的集合，而且是該品牌的顧客、通路成員、公司一部分的行為，可允許該品牌比未具有品牌時獲取更大的銷售量或利潤,因此可給這個品牌比競爭者強而持久且具差異化的優勢。此一定義中隱含著品牌資產包括三個構面：一是知覺的或感情的，如差異化印象、形象優勢。二是行為面的，如支付更多的意願、不願轉換品牌和品牌的佔有率。三是財務面的，例如收入的穩定性高於平均價格的利潤，和廣告或促銷減少後銷售額的微幅下跌。

品牌資產的定義很嚴謹：在相同產品（屬性）、行銷刺激下，消費者對此品牌產品跟其它品牌產品的「反應」，此包括願意付較高價（price premium）、購買量較多等。簡單的說，以機場免稅商店30ml香水來說，CD一瓶3000元，就比他牌貴500元以上。

品牌價值的計算在行銷學中是個有40年歷史的老題目，其價值來源詳見圖11-1，依死忠派的「一生消費者價值」（lifetime customer value）來說，便是消費者一輩子購買本產品，對本公司的獲利助益。至少，口碑效果只是錦上添花的副產品。

圖11-1　品牌資產的前因後果

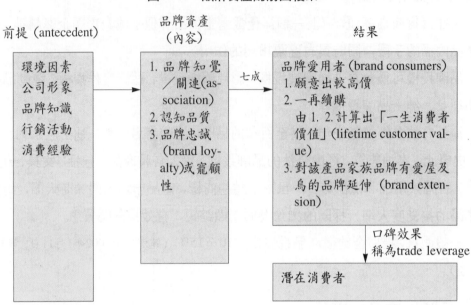

資料來源：部分整理自Yoo & Donthu（2001），pp. 2、11。

五、成本法

美國Treynor資產管理公司總裁Jack Treynor（1999）採取迴歸分析方式，想分解品牌資產所產生的二項好處：

1. 價差：高知名品牌公司比無、低知名品牌可採取較高訂價——稱為premium pricing，經濟學稱為「準租」。

2. 量差：這比較出在採「薄利多銷」的高知名品牌，主要是賺量。

他所指的行銷費用（marketing cost）包括表11-1中的各項目，這比「傳統」成本加成法僅考慮廣告費用要完整得多。

六、盈餘倍數法

或許英國Interbrand Group公司所採取的盈餘倍數法是品牌鑑價最常用的方法，計算方式詳見圖11-2。至於過去的「超額利潤」是否會持續、持續多久，則還須詳細分析品牌強度、產品群吸引力（如品質、功能），所以還是需要行銷專家的高見。

表11-1　行銷費用的內容、性質

性質 ＼ 階段	產品開發	廣 告
1.固定	管銷費用分攤	跟市調、廣告公司接洽的人員薪資、事務費用、房租……
2.變動	產品開發費	廣告費用

圖11-2　超額利潤法、盈餘倍數法在品牌鑑價的運用

品牌價值＝超額（每股）盈餘×本益比

超額利潤法

品牌　產品群
強度　吸引力

七、Interbrand的鑑價方法

由表11-2可見，英國品牌鑑價公司Interbrand對品牌鑑價方式主要精神：

㈠獲利衡量方式：經濟利潤

只是它衡量資金成本方式有點奇怪：

1. 「使用」資金：是指周轉金加（有形）固定資產。

2. 資金成本：2001年設定為3%。

㈡品牌換算因子

第⑸、⑺、⑻、⑼皆是透過消費者調查，計算出消費者購買該商品時的品牌動機百分比，再乘以第⑷項即得出品牌利益，這只是第⑷項無形資產創造經濟利潤的一部分。

市調是行銷學者常用的客觀方法來衡量各品牌在消費者心中的地位。常用的項目包括：市場領導力、品牌穩定力、所在市場、品牌的國際性、品牌的趨勢、廣告

表11-2　Interbrand的品牌鑑價方式

	第一年	第二年	第三年…
(1)稅後淨利	60	66	72 …
(2)使用資金	700	728	757 …
(3)資金成本（假定值3%）C=×3%	21	22	23 …
(4)經濟利潤(4)=(1)-(3)	39	44	49 …
(5)功能指數（%）	60	60	60 …
(6)品牌利益(6)=(4)×(5)	23	26	29 …
(7)品牌影響力點數	40	40	40 …
(8)比率（%）	–	7	7 …
(9)比率值	1	1.07	1.14 …
(10)各年品牌利益的現值(10)=(6)/(9)	23.00	24.29	25.44 …

品牌價值＝各年品牌利益的現值的合計23.00+24.29+25.44+…
(5)、(7)是依Interbrand自行分析算出。比率是指風險率佔未來品牌價值之比率，品牌力越強比率值越低。

資料來源：吳意雯，「企業品牌價值才是企業核心價值」，工商時報2001年10月21日，第9版。

和促銷的支持、法令的保護。

㈢淨現值法

末了，品牌價值仍採淨現值法予以每年加總，而得到表11-3的結果。

㈣消費者價值分析

至於怎樣計算消費者對各產品的認知價值，一般是透過13項以上變數（可稱為價值動因，例如品質、價格），再加上指數化（例如效用函數）等處理，乘上無形資產利潤便等於品牌價值。這套過程稱為「客戶價值分析」（customer value analysis, CVA），這只是客戶價值管理（customer value management, CVM）的第一步。

剩下的問題只是計量（或多變量分析）處理罷了，其中比較重要的是消費者調

查，以找出價值動因項目、品牌相對吸引力，美國賓州州立大學商學院教授Desarbo等三人（2001）便採取上述程序進行研究，消費者樣本數達1509個。

㈤最常見的量表

　　有些行銷學者認為光從損益表「看圖說話」來推估品牌價值，缺乏心理衡量的基礎，背後隱含著消費者是多變的。像美國St. Cloud州立大學教授Yoo & Donthu（2001）便用10個問題、李卡特五等分評分方式所建立的「品牌資產量表」（brand equity scale），以1530名美國人、在南韓美國人、南韓人為對象，衡量三大類產品（運動鞋、相機底片、彩色電視機）12個品牌的品牌忠誠、認

充電小站

可口可樂品牌成長史

　　可口可樂的起源是1885年美國一位藥劑師將咳嗽糖漿混合碳酸水所發明，直到1919年由財團接手後踏上國際舞臺。臺灣可口可樂最早在1957年出現，當時的中美汽水廠原是為了提供給駐臺美軍飲用而成立，1968年開始上市給消費者。

　　可口可樂自詡是家建立和經營品牌的公司。可口可樂在美國早已形成一種在地文化，消費者對其品牌的認同幾乎將它與美國劃上等號，從此，可口可樂不得不重視其品牌在美國本土的重要性。（摘錄自李心怡，「陳美慈抓得住社會脈動」，經濟日報2002年1月12日，第28版）

表11-3　2001年全球前十大品牌價值排名

		品牌價值（億美元）
1	可口可樂	689
2	微軟	650
3	IBM	527
4	奇異	424
5	諾基亞	350
6	英特爾	346
7	迪士尼	325
8	福特	300
9	麥當勞	252
10	AT&T	228

資料來源：英國Interbrand顧問公司。

知品質、品牌知覺（和品牌關聯）等。

八、淨現值法

光由「廣告—品牌—盈餘」這樣的連結來進行品牌鑑價，Srivastava等三人認為太原始了，於是套用股東價值法，想找出行銷資產對公司價值（以淨現值來說）的價值動力——圖11-3中的第2欄，即營運績效，也就是客戶的反應。不過，他們似乎不想把消費者滿意程度（consumer satisfaction）、消費者忠誠（consumer loyalty）納入營運績效，或許關係太間接了吧。

他們的貢獻在於，發展出「行銷—財務（此例為股東價值法）界面」的觀念架構，功能之一在於能有系統的衡量行銷資產的價值。

圖11-3 行銷資產對股東價值的影響

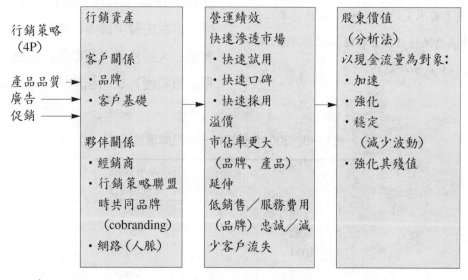

資料來源：Srivastava (1998), p. 8 Figure 1.

九、細部研究

針對行銷資產的創造、維護，從策略管理中的資源基礎理論為基礎，行銷學者又作了許多原因變數的探討。以品牌為例，較近的研究結論如下。

㈠經濟模式

「品牌」是資產，也是一種結果，那麼品牌強度又是由什麼組成的呢？希臘克里特大學經濟系教授Dimitrios A. Giannias（1999）在Rosen（1974）所提出的「喜愛（產品）模式」（hedonic models）的基礎上，研究本田、山葉、川崎、鈴木四種日製機車在美國的價格，研究時間為1987年，模式解釋能力78％。他認為用成交價比行銷研究的消費者態度調查更準。

㈡行銷研究

全國性品牌（national brands）比「商店品牌」（store brands）究竟貴在哪裡呢？美國德州西南Methodist大學商學所教授Sethuraman & Cole(1999)的實證值得注意，他們在中西部大都會區，隨機抽取350人，採取問卷調查，雖然這個自變數對價差（例如Kellogg玉米盒2.95美元減不知名牌玉米盒1.69美元）的解釋能力僅21％。但他們仍主張價差中有12％可用消費者認知品質差異來解釋，這是最重要的變數。這也支持了第二段中Treynor主張把產品開發費用納入「行銷費用」。雖然，廣告也是造成消費者認知差異的主因之一。

㈢很難測出衍生價值

2000年時全球娛樂界知名的英國維京集團，向行動通訊系統業者One 2 One租用門號，賣起維京牌的行動通訊，不到一年內用戶超過1百萬，且榮登消費者滿意排行第一名，虛擬行動通訊（mobile virtual network perator, MVNO）模式於是一炮而紅。MVNO是指本身沒有基地臺等實體骨幹網路，而須向擁有經營執照的系統業者承租頻寬，藉轉售通訊和相關加值服務獲利的方式。這個例子顯示善用品牌力量（brand power）的結果，有點利基循環的味道。

由這個例子，對於品牌延伸（像迪士尼）的情況，比較難衡量品牌的價值，因為很難抓得住它會延伸多廣。

㈣品牌資產正快速被侵蝕

行銷學中有句名言：「沒有價格打不倒的品牌忠誠度」，這現象嚴重程度只會與日俱增，由於業者採取價格破壞方式來促銷（即price promotion）逐漸普遍——尤其是網路商店中的拍賣網站，消費者越來越有「價值消費」的概念，比較不會盲目的追求「名牌」（勉強可說是高知名品牌的代名詞），如此一來品牌資產稀釋（brand

equity dialution）越來越嚴重；美國Notre Dame 大學管理學院教授Mela（1997）的
實證指出此點。

　　此外，由於媒體種類越趨多元，單一媒體廣告效果日漸變弱，公司漸採直效行
銷（含B2C電子商務）、促銷來取代部分廣告。惡性循環的結果，更令品牌資產的
價值遭到侵蝕。

十、品牌鑑價的用途

　　談觀念可以堆砌辭藻，但終究是作文比賽而已。企業講究實用，平常情況，品
牌價值如何顯露呢？底下是內外二種方式。

㈠外部揭露

　　全球第一個「品牌有價化」的例子是英國的食品公司RHM，在1988年把「品
牌評價」列入資產負債表，雖引起諸多議論，但卻獲得倫敦證券交易所認可，當時
執行鑑價的是全世界首家品牌鑑價機構英國品牌鑑價顧問公司Interbrand。

㈡內部移轉計價

　　許多日本企業也開始進行品牌鑑價，並對使用該品牌的關係企業徵收使用費。
電機大廠日立（HITACHI）製作所在2000年4月導入品牌管理制度，著手對集團企
業收取「品牌使用費」，到2001年3月底止的2000年會計年度，日立收得的品牌使用
費達70億日圓，支付企業多達6百家以上。通訊龍頭日本電信電話公司（NTT）同
樣也向40家關係企業徵收「集團經營營運費」，做為使用企業標章（logo mark）、品
牌以及集團公關費用的代價，每一家必須向NTT支付營業額0.2～3%的費用。

　　為彰顯企業無形資產的價值，日本《東洋經濟周刊》，自行試算出營業額排名
前80家日本上市企業的品牌價值，第一名為豐田汽車，品牌價值5.3573兆日圓，其
次依序為NTTDoCoMo、本田、Canon、武田藥品、任天堂等，前六名的品牌價值
都在1兆日圓以上，家電大廠Sony則排名第九，品牌價值7859億日圓。（經濟日報2001
年10月21日，第42版，孫蓉萍）

第二節　技術鑑價

技術移轉（technology transfer, T/T）可說是最常碰到的無形資產鑑價項目，因此有關這方面的專刊比較豐富；此外，在本章中舉一個特定資產為例來說明，也比較不易讓你覺得「大而無當」。

一、技術移轉的種類

技術移轉有許多情況，詳見表11-4，其獲利情況不同，所以價值也不同：

技術諮詢是指受託人為委託人就特定技術項目提供可行性論證、技術預測、專題技術調查、分析評估報告。

「技術服務」是指受託人以技術知識替委託人解決特定技術問題，包括：設計服務、工藝服務、測試分析服務、電腦應用技術服務、新型或複雜生產線的服務、特定技術項目的資訊加工、分析和檢索……等。

技術秘密轉讓是指讓與人把所擁有的「非專利技術」成果提供給受讓人，彼此間約定「非專利技術成果」的使用權、轉讓權，而受讓人支付約定使用費，「非專利技術」跟「專利技術」是不同的。

表11-4　技術移轉的種類

技術移轉種類	跟商品產銷來類比
一、技術開發	OED（委託設計）
二、技術轉讓(licencing-out)	商品銷售
1.專利申請權轉讓	
2.專利權轉讓	
3.專利實施許可	
(1)獨佔實施	
(2)排他實施	
(3)普通實施	
4.技術秘密轉讓	

二、稅法上的分類

實務上，政府主管機關（如國稅局）區分權利金、出售專利權或技術服務報酬的原則，大致如表11-5所示。

表11-5　三種技術移轉收入的區分方式

	權利金	出售專利權	技術服務報酬
技術所有權是否移轉給被授權公司（通常以該技術向政府註冊登記作為所有權的認定）	否	是	無技術所有權問題（實務上指派遣人員提供維修、管理、訓練、諮詢……等服務，故不涉及技術所有權問題）
是否為雙方訂約時已開發完成、已存在的技術	是	是	否
技術提供方式	提供技術文件為主，派遣人員支援為輔	同左	派遣人員提供服務為主
計價方式（實務常見方式）	·銷售技術合作產品收入之百分比 ·銷售技術合作產品每單位若干元 ·固定金額（俗稱賣斷）	固定金額	·固定金額 ·固定費率（如派遣之技術人員每人每小時若干元）乘上實際投入人力

資料來源：孫佩琳，2001年7月，第52頁。

作者賣書給出版公司抽取10％的版「稅」是最常見的權利金。

出售專利權一般視為出售財產，出售財產所得以售價減除相關成本，依25％稅率申報納稅（出售者如係外國之個人，稅率為35％）。技術合作方式係指外國公司提供專門技術或依專利法核准之專利權予臺灣公司，對該公司之產品或勞務有下列情形之一，並約定不作為股本而取得一定權利金或報酬之合作：

　·能生產或製造新產品；

・能增加產量、改良品質或減低生產成本；

・能提供新生產技術。

三、快要反守為攻了

臺灣企業對於專利的運用，重點並不在專利授權的獲利上，而是市場防禦卡位戰，也就是防止在海外大廠（像IBM、英特爾）的侵權官司中敗訴，支付天文數字的賠償金。

光以在美國獲准的專利權數來說，臺灣僅次於美、日、德居第四位。（工商時報2001年6月17日，第9版，吳意雯）在大陸，則居第一位。（經濟日報2001年10月17日，第11版，張運祥）逐漸從技術引進者升格為技術授權者，因此像Rivette & Kline（2000）在其書*Rembrandts in the Attic－Unlocking the Hidden Value of Patents*中的比喻，如何把閣樓中的林布蘭（17世紀荷蘭畫家）畫作拿來獲利。

四、大學技轉中心可能弊帚自珍

近年來各主要大學正積極籌設技術移轉中心（或稱技轉辦公室），希望能經由這一仲介管道把大學豐富的研發成果推介到市場，除了促進產業創新，也可為大學帶來可觀的技術轉移收益。

扮演仲介角色的大學技轉中心功能包括技術鑑價、籌資以推進技術商業化，協助技術交易以及移轉，技術轉移也包括人員和設備的轉移，有時還要提供創業育成的服務。尤其大學研發成果偏重於基礎研究，商業化和技術轉移所面臨的困難將更甚於工研院等屬於應用型的研究成果。

㈠書生論政

丹麥政府在1992年曾經進行過一項調查，目的是為了解大學和公立研究機構的技術研發成果最後有多少比例能夠商業化（commercialization），並且產生經濟效益。這項調查是針對1985到1990年間由大學與公立研究機構所提出的5千項研發計畫，進行追蹤調查，結果發現只有350項計畫能獲得資金將技術構想化為具體的產品技術，而其中又只有94項的產品技術專利獲得企業青睞，願意付費使用，但最後有30項能進入到量產階段。在1992年調查進行的時候，只剩下15項還在持續的生產銷售。

(二)吃米不知米價

大學研究成果難以轉移產業應用的主因之一,是因為大學跟企業雙方對於技術價值認知的差距。一般大學教授和研究人員有過於高估自己研究成果價值的傾向,但企業卻認為未完成商業化的技術根本就不具有市場價值,因而兩者在技術移轉之間出現極大的鴻溝。再加上,研發成果最終價值必須在完成商業化,並到市場上獲利以後,方能呈現。由於能夠達到獲利階段的比例很低、時間很長,也造成大學研發成果移轉與進一步商業化的困難。

(三)屈原叫衰

中山大學企管系教授劉常勇認為,是否具備技術商業化的能力,是評估大學技術移轉中心營運績效的首要條件。但是我們非常懷疑,將來臺灣各大學所設置技轉中心的負責人員,有多少人知道什麼是技術商業化? 又有多少中心具備技術商業化的能力? 過去各大學所設置的創新育成中心,最後大都只是扮演辦公室出租與管理的角色,這樣的經驗結果也令我們擔心,未來大學技轉中心是否也只是淪落為一個專利申請與資訊公告的單位,對於如何主動跨越產學合作的鴻溝,大學仍然將是束手無策。(工商時報2002年1月13日,第9版,劉常勇)

五、技術鑑價方法

技術鑑價方式脫不了表10-3的範圍。技術移轉的權利金可分為二種議價方式:

(一)賣方市場時

例如工研院的技術移轉價格是不二價的,當授權者強勢時採取此方式。

(二)雙方議價

授權者跟被授權者討價還價來決定權利金價格,詳見圖11-4,上面150到200萬元便是議價空間,這是我們舉的例子。

最高價中最值得玩味的便是侵權成本,尤其當法律處罰成本不高時或是官司曠日持久,更會鼓勵「海盜」公司鋌而走險。

此外,底價中有一項「移轉成本現值」,這跟銀行貸款轉貸費用(代書、設定費、原貸款銀行的懲罰利率)一樣;它包括:

1. 協商成本。

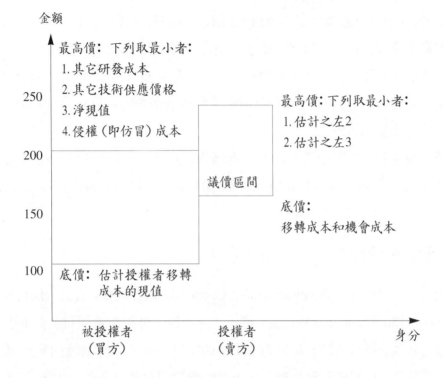

圖11-4　Rout & Contrator（1981）議價區間舉例

2.授權人所負擔的──例如配合被授權者的需求而產生的。

3.技術調適、支援和教育訓練成本，這些皆會轉嫁給被授權者支付。

4.技術學習成本。

最後，市價法係假設「技術（產權）市場」存在，所以有報價、成交，甚至產業平均值可供參考。

㈢形勢比人強，30億元縮水三成

美國那斯達克上市生技公司Tanox，計畫來臺籌資成立臺灣生物藥劑製造公司（TBMC）。

Tanox 2000年來臺籌資設廠未果，2001年在經濟部的協助下，捲土重來，面對投資人對投資成本和回收預期提出的種種訴求，2001年9月間舉辦首次投資說明會。公司資本額設定為100億元，其中Tanox以技術作價持股三成，其餘七成以每股14.3元、發行4.9億股，募集70億元現金；另向銀行貸款70億元，作為營運所需資金。

不過，由於投資人提出希望以每股10元入股等訴求後，2001年底Tanox公司總

裁唐南珊蒞臺,提出新的投資計畫:公司資本額改為90億元,現金股份仍維持七成、即63億元,而Tanox技術作價投資持股則由三成減為兩成;其餘一成技術股,將保留作為員工認股。整個建廠營運成本,也由140億元大幅減為105億元。

有鑑於全球蛋白質藥物產能短缺,公司打算在新竹科學園區竹南基地申請5公頃用地,興建8座、每座1.25萬公升發酵槽的生物製劑廠,專攻單株抗體、重組蛋白質、疫苗等生物製劑代工。

新廠預定2006年開始營運,年產值3至5億美元,至2010年營業額125億元,並達到現金收支平衡。以15年投資期計算的內部投資報酬率為19至25%。(經濟日報2002年1月11日,第32版,趙佩如)

六、行情像什麼?

表11-6是1999年,Pricewaterhouse Coopers以美國和加拿大為主的權利金資料庫(包括約330個權利金交易個案)顯示,一半以上傳統產業權利金費率小於5%,著重核心技術、經營管理和創造力的產業如製藥、機電、電腦軟體開發、娛樂等產業大多都超過5%,醫療和醫藥產品以及電腦軟體開發業甚至高於30%。(洪振添,2000年,第34頁)

七、技術交易市場

㈠外國的月亮比較圓

美國於1980年通過杜拜法案,往後10年陸續通過與修正五個技術移轉法案,英國和德國也相繼成立技術交易市場。日本的Japan Technomark、大陸的北京中關村、上海產權交易所、深圳高新技術交易所等,以促進研發成果和專利發明擴散,做為創新產業技術、加速進入知識經濟的動力。

由先進國家的成功經驗,技術交易機構應具備下列功能:

1.買賣交易平臺服務:為客戶尋找和發掘技術、合作、投資、聯盟……等各種資源的供給者或需求者。

2.技術發掘能力:發掘和掌握可能促成新興產業創造的技術。

3.智財權和營業秘密保護:藉智財權保護創造收益和防止侵權。

表11-6　1999年美國產業權利金費率

產業別	權利金費率			
	<5%	5～15%	≥15%	平均費率
衣服	60%	40%		4.00%
汽車／零件	83%	17%		1.92%
生化科技*	50%	42%	4%	6.96%
通訊	44%	22%	33%	8.18%
電腦	50%	25%	25%	10.75%
電腦軟體*	18%	45%	36%	12.00%
消費性商品	63%	37%		4.34%
版權和商標		100%		10.60%
配銷物流業	40%	60%		5.15%
製藥	13%	87%		6.84%
機電業	30%	60%	10%	6.60%
娛樂業*	18%	23%	45%	15.50%
食品業	45%	55%		5.47%
觀光休閒業	29%	71%		4.43%
產業機具	40%	55%	5%	6.43%
醫療／醫療器具	32%	52%	16%	8.33%
服務業	50%	50%		5.79%
玩具／遊戲		50%	50%	13.13%

*加總未達100%係由於該產業部分交易資料未揭露權利金費率，或是其權利金費率是以每單位產品所需支付金額表示，而不是以營業額百分比表示。

4.技術鑑價功能：技術發掘後經由鑑價來判斷技術成果的專刊、有用性和市場性。

5.研發成果推廣。

6.結合育成、創技資源把研發成果商品化。

7.權利金收入管理和分配。

㈡臺灣的作法

臺灣技術交易市場約4百餘億元，以前是律師、會計師事務所提供相關服務。

工業局為推動技術擴散和商品化效率，規劃臺灣技術交易市場機制，主要包括：

1.建置臺灣技術交易市場資訊網（www.twtm.com.tw）：提供交易技術、專利資訊，擴大企業技術取得管道。

2.設置技術交易市場整合服務中心：連結技術交易服務與創投業，提供整合性技術交易整合性諮詢與服務。

3.擬定促進技術交易服務業輔導辦法：輔導企業智財權制度和協助提升技術交易效率。

4.推動服務能量登錄與評鑑。（經濟日報2001年12月11日，第33版，紀效娟）

八、權利金的計算——以影音光碟機權利金為例

權利金的計算大都以隨營收徵收為主，這是因為被授權人的銷貨應該開發票，所以跑不掉。如果隨盈餘課徵，那麼被授權人可能透過會計手法來壓低盈餘，以減少權利金支出。僅以影音光碟機為例說明。

受到PS2遊戲機市場熱賣的影響，全球唯讀型多功能數位影音光碟機（DVD-ROM），市場規模由1999年約1500萬臺，2000年突破3000萬臺。但對於臺灣光碟機廠商來說，由於受制於DVD關鍵零組件取得困難，高額權利金又遲遲未能降低，眼見DVD-ROM市場商機逐漸浮現，但「看得到，吃不到」的成分較多。

上述二項障礙，是日商為了避免臺灣廠商低價競爭搶市場的惡況再發生，所使出的殺手鐧。

由表11–7可見，授權廠商權利金收費行情，都是取其高者，因此臺灣廠商每生產一部DVD-ROM就必須繳付超過10美元的權利金，跟原技術廠相比在起跑點上已經相當不利。

表11-7　全球數位影音光碟機權利金收取方式

授權廠商	費率（每臺）	下限
1.飛利浦、新力、先鋒	3.5%	5美元
2.東芝、日立、松下、三菱、時代華納、JVC	4%	4美元
3.湯姆笙（Tomson）	1.5%	1.5美元

資料來源：整理自陳泳丞，「DVD-ROM市場大餅，國內廠商怕只能聞香」，工商時報2000年4月10日，第13版。

九、權利金的給付方式

權利金的支付方式也影響費率的決定，而前者通常視技術類型和產業特性而異。常見付款方式包括採下列單一或多種方式的組合：

1.定額權利金：依據合約，被授權人支付一固定的權利金給對方；付款方式有一次付款（lump sum）或分期付款（installment）二種。

2.營運權利金：依據產品的生產或銷售金額，於契約期間內持續支付權利金。

3.保障權利金：被授權人保證將支付一定最低金額的權利金給對方，被授權人縱使未生產或銷售該產品，也有支付權利金的義務。

十、技術移轉契約——以技術諮詢為例

就跟房契、地契一樣，技術轉讓契約是確定技術所有權的最有效方式。各項技術移轉契約內容皆大同小異，僅以技術諮詢契約為例說明。

技術諮詢契約一般應包括下列條款：

1.項目名稱。

2.諮詢的內容、形式和要求。

3.履行期限、地點和方式。

4.委託人的協作事項。

5.技術資料的保密。

6. 驗收、鑑價方法。

7. 報酬及其支付方式。

8. 違約者或損害賠償金額的計算方式。

9. 爭議的解決方法（即仲裁條款、準據法和管轄法院條款）。

在技術諮詢、技術服務契約履行過程中，受託人利用委託人提供的技術資料和工作條件完成的新技術成果屬於受託人。當事人另有約定的，按照其約定，此即新技術成果歸屬條款，對受託人來說，可說是受託研發的衍生利益。

第三節　別鬧了，智慧資產鑑價

1999年，全球掀起新經濟風，背後隱含知識（例如創新、科技）是幕後功臣，簡單的說，繼土地、資本、勞力、創業家，知識成為第五種生產元素。

打鐵趁熱的一窩蜂現象，於是掀起一股「智慧資本」的鑑價狂潮。就好像1996～2000年沒搭上網路公司、電子商務，就LKK了一樣。基於介紹觀念，我們必須說明「智慧資本」，但是先開門見山的說：「智慧資本是個不通的觀念」，得不到什麼結果的。

一、科技股評估方式變了？

三部曲基金顧問公司（Trilogy Advisors）的證券分析師迪索特（Andre Desautels）表示，目前經濟變化快速，傳統會計原則製作的財務報表，無法充分反映科技業者的狀況；光看季報表的營收數字是不夠用的。科技業者的管理團隊強弱無法反映在報表中，例如思科公司（Cisco），正是因為出色的經營人才，有效併購其它業者技術等特點，才造成股價高人一等。如果只以本益比看，思科股價當然被高估，不過這絕非股價泡沫化。

按照這種觀念，迪索特計算出高科技業者的「知識資本」，微軟有2109億美元、思科達1054億美元、英特爾達1705億美元，但這些都無法在會計報表中反映。（經濟日報2000年10月23日，第7版，何世強）

二、艾德文生的智慧資本

智慧資本（intellectual capital）概念最早源於1969年，而經常被引用的便是艾德文生(Leif Edvinsson)的觀念，他是全球第一家成立智慧資本部門的斯堪地亞AFS（Skandia AFS）金融保險服務公司的智慧資本部主管。

1.智慧資本的源起：1991年AFS創立一個獨立運作的智慧財產權部門，並聘用艾德文生擔任主管，主要任務在開發並培養公司的智慧資本，使其成為一個可見的、持續的價值，作為資產負債表的補充資料。

艾德文生和馬隆尼（Michael S. Malone）合著的書《智慧資產》（*Intellectual Capital*, 1997）完全是在深入介紹AFS公司的智慧資本架構。

2.智慧資本的定義：他把智慧資本定義為「能轉換成為價值的知識」（Knowledge that can be converted into value），這個定義包含非常廣，舉凡發明、構想、一般知識、設計、電腦程式、資料處理和出版物等都是。

> 智慧資本=iC
> C是智慧資本值，
> i是組織運用智慧資本的效率係數。

3.智慧資本的成分：由圖11–5可見智慧資本的內容。

三、艾德文生的取巧、錯誤

電影「真假公主」(Anastasia, 1956)中基督教的耶穌裹屍布，最後都在科學的檢驗下破功，這是科學精神的發揮。同樣的，艾德文生怎樣巧妙地一步一步創造出智慧資本這名詞，然後再商業性地運用於公司鑑價以牟利，本部分將詳細說明。為了避免你因木失林，先看一下表11–8。

(一)「智慧」只是精美包裝

小龍指的是蛇，同樣的，艾德文生的「智慧資本」、「智能」，其實只是加了糖衣的舊名詞罷了，在策略管理書中屬於策略性資源中的能力（capability、doing或competence）。因此，當我們興沖沖地討論廣義「智慧財產」時，其實其中有很多

圖11-5　斯堪地亞公司的價值圖

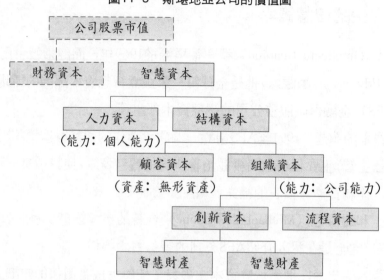

（　）為本書所加。

----為本書所加，以凸顯智慧資本。

資料來源：Edvinsson（1997），p. 369 Figure 3.

目前仍無法量化（即給予貨幣價值）。

㈡艾德文生的取巧

艾德文生只不過巧妙地運用綜合（如金桔檸檬、木瓜牛奶）的觀念（詳見圖11-5）。

1.先創造出「組織資本」：以組織資本取代公司能力罷了！他又擔心別人拆穿，於是「一不做，二不休」，把公司能力的內容重組成兩分：創新資本（innovation capital）、流程資本（process capital）；創新資本本質上就是公司常規能力。

2.再創造出「結構資本」：他再把組織資本、顧客資本像樂高積木一樣地湊在一起，給它一個「結構資本」（structure capital），只為了跟人力資本有所區別。本質上只是無形資產加上公司能力罷了！顧客資本看似新穎，指的只是品牌資產。

3.最後創造出智慧資本：再把人力、結構資本送作堆，給它一個名詞──智慧資本。

㈢智慧資本的數字例子

表11-8　艾德文生智慧資本觀念的取巧、錯誤

用　詞	本　質
一、智慧	指的是運用無形資產、能力創造價值的能力
二、資本	資產，不應稱為資本
三、智慧資本	=策略性資源-有形資產 指的是無形資產、能力
四、市價和淨值的差距 　1. 市價跟基本價值間 　2. 基本價值跟淨值間	本部分至今沒有很好解釋 錯誤的：Miller & Modigliani（M&M, 1966） 公司價值=現有資產價值再加上未來獲利機會現值 正確的：伍忠賢（2000）公司價值：未來獲利機會現值+資產殘值現值

艾德文生智慧資本的數字定義詳見圖11-6，我們以台積電的數字例子來說明，比較容易看得清楚。

圖11-6　智慧資本圖解

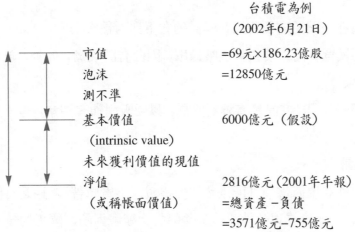

台積電為例
（2002年6月21日）

市值	=69元×186.23億股
泡沫	=12850億元
測不準	
基本價值 （intrinsic value）	6000億元（假設）
未來獲利價值的現值	
淨值 （或稱帳面價值）	2816億元（2001年年報） =總資產-負債 =3571億元-755億元

可惜的是，艾德文生最大的錯誤，還是照章全收M&M（1966）公司的價值定義。但「皮之不存，毛將焉附?」一旦有形資產出售了，無形資產、能力不是「英雄無用武之地」，就是功用大打折扣。

而且M&M研究的對象為公司的基本價值，艾德文生認為智慧財產和智慧資本不一樣，智慧財產（intellectual asset）只是智慧資本的一部分，是企業市值與淨值之差。

跟會計學者以市值來揭露財報（以台積電的股本186.229億元來說，市值12850億元）兩者道理相近；但卻犯了嚴重的錯誤，即假設「成交就是合理」，也就是股市符合半強勢效率市場假說,但技術分析都可多賺,連弱式效率市場假說都不成立；「成交就是合理」的假設完全沒有立足之地。

四、智慧資本相關觀念

安室奈美惠是日本小室哲哉家族中最閃亮的明星,但同一家族歌手的同質性頗高。同樣的,由表11-9可見,艾德文生的智慧資本跟其它相關觀念可說是大同小異,差別頂多只是衡量方式精巧不同罷了。

五、國王的新衣

在用詞方面的犯錯，常見的下列三個原因、步驟。

㈠原創時犯錯

始作俑者在一開始時便犯錯，常見的有下列兩種人士：

1.學者想與眾不同以便投稿能被錄取，因此有時硬拗，此外，無知也會犯錯，詳見下列之㈡、㈢。

2.企管顧問公司、商品業者標新立異，以便吸引顧客注意，老王賣瓜，自賣自誇。

㈡引用時犯錯

大部分人都有學術惰性（所以才迷信權威、不看原著）、缺乏自信（所以月亮是外國的圓），因此容易以訛傳訛，最後錯的也變成對的，國王的新衣就是典型情況。

表11-9　智慧資本相關理論

學　　者	衡量概念	分　　類
Kaplan & Norton（1986）	平衡計分卡（balanced scorecard）	公司應均衡的追求財務、非財務目標
Edvinsson & Maione（1997）	智慧資本	1.人力 2.經濟 　(1)組織 　(2)顧客
Roos & Roos（1997）	智慧資本	1.人力資本，包括組織資本 2.組織資本 3.顧客和關係資本
Sveiby（1997）	無形資產監視器(intelligible assets monitor)，主要根據Konrad理論	1.人力 2.組織結構 3.外部結構(如上第3項)

資料來源：整理自王如哲，2000年，第196～206頁。

㈢月暈效果來看「知識管理」誇大現象

月亮有月暈效果（halo effect）——如圖11-7，所以看起來會很大。同樣的，知識管理由於大紅大紫，就跟黛咪‧摩爾演紅的電影「第六感生死戀」(Ghost, 1990)一樣，之後，有一票電影的名字也跟著跑。

圖11-7　月暈效果

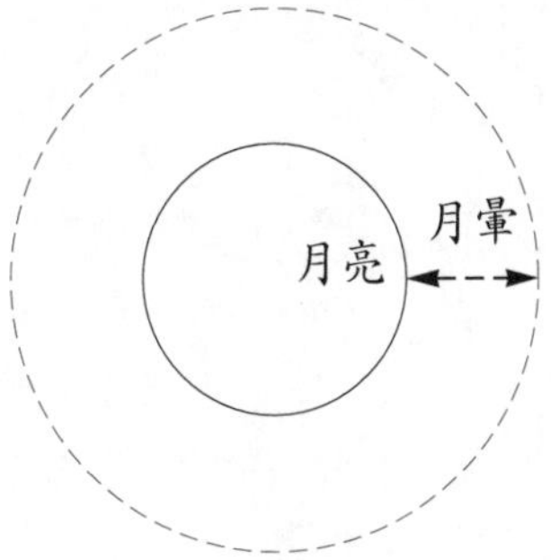

　　同樣的，不少商品（最扯的是開會時用的電子白板）、文章（還不夠格稱為理論），也都硬拗地掛上知識管理的頭銜。因此，談知識管理看似熱鬧，實則「掛羊頭賣狗肉」。

【個案】「統一超商」四個字值247億元

一、統一超商說「叫我第一名」

有通才有財，掌握通路也就決定了大半的銷售機會，想知道，現今通路市場是誰家天下？什麼因素決定了消費者的選擇偏好？以及究竟店內哪些商品最吸引他們？為了解答這些問題，總研社臺灣消費者生活型態研究中心在2000年7、8月間所作調查，調查範圍遍及臺灣全島31個中心城市，訪員攜帶問卷做面對面訪問，對象為15到59歲民眾，有效樣本數為1200。

根據調查，九成民眾認為整體綜合評價印象最佳者是統一超商，其次是全家（60%）、萊爾富（34%）、富群（18%）、統一麵包（18%），詳見表11-10。（工商時報2001年2月26日，第34版，邱莉玲）

表11-10　臺灣地區消費者心目中印象最佳的連鎖便利商店

地理區　便利商店	合　計	北　部	中　部	南　部	東　部
統一超商7-11	90.8%	90.3	89.2	91.7	95.0
全家便利商店	59.5%	56.0	67.7	58.8	60.0
萊爾富Hi-Life	34.0%	40.0	32.7	27.9	23.3
OK商店	18.3%	21.4	19.5	13.5	13.3
統一麵包	17.8%	16.7	15.9	18.0	35.0

2002年1月，40元國民便當把統一超商的知名度又炒翻天，可說是臺灣知名度最高商店。再加上屬於內需型服務業，市佔率超過42%，可用「穩坐釣魚臺」來形容；甚至可以大膽的說，除非統一企業（統一超商的母公司）不玩了，否則統一超商會「萬壽無疆」。

惟一可跟統一超商相比擬的是3C（尤其是電腦）零售龍頭的聯強國際，在這種天時地利（加入WTO也沒有任何不利影響）之下，來分析「統一超商」四個字的品牌價值便饒有意思。

二、超商產業分析

臺灣前五大連鎖便利商店體系，2002年市場店數漸趨飽和，詳見表11-11。為強化體質，力抗景氣衝擊，業者加速整頓淘汰不良店，並全力透過策略聯盟導入新商品，擴大經營空間。

因為市場店數趨於飽和，只有更多業者共同加入開發新的業務，整體消費行為才會更快轉

表11-11　五大便利商店營業狀況

公　司	店　數			營業額（億元）		淨利（億元）		加盟比例（%）	
	2000年	2001年	2002年 目標	2000年	2001年	2000年	2001年	2001年	2002年 目標
統一超商	2641	2910	3208	572.3	647.5	25	27	81	
全家便利 商　　店	1011	1161	1305	157	181	1.8	2.3	73	76
萊爾富 便利商店	709	728	820	95	118 （推估）			75	78
Ｏ　　Ｋ 便　利　店	606	620	700	80	100 （推估）			54	65
福　客　多 商　　店	260	300	350	40	46	0.11	0.04～ 0.05	86	90

資料來源：邱慧雯，「力抗不景氣，便利超商今年營收成長逾一成」，工商時報2001年12
　　　　　月30日，第6版。2002年目標來自陳產淳，「五大超商合唱迎春曲」，工商時報，
　　　　　2002年4月4日，第15版。

變，讓便利商店有無限的可能，提高單店的營運績效。代收服務、統一超商御便當等鮮食的成
功是最明顯的例子，中秋月餅、3C產品等預購、宅配服務的成熟化，甚至旅遊商品的代銷，都
是多家大型超商投入推動的成果。

　　統一超商的御便當2000年剛推出時，消費習慣不成熟，門市報廢嚴重，一度讓行銷人員十
分挫折。但2001年以多種促銷手法壓低價格，銷售驟增六倍，遠遠超過預訂的每月300萬個目
標。全家便利商店2001年6月加入便當市場，進一步推動市場成長，真正瓜分的是傳統便當業
者的生意，統一超商的銷量只增不減。接著萊爾富、OK、福客多相繼推出便當測試市場。臺
灣的超商將跟日本一樣，成為機器製麵包、便當、鮮食的主要通路。(經濟日報2001年8月17日，
第36版，王家英)

三、你最好的鄰居——7-11

　　統一超商四個字可能不如7-11 (Seven-Eleven) 那麼有名，甚至連文盲都會說這個英文字，
惟一可比擬的大概是麥當勞罷！底下是該公司2001年的營收、獲利簡介。

(一)營收無人可比

2000年創造572.31億元營收，是零售服務業的龍頭老大，且遠遠拉大跟第二名的新光三越百貨約300億元營收的距離。2001年營收突破600億元，達到647.5億元，大幅成長13.14%，是持續快速展店的結果。尤其，持續增加毛益率更高的御便當等鮮食，每股盈餘能達到財測目標的2.9元水準。

總經理徐重仁原本期望2001年營收能有二成的成長，達到680億元，然而不但沒有達成這個「理想目標」，更沒有達成財測目標664.29億元。

(二)獲利一把罩

臺灣800多家上市上櫃公司的權益報酬率統計分析，連續5年高於15%的公司少得可憐，統一超商連續5年的股東權益報酬率都在二成左右。從1997到2000年依序是22.04%、21.91%、22%和20.3%，都維持在二成以上。統一超商的營運績效真的是可圈可點，這也是為何外資看好統一超商股票（外資持股35%）和本益比達到20倍的原因。（經濟日報2002年1月10日，第18版，何世全）

四、全家就是你家

全家便利商店自1988年8月成立，主要是借助日本Family Mart成功經營的know-how，並融入臺灣本土風俗文化。（經濟日報2002年1月17日，第31版，劉立諭）

全家是全臺第二大連鎖超商體系，也是統一超商以外，第一家股票公開發行上櫃的便利商店業者。

2001年營收181億元，跟目標187億元相比，達成率為97%，獲利為2.38億元，跟目標2.47億元相去不遠。每股盈餘約為1.3元，較2000年成長32%。

2002年營收目標208億元，獲利目標3億元成長26%，店數目標1300家，淨增店數140餘家。

2000年增資後資本額15.4億元，主要股東包括持股45%的日本全家、日本伊藤忠8%、臺灣伊藤忠約1%，本土股東泰山企業17%、光泉食品10%、三洋製藥和該公司董事長葉清山家族共10%，員工及加盟主持股約3%。

2002年將進入大陸等新市場，並計畫結合臺灣全家、大陸企業集團，10年內在大陸開3000家超商。（經濟日報2001年12月28日，第27版，王家英）

五、「統一超商」商譽鑑價

以2001年為例，統一超商每股盈餘3.89元(股本69.36億元、淨利27億元)，全家每股盈餘1.753元（股本15.4億元、淨利2.3億元），前者是後者的2.22倍，真可用「大細漢差那磋」來形容。勉強說，這獲利差距是統一超商日積月累所塑造出的商譽價值。

(一)商譽價值

由表11-12可得「統一超商」超額利潤24.7億元，而商譽價值（即超額利潤資本化）為247億元，詳細說明：

$$套用 R_e = \frac{PER_i}{PER_M} \times R_m \cdots\cdots \langle 11-2 \rangle$$

$$= \frac{36}{30} \times 15\% = 18\%$$

g：盈餘成長率，未來以8%（2001年為例）較可能

$$統一超商 = \frac{24.7\%}{18\% - 8\%} = 247億元$$

$$商譽價值 = \frac{E}{R_e - g}$$

表11-12　統一超商、全家獲利能力分解

	統一超商	全　家
1. 單店年營收 　・營收 　・店數	2225萬元 =6.09萬元/天×365 2910店	1159萬元 =4.27萬元/天×365 1161店
2. 公司年營收	647.5億元	181億元
3. 純益	27億元=647.5億元×4.17%	2.3億元=181億元×1.27%
4. 超額利潤	27億元－2.3億元=24.7億元	

㈡商譽來源分解

把統一超商視為一個品牌（例如御便當、關東煮），由表11-12可看出，品牌資產對統一超商的貢獻：

1. 單店更多營收：單店平均日營收6.09萬元，遠高於全家的4.27萬元。

2. 全公司更多營收：統一超商2910家店、全家1161家店，部分是歷史因素（統一超商成立於1979年），但更重要的原因是後天的，2001年，前者增加269店，後者僅增150店。

3. 更高獲利：統一超商純益率4.17%，遠高於全家的1.27%；權益報酬率也是同理可推。

◆ 本章習題 ◆

1. 以§11.1二為基礎，把臺灣企業著名品牌予以分類。

2. 以§11.1四為架構，把臺灣企業著名品牌標示於圖上。

3. 以圖11–1為架構，以某（如統一企業）一項著名產品為例，詳細標示。

4. 以表11–2為基礎，餘同第3題。

5. 以§11.1七的方式，計算「黑松」的價值。

6. 以圖11–3為架構，餘同第3題。

7. 以表11–6為基礎，各舉一個例子。

8. 以圖11–4為架構，以DVD-ROM為例，說明錸德、中環、利碟等在圖上位置。

9. 以§11.2六為基礎，餘同第8題。

10. 找出三個鑑價方法不同的技術移轉案例，詳細說明其鑑價方法。

11. 以本章個案為例，計算聯強國際的商譽價值。

第三篇

市價法

第十二章

市價法

從資產和盈餘能力可看到價值，從展望和營運模式卻看不到。

——葛拉漢（Benjamin Graham） 投資大師

學習目標：

市價法是獲利法的二大方法之一，如何決定新股上市承銷價、投資價位，可說是投資學的核心，本章可說是投資學的運用，但卻自成一格。

直接效益：

市價法是會計學、投資學、投資銀行、稅務規劃、公司併購等課程的焦點，本章把各種階段（上市 vs. 未上市，國內 vs. 國外）股價的決定方式，作個大整理，讓你一次看最多，不用查五本書。

本章重點：

- 股市不符合弱式、半強式效率市場假說的證據。表12–1
- 股票上市後各階段價格。圖12–1
- 新股上市承銷價慣用公式。§12.3三㈠
- 新股上市承銷價低估、高估原因。表12–4
- 市場類型和市價認列依據。表12–5
- 風險值模式（VaR）。§12.4六
- 相似公司（comparable company）。§12.5一㈠
- 控制溢價。§12.5二㈡
- 轉換公司債套利還是套牢。§12.6四
- 變現力折價（liquidity discount）。§12.6三
- 美國專業人士對變現力折價的設算。表12–6
- 興櫃股票承銷價鑑價公式。§12.7

前言：眼見為憑？

市價法（market price method）可說是最省錢的鑑價方法，不需勞師動眾的花大錢去採取獲利法，也沒有成本法所帶來的「假報表，真分析」窗飾的問題，這是市價法「致命的吸引力」，但不明就裡的生吞活剝，反倒弊多於利。

2002年1月美國魔術大師大衛的VCD在臺大肆宣傳、販售，其中大輪狀電鋸把他身體鋸成二半可說是「看了令人不敢相信，但又不得不信」。魔術是障眼法的運用，大大打擊了「眼見為憑」這個傳統智慧。而在投資學領域，也有同樣現象，只是換了句口頭禪，稱為「存在便是合理」。

市價法是使用很廣的鑑價方法，雖然許多內容（例如定義、限制）應該在投資學課程中詳細介紹。可惜的是，焦點集中於股票正常期（after price）的股價，比較忽略盤商交易價、新股承銷價、現金增資（capital stock）承銷價；但是，我們相信「這是一句好話，再說一遍」這句話，拿著放大鏡把各種價格指標詳細看清楚。

在此，我們得先向你道歉！在第一節中，花了一些篇幅說明「連美國股市都不符合弱式效率市場假說，所以市價只能參考，不能盡信」，連美股都如此，臺股就更不用說了。這屬於投資學的範圍，但除了我的書外，其它絕大部分的書可不這麼認為，所以只好浪費讀者一些時間，向你「說清楚，講明白」！

◈ 第一節　股價只能參考，不能盡信
——連美股都不夠格「弱式效率市場」

股票市場價格（stock market price, 簡稱 stock price）反映出供需雙方願意接受的價格，看起來應該很可信才對。不過，卻沒有必要用市值（即股價乘股數）作為業主權益的價值；甚至去推論趨勢科技公司董事長張明正的身價（即其持股的市價）逾千億元。

一、成交就是合理？ ——股市符合效率市場假說嗎？

「成交就是合理」、「市場是不會錯的（即投資人是理性的）」，這些傳統智慧皆

是股票市場法（capital market approach）的基礎。專業的說法，即股市符合效率市場假說。

或許你猜想我們站在學院派那邊，同意臺股符合弱式效率市場假說、美股符合半強式效率市場假說。可惜，我們認為連美股都不符合弱式效率市場假說，而淺顯的實證證據如下所述：

㈠國王的新衣

一個簡單的實證，便可支持美股不符合弱式效率市場假說。美國西北大學教授Daniel & Titman（1999），採取買進高「淨值股價比」、周轉率股票，賣出低者，以標準普爾500指數為對象，研究期間為1964～1997年，積極投資的報酬率高於大盤指數，可見美股不符合「適應性效率」（adaptive efficient），在初賽就被淘汰了，那就沒資格參加複賽（即半強式效率市場假說）和決賽（即強式效率市場假說）。

㈡買明牌，賺更多

再舉一個基本分析能額外賺錢的例子，美國最有名的股票分析刊物為《價值線》（*Value Line*），臺灣許多證券公司都有訂購。從1973年至今，無數美國實證指出，根據此刊物的「推薦個股」（recommended stocks，臺灣俗稱「明牌」）去投資，還真的能賺到超額報酬呢！

加拿大McMaster大學Chamberlain等三位教授（1995）把研究對象延伸到美國存託憑證（ADR，即外國上市股票在美國掛牌交易），結論一如外甥打燈籠——「照舊」。

㈢兩個市場不同運

市場投資人的不理性，從美國股市可以看得最清楚，代表舊經濟的道瓊工業指數本益比才25倍，而代表新經濟的那斯達克指數本益比逾百倍，而且於2000年3月初突破5000點大關。

這種高科技股漲過頭，傳統類股跌到底（本益比12倍，相當於1990年美國經濟衰退的水準）的失衡情況，許多證券分析師（例如高盛證券公司首席經濟分析員戴德利）便認為「事實終究會證明投資人錯了」。（工商時報，2000年3月13日，第6版，洪川詠）

臺灣也有此一現象，店頭市場（可說是臺灣的那斯達克股市）漲得比集中市場

還兇，集中市場內，傳統類股本益比偏低，而高科技類股（含台泥、遠紡等網路概念股）則當紅不讓。

新舊經濟股合併情況，可看出新經濟股的股價常被打折，以2000年1月10日，美國最大網路服務（ISP）業者美國線上（AOL）公司合併全球娛樂業龍頭時代華納公司（Time Warner）來說，1月7日時，前者股價73.75美元，後者82.5美元，換股比率該是AOL 1.178股換時代華納1股，但真實情況是1.5，也就是AOL股價折價了34%。

㈣一股二價的指標：台積電

一股二價的情況以臺股美賣的美國存託憑證（ADR）比臺股溢價幅度30%最具有代表性，如果臺股是對的，那麼ADR股價便是錯的，這起因於臺股未對外完全開放，外國投資人在當地因物以稀為貴，只好出高價買的情況。

㈤用邏輯也可以得到同樣結果

誠如高一數學中歸納法的真義：「要證明一個定理不成立，只消舉出一個例外即可」。由表12-1可見，縱使你沒唸過財務管理、投資學，只消由第1欄便可以看出股市無效率的跡象。以第1項來說，一支股票（如台積電）昨天、今天沒有基本面差異，但為何由漲停打到跌停，震盪幅度達14%？可見，投資人連真實價值在哪裡都不知道，才會暴漲暴跌。股市如此，匯市也是如此；其餘二、三項不用贅敘。

簡單的說，我們不支持「（股市）成交就是合理」，如同「盡信書不如無書」一般。

二、大盤對於個股的影響

2000年3月13日，臺股大盤重挫617點，創單日最大跌點，480支股票被打到跌停，市值一天縮水9000億元，可說是投資人不理性表現的典範。大盤並不像平面鏡，會忠實的反映出鏡前的景物，反而是面凹凸鏡，反映出投資人的貪婪癡戀，「貪婪」表現在表12-2中的股市超漲超跌；「癡戀」顯現於股市中的流行風（如網路概念股，從2000年10月起流行）。

表12-1　股市不符合弱式、半強式效率市場假說的證據

股市無效率的現象	學　者	理　論
一、股價（甚至連大盤指數）暴起暴跌	1.Gary Becker，美國芝加哥大學經濟學教授，諾貝爾經濟學獎得主 2.Paul Krugman，美國麻州理工學院經濟系教授 3.Richard H. Thaler，美國芝加哥大學企研所教授	行為財務（behavioral finance），其中最有名的為雜訊理論（white noise theory）、泡沫理論（bubbles theory）、過度自信理論（overconfidence theory）
二、技術分析廣為投資人採用，所以不符合弱式效率市場假說	Robert A. Haugen（1995），美國加州大學財務管理教授	著有 *The New Finance* 一書，以取代以效率市場假說為基礎的「現代財務管理」書
三、1.證券投顧公司、證券資訊公司繼續能獲利 2.投信公司基金績效大都能打敗大盤、買入持有。由此可見基本分析能獲得超額報酬，股市不符合半強式效率市場假說	Rock（1986）、Benveniste & Spindt（1989）	資訊經濟學（information economics）或「資訊有價假說」（costly information hypothesis）

表12-2　大盤對個股股價的影響

影響層面	個股股價
一、全面性	
1.股市泡沫時	超漲，「一人得道，雞犬升天」、「雨露同霑」
2.股市崩盤時	超跌，「覆巢之下無完卵」
二、局部	股市流行題裁時時在變，會發生資金排擠現象
1.熱門股	超漲，即有變現力溢價（liquidity premium）
2.冷門股	超跌，即有變現力折價（liquidity discount）

三、市價頂多只是零售價罷了！

縱使我們順著學院派的結論來推論，然而股價頂多只能代表零售價罷了。以年周轉率高達4倍的臺股來談，年交易日260日（以2002年每週交易5天來算），每日成交量只佔個股1.54%，這如何代表整個公司的價值？所以股市只能代表該公司股票「零著賣」的價格，要是大批（如官股釋出）、全部（例如被併購時），那還得考慮「供給效果」（supply effect）。

這也難怪上市公司大股東質押比率高（八成以上），其股價較少表現，因為背後有質押銀行斷頭殺出股票的隱憂，那可會造成籌碼供過於求（即浮額眾多）問題。此外，盤後鉅額（30萬股以上）轉帳拍賣價往往與該股收盤價、日均價相距甚遠，也就不足為奇了。

最後，市價不足為訓的一個很重要原因，有不少上市公司透過子公司或大股東護盤、作價，把股價撐高了，尤其在現金增資前3個月，此現象特別明顯；其次是除權前1個月。

以元大、京華證券合併為例

1999年11月29日，元大、京華證券宣布合併，換股比率主要是根據長期股價走勢，約150天到180天的平均股價和每股淨值。元大的每股淨值為22.63元，京華的每股淨值則為16.36元，雙方的淨值比為1.37，股價比則為1.6，因此折衷為1.5的換股比率。

否則，僅以前三天（11月25日）股價來看，元大34.20元、京華19元，換股比率該為1.8。可見，每股淨值約佔換股比率的比重七成、股價只佔三成。這是一個「股價不能完全當真」的活生生例子。

四、小心證券分析師的投資價位

那麼證券分析師的投資價位建議又該怎麼利用呢？

㈠投資是相對的

首先，投資價位是相對的，股市泡沫時，有些分析師還是敢提出投資價位建議。

㈡看證券分析師為誰工作

在美國，券商的證券分析師傾向於「報喜不報憂」，以免觸了眾多投資人的楣頭；因此聽話要降一級才是真的，例如分析師建議"strong buy"，原意只是"buy"；至於"hold"，說不定是"under weight"。

美國安隆公司股票曾是華爾街股市分析師的最愛，該公司聲請破產後，投資人不禁懷疑分析師研究報告的價值何在。

商業倫理專家表示，現在分析師分飾兩角，一方面擔任提供投資指引的研究專家，另方面又必須為所屬公司創造投資銀行業務營收，因此他們的研究報告不值得採信。但華爾街證券公司表示，分析師的研究報告仍有一定的價值。(經濟日報2002年1月13日，第3版，黃哲寬)

券商的分析報告形式上是免費的，但天下哪有白吃的午餐，因此在運用「投資報告」時宜謹慎。

第二節　各階段股價

就跟蝴蝶一生的四態一樣，股價依公司股票上市（含上櫃）前後，至少可分為四個階段，越後面階段的參考價值越高，就跟蝴蝶的身價一樣。

一、盤商交易價

未上市股票大都透過未上市盤商交易，而又可依該股上市階段，分成二種狀況。

㈠公開發行階段

此時離股票上市至少1年以上，是否符合上市資格仍是「人人有希望，個個沒把握」。股票流通主要是現金增資，其次是老股釋出（尤其是一些持股不耐的員工）。

㈡準上市股（pre-IPO）

上市前1年的階段，準上市股往往「有為者亦若是」，而與相似的上市公司相提並論，股價亦可更上一層樓。

1.盤商交易價的限制：許多報紙皆公布1年內將掛牌的準上市公司（pre-IPO）的股價，不過，可惜的是，由於這些公司大股東刻意作價，所以很多未上市股上市後，股價反而走低，所以盤商交易價往往不足為訓。

2.未來展望：2000年1月下旬，法務部調查局掃蕩37家未上市盤商，造成未上市盤封盤。

證期會認為2002年1月上路的櫃檯市場興櫃股票，將可取代部分未上市盤的功能。

此外，未上市盤商良莠不齊，尤其是部分盤商買空賣空、刻意作價來吸引買盤，皆使得盤商交易價的可信程度大打折扣；倒有點像1993年合法期貨公司上路之前的地下期貨公司的處境。

二、股票上市後各階段股價

用一個具體的數字例子來說明股票上市後各階段股價會比較容易了解。由圖12-1可見，股價至少可分為四階段，至於併購階段，將在第五節中詳細討論。

㈠新股上市

新股股價走勢又可分為三小階段。

1.承銷價（含詢價圈購）80元，在國外，承銷價是由試銷期（gray market）先取得參考價，然後再訂價。

2.新股蜜月期（seasoning stock），股價上漲37.5%，約連漲5支停板，至110元時漲停打開，成交量放大。

3.新股蜜月期後（seasoned stock），此時股價恢復正常，例如100天左右。

㈡正常期

新股上市二週後大都進入正常期，此時有二種大盤交易價：

1.國內股價：此時又分為集中市場的競價和盤後鉅額轉帳的拍賣價，前者價格每天都有，而且交易對象眾多，比較具有代表性，甚至盤後交易一價到底也是依其收盤價為準。

2.國外股價：臺股在國外交易——全球存託憑證（GDR）或美國存託憑證（ADR）、海外轉換公司債（ECB），股價往往比臺股高（例如台積電高38%），主要原因是籌碼鎖住效果，因物以稀為貴，造成投資人搶購；此因外國投資人（例如自然人）不夠資格直接來臺買進原股，或基於匯兌風險考量（美國人買台積電ADR時沒有美元貶值的匯兌風險之虞）。

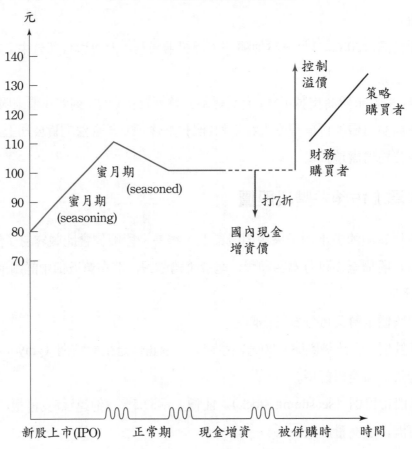

圖12-1　股票上市後各階段價格

因此，臺灣股價比國外股價合理，此又因臺灣投資人擁有比外國投資人更多資訊。

㈢現金增資價

由於現金增資尚未採取時價發行，大都採過去30、60日平均價中較低者，再打7折（本例為70元）。因此現金增資價比較不能代表合理的零售價。

不過，「上有政策，下有對策」，少數上市公司在現金增資案送件（前）後便巧妙拉抬股價，好讓現金增資承銷價對公司划算一些。

除了直接作價外，間接作價方式仍是靠盈餘操縱，柯君衛（1997）的實證支持此點——在現增前1年，董事會主要透過裁決性應計項目來墊高盈餘，以求現增案送審時順利過關，並且成功募集資金。

第三節　新股上市股價

新股上市股價該怎麼訂，的確是個頭痛問題。站在發行公司角度，雖然只拿出股份一成來公開承銷，縱使承銷價訂得太低，至少只是小小損失，但是有些老闆就是不喜歡新股中籤戶「不勞而獲」。

至於投資人（尤其是中籤戶）對於新上市股，由於資訊較少——不像已上市股那樣有較多資訊可參考，所以傾向於把股價打點折扣，以彌補自己打聽情報所付出的代價，此即著名的Rock（1986）的「贏家詛咒模式」（winner's curse model），和Benveniste & Spindt（1989）的「資訊搜集模式」（information-gathering model）。

承銷商（underwriter，美國常用 investment banking）介於股票供需雙方之間，便必須為股價求取平衡點。

IPO（initial public offering）譯為「首次公開發行」並不妥當，股市俗稱新股上市（或掛牌）倒很貼切，可見意譯比直譯更佳。

一、不要賤賣國產的最佳案例

公營企業新股上市更會遭致「不要賤賣國產」的批評，例如2000年3月5日宋楚瑜指稱，中華電信釋股價格從40元一下子提高到60元，顯示是在賤賣國產。以致中華電信公司只好鑑價工作從頭來過，並委請中華不動產鑑定中心、中華徵信所、中國不動產鑑定中心和企業鑑定委員會等專業鑑價公司，就資產重新鑑價，作為釋股訂定底價的參考，以免有賤賣國產之嫌。（工商時報2000年3月6日，第4版，彭淑芬）

二、用　途

新股上市價格（IPO price）主要用途在於：

1. 未上市股票制定承銷價時的參考。
2. 未上市股票盤商交易價的參考。

三、承銷價公式「僅供參考」

承銷價是上市公司跟（主辦）承銷商討價還價（當然也有公開招標方式）出來的，為了符合證交所的承銷價參考公式（考慮參考公司的淨值、獲利能力、本益比），再來找參數水準最近的採樣公司。因此，制式的承銷價公式並沒有必要多花篇幅介紹；有時，本業找不到「理想中」的採樣公司，只好找其它產業的公司；了解這道理，對有些承銷價採樣公司捨近求遠，也就見怪不怪了。

㈠慣用公式

股市慣用的承銷價格制定方式，詳見〈12-1〉式。

證交所規定的新股承銷價計算公式如下：

$$P = A \times 40\% + B \times 20\% + C \times 20\% + D \times 20\% + \cdots\cdots \quad \langle 12\text{-}1 \rangle$$

P： 推估承銷價

A： 近3年平均EPS×類似公司近3年平均本益比

B： 近3年平均股利/類似公司股票近3年平均股利率，可稱為股利倍數

C： 近一季經會計師簽證財報的每股淨值

D： 當年預估每股股利/金融機構一年期定存利率，即可稱為權益溢價倍數

㈡替代方案

證交所研擬慣用公式不足時的替代方案，針對非科技業的一般公司承銷價格計價，有獲利公司承銷價計算採「香港模式」，即以掛牌年的預估每股稅後純益（須扣除非經常性收益如出售土地、有價證券等業外收益），乘以訂定承銷價當時的採樣公司平均本益比，或證交資料月刊最近一期同類股本益比，二者孰低者作為計價基準乘以90%；打9折的目的主要在保護投資人權益。但由於承銷價訂定模式沒有絕對的精確指標，因此仍允許上述價格有20%調整空間（目前議價的調整空間則可無限上綱）。另一方面加重承銷商的責任，提高其自行認購比率到25%，目前規定為10到25%。

㈢虧損公司的上市承銷價

對於尚未有獲利的科技和生物科技公司，新加坡模式為承銷價制定沒有一定公

式，由承銷商與發行公司協商。而雙方事先須進行市場調查，了解投資人對該股票需求狀況和同業的本益比等，以作為訂價參考。

如果短期內無同業本益比參考，則其承銷價採市場調查後的協商方式。如果中期後有同類別公司上市，則採上述方式訂定承銷價的同時，也須參考已上市同業的本益比、價格，以免所訂承銷價背離市場價格，以致投資人權益受損。

此外，也加重承銷商責任，除了目前承銷商對科技公司的自行認購比率為50%，未來生物科技公司上市，也比照科技公司，承銷商須自行認購50%，讓其本身也有價格風險，以免協商價格過於離譜。(經濟日報2001年12月17日，第22版，蕭志忠)

(四)承銷價本益比居高不下

股市發燒、新股發飆，準掛牌股承銷價的訂定標準也翻了好幾番。2002年上市的晶豪，承銷價本益比不過11倍，理由也是「承銷價以前就談好的」。但3月份以後掛牌的股票如普安、大立、凌華等，承銷價訂定標準已出現三級跳，承銷價本益比都已達20倍，顯示新股身價已水漲船高，詳見表12-3。(工商時報2002年2月3日，第3版，黃邦)

表12-3 新股承銷價

掛牌日期	股票名稱	承銷價（元）	2001年每股稅前淨利（元）	本益比（倍）
2001.11.27	新 普	45	6.61	6.8
10.12	迎 廣	75	12.81	5.85
12.25	上 福	50	6.05	8.26
2002. 1.11	正 文	98	8.11	12.08
1.22	亞 翔	75	12.1	6.2
1.23	新寶科	14.5	1.2	12.08
3.1	捷 波	63	6.4	9.84
3.4	晶 豪	150	13.49	11.12
3月中旬	大 立	205	12.14	16.89
3.25	普 安	102	5.3	19.25
3.28	凌 華	55	2.45	22.45

四、新股蜜月期

套用男女結婚時如膠似漆的蜜月期來形容新股上市股價的亮麗表現,至於蜜月期的原因請見表12–4。

㈠蜜月期漲7倍

新股股價低估 (initial underpriced) 最戲劇化的例子,首推上櫃股王禾伸堂:2000年1月13日,72元掛牌,連26天漲停,至3月10日才結束(第一波)蜜月期,以591元收盤,共上漲7.2倍(但盤中最高價曾達634元);歷史本益比182倍。但2月底,法人公布的預估EPS為20元,再加上股本小(3.7億元)、屬於主流股中的主流(被動元件),所以蜜月期的表現也就特別亮麗。

㈡一天蜜月期?

臺灣證券交易所說,2002年如果放寬股市漲跌幅限制至10%,證交所也不排除建議將新股上市首日沒有漲跌幅限制一併實施,讓新股上市第一天能充分反映市場價格。(經濟日報2001年12月12日,第22版,蕭志忠)

五、新股跌破承銷價

新股上市首日便跌破承銷價,理論上應屬例外,但從1997年以來,這卻是通例,2001年15支新股中,只有2支高於承銷價。要硬說是被大盤拖累,可說是打迷糊戰,真正原因是當時一片多頭氣氛,新股往往透過業績畫大餅(make good story)方式,來支持高承銷價——例如每股淨值12.95元、承銷價105元。等到上市後,公司再調低營運目標。

為了刺激投資人搶購,不少公司大股東在未上市盤時便大幅拉抬股價,甚至比已上市而相似的公司股價還高,以顯示承銷價「俗攔大碗」。

在承銷商這邊,基於搶業績觀點,只要不是包銷制,有很多承銷商便暫時把信譽擺一邊;反正,投資人「願賭服輸」、「輸贏自負」。講難聽點,許多承銷商並沒有替投資人做好守門員的把關工作。

由於有此惡例,所以針對新股上市,投資人不能抱著「閉著眼睛認股都能賺」的心態,以免「誤上賊船」。

未上市股價漲太高

2000年3月10日，關貿網路公司等申請上櫃第二類股。但是最大股東（持股四成）財政部認為未上市股價高達150元，有炒作嫌疑，1999年EPS 1.5元、2000年預估2元。這是少數大股東嫌未上市股價過高的案例。（工商時報2000年3月5日，第3版，林盛隆）

表12-4 新股上市承銷價低估、高估原因

承銷價	低估原因 （即有新股蜜月期）	高估原因 （即掛牌跌破承銷價）
一、大盤	未雨綢繆，為大盤反轉預作準備	被大盤反轉所拖累，所以是非戰之罪
二、承銷制度 1.承銷時	1.承銷商要維持自己的信譽，以免被投資人控告審查評鑑不實、詐欺 2.並進而鞏固市場佔有率	不入流（nonranked）承銷商搶單，願意接受較高承銷價
2.包銷時	1.承銷商要賺價差（underwriting spread） 2.資訊不對稱，承銷商擁有資訊較上市公司少，低估了公司價值	承銷商為了承銷市佔率的考量，甚至願意策略性的高價搶標
三、上市公司的考量	折價促銷，以吸引買盤，培養投資人的寵顧性，承銷價折價部分可視為促銷費	在未上市盤，尤其是新股上市前（特別是承銷價基準日）便刻意作價，又稱為試銷期（gray market）作價
四、籌碼面	上市前籌碼太凌亂	籌碼集中

六、臺股向美股看齊?

臺股向美股「有樣學樣」，因此，美股新股上市訂價趨勢也值得參考。

㈠美股1999年熱過頭

1999年是美股新股創新高的一年，共募得資金692億美元。報紙甚至用「掛牌就漲，蜜月比長」來形容，蜜月期平均漲幅140%，1998年僅19%。(工商時報1999年11月23日，第3版，徐仲秋)

根據佛羅里達大學金融系教授里特表示，1999年新股中高達48%的價格超過預期範圍；僅有15%的公司上市首日低於預期範圍。1990至1998年情況恰好相反，大約只有四分之一的新股上市首日價格高於預期範圍，四分之一低於預期。(工商時報2000年2月1日，第2版，余慕薌)

㈡過度反應

「興奮過度」是「過度反應」(overshoot)的樂觀反應，但也可能是「一朝被蛇咬，十年怕草繩」的悲觀反應。相對於1999年的新股熱過頭，2000年3月以後，投資人信心不足，一年來上市的公司已經有一半以上跌破承銷價，IPO現在是買方市場，美股新股可說是超級冷凍庫。美國最大股票基金公司富達投資（Fidelity）等公司完全不敢碰新上市股。

根據所羅門美邦證券公司統計，5月每天只有一家公司上市，和2月份每天有六家的盛況相比遜色很多。5月的上市公司籌資額只有20億美元，是1999年以來最低；有六成的上市計畫被延期或擱置。(經濟日報2000年6月3日，第9版，何世強)

◆ 第四節　有價證券鑑價

不論是投資（包括轉型的轉投資）、避險，金融資產和負債佔公司價值比重越來越高，如何評估其價值，也就格外重要，此即有價證券鑑價（security valuation）。

一、學術上怎麼說？

光看金融資產佔總資產的比重大抵已可知道金融資產的重要性，美國Emory大學商學院教授Paul J. Simko (1999)，特別從上市公司中隨機挑選1067家非金融業公司（nonfinancial firms），研究期間為1992～1995年，結果是以負債來說，其公平市價跟帳面價值差距很大，忽視此現象，將低估負債價值。

二、美國會計處理方式

美國針對金融商品（financial instruments）的鑑價, 漸朝市價法（fair values）邁進:

㈠認　列

例如財務會計準則公報（SFAS）114號公報規範「不良放款」（impaired loans）認列方式，115號公報規範債權證券投資、權益證券投資的會計處理。

㈡揭　露

107、119號公報規範市價揭露（fair values disclosure）。

三、臺灣會計處理方式

臺灣習於以歷史成本法或「成本與市價孰低法」編製財報，隨著1997年6月公布「財務會計準則公報第27號」（簡稱27號公報），雖然僅規範了財報揭露（等同於美國財務會計準則107號公報，SFAS No. 107），未涉及認列，但至少顯示出已逐漸向公平價值法此一國際趨勢邁進。由於各國會計處理方式不同，因此在閱讀美國公司財報時，宜先了解其鑑價基準。

四、列表說明

市價法的各項資產公平市價（fair market price）主要來自市場，但這往往因市場種類而不同，詳見表12-5。

五、避險效果值多少錢?

對於金融資產、負債跟商品採取避險交易，則須視其影響對象而適當調整（valuing the effect of hedging）。

㈠獲　利

最常見的便是賣出股票指數期貨以規避手上持股的作多風險，此可透過避險效果（hedge effect）視為融券賣出的落袋為安。最大差別是，期貨交易須逐日結算，而且有因操作不當而須補交保證金的管理風險。

表12-5 市場類型和市價認列依據

市場類型	市價依據
1. 交易所市場 （exchange market） 如股市集中市場	收盤價 包括開放型基金以當日淨值（NAV）為準
2. 交易商市場 （dealer market） 如店頭市場（OTC）	依造市者（market maker，主要是推薦券商）的買入價、賣出價或二者均價為準
3. 經紀市場 （brokered market） 如臺灣的外匯市場	依最近的公開報價
4. 自行議價市場 （principle-to-principle market） 如店頭市場的衍生性商品（即認購權證）	當無公開報價時，依下列方法估計 1. 帳面價值 2. 重置成本 3. 以選擇權商品為例，套用選擇權定價模式

㈡折現率

例如負債面的利率交換，碰到以浮動利率負債換入固定利率負債，此舉有助於減少負債成本的波動性，進而有助於降低（以資金成本作為）折現率水準。

六、風險值模式，喔，算了吧！

如同淨現值法時會考慮未來獲利的三種情況——樂觀、最可能、悲觀；同樣的，在現有資產（尤其是金融資產）價值的認定時，1995年以來，不少財務、會計學者迷上風險值模式（value-at-risk model, VaR），但這屬於投資學的範圍，詳見拙著《實用國際金融》（華泰文化，1999年10月，第295～300頁）。簡單的說，它是統計學中（常態分配）單尾檢定的運用，以台積電200元為例，股票報酬率標準差20%，那麼它跌66元（200元×20%×1.65）的機率只有5%；即此法可顯示投資可能損失金額的機率，不用多談，它主要缺點在於假設歷史會重演，「時間序列有很強的記憶能力」

（back memory）。但一旦此前提不存在，那麼便沒有必要花一個月把整本三百頁的風險值模式讀完，美國最大衍生性商品基金公司旗下的量小基金，因2000年3月以來的美股掀巨浪以致慘遭滅頂，迫使老闆索羅斯結束此基金，基金經理卓肯米勒也被迫退休。他對風險值模式的觀點：「使用VaR相當危險，人們坐在電腦前監看，以為他們很安全。這樣作遠不如每天檢視持股的淨值便可。」（經濟學人雜誌，2000年5月4日）

顯而易見的，我們並不信任風險值模式——縱使換成左（或）右偏分配、預測標準差（以取代歷史標準差）。碰到崩盤（股價跌五成以上）時，過去期間（縱使是空頭走勢）的經驗的參考性不高。要找個股的底部，只能從基本價值（如每股淨值）去找，而不能由股價（過去低點作為下檔）。

🔷 第五節　最近併購價格

股市的交易價僅能作為零售（piece meal）價，如果要看整批銷售（即併購情況）的價格，那麼最近的併購價（purchase price）似乎比較合適。

一、對象和限制

本方法在應用時，宜特別注意下列重點。

(一)參考對象

併購價的參考對象依序有下列二種。

1.公司本身售價(sales in same company)：公司最近的併購價的參考價值最高，尤其是財務性買方（financial buyer）買下後，一年內大都會再賣出去。

2.相似公司併購價：要找到相同公司（identical company）來比較那是不可能的，所以只好退而求其次的找相似公司（comparable company），這指營運項目（產品和銷售地區）、公司規模（以業主權益為主，營收為輔）、財務績效等，像台積電、聯電便是。

如果找不到營業項目相似的上市公司，可找財務結構（即負債比率）上相似的上市公司作為比較的標準；此外尚可考慮市場、未來成長、風險、獲利能力皆相當

的公司作為比較對象。

㈡限　制

美國維吉尼亞大學教授哈里斯（Harris, 1991）認為本法缺點如下：

1. 很難找到相似公司。

2. 賣方公司的會計制度可能跟現成個案不同，為了轉成同樣基準，可能所費不貲或曠日廢時，甚至要把相似公司的盈餘窗飾部分找出來。

3. 無法區分出目前併購案中，不同買方考慮的綜效溢價（比率）有多高。有些買方認為須單獨考慮賣方的價值（stay-alone price），無需因併購後買方能創造出綜效而多支付給賣方。如果可取得資訊的話，財務購買者的出價較具參考性。

4. 未考慮有些未揭露於併購金額的條件，例如賣方受到有關債權保護的束縛（seller duress）、員工入股制度等。

5. 基本精神仍是往回看，而不是往前看的，尤其是當景氣低迷，公司（產品）生命週期處於不同階段時，此法顯然不適用。

二、二種狀況的價格依據

併購價格又可依併購是否成交而分為下列二種狀況。

㈠被敵意併購時

公司被敵意併購時，股價往往會上漲；但如果僅止於委託書爭奪戰，那大多只是委託書收購價水漲船高，股價可能沒什麼表現。

1. 併購失敗：如果併購失敗，目標公司股價往往恢復原狀（此例為100元），好像什麼事都沒發生一樣。

2. 併購成功：如果併購成功，那目標公司股價大都會漲，詳見下段。

㈡被善意併購時

當公司被善意併購時，賣方公司股價往往會漲二至四成（依美國經驗），主因則因買方而不同。

1. 財務性買方時漲較少，本例為漲二成，即股價為120元。

2. 策略性買方時漲較多，本例為漲四成，即股價為140元，此因策略性買方因併購後整合經營，預期有綜效（1+1>2），因此願意比財務性買方多付一些價格。

這個為取得公司經營權而多付出的股價部分稱為「控制溢價」(control premium)，常以溢價比率方式表現，例如併購履約日股價比簽約宣布日股價漲40%。

第六節　未上市股股價——變現力折價的估計

未上市公司 (closely-held firms 或 private firm) 股價如何鑑價，這是個熱門議題，本節依市價法中相似公司股價，再考量變現力折價，來估算未上市公司股價，這往往比盤商交易價 (如果有的話) 更具有參考意義。

一、稅法規定只是下限

稅法對未上市股票的鑑價，主要依據下列二項指標。

㈠以每股淨值為主

遺產及贈與稅法施行細則第29條規定，未上市公司股票價值，以繼承開始或贈與日該公司資產淨值估定，且不得預扣證交稅和手續費。至於不動產價值是否應重估，盈餘未結算時，稅捐處皆得以自行核定，例如可就該年度申報的本期損益，加計已核定年的累積未分配盈餘來調整 (詳見所得稅法第66條之9)。

「淨值」是指資產減掉負債的金額，舉例來說，一家未上市公司的資產有200元，負債50元，且對外發行100股的股票，淨值為150元，每股淨值1.5元。當這家未上市公司股票有贈與時，就以每股1.5元去計算贈與的價值課稅。資產都是按歷史成本計算，其中資產有50股A上市股票，是以買進成本每股3元計算，共150元，其它的資產合計50元，總共200元。

假設有股東在12月28日把甲公司股票贈送給別人，此時甲公司持有的A上市股票每股收盤價是4元。按照財政部的解釋令規定，此時，甲公司持有的A上市股票的資產價值，要依12月28日的收盤價重新估算，即以每股4元計算，由於甲公司持有A股票50股，以每股4元計算，就高達200元，加上其它資產50元，甲公司總資產就拉高到250元。

則甲公司的淨值就由原來的150元，拉高為200元，因發行100股，每股淨值就拉高為2元，比按舊方法計算的每股淨值1.5元，高出0.5元。(工商時報2001年12月29日，

第5版，林文義）

㈡以盤商交易價為輔

隨著盤商交易日漸普及，稅捐處也會參酌盤商交易價來輔助。

二、資金行情

股市中的資金行情，套用貨幣銀行學中對需求牽引型物價上漲的形容：「太多錢追逐太少貨物」；錢堆出來的多頭、泡沫，也可用「金融（資產、商品）物價上漲」（financial inflation）來稱呼。而在未上市股市（private equity market）中，到底是「錢多好辦事」還是「蒼蠅圍繞蜂蜜」呢？美國哈佛大學企研所教授Compers & Lerner（2000），研究創投業者的1798個投資案，研究期間為1987～1991年，只作了平均數檢定，指出水漲船高（money chasing deals）的結論。

三、變現力折價該打幾折?

未上市公司跟上市公司股價最大差別在於變現力（liquidity），前者因變現力較差，所以投資人往往以折價方式才願意買入，此稱為「變現力折價」（liquidity discount）。問題又來了，究竟該打幾折呢？

㈠學術還「力有未逮」

如何衡量變現力折價呢？學術上方法不少，可惜任何模式的解釋能力很少超過一成，我的博士論文重點之一是研究轉換公司債（CB）的折價問題，從文獻回顧和自己的實證得到結論；所以學術還有待加油。

㈡美國法院判例

以寫公司鑑價聞名的美國威廉麥特管理顧問公司（Willamette Management Associates）總裁普烈特（Shannon P. Pratt），以美國法院判例「變現力折價約4折」來解決此問題。不過，這終究只是當時的個案，適用範圍非常有限。

㈢美國的問卷調查結果

美國Dukes（1996）的問卷調查結果詳見表12-6，有63%的鑑價師認為變現力折價為25～50%（平均數37.5%），大概比上市股價低四成。

財務管理協會會員跟會計師的看法幾乎跟鑑價師一致。

表12-6　美國專業人士對變現力折價的設算

變現力折價	美國鑑價師協會	財務管理協會與會計師
0%	6.06%	8.82%
1～10%	7.41%	11.77%
11～25%	28.28%	42.65%
26～50%	62.96%	30.88%
51～75%	8.08%	2.94%
76～99%	3.37%	0%

資料來源：同表2-12。

㈣併購情況下

縱使是未上市公司，經營者比小股東的變現力折價低，美國公司鑑價公司（American Business Appraisers）匹茲堡所的副總裁Frank C. Evans（2000）所持的理由是，小股東持股太少，併購買方看不上眼；經營者出售持股時，效果便是公司易主。因此，小股東釋股情況下，投資人對股價會要求較高折價，換言之，即權益必要報酬率折價，稱為「沒有公司控制權報酬率」（lack-of-control return）；當然，經營者售股時，權益報酬率折價較低，稱為「有公司控制權報酬率」（control return）。

四、轉換公司債套利還是套牢？

經常看到報上有所謂「買轉換特別股可以套利」的說法，舉個例子來看：

2001年2月7日力信的收盤價為40.4元，而力信一債的轉換價格為22.8元，所以力信一債的轉換價值177.2元，但當日力信一債的收盤價為158元，所以其套利空間約為12.15%，[(177.2−158)÷158]×100%=12.15%，只是行情變化迅速，投資人應當機立斷，進行套利。

以轉換公司債來說，由於周轉率極低（跟普通股一年3倍相比），而且不得融資交易，因此出現12%左右的變現力折價（liquidity discount）。換句話說，這是給長期持有的人忍慾的一種鼓勵，毫無套利空間。

第七節 興櫃股票承銷價鑑價

未上市上櫃股票交易制度2002年元月開始實施，並核定名稱為「興櫃股票」；是指已經申請上市上櫃輔導契約的公開發行公司的普通股股票，在還沒有掛牌之前，經過櫃檯買賣中心依據相關規定核准，先在證券商營業處所議價買賣者。興櫃股票英文名稱"Emerging stock"，表達出「新興」交易的精神。

興櫃股票必須是已經申請上市輔導的公開發行公司，在還未上市之前，經過櫃檯中心核准，先在證券商營業處所議價買賣。由證券商輔導上市的發行公司達700多家，如果有十分之一掛牌，即有70家將在興櫃股市交易。興櫃股票掛牌交易的條件相當寬鬆，只要2家證券商推薦即可，對許多公司相當具有吸引力。一方面可形成市場價格，作上市決定承銷價的參考；另方面股票具有較高變現性，對投資人較具吸引力，有助於發行公司現金增資。對許多企業來說，申請在興櫃市場交易，是一個「進可攻，退可守」的途徑。如果公司發展迅速、成長茁壯，可朝上市的道路邁進。如果不符上市條件，在興櫃市場掛牌買賣利大於弊。

一、臺灣經濟新報的承銷價公式

新股承銷價公式一碰到不賺錢、才開始賺錢不久或不發股利的公司，就可能訂出極離譜的價格，而興櫃公司多屬此類。所以臺灣經濟新報社作如下修正：

1. 以「近4季常續性每股盈餘」替代「近3年平均每股盈餘」。
2. 剔除股利率2項，即只計入A和C項。
3. 如果近4季仍為虧損，則放棄A項，僅計入C項。

故，調整後承銷價公式有二種：

$$P=A\times60\%+C\times40\% \cdots\cdots \langle 12\text{--}2 \rangle$$
$$或 P=C\times100\% \cdots\cdots \langle 12\text{--}3 \rangle$$

A、C、P 等代號名稱詳見〈12–1〉式下面。

(一)每股盈餘

　　本益比訂價法，本質上是簡化的未來獲利折現法，如果獲利不能反覆重現，就不應納入。本應採用預測盈餘比較合理，但看法相差過大，所以從簡，以「近四季常續性獲利」替代。「常續性獲利」（recurring income）是指扣除一次式損益後的淨利；一次式損益包括：處分不動產、長短投損益、短投跌損提列或回轉。

每股盈餘=近四季常續性獲利/季底約當股數

㈡同類型公司的倍數

　　原則上，以各公司所屬產業（依證交所分類）的上櫃公司作為同類型公司，但剔除極端值，各類倍數如下：

　　　1.電子業的本益比以10～30倍為限。

　　　2.非電子業的本益比以10～20倍為限。

　　　3.股價淨值比以1～2倍為限。

　　　4.股價營收比以0.5～5倍為限。

㈢流動性風險之考量

　　興櫃市場交易極可能不如店頭市場熱絡，買賣價差勢將拉大，變現力也略差，所以所採的倍數應比店頭市場同業略低。

◆本益比以店頭市場同業倍數打6折，中位數電子業15倍、非電子業12.5倍。

◆股價淨值比打75折，中位數電子業1.5倍、非電子業1.2倍。

◆股價營收比打7折，中位數電子業2倍、非電子業1倍。

　　剔除極端值之後，各產業計算出來的倍數如表12-7所示。

㈣試算結果使用限制

　　在試作時，發現二個現象：

　　 1.興櫃公司多為小規模,營益率不高的公司,在以股價營收倍數法推估股價時,如果沒有參考其獲利狀況,所推算的股價,很容易偏離目前市場價格,且相去甚遠。例如勁永國際,近4季每股營收雖達150.47元,但其營益率僅2%,用股價營收比推估的股價竟然高達260～300元間,跟上櫃掛牌價23元相去甚遠。

　　 2.以市價淨值法時,對於新興的科技產業如軟體業,淨值無法反映出公司實質價值,造成偏離。例如遊戲橘子,最近的盤商價格在93～102元,但推估的股價多

在19～30元，試算價跟市價嚴重偏離。

表12-7　店頭市場產業各項指標平均值（剔除極端值後）

產業	本益比	股價淨值比	股價營收比
水泥	–	1.46	0.82
食品	15.45	0.97	0.89
塑膠	10.71	1.28	0.91
紡織	12.47	0.63	1.00
機電	14.07	0.93	1.20
電纜	–	0.54	–
化學	12.69	1.70	1.55
玻璃	–	0.43	0.63
鋼鐵	13.29	0.88	0.78
橡膠	–	0.95	0.65
電子	17.53	2.14	1.75
營建	18.16	0.58	1.46
航運	11.67	0.82	1.44
觀光	–	1.14	1.89
百貨	–	0.32	–
證券	14.67	0.86	3.22
投資	13.66	2.25	–
其它	13.88	1.22	1.32

資料來源：李瑩，「興櫃生力軍試覽」，貨幣觀測與信用評等，2002年1～2月，第12頁表二。

二、股王側寫

　　驊訊電子於2002年1月2日起於興櫃市場掛牌買賣，1月4日舉行法人說明會，其興櫃代號為R009，推薦券商認購總股數為800張，每股掛牌價為148元。

　　主力產品CMI 8738系列的PCI音效晶片具有功能強大與價格低廉優勢，可應用於個人電腦的主機板、筆記型電腦、音效卡、數位電視以及資訊家電。驊訊近兩年音效晶片銷售量皆在1000萬顆以上，全球市佔率攀升至20%，躍居全球前三大音效晶片供應商。(經濟日報2002年1月1日，第23版，陳令軒)

　　自行概算2001年稅前淨利約3.8億元，每股稅前淨利約16.6元。2002年預估稅前淨利約4.5億元，以目前股本計，每股稅前淨利可達19.6元，以除權後股本計，每股稅後也能保持12元以上。(工商時報2002年1月5日，第13版，黃邦)

【個案】中華電信海外釋股承銷價決策

　　中華電信2000年營業額約1947億元,市話客戶1180餘萬戶,是世界排名第15、亞洲排名第5的通訊公司。

　　中華電信是臺灣重量級國營事業,實收資本額964.7億元,幾乎全數為交通部持有,截至2001年6月底資產總值4715億元,股票2001年10月5日上市,展開民營化的進程。將分兩階段移轉民營,本次釋股屬於第一階段執行計畫,共釋出33%股權。2002年6月底前,再以包含全民釋股在內的方式釋出33%股權,成為民營事業,詳見表12-8。

表12-8　中華電信公司新版釋股比率和時程

釋股階段		釋股對象	釋股方式	新釋股比率(%)(依每股130元推估)	預定完成時間
第一階段	第一次	法人為主(自然人亦可參加)	競價拍賣	3	2000年8月底
		自然人	公開申購配售	15.24	2000年9月底
		員工	員工認股	1.58	2000年9月底
	第二次	海外釋股	美國存託憑證	12	2000年12月底
		員工	員工認股	1.18	2000年12月底
		小　計		33	
第二階段		自然人	全民釋股	20	2001年6月
		員工	員工認股(含得增購)	6	同上
		小　計		26	

資料來源: 中華電信公司。

一、股價決定因素

　　根據公營事業移轉民營條例施行細則第10條規定,評價委員會評定價格要考量八項因素:取得成本、帳面價值、時價、市價、將來可能的利得、市場狀況、資產重估價、出售時機等。資產鑑價、重估價只是釋股底價訂定的其中一項考量因素。

至2000年6月底止,中華電信總資產帳面價值總計為4715億元,其中固定資產為3748億元、流動資產為613億元,其它資產353億元;固定資產佔79.5%。無形資產(包含專利權、營業權、商標權、著作權、商譽等)及其它資產則未納入,負債總額為1011億元。

二、資產價值重估

中華電信釋股在2000年7～10月可說跟「飛龍在天」連續劇一樣,每天都有戲碼上演,很熱鬧。重頭戲在於身價值多少,而焦點又集中於資產鑑價,這是因為該公司家大業大,到處都有營業所,而且都在市中心,可說是不折不扣的資產股。

(一)第一次資產重估

2000年5月,以4月30日為基準日辦理固定資產重估價,鑑價結果經勤業會計師事務所複核並提出報告書,交通部7月下旬邀請專家討論這些結果,認為過程、方法和結果並無重大瑕疵。不動產中土地有2643筆、房屋和建物2216筆和土地改良物910筆。鑑價方法是比較鄰近地區交易價格,即市價和實際勘估價格為基礎。而重估結果則是以公告現值和物價指數作估算基礎,因而造成重估價比鑑價結果來得低。

(二)第二次資產重估

土地使用分區價差分析,根據鑑價公司所提供的資料顯示,當某一都市土地做「電信專用區」使用價值為一,做為商業區用其價值可增加3.2～3.6倍,如為住宅區用其價值可增加1.4～1.6倍,非都市土地也類似。鑑價結果在表12-9。

表12-9 固定資產二家鑑價公司鑑價結果

單位:億元

	1999.6.30 帳面價值	2001.5 重估價	不動產 鑑價中心	企業技術 鑑定委員會
不動產	1291.4	1374	1860.7	1832.8
動產	1899	1939.9	1986.2	1824.5
合計	3190.4	3313.9	3846.9	3657.3

資料來源:整理自王睿智、何伯陽,「中華電信資產重估3313億元」,工商時報2000年7月26日,第4版。

(三)鑑價弊端

中華電信固定資產鑑價作業是依政府採購法程序甄選不動產二家、動產二家進行鑑價。不

動產鑑價公司就中華電信委託之每一筆不動產依綱要內容逐項進行鑑價,報告書須詳細說明所鑑定不動產的價值,並註明「時值總價」。動產部分則是依財產明細進行清查,並依法定提列折舊。

2000年8月16日,查緝黑金行動中心臺中特偵組接獲檢舉,指中華電信的資產鑑價工程發包疑有圍標和鑑價不實,全省同步搜索5家資產鑑價中心,發現其中2家涉嫌以低價搶標標得中華電信資產鑑價資格,影響中華電信釋股底價,檢方正擴大偵辦中。(經濟日報2000年8月17日,第3版,閰鳳婷)

交通部長葉菊蘭認為資產鑑價弊案不會影響中華電信釋股,特偵組檢察官吳文忠卻有不同看法。他表示,中華電信資產龐大,如果鑑價不實在,無論是高估或低估,都會影響股價。

中華電信資產鑑價決標底價原本為1800餘萬元,為求客觀,規定由二家公司得標後再比較鑑價結果,但該集團卻分別以2家子公司為名,用900萬元低價搶標。(經濟日報2000年8月18日,第3版,宋健生)

三、決定承銷價

對於釋股價格的訂定,評價委員會主要考量五種計算公式:

1. 股市慣用的證期會承銷參考價格公式。

2. 未來營業現金流量按合理投資報酬率加以折現的「現金流量折現法」,以反映公司永續經營價值。

3. 以每股稅後盈餘乘上類似公司的平均本益比的「本益比」法。

4. 以每股股利除以類似公司的平均股利率的「殖利率」法。

5. 以每股淨值乘以類似公司的平均股價淨值的「股價淨值比」法。

評價委員會由財政部、主計處、經建會、勞委會和目的事業主管機關(此案為交通部)指派代表組成,隨著各種試算結果出爐,中華電信股價有百元以上的實力,包括本益比法計算出底價介於150至160元間;殖利率法150至175元等,只有淨值法所計算的底價低於100元。但評價委員認為,淨值法只有在公司倒閉、清算公司資產時才會使用。

評價委員會最後依股市慣用方式縮小範圍,得到四組試算價格,介於125至135元之間,平均後承銷價為130元。而依證期會規定,承銷價約是底價的0.7至1.3倍。

行政院主計處為爭取國庫有更多的收入,主張承銷價除以1.1倍,以118元做為釋股底價,但勞委會著眼於勞工權益,則要求除以1.3倍,以100元為底價。

由於雙方主張的價差高達18元,經過協調,最後採取承銷價除以1.25倍的折衷方案,在最後關頭敲定每股底價104元。(經濟日報2000年8月5日,第3版,陳怡如)

2000年8月4日(週六)交通部長葉菊蘭公布,中華電信公股釋出底價,每股訂為104元,

預定兩週內透過承銷商展開競價拍賣。

四、中華開發的算法

當承銷價104元計算出來後，中華開發以本益比法、獲利倍數法來檢驗這價位合不合理，詳見表12-10，說明於下。

表12-10　中華電信未來5年各項財務預測

	1999	2000F	2001F	2002F	2003F	2004F
1.營收	194.7	196.5	199.5	207.3	222.6	2390
2.稅前營業現金流量（EBITA）	1028.3	1206	1256	1268.7	1385	1534.7
3.稅後盈餘	5.22	5.17	5.27	5.30	5.87	6.68
4.市值獲利比（倍）	9.76	8.32	8.03	7.96	7.29	6.60
5.本益比（倍）＝P/E	19.92	20.10	19.73	19.61	17.71	15.51

假設：P=104元，EV：企業價值，常指市值（即股價乘上股數），股本964.77億元。

資料來源：整理自江睿智，「中華開發預估中華電信今明年EPS逾5元」，工商時報2000年9月4日，第2版。

㈠獲利倍數法

2001～2004年獲利（EBITA）複合成長率8.34%，依現金流量折現，上市初期合理價格介於105至140元。

㈡優劣勢分析

中華開發認為中華電信競爭優勢：

1.綿密的市話網路，管線地下化已達82%，其它業者難以抗衡。

2.健全的財務結構和獲利績效，長期負債為零，未來在財務槓桿下，將可提高股東權益。

3.無線通訊頻寬達46.25MHz，為頻寬最大的行動通訊業者。

中華電信三大劣勢：

1.公營事業體制彈性較差。

2.人事包袱較重。

3.舊有設備負擔大。

(三)營收、獲利預測

中華開發對中華電信的營收、獲利率的預測如下。

在整體營收結構上,中華電信市內電話、長途電話和國際電話比重將逐年下降,行動電話和數據通訊大幅成長,1999年前者的比重合計為75%,後者為21%。估計至2003年行動電話的營收比重將超越市話,成為比重最高者,而數據通訊成長最快,至2004年兩者合計佔營收比重為48%,而市話、長途和國際電話比重則降至51%。

在電信自由化的趨勢下,中華電信市佔率和費率雖會逐漸下降,但在行動通訊和數據服務等高毛利產品比重增加下,整體毛益率仍會維持在46%以上,行動通訊(含行動數據)佔整體毛益率比重由2000年的20.5%提高至2004年的55.2%,成為獲利的主要來源。

Hinet在網路連線市佔率達到七成以上,是唯一具有P2P的ISP業者,營收和獲利遠超過第二名的數位聯合,中華電信2000年下半年切入ASP和B2B市場,提供一次購足的服務,co-location客戶囊括臺灣前十大的入口網站業者,網路主機代管業務將呈現10倍以上的成長。在寬頻用戶數領導地位,用戶數為競爭者的3倍。

在行動通訊方面,中華電信為全臺唯一全區雙頻,客戶忠誠度高,至2000年5月底止,行動電話有效戶數為380萬戶,市佔率三成,純益率超過民營公司3倍以上,預計第四季推出手機上網步入2.5代手機,2001年中建置門號數將達250萬門,將佔有一半的市場。

隨著國際海纜和語音轉售的開放,國際通訊費率將大幅下降,至2004年仍有七成佔有率;而長途電話的市佔率估計維持在九成,電路出租將下滑至75%;市內電話是獲利最差的事業部,其中又以中區和南區分公司營運狀況較差。

在負債方面,每年資本支出維持700億元以上,在股本維持不變下,長期負債由2001年的500億元增加至2004年的900億元,負債比率約23%。(工商時報2000年9月4日,第2版,江睿智)

五、所羅門美邦的看法

2000年8月2日,所羅門美邦董事總經理暨全球通訊產業分析主管葛瑞傑(Jack Grubman)認為,未來電信產業將朝多樣化發展,包括全球型通信大公司為大型顧客服務,以及區域型或單一國家型,但由於全球投資人擔心通訊的資本支出過高,加上股市氣氛低迷,使得通訊股股價普遍存在被低估的情況,但未來將隨著價格淨值比(price to cash value)的回升而回到合理區間。

因此,葛瑞傑認為,未來中華電信合理價格,應比照全球的通訊公司(telecom operator),也就是7至15倍的現金流量比(EBITDA)。未來的合理本益比在15～20倍之間。(工商時報2000年8月3日,第3版,沈耀華)

六、經濟日報的看法

　　8月5日，經濟日報社論討論中華電信民營化，中華電信的主要營業項目有市內電話、長途電話、國際電話、行動通訊、無線電叫人和網際資訊網路等項，是唯一經營第一類及第二類電信業務的電信公司，市話客戶數居世界第十五大。依1999年審定的損益表，1947億元的營業收入中，來自市內、長途和國際電話的收入佔74.8%、行動電話18.7%，顯示主要收入來自這四大業務。獲利集中的情況更明顯，行動通訊獲利約314.5億元，幾佔全部營業利益659.9億元的一半；另一大獲利來源是長途和國際電話，而市內電話是虧損的。因此，中華電信長期存在交叉補貼現象，近年雖已調整，但長途和國際電話費率仍偏高，為各界所詬病。

　　在政府通訊事業自由化的政策下，在通訊市場居主導地位的中華電信，已有部分業務面臨民營業者的直接競爭，尤以快速成長的行動電話競爭最激烈。中華電信這項業務的營業績效甚佳，然而，根據交通部電信總局所做的上半年行動電話業務服務品質評鑑結果，中華電信在「申請受理手續之簡便性」、「收訊音質」、「客服中心電話撥通率」和「申訴管道暢通性」等四項的客戶滿意度等級都是敬陪末座；在「服務處理效率」和「維修人員之專業能力」兩項的評比上雖然不是最差，但也是四等級中的第三位。這些評比顯示，在已開放競爭的市場中，中華電信的服務品質仍有待提升，其仍能獲利的關鍵是因為市場需求強、具先進者優勢和市場仍為寡佔性質。另一方面，上半年中華電信在行動電話的營業收入，其領先民營的臺灣大哥大數額無多，也顯示中華電信在行動通訊的龍頭地位岌岌可危。

　　至於尚未開放的固定網路業務，民營業者也是來勢洶洶。三家獲得籌設許可的固網公司年底就加入市場，並且強調寬頻網路的建設，以滿足資訊化社會多媒體傳輸服務需求為目標。另一項攸關中華電信國際電話及網際資訊網路費率的海纜業務，交通部也已開放民營業者申請經營，預定一年後成為中華電信的競爭對手。臺灣加入世界貿易組織（WTO）後，中華電信更將直接面對外國通訊公司的挑戰。各種競爭接踵而至，民營化後的挑戰紛至沓來，中華電信股價是增值或貶值，猶在未定之天。

七、跟臺灣大哥大比價

　　中華電信第一階段釋股底價敲定104元，近幾年基金操作績效名列前茅的元富投信基金經理周雷分析，這個價格滿合理，但並不便宜。

　　周雷認為，中華電信最近經營雖已帶有民營色彩，但畢竟仍是公家企業。雖是最有代表性的通訊網路股，可是在臺灣大等行動電話業者，跟臺灣固網等未來三家固網業者強力競爭下，以後獲利會有不斷下降的疑慮。

　　周雷說，在臺灣大強力競爭下，臺灣大會成為臺灣最大、最有影響力的行動電話業者，每股獲利也優於中華電信。結果中華電信每股釋出價格還比臺灣大哥大未上市交易價貴20多元，

這是中華電信價格並不便宜的原因。

中華電信優勢在擁有固網市場,而固網投資回收期比大哥大慢,三家固網業者會威脅到中華電信的時間也延後,這是中華電信股價還算合理之處。

可是,如果中華電信仍只自限於臺灣本島經營,以公營事業經營企業的遲滯性,遲早會逐步讓出經營優勢給臺灣大等,每股104元價格釋出,目前看來還算合理,但展望未來,應不算便宜。(經濟日報2000年8月5日,第2版,陳漢杰)

八、決定承銷價的程序

·充電小站·

葛瑞傑小檔案

在加入所羅門美邦的行列以前,葛瑞傑曾任職於美國AT&T公司,擁有長達22年的通訊相關經驗,並且連續多年在法人《投資人》雜誌(Institutional Investor)年度的研究分析團隊對評比中,榮獲Telecom Service/ Wireline第一的寶座,也被美國《財星》雜誌封為全美明星分析師。

葛瑞傑為什麼能夠在通訊業擁有不可取代的地位?美國《商業週刊》報導,自1997年以來,他協助所羅門美邦爭取到18件通訊產業新股上市的主辦承銷商地位,總值高達57億美元,也因而讓所羅門美邦成為美國最大的通訊產業初次掛牌主辦承銷商。

不過由於葛瑞傑具有分析師及顧問的雙重角色,也導致了市場的批評聲浪,認為他為了拉業績,不惜趁機拉抬客戶的股價。對此,葛瑞傑提出反駁,認為股價上揚是由於投資大眾認同該公司的未來發展方向,他並沒有因此做出不客觀的報告。

對葛瑞傑來說,雖然這方面批評還是會

由於承銷價高達104元,因此調整第一階段釋股比例的內容,調整為競價拍賣3%、民眾公開申購15%、海外釋股12%、員工認購比率3%。

(一)承銷商資格

8月2日交通部召開中華電信海外釋股評選委員會議,決定將遴選一家全球協調人兼主辦承銷商(即global coordinator),二家協辦承銷商(joint bookrunner),形成主要承銷團。預定8月中旬公告海外釋股招標書。

對於參與競標的券商資格限制,評選委員會決議,將依照政府採購法規定,限制必須在投標日前5年內,曾完成該次招標預算金額的五分之二,以這次中華電信海外釋股12%,每股60元計,約21億美元,參與競標的承銷商必須在前5年,承銷過超過8億美元類似的案子。

8月份時,臺灣報紙可說遭遇到十餘家外國證券公司的老王賣瓜廣告攻勢,比選舉還熱鬧,每家廣告都在比大,好像登廣告不用錢似的。

(二)高盛證券出線

9月2日,交通部長葉菊蘭宣布由美商高盛亞洲證券、瑞士銀行和美林證券三家取得

一直存在，不過並不影響他在歐美通訊產業合併過程中扮演的關鍵角色，例如MCI/WorldCom、Bell Atlantic/GTE、SBC/Ameritech等大型通訊企業的合併案，都是由他在幕後擔任顧問。

花旗集團董事長兼執行長魏爾曾表示，葛瑞傑對通訊業的認識，遠勝過他遇過的任何人。由於所羅門美邦亟欲爭取中華電信海外釋股案，此次派出重量級的葛瑞傑來臺，除了強調提升中華電信在海外市場的知名度外，更是借重他在通訊業的豐厚經驗。(工商時報2000年8月3日，第3版，游育蓁)

中華電信海外釋股主協辦承銷商優先議價權，高盛擔任全球協調人。預定12月於海外釋出11.57億股，高盛預測，每股價格可達140元，釋股收入近1620億元。

中華電信海外釋股預計釋出資本額12%的公股，為全球第四大通訊事業釋股案，將以在紐約證券交易所發行美國存託憑證(ADR)的方式辦理，不僅釋股金額近年少見，高達4、50億元的承銷利益更讓國際券商矚目。(經濟日報2000年9月3日，第2版，陳怡如)

九、事後聰明：人算不如天算

海外釋股案，因美股重挫，只好無限期延期，但在臺灣股市新股上市也是屋漏偏逢連夜雨。中華電信於掛牌首日，交通部就宣示「不護盤」，加上臺股近期重挫，全球通訊股本益比遽降，法人對於該股合理價位持續向下修正，也使得參與該股公開承銷投資人信心崩潰，在上市掛牌後就不惜血本亟欲殺出持股，導致近期每日跌停掛出、求售無門，賣單幾乎都維持在4萬張以上，連續第4天跳空跌停、鎖死到底，價位下跌至91元，上市以來跌幅已達12.5%。

價位低迷，使得股市法人對於中華電信後市，已喊出「15倍」本益比。如果以中華電信12個月每股稅後純益目標可達4.64元(18個月6.96元)計算，「合理」支撐價竟只有69.6元，股價有可能還要再跌20元。

◆ 本章習題 ◆

1. 找一些主張「美股符合半強式效率市場假說，臺股符合弱式效率市場假說」的教科書，看看他們是否大都只是人云亦云（即沒有實證支持）或是證據薄弱。

2. 找一支有蜜月期的股票，來說明圖12-1。

3. （§12.3三㈠）找出最近5支IPO股票，看看其承銷價公式中的參考公司是否是「先有結果再來找相似公司」。

4. 在空頭市場，承銷價往往高估（即股票上市後大都跌破承銷價），請以1999、2000年全年例子來說明。

5. 找一篇以風險值模式為基礎的碩士論文，看看用VaR是否真的可以預測股價走勢。

6. 主機板（一線股4支）、NB（一線股4支）等行業中，誰跟誰比較相似？

7. §12.5二㈡跟圖2-2是一樣的，請你找出M&A月刊，把圖中數字更新（update），並說明近況。

8. 以表12-6為底，比較同一行業上市、上櫃、興櫃股票的股價，看看折價幾成。

9. 轉換公司債是套利還是套牢？請以實例作表說明。

10. 二個行業各找5家興櫃股票，看看是否能歸納出市價的定價規則。

第十三章 ⋯⋯⋯⋯⋯⋯⋯⋯⋯⋯⋯⋯⋯

倍數法
──簡易的市價法

　　人們總是高估企業經營的困難度。這又不是在掌握火箭技術；我們從事的是世界上較簡單的專業之一。

　　People always overestimate how complex business is. This isn't rocket science; we have chosen one of the world's more simple profession.

　　──傑克・威爾許　奇異公司前董事長
　　Jack Welch, former CEO of GE

　　威爾許信奉決策簡化的原則，因為他抓得住問題的重點，不會為其他的枝節末流迷惑。美國企業界廣泛流傳的「接吻」原則正是此意。「接吻」原則聽來詼諧，可是一個缺乏抽象思考能力與決策效率的首席執行長是絕對做不到的。（注：「接吻」之英文KISS在此是另外四個字的縮寫：簡潔拙樸，Keep it simple, stupid）

學習目標:

倍數法是投資人買賣股票時最常用的股價評估方法,是相對的(視大盤狀況而定);在公司鑑價的運用則可視為初審方式,不脫離行情太遠的出價便可以談。

直接效益:

本章不僅討論三種倍數,而且更從計量經濟學中迴歸分析的角度來看,可說「一眼看穿」。此外,對於喜歡打破砂鍋問到底的人,我們還以公式說明各倍數跟淨現值法間的連結關係。

本章重點:

· 倍數法在鑑價的運用。圖13-1
· 倍數法公式和比較標準。表13-1
· 三種倍數法的優缺點比較。表13-2
· 三種倍數法的各種名稱。表13-3
· 如何求得倍數。§13.1六
· 常用二種本益比的缺點。表13-5
· 股價淨值比。§13.4二
· Tobin's Q(托賓Q)。§13.4四(一)
· 淨值倍數法在選股的運用。§13.4六

前言：由小看大

在沒有皮尺的時候，我們會嘗試用步伐、手臂等來測距離。同樣的，在投資時，由於缺乏公司資訊，所以只好拿一些指標來量量看，各種倍數法才應運而生，看看哪些財務指標（盈餘、淨值、營收）才抓得住股價。背後假設營運性質類似的公司應享受相近的倍數。

其次，最難堪的是成本法、淨現值法等絕對鑑價法所求出的基本價值，皆遠低於股價，所以只好另覓他途來解釋。

圖13-1是三種常用的倍數法，由左邊可看出，淨值倍數法比較偏重現有資產價值，而本益比法、營收倍數法偏重未來獲利機會。再詳細來看，倍數法算不上獨立的方法，它只是把成本法、淨現值法中的盈餘折現法所得到的結果，拿來除以股價罷了。

圖13-1　倍數法在鑑價的運用跟第四、八、十二章關係

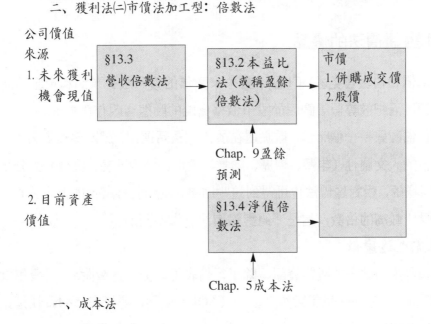

二、獲利法㈡市價法加工型：倍數法

倍數法（multiple valuation approach）可說是投資判斷準則（其中淨值比最明顯），用以判斷股價是否合理。這比較偏向投資學領域，我們將儘量避免跟投資學重複。

2000年股市大洗三溫暖，3月時指數曾漲到11000點，全年大跌43.9%，第一名的基

金為建弘中小基金，報酬率–15%，可說「少輸就是贏」。

在6月時，投信公司掀起（資產）重置型或價值型基金的募集熱潮，投信發行資產重置型基金(例如元大巴菲特基金)，投資傳統產業的比例須達基金淨資產規模的五成以上，選股以本益比20倍以下，股價淨值比1.5倍以下的公司，這些個股多屬於低價傳統產業股。

2001年指數上漲17%，重置型基金表現平平，可見股價淨值比「不靈光」。

第一節　相對鑑價法快易通

在第二章第四節中，我們把倍數法稱為相對鑑價法，它本質上不是種鑑價方法，而是鑑價方法的運用。在股票投資時，更可能演變出各種修正版。但如同股票的技術分析可分為價、量、時三大類一樣，倍數法也是有三種常用的。在本節中，我們像提肉粽時要提繩頭般的，先來個全面比較，讓你第一次看就上手。

一、相對鑑價法的優點

運用價格倍數可免去DCF法中對未來數年的獲利成長預測和資金成本假設的立論辯證，而把該等假設歸因於股市價格機能的動態客觀存在事實。

各種倍數只是一個比值，重點還在於人們靈活運用，就跟消費者分析一樣，根據消費者的人文屬性（年齡、學歷、職業、性別、婚姻狀態、區位）去分析其消費行為。同樣的，相對鑑價法也可得到這些結果，例如怎樣屬性的上市公司，投資人願意接受比較高的倍數，這是「絕對鑑價法」做不到的。

美國雅虎也這麼做

美國雅虎網站上的股票資訊，除了行情表外，額外還會附5項「股價價值比」（valuation ratio）──以美國線上公司（AOL）為例，詳見表15–4，就是把本章各種倍數法運用出來罷了。由此可見，投資人多麼重視相對鑑價法。

二、作表最容易一目了然

三種倍數法的基本精神都是一樣的，只是因公司狀況不同，只好「窮則變，變

則通」一下，難怪公式長得一個模樣，詳見表13-1。

比較具有爭議性的是：

(一)比較標竿

比較標竿至少有四種可選，最好跟相似公司來比，即「西瓜跟西瓜比，橘子跟橘子比」的道理，但很少公司「既生瑜，何生亮」，只好跟行業（sector）比。像華碩跨主機板、NB、手機，只好取三個行業加權平均，再往上則是產業、大盤。像中華開發工銀等比較對象可能是大盤。

(二)比較期間

當年（預測一年值）、過去3（或5）年平均值。

表13-1 倍數法公式和比較標準

鑑價方法、倍數	公式	比較標竿, b (bench mark)
一、獲利法		由大到下依序：
		M (market)：大盤，以平均股價代表
1.本益比（PER）	$EPS_i \dfrac{P_b}{EPS_b}$	I (industry)：產業（如電子股）
2.股價營收比（PSR）	$Sale_i \dfrac{P_b}{EPS_b}$	S (sector)：行業（如電子類中的主機板、NB指數）
二、成本法		
股價淨值比（PBR）	$B_i \dfrac{P_b}{B_b}$	C (comparable company)：營收、資本額相似的同業，例如台積電、聯電

i：標的公司。

三、三種倍數法的適用時機

三種倍數法各有其適用時機，最優先的為本益比法，其次是淨值倍數法，最後是營收倍數法，詳見表13-2，所以常常不是三者都拿來用用看。

由圖13-1可見，市價法中的市價有二，主要是指股價，依此而得到的倍數又稱

股市倍數法（market multiple approach）；其次才是併購成交價。

表13-2　三種倍數法的優缺點比較

	本益比法	營收倍數法	淨值倍數法
優點	跟淨現值法比，省事好用，只消求出第一年盈餘、盈餘成長率便可	1. 盈餘、淨值為負的（財務困難）公司，照樣可進行鑑價 2. 盈餘（本益比法）、淨值（淨值倍數法）常受會計制度（如折舊、存貨計價方法）影響，本法沒這問題 3. 營收倍數比本益比穩定，因為營收比較不易大幅波動 4. 可研究產品定價變更對公司價值的影響	1. 淨值長期穩定 2. 當會計制度相同時，跨公司比較有意義 3. 可適用於沒有盈餘的公司鑑價
缺點	1. 不適用於沒有獲利的公司，但（過去5年）平均PER只能減輕此問題的嚴重性 2. 對景氣循環股（cyclical firms），本益比上下檔游走空間較大	營收跟獲利不必然正向一比一相關	1. 不適用於淨值為負的公司，否則股價淨值比會出現負的 2. 服務業、新高科技股，因缺乏固定資產，所以淨值可能很近似於零 3. 相似公司（包括會計制度）難找，所以跨公司比較的意義不大

資料來源：整理自Damodaran, Aswath, *Investment Valuation*, John Wiley & Sons, Inc., 1996, pp. 291～307、318～319、338。

四、不一樣的稱呼，同一件事

　　古人有名、字、別稱、雅號，像武當派祖師之一的張三丰，名「通」，字「君實」，號「三豐」，反倒很少人知道他的本名，高中唸國文時背得苦不堪言；但這次我們有備而來，由表13-3可見，三種鑑價法有些人喜歡以乘數稱之，有人喜歡以比

率（簡稱「比」）稱之；因結果大都為倍數（如本益比），其實以倍數較合適。

　　比率小於一的情況大都出現在逆向思考的定義，即淨值股價比、益本比（即本益比的倒數）。

㈠吹毛求疵一下又何妨？

　　倍數法（multiples）又稱「股市倍數法」（market multiples），後者更明確，因為三種倍數法，分子都是股價，這是多加上「股市」一詞的原因。至於有人譯為「乘數」，我們擔心跟「加減乘除」中的乘數弄混了，所以寧可用「倍數」一詞。

㈡高空懸吊，上下顛倒

　　就跟在英國開車靠左行駛一樣，有些人也習慣逆向思考，例如益本比（D/P）、營收股價比、淨值股價比（B/P），正好是我們常見的倍數法取倒數，那麼在推論時也必須反著說──例如益本比越大的股票，股價上漲空間越大。

㈢分子都是股價

　　縱使以倍數法來看，為了省事起見，也都儘量用簡稱，例如股價營收倍數（price/sales multiple），連美國人都以營收倍數（sales multiple）來稱呼，背後假設你知道分子是股價。

表13-3　三種倍數法的各種名稱

倍　　數	比　　率
一、1.盈餘倍數法（earnings multiple） 　　2.股價盈餘倍數（price-earnings multiple）	1.一 2.本益比（price/earnings ratio, PE ratios 或 PER）
二、營收倍數法 　　（sales multiple）	股價營收比 　（price/sales ratios, PS ratio 或 PSR）
三、股價淨值倍數（price/book multiple） 　　或股價淨值倍數（price/net worth multiple）	股價淨值比（price/book (value) ratio, PBR 或 P/B）或股價淨值比（price/net worth ratio）

㈣以每股平均為單位

　　同樣的，分子都是以每股平均表示，例如以每股盈餘來取代盈餘，以每股營收

來取代營收，以每股淨值來取代淨值。所以，複雜一點說的話，營收倍數的全名是「股價／每股營收倍數」（price/sales per share multiple）。

㈤美國實務案例

在第五段中，我們指出投資銀行業者針對各行各業來算得到不同的魔術公式，這種方式便是各種倍數的來源，表13-4是美國7個產業的應用實例。

表13-4　美國倍數法適用的產業、基準和倍數（舉例）

1. 工業設備工業	年稅後淨利×10倍
2. 餐廳、酒店	年營業額×40%＋生財設備
3. 電腦軟體工業	年營業額×110%
4. 太空工業	年營業額×70%
5. 塑膠工業	年營業淨利×5.5倍
6. 醫療中心（醫院）	$2000×住院人數
7. 大哥大公司	$3000×年繳費客戶數

五、理論基礎

倍數法的歷史很悠久——例如淨值比可追溯到1938年，但由於太過簡單，反倒無法登大雅之堂。直至財務管理大師、芝加哥大學二位教授Fama & French（1992）的論文，才喚來財會學者更多關愛的眼神。

透過杜邦圖，可以把營收、獲利（毛利、純益、權益報酬）都串連在一起。也就是營收比、淨值比皆可跟盈餘折現法結合，只需稍加移項，便可套用盈餘折現法的速算公式。既然已知道淨現值法跟倍數法的連結（或函數關係），剩下的事就單純多了，由表13-7來看，以股價股利比來說，不過只是股利折現率移項罷了。

在這情況下，殊無必要再去鋪陳其它倍數法以淨現值法表示的公式。換個角度來看，在淨現值法——例如盈餘折現法的公式左右各除以第一期每股盈餘，便得到本益比，只是此處的「本」指的是基本價值，依此而得到的稱為「基本」本益比

("intrinsic" PER)，跟由歷史每股盈餘所得到的本益比觀察值（observed PER）可互相比較，以作為投資決策參考。

六、如何求得倍數？

倍數法的適當水準，至少有下列二種計算方式，產業平均數是最容易計算的方式，而迴歸分析則是稍微需求多加點工，所以適用性也比較高。

㈠產業平均數

「物以類聚」是產業平均數雀屏中選的最佳寫照，除了產品相似外，額外還須考慮規模（如營收、資本額）、負債比率，適度調整。

㈡迴歸分析

1990年以來，會計學者喜歡套用迴歸分析，以公司市值作為因變數，以研發費用等為自變數，來研究影響公司價值的因素；不過，實證結果，模式解釋能力常低於三成。這是因為股價波幅（超漲、超跌）太大，以致穩定的自變數抓不住「驛動的心」；此外，在技術上，研發費用僅是研發技術價值的下限，難怪解釋能力也有限。

迴歸分析或動態的計量模式使用空間很廣，最常見的二種情況如下：

1.迴歸分析的運用——投資銀行業者的壓箱寶：許多投資銀行業者提供公司價值評估服務，而且收費不貲，究竟他們壓箱底的魔術公式（magic formula）是如何求得的呢？以及如何運用的呢？本小段將依序回答這二個問題。

非資產密集產業（例如服務業）、公司（例如承租廠房設備的製造業）和無形資產（例如品牌），在計算價值時，許多投資銀行業者常推出魔術公式，常見者以營收或稅前息前盈餘（例如盈餘倍數）為基準，再乘上某倍數。景氣好時，此倍數會適度灌水，如銷售額1倍擴增為1.2倍；不景氣時，倍數則須打折。

此基準和倍數是如何發現的？如同魔術大破解一樣，說穿了不值一毛錢，懂得竅門後，你也可以DIY一下。由併購顧問邁克·馬丁（Michael Martin, 1991）的實證模式，可看出僅用賣方公司年銷售淨額，便可解釋1984至1989年66筆消費品製造公司收購價格的82%。

$$公司收購價 = -134 + 1.2 \times 賣方公司營收$$

$$\uparrow \qquad\qquad \uparrow \qquad\qquad \uparrow$$

$$（因變數）\quad（常數）\qquad（自變數）$$

$$R^2 = 0.82$$

由此可見，買方、投資銀行業者把過去的銷售業績，作為衡量賣方公司品牌（brand name）、連鎖店權利金（franchise）等無形資產的代理變數，而「倍數」便是自變數的迴歸係數。當然，你也可以在上式右邊加入其它自變數，只要說得通而且統計上達到顯著水準便可以了。

2.資料的彙總：由於併購案例有限，所以在進行迴歸分析時，除了依產業為限，把各成交案彙總一起視為觀察值，進行橫斷面迴歸分析（cross-sectional regression）。要是同產業案例太少，那只好把各產業（cross section pooling）、時間序列二項資料皆彙總作為觀察值（計量上稱為cross section-time series pooling），所得到的結果較粗糙（無法得到產業別的倍數）。

七、方法論上的限制

倍數法跟古代人看天氣比較像，從結果中去自圓其說，並且歸納出原則，但無法得到「放諸四海皆準」、「古今通用」的鐵律。

倍數法看似屬於投資學領域，但本質上卻只是計量經濟學、統計學中迴歸分析（頂多只是加上落後期自變數）的運用。那麼就可以藉此來看倍數法為何連「八九不離十」都不夠，甚至可以用「略知（實況）一二」來形容，詳細說明於下。

倍數法原型

$$P = \alpha_0 + \alpha_1 X \cdots\cdots \langle 13\text{-}1 \rangle$$

以EPS代入X

$$P = 0.2 + 30EPS \cdots\cdots \langle 13\text{-}2 \rangle$$

$$R^2 = 0.1$$

倍數法基本型，$\langle 13\text{-}1 \rangle$ 式兩邊各除上X

$$\frac{P}{X} = \alpha_0 \frac{1}{X} + \alpha_1 \cdots\cdots \langle 13\text{-}3 \rangle$$

以EPS代入X

$$\frac{P}{X} = 0.1\frac{1}{X} + 30 \cdots\cdots \langle 13\text{-}4 \rangle$$

$$R^2 = 0.12$$

㈠倍數法的原型

由〈13-1〉式可以看出倍數法的原型（來自原形畢露一詞），也就是用單一變數（X）想來解釋股價行為；X常用的有每股獲利（鑑價法中的獲利法）、營收（作為獲利的代理變數）和淨值（鑑價法中的成本法）。

以每股盈餘代入X，不論是個股、投資組合（從共同基金到指數）的股價行為來實證，由〈13-2〉式是常見的實證結果，關鍵在於R^2（模型解釋能力）只有0.1（即10%）。道理很簡單，以「不變」的每股盈餘來解釋「萬變」的股價，完全不懂投資學，只要把二者線圖畫出來，不用去跑迴歸，早就知道這是不可能的任務，難怪「我（X）抓不住你（P）」，詳見圖13-2。

要是〈13-1〉式因變數是股票報酬率（R），那模型解釋能力更差，電子股八成以上每股盈餘都是正數，而股票報酬率有正有負（1999年大跌、2000年小跌），道高一尺是比不上魔高一丈的。

㈡倍數法基本型

把〈13-1〉式兩邊各除上X，得到〈13-3〉式，就是倍數法，以每股盈餘代入X便是本益比。

由於〈13-2〉式的解釋能力很差，連帶的任何「換湯（即函數型改變）不換藥（變數個數）」，結果相差不遠，以本例來說，判定係數提高到0.12，比〈13-2〉式增加二成，看起來大幅改善，但是結果還是乏善可陳。

八、戰術上的限制

㈠重大限制

既然倍數法源自淨現值法，那麼本質上就帶著後者的缺陷（例如對成長率的天

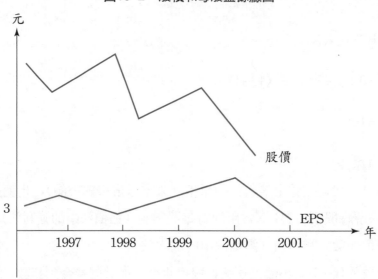

圖13-2　股價和每股盈餘線圖

真假設)。然而更重要的是,倍數法因地 (各國)、因時 (股市或各產業多頭 vs. 空
頭)、因人 (各股票變現力程度) 而有不同,所以在比較時宜特別注意,詳見表13-6。

㈡技術上的缺點

本方法嚴重限制如下:

　1.對快速成長的公司鑑價偏低,因未來的盈餘會更高,特別是由虧轉盈的轉機
公司。

　2.對週期性變化大的行業較難適用,因產業景氣盛衰時,每股盈餘差異將很懸
殊,像營建業。

　3.資產股 (主要是飯店股) 主要價值在資產而不在收益。這也就不足為奇,像
蔡宗榮 (1999) 的碩士論文得到如下結論:股利鑑價模式 (dividend-paying capacity
model) 比較適用於股利穩定的行業 (如塑膠、鋼鐵),尤其是上游的價格領導大廠;
而不適用於股利起伏甚大的電子業。

◆ 第二節　盈餘倍數法快易通——本益比法

盈餘倍數法的精神,在於買方願意出多少錢來購買賣方公司目前的盈餘。舉例

來說，賣方公司每股盈餘（EPS）1元，買方願意支付目前的盈餘15倍的價格（即本益比15倍）來購買賣方公司股票，即每股購買價格15元。至於本益比如何決定呢？可參酌跟賣方公司相似風險等級公司的本益比。

　　此法導源於權益鑑價常用的方法——盈餘折現法，認為普通股的價值或普通股應當具有的價格等於本益比乘上每股盈餘，此處每股盈餘指正常（normal）的每股盈餘，所以須把因罷工、炒股票等突發因素而引起的異常盈餘（或營業外收支）或臨時盈餘（transitory earnings）排除不計；此法頗適用於公司間（大股東）換股情況。

一、同一件事

　　盈餘倍數法可說是學名，而本益比法、價盈比可說是俗稱，不一樣的名稱，但卻是同一件事；只是盈餘倍數法還有個特例，即以股利來取代盈餘，稱為股利鑑價法。

二、我有內在美

　　2000年5月10日，中華開發工業銀行召開股東常會，面對股東連連抱怨股價偏低，董事長劉泰英強調開發股價嚴重偏低，並喊出開發股票基本價值應有80元。

　　以目前股價約44元計算，除權（每股配3元）後股價降至30餘元，本益比只有15倍左右。以投資高科技公司的高成長銀行而言，合理本益比至少應有25倍，加上信評達A級，逾放比只有2.5％，體質健全，因此股價可說是嚴重偏離基本面。（經濟日報2000年5月11日，第18版，黃登楡）

三、股價是可以預測的

　　盈餘倍數法隱含可用財務、會計變數來預測股價（predictability of stock returns），也就是股市不符合半強式效率假設。這個結論來自1988～1994年期間，無數美國頂尖財務學者的實證結果。美國聯邦準備理事會的研究員Lander（1997）等三人的論文，以此為基礎去深入研究，更凸顯出盈餘倍數法的實證基礎。

四、股市二種本益比皆不足為訓

臺股投資人、投資專家常用的本益比有歷史、預測本益比，詳見表13-5。歷史本益比由證交所提供，以行情為主，所以不宜發布預測本益比；報紙行情表也基於同樣考量。

股價看未來，所以預測本益比應該比歷史本益比更具有資訊價值。但頂多也只是五十步笑百步罷了，因為這也太遽下結論：「小時（未來1年）了了，大未必佳」、「球是圓的，不到最後一秒不能分勝負」。這麼簡單的方法僅適用於盈餘成長率為零的公司，但這樣的公司是不存在的（長年虧損的公司是沒有本益比的）。

「盡信書不如無書」，同樣道理，不要說權益鑑價，連股票投資，都不宜參考表13-5中的本益比。反倒是美國股票大師華倫·巴菲特所主張的「一張股票如果你不想持有10年，那就不應該買它」。值得持有10年，前提是能未卜先知 —— 預測它未來的獲利、終值（採重置成本法）；不看10年，至少也得看4年。

表13-5　常用二種本益比的缺點

	每股盈餘	缺　　點
歷史本益比：證交所、報紙行情表提供	以2002年1月來說，過去1年盈餘指2000年10月至2001年9月（第3季），因2001年10～12月季盈餘，跟2001年年報（至遲2002年4月15日須出爐）一起	歷史不太重演
預測本益比：投顧、券商、投資刊物提供預測每股盈餘	以年度為單位，2002年3月所用的預測年度為2002年，而不是「滾期的1年」（即2002年3月迄2003年2月）	1. 犯了「一葉落而知秋」的局部謬誤 2. 技術上，應以未來12個月為預測期

五、實際運用

本益比法（或擴大的說倍數法）因為有股價因素，所以受時空影響頗大，比較不像基本價值那麼穩定，在實際運用時宜特別注意表13–6中的要點。

表13–6　本益比法運用時注意要點

比較標竿	說　明
一、跨國比較	1.考慮變現力 2.考慮各國預測GDP成長率（會反映在上市公司的盈餘、股利成長率）
二、同一地區 　(一)跟其它資產比	1.Fed公式：殖利率以7年期公債為準 2.實務公式：益本比>R_f+8%
(二)跟其它股票比 　1.跟大盤比	希望有比價倫理存在，如大盤PER 30X、電子股（或台積電）是其1.5倍，即45X
2.跟同一產業比	小心負債比率不同
3.跟相似公司比	相似公司不好找，尤其是併購時（有併購溢價）
三、跨時（趨勢） 　分析	1.可做出PE bang（本益比帶），了解上限、下檔 2.實際—預期本益比線圖（缺口）關係

六、盈餘倍數法的衍生

權益獲利有很多種衡量方式，包括權益自由現金流量、盈餘、現金股利，那麼本益比法中的「益」就沒有一定要用每股「盈餘」不可的道理，本益比三種衍生型也就呼之欲出了。

(一)股價股利比

誠如第七章第四節中把股利折現法視為盈餘折現法的特例；同樣的，股價股利比（price/dividend ratio）也有人用。

$$股價股利比 = \frac{P_0}{DPS_1} = \frac{1}{股利殖利率}$$

本方法的優點在於可倒算出股利殖利率，然後跟無風險利率相比，基於資產間的比價倫理（如第八章第二節所採的權益必要報酬率等於無風險利率加8個百分點），去判斷股價是否高估。或是純粹實證導向的，採取迴歸方式，以研究權益風險溢價跟股票報酬率間的關係，詳見下例。

$$股票報酬率_t = 0.0647 + 1.34 \, (股利殖利率_{t-1} - R_{f,\,t-1})$$

$$(1.18) \quad (1.9)$$

$$R^2 = 0.80$$

這是我們編出來的例子，變數未經單根檢定，純從模式解釋能力八成、權益風險溢價項t值（即1.34係數下面數字）顯著，可見股利殖利率在「預測」股票報酬率上的用途。

表13-7　由（盈餘）折現法公式推演出倍數法公式

§7.3盈餘折現法	Chap. 13舉　　　例
§7.4股利折現法　　　$P = \dfrac{DPS}{R_e - g}$	§13.2股價股利比 $\dfrac{P}{DPS} = \dfrac{1}{R_e - g} \cdots \cdots \langle 13\text{-}5 \rangle$ 1.其中股利殖利率 $= R_e - g$ 　因為 $DPS = (R_e - g)\, P$ 2.套用EPS和DPS的定義 　$DPS_1 = EPS_0 \,(1+g) \times 股利支付率$ 所以 $\langle 13\text{-}1 \rangle$ 式可改成 $\dfrac{P_0}{EPS_1} = PE_1 = \dfrac{股利支付率}{R_e - g}$

㈡股價現金流量倍數

　　盈餘的雙胞胎是現金流量，那麼邏輯上來看，也可用自由現金流量來代表；因

此就有下列二種：

$$股價權益自由現金流量比 = \frac{股價}{權益自由現金流量}$$
(price/FCFE ratio)

$$股價公司自由現金流量比 = \frac{股價}{公司自由現金流量}$$
(price/FCFF ratio)

㈢盈餘資本化率

從本益比更進一步推論出美國實務人士常用的盈餘資本化率（future EPS capitalization rate），詳見〈13–6〉式，並且有數字例子說明。

$$本益比 → 資本化率 \xrightarrow{1+g} \frac{未來盈餘}{資本化率} \cdots\cdots \langle 13\text{--}6 \rangle$$
(capitalization rate, cap rate)　　g：EPS成長率

$$PER = 25 \times cap\ rate = \frac{1}{PER} \quad 假設 g=5\%$$
$$= 4\% \times (1+5\%) = 4.2\%$$

◆ 第三節　股價營收倍數法

對於沒有盈餘的公司，本益比無用武之地；窮則變，變則通，於是找「未來」盈餘的代理變數、領先指標，營收便是第一人選；因此便發展出營收倍數法。1996年以來，本法最常用於沒有盈餘、低淨值的網路股的鑑價，詳見圖15–5。

一、跟股利折現法連結

營收比也可以跟股利折現法牽上關係，由下列定義的運用，帶入股利折現法的戈登成長模式，便可得到最後的關係式。

$$DPS = EPS_0 \times \frac{D}{EPS_0}$$

$$=\text{Sales}\times\frac{\text{EPS}}{\text{Sales per share}}\times\frac{\text{D}}{\text{EPS}}$$

$$純益率=\frac{\text{EPS}_0}{每股營收}$$

$$股利支付率=\frac{\text{D}}{\text{EPS}}$$

$$P_0=\frac{\text{DPS}_1}{R_e-g}$$

$$\frac{P_0}{\text{Sales}}=PS\frac{純益率\times股利支付率}{R_e-g}$$

二、運用於品牌鑑價

營收比常用於價值經營（尤其是行銷中的定價策略）和品牌鑑價（完整討論詳見第十一章第一節），後者主要的邏輯在於品牌有價，即「超額利潤」或「品牌溢價」（brand name premium），簡單的說：

1. 以權益價值表示：

品牌價值=$(PS_b-PS_g)\times$營收

b: 全國著名品牌

g: 一般性產品（generic product），常見的是地區品牌，甚至沒沒無名品牌、無印良品

2. 以公司鑑價表示：

品牌價值=$[(\frac{\text{CV}}{\text{Sales}})_b-(\frac{\text{CV}}{\text{Sales}})_g]\times$營收

營收比在品牌鑑價能派得上用場，主因在於上一段中，它包含純益率，把營業淨利（operating income）取代盈餘（net income）。

三、美商潘韋伯公司的鑑價方法

本小節以擅長食品業鑑價的投資銀行美國潘韋伯公司為例，說明上小節方法在實務上如何運用。一般來說，潘韋伯公司評估食品公司的併購價格會考慮下列四項

因素。

1.目標公司的市場價值，即同類型公司最近的併購價格，例如銀行的併購價格常為其帳面價值的1.25至2.5倍。

2.目標公司目前的實際價值，此外也考慮目標公司資產重估後的價值。

3.經各項公司重建後的預估價值，也就是買方併購賣方，經適當「整修」後再予出售的價值，這是美國的投資銀行業者和財務購買者常用的鑑價方法。

4.經由併購後目標公司產生綜效的總合價值，也就是採取類似股東價值分析法的計算方法，把目標公司的未來現金流量加以折現，此為美國併購公認採行的方式。但由於未來現金流量牽涉到狀況假設與預測，因此只能得到預測範圍而不是某一個預測值。有關折現率的考慮，詳見第八章。

至於未來現金流量的預估尤其不容易，因此潘韋伯公司發展出「不傳之秘」的計算方法，以食品公司的價值主要依據營業額和營業現金流量來替代未來現金流量的預測值。例如食品公司的收購價格倍數大約為年獲利現金流量的10至12.5倍（指1988到1989年的時期），詳見表13-8，一般產業為9.5至10.5倍，實際的倍數完全依買方的意願（即收購後可產生的綜效）而定。在此考慮一個簡單的例子，以年現金流量4400萬美元為計算基準，考慮6至9共四種倍數和10～13%四種折現率，取其中間的四個折現值，求其平均數約為2.96億美元即為目標公司較合理的價值。

◆ 第四節　股價淨值倍數法

「漲時重勢，跌時重質」，這是股市投資的經驗法則之一，如何衡量「質」，最具代表性的方法便是股價淨值倍數，例如股價跌破淨值的，便以股價見骨來形容，指出已超跌。每次股市一重挫，報刊上便可看見「股價淨值比率」，指出股市哪裡有便宜貨。

一、帳面價值 vs. 淨值

光一個「帳面價值」（book value）並不足以達意，在股價帳值比中指權益帳面價值（book value of equity），也就是淨值、業主權益。難怪，有些人使用股價（每

表13-8　併購價格分析表

X：倍數

價格倍數基準	倍數基準			
	低	中	平均	高
年營業額（Sales）	0.2X	0.8X	1.0X	3.0X
年營業淨利（operating income）	5.9X	11.0X	14.2X	25.2X
稅前現金流量（gross pretax cash flow）	4.1X	8.3X	10.0X	19.7X
稅後淨利（net income）	15.4X	23.8X	27.2X	49.2X
帳面價值（book value）	1.6X	3.6X	3.8X	7.5X

※營業淨利是指「（營所稅）稅後營業利益」。

資料來源：普惠財務管理顧問公司。

圖13-3　信用貸款敏感分析

現金流量(4400)　　　　　折現率　　　　單位：萬美元

倍數(×)	10%	11%	12%		13%
6×	–	–	–		–
7×	–	27748	27500	←平均數	29597
8×	–	31712	31429		–
9×	–	–	–		–

股）淨值比（price/net worth ratio）此一名稱，這比每股帳面價值達意，因為帳面價值易讓人誤以為是總資產的帳面價值。實務上，也以「股價淨值比」此一名詞比「股價帳面價值」（或簡稱股價帳值）通用，這點我們樂於入境隨俗。為了跟本益比對仗起見，我們稱它為淨值比；這比淨值倍數「節約」用詞一些。

二、股價淨值比

股價淨值比以資產負債表的每股淨值為核心，所以有「資產負債表法」稱號。在倍數法工具之中，屬於比較靜態特性的方法。應用於製造業似乎比服務業為佳，主要原因在於服務業公司沒有高比率的固定生財設備，因此，資產的帳面價值不十分重要，反而是獨特的創新技術和服務比較重要。把企業的經營期間拉長來看，每股淨值的正值通常是反映長期的盈餘累積，呈現負值的情形十分罕見（除非經營不善倒閉或是經營者舞弊）。因此，以股價淨值比作為衡量投資標的價值有其穩健性和妥適性。

三、股價淨值比的超連結

就跟「一表八千里」這句話所形容的，從族譜去尋根，往往會發現同出一源。只要適當的透過定義追本溯源，淨值比也找到淨現值法的同一源頭。

㈠跟股利折現法連結

由下列的推導過程可以容易發現竅門在硬把每股盈餘化成淨值乘上權益報酬率，如此便可以把淨值比，採用「已成立」的淨現值公式。由此看來，有人認為淨值比足以反映出淨值的未來成長，即高股價顯出該公司淨值有成長（來自獲利）機會；至於本益比則反映出盈餘的未來成長。

$$P_0 = \frac{定義}{r-g} \quad \leftarrow \quad 定義 = DPS_1 \times \frac{D}{P}$$

$$= \frac{EPS_0 \times \frac{D}{P} \times (1+g)}{r-g} \qquad DPS_1 = EPS_0 \times (1+g)$$

$$= \frac{BV_0 \times ROE \times \frac{D}{P}(1+g)}{r-g} \qquad EPS_0 = BV_0 \times (1+g)$$

移項（兩邊各除 BV_0）

$$PBV = \frac{P_0}{BV_0} = \frac{ROE \times \frac{D}{P}(1+g)}{r-g}$$

$$= \frac{ROE \times \frac{D}{P}}{r-g} \qquad 假設單期\ g = ROE(1-\frac{D}{P})$$

$$= \frac{ROE - g}{r-g}$$

(二)跟本益比的連結

淨值比可說是本益比的衍生,由〈13-7〉式便可看出,可說是本益比跟權益報酬率的「調和」(reconciliation)。此時,如果用必要權益報酬率代入,所得到的便稱為「基本」淨值倍數(intrinsic PB multiple)或「理論」淨值倍數(theoretical PB multiple)。

也就是透過預期的權益報酬率,使得看似以歷史(或會計)資料為基礎的淨值、淨值比跟未來掛勾。淨值倍數法跟本益比法的關係:

$$\frac{P}{B} = \frac{P}{E} \times \frac{E}{B} \cdots\cdots \langle 13\text{-}7 \rangle$$
$$\qquad\quad \uparrow \quad\ \uparrow$$
$$\qquad 即\,PER\ \ 即\,ROE$$

(三)臺灣的實證支持

淨值比在臺灣的實證之一為蔣欣孜(1998),以10支半導體股為對象,比較二種淨現值法、三種倍數法、選擇權定價法,計算出理論價值,結果是淨值比所算出的理論價值跟股價價差最小 —— 全期時(1994~1998年),但在半導體景氣大好時,以現金流量折現法的價差最小。

四、淨值倍數法衍生型

(一)托賓Q——價值投資法的運用

美國學者托賓(Tobin)所推出的Tobin's Q(或托賓比率)也是屬於淨值比的

修出。由〈13-8〉式可見，只是把重置成本替換分母的帳面價值。

　　不過，要由托賓比率大於1（或1.2）來推論股價偏高，似嫌勉強；因這只考慮現有資產的價值，未考慮未來獲利機會的價值。

$$\text{Tobin's Q}=\frac{\text{股價}}{\text{（每股淨值）重置成本}} \underset{<}{\geq} 1 \begin{array}{c}\text{股價高估}\\ \text{股價低估}\end{array} \cdots\cdots \langle 13\text{-}8\rangle$$

㈡重置成本在投資時的運用──重置成本概念股

　　在空頭行情時，投資人重質（即「跌時重質，漲時重勢」），因此重置成本概念股往往會抬頭。以1997年9月，臺股因受東南亞金融風暴影響，從10210點下跌，許多股價跌破（每股）重估價值（或稱為重置成本）──例如臺芳、立大、源益、新銀行等資產類股。大抵來說，這屬於價值投資的特殊情況。

㈢Estep T分數

　　托賓Q是知名度最高的淨值比的衍生型，但也只是初步加工罷了。有些人像美國Estep（1985）推出股票報酬率的預測公式，基本精神仍跟第六章第五節折現法公式彙總一樣，把權益報酬率、成長率和淨值比放在一起；也就是多考慮權益報酬率成長率一項。

五、限　制

　　樹長得再高，也長不到天上去；縱使淨值比可跟盈餘連結上，但盈餘跟股價的關係卻很淡，因此站在鑑價立場，淨值比的用途實在很有限。膚淺的說，淨值只是業主權益的現值罷了，並沒衡量未來獲利機會。

　　美國加州大學柏克萊分校教授Stephen H. Penman（1996）的研究並不支持權益報酬率是本益比、淨值比的好指標，他的研究期間涵蓋1968～1986年，每年研究對象約2574家上市公司。

六、淨值倍數法在選股的運用

　　根據彭博（BloomBurg）統計資料顯示，如果以2002年1月4日臺股收盤價，以及3日美股收盤價計算，那麼臺灣佔摩根權值比重超過1%的重量級股票，其股價淨

值比除傳統產業股仍多不足2外，其餘包括半導體、PC、通訊股票，包括台積電、
威盛、華碩、鴻海等龍頭股之股價淨值比，已紛紛達5以上，跟美國龍頭股英特爾、
應用材料、思科等不分軒輊，詳見表13-9。究竟臺股目前價位算不算高？後市對外
資還有無吸引力？有三個不同角度來回答這問題。

表13-9　臺、美主要個股股價淨值比

臺灣			
宏電	1.40	中國商銀	1.32
日月光	2.42	旺宏	1.97
華碩	5.82	南亞	1.11
中鋼	0.95	廣達	7.96
中信銀	1.33	台積電	5.86
仁寶	3.06	世華銀	1.24
一銀	0.97	威盛	5.65
台化	1.12	華邦	1.43
台塑	1.67	聯電	3.0
鴻海	6.42		
美國			
AMD	1.60	IBM	9.69
Altera Corp.	8.57	HP惠普電腦	3.19
應用材料	4.88	Apple 蘋果電腦	2.11
英特爾	6.64	思科	5.54
國家半導體	3.54	微軟	7.69
摩托羅拉	2.48	昇陽電腦	4.24
戴爾電腦	15.83	雅虎	5.62
Nokia	13.02		

註：以2002年1月3日收盤價為基準。

　　美國以半導體及PC、通訊大廠為主。

資料來源：彭博資訊，資料整理：新光投信。

㈠全球比較

　　部分法人因此認為，至少就短線來看，臺股價位不見得比美股更具吸引力，同樣產業的股票，臺股並沒有比美股便宜，就算外資持續看好後續景氣表現，但加碼臺股的空間應已有限，使臺股後續漲升力道減弱。

㈡跟歷史高檔比較

　　也有投信認為，股價反映股市對產業和企業前景的看法，只要股市願意給予更高的價格，本益比、股價淨值比就會持續升高；更何況臺股價位還沒到達歷史高檔區。

㈢不要一葉落而知秋

　　新光臺灣富貴基金經理劉忠平強調，股價淨值比僅為單一參考指標，並非絕對參考指標，如果跟臺股歷年股價淨值比相比，目前股價淨值比還未達高檔水位區。而且如果外資概念股或各產業龍頭權值股，其產業基本面狀況向上，股價就具有吸引力，資金就會持續湧進。以臺股跟美股近期連動性來看，雖然6000點是壓力關卡，但只要美股續漲，至少臺股相關股票就會再漲。（工商時報2002年1月7日，第3版，許曉嘉）

㈣價值型基金表現欠佳

　　由表13-10可見2001年各類型基金績效，就各類型基金的表現來看，科技型基金由建弘電子奪冠，統一奔騰與保誠高科技分居科技基金的2、3名，科技類基金的前三名在全部的基金中分居第6、第7和第11；中小型基金的前三名則居全體排名的第2、第3和第9。由此來看，這二大類型基金，在2001年均屬績優族群。

　　價值型基金的冠軍是瑞銀雅典娜，該基金在全部基金排名中居77名，顯見價值型基金去年表現並不出色。（工商時報2002年1月8日，第22版，陳淑梅）

表13-10　2001年各類型共同基金績效冠軍表

類　　型	基金名稱	年投資報酬率(%)
開放式	保誠外銷	80.66
科技型	建弘電子	60.39
中小型	保誠中小	80.35
價值股票型	瑞銀雅典娜	22.41
店頭	金鼎寶櫃	65.04
債券股票平衡	倍立利基	29.98
債券價值型	新光千里馬	16.84

資料來源：投信投顧公會。

【個案】統一併購美國威登，多金臺灣買得發狂

A Stateside Shopping Spree for Cashirch Taiwan

——美國商業週刊（*Business Week*）1980 年6月號

這是 *Business Week* 以聳動的標題，替統一併購威登所作的註解。

統一企業於1990年5月，以3.35億美元收購美國威登（Wyndham Foods Inc.）公司，報章雜誌強調此係臺灣民間單一企業海外併購的最大案件，而投資銀行業者則認為統一以極低的差價買下明日之星。雙方基本資料詳見表13-11。

表13-11　統一和威登雙方公司基本資料

項　　　目	買收公司（統一）	被買收公司（威登）
資本額	41.64億元	0.3億美元
業務（產品）	飼料、罐頭、麵包、乳品、沙拉油、麵粉等。營業額166億元，成長率15.65%	擁有Murray、Jack's、Jaskson's 等8個餅乾品牌。營業額3億美元，成長率65%
毛益率	29%	32%
純益率	11.9%	11.6%
營業地區	臺灣，外銷比率3.5%，外銷地區東南亞	美國，佔平價餅乾45%市場，擁有700多條 direct store delivery 系統的銷售通路
併購的主要收益	統一獲得國際行銷網路、「管、銷、產與食品業併購」的專業管理人才	
併購的方式和成敗	現金買入，現金0.85億美元，其餘為債權承接。資產總額129億，自有資本比率50.77%	資產總額3.02億美元。資產報酬率11.57%。股票市場總值3.35億美元
投資銀行	美商即得銀行（Kidder Peabody & Co., Inc.）	美商潘韋伯公司（PaineWebber Inc.）
股票市價	13億美元	3億美元
員工人數	4700人	2700人

註：1989年12月資料為主。

此併購案以低價成交，表現在：

1. 以3.35億美元購買3.02億美元資產的公司資產，控制溢價僅3300萬美元，僅及賣方公司資產的10%。一般而言，溢價約為資產的20～40%，溢價的來源包括商譽、管理資訊系統、管理人才……等。

2. 只比出價第二高的買方多付500萬美元，統一可說是驚險得標。

3. 跟近年來美國餅乾業併購案相比（表13-12），併購價格佔比價基準（base）倍數來看，除了營收倍數1.1倍略高於其它併購案外，其它以營業現金流量、營收倍數來看，皆顯著低於其它併購案。因此美商潘韋伯公司駐臺代表陳亮表示，統一併購案已成為美國餅乾業併購案的新典範。

表13-12　美國餅乾業併購案價格倍數分析比較表

買方公司／目標公司	依據1988年或LTM倍數值			依據1988年或LTM倍數值	
	營業額 (Sales)	營業現金流量 (operating cash flow)	營業淨利 (operating income)	本期淨利 (net income)	帳面價值 (book value)
統一／Wyndham	1.1X	8.5X	9.6X	N/A	N/A
百事可樂／Walker's Smith's	2.9X	N/A	19.8X	N/A	N/A
Britannia Brands Pte/RJR Nabisco	0.9X	N/A	12X	N/A	1.4X
Wyndham/Murray	0.9X	9.3X	11.9X	N/A	N/A
Private Investor/Interstate Bakerys	0.5X	12.4X	19.5X	27.3X	3.7X

說明：LTM：截至當日。

原本潘韋伯公司出價3.5億美元，這是依據威登1990年3月31日已知利潤的9倍算出來的。經與統一等協商後，併購價為3.35億美元，依照威登1989年稅前息前現金流量（EBITA）的9.5倍，及當年截至當日稅前息前現金流量的8.5倍計算出來。

那麼統一如何能「低價」併購威登呢？正確評估威登公司價值為必要條件，除了代表賣方

公司的潘韋伯公司的鑑價外，統一的併購小組、投資銀行業者 Kidder Peabody 公司也有自己的一套，彼此互相磋商，合理價位於焉產生。

在競爭者分析方面，雖然賣方公司及其各類搭檔，不會洩漏競標者（及其代表）的名單，但一般來說，側面打聽的結果也是八九不離十。針對競爭者的目的，可預估其可能出價的範圍。就以此案來說，美林證券公司併購的目的主要為立即銷售或資產分割銷售，以賺取轉手價差，由於未大幅增加賣方公司的價值，轉售的價格不致太高（尤其是分割銷售），因此在購併時出價往往較低。

賣方分析方面，由於威登的主要股東 Mason Best 公司（德州的石油公司）急欲出讓威登，以彌補房地產投資的虧損，因此較可能「低價」求售。且在併購策略上，統一從跟威登董事會洽談中，臆測威登董事們對威登情有獨鍾，較喜歡將公司賣給永續經營此業的買者，讓流血淌汗創立的威登能名存實留。也就是說視統一為策略購買者而不是財務購買者，而把公司售予統一以符合威登的長期發展策略。

◆ **本章習題** ◆

1. 你同意倍數法是「先有股價再來計算各種倍數」的說法嗎？即隱含「存在就是合理」？

2. 以表13–1為底，用四種標竿來計算理論股價，看看哪種標竿最準（跟市價差距最小）。

3. 以表13–2為基礎，把過去3年20個產業三種倍數值資料找出，以作趨勢分析。

4. 承上題，但各年皆跟大盤相比、跟電子產業相比，後者以研究「產業（間）比價倫理」是否存在。

5. 跨國各股的本益比是否「不足為訓」？套用表13–9的基礎分析一下。

6. 採營收倍數法計算適合採取本法的產業中公司的營收倍數，看看五年值穩不穩定？

7. 請採§9.4伍氏盈餘估計法滾期（或移動）計算各年預估每股盈餘，看看會不會比表13–5二種常用本益比更會挑股票？

8. 股價淨值比較適合運用於傳統製造業（尤其是資產股），如何證明此主張？

9. 找一篇用 Tobin's Q 為實證基礎的碩士論文，你會發現好像背口訣般的皆假設物價上漲率3%，原因何在？

10. 價值型基金表現乏善可陳，原因何在？

第十四章

選擇權定價模式在鑑價的運用
——精密加工型市價法

愛因斯坦說：「提出問題要比解決問題重要得多。」

有效的管理即提出正確的問題。

Effective management always means asking the right question.

——羅伯特・海勒

Robert Heller

學習目標：

選擇權及其衍生運用（保本型基金、投資型壽險保單、投資組合保險、財務工程），是現代財管的必備知識，本章主要處理其在公司鑑價中二大項目（員工認股權、研發等實體選擇權）的鑑價。

直接效益：

介紹選擇權定價模式（OPM）及其相關衍生情況不屬於本書範疇，但是擔心你一知半解，我們用淺顯方式（利潤＝收入－成本）將公式中每一項做對照，釐清觀念原來很容易，剩下的計算就交給電腦軟體吧！

本章重點：

· B–S OPM。§14.1一

· 理論價值。〈14–5〉式

· 定價誤差。〈14–5〉式

· 選擇權定價模式的二大改良、發展主軸。表14–1

· 員工股票報酬的分類。表14–2

· ESOP對公司損益表的影響。§14.3一

· 嚴重價外（under water）。§14.3四

· 員工認股選擇權跟認購權證的差別。§14.3二、四、五

· 實體選擇權。§14.4

· 複合式選擇權在循序投資案中示例。圖14–1

· 金融 vs. 實體選擇權五大變數比較。表14–3

· 如何計算實體選擇權中的報酬率變異數。表14–3

· 專案價值。§14.4三

前言：選擇權定價模式，大大好用！

選擇權定價模式是財務管理中最普遍運用的模式，具有下列二種「有病治病，沒病強身」的功能：

一、針對「或有權利」（contigent claims）部分

1.本身即是選擇權：公司內發給員工的認股權，詳見第三節。

2.任何或有權利：例如BOT得標廠商的優先議約權、老股東的優先認購現金增資股票權利，到採「礦」（其實任何特許經營執照皆是）權等，詳見第四節。

二、任何資產的鑑價

這不屬於本章範圍，例如股票價值。

如果你以前學過此方法，但又一知半解；或者你完全是門外漢，也不用擔心本章會「高來高去」。本章採深入淺出的方式說明，應能讓你對運用選擇權定價模式「第一次就上手」！

◆ 第一節　選擇權定價模式快易通

本書中並沒有必要介紹選擇權定價模式，但為了讓你可以明瞭它只是市價法的精密加工型，所以不得不言簡意賅的介紹。

一、靠太近，反而看不清楚

「模糊的近照」起因於相機太靠近人，以致沒有足夠距離把影像呈現出來，這是「靠太近，反而看不清楚」的生活實例。在財務理論中，最令人肅然起敬、使用最廣的模式則為選擇權定價模式（option pricing model, OPM）——因係 Black & Scholes（1973）提出基本型，因此又常稱為 B–S OPM，其餘大都只是其附帶考慮一些條件而局部修正，稱為 B–S derivatives。

甚至有些財務金融碩士還摸不清選擇權定價模式的真義，只因公式太複雜。

二、取巧的處理方式

如何從迷宮中找出路?下述是我們取巧的作法,也適用於所有的語義(或學派)叢林。

㈠鳥瞰全局,化繁為簡

我的博士論文是有關於在 B-S OPM 中放寬一個假設(即以預測標準差取代歷史標準差),可說是拿顯微鏡來看鑑價方法,以致看不清楚其地位。必須拉個遠鏡頭看它最核心的公式,才會恍然大悟:原來它只是市價法的精密加工罷了! 簡單的說,光是標的證券價格一項便佔選擇權理論價值的八成以上,報酬率標準差的影響力不到一成,有無風險利率的影響力可說微不足道。至於剩下的市價怎麼加工? 那是技術問題,犯不著「越描越黑」、「失去焦點」,如同技術分析指標中最常用的相對強弱勢指標(RSI),99.9%的人皆只會用,而無法寫出其公式;至於如何計算,那是電腦軟體的事。

財務管理中定價模式的精神其實很單純,由〈14-1〉式便可看出,資產的價值來自於其能創造的利潤,而這又取決於(預期)收入減掉成本(如買股票的成本)。

用這樣的精神來看選擇權利金的「理論價值」的計算——即選擇權定價模式,那就顯得一目了然了。「選擇權」是指你可以用「履約價格」(exercise price 或 strike price)去取得「標的證券」(underlying securities)的權利,我們由〈14-2〉便可看得清楚,重點在於股價、履約價格,其餘項目只是基於未來股價的機率分配(以股價報酬率標準差衡量)、折現率來調整罷了。

由〈14-1〉式可看出我們以2002年1月3日統一08(或標示為日盛08)權證為例,其標的證券為仁寶電腦,權證收盤價17.50元,由〈14-2〉式可看出這包括二部分:實質價值(可視為屆期日時之價值)和時間價值,實質價值隨時可算出,所以選擇權定價模式要計算的是時間價值。

這樣來解構選擇權定價模式是不是清楚、簡單多了?

利潤=收入−成本⋯⋯〈14-1〉

Black & Scholes(B-S)(歐式)選擇權定價模式

$$\underset{\substack{\text{權利金}\\\text{理論價值}}}{C=}\underset{\substack{\text{股價}}}{S}\,\underset{\substack{\text{股價機率分配值}}}{N(d_1)}-\underset{\substack{\text{履約價格}}}{X}$$

$$\underset{\substack{\text{現值}}}{e^{-rt}}\,\underset{\substack{\text{機率分配值}}}{N(d_2)}\cdots\cdots\langle14{-}2\rangle$$

仁寶權證（2002.1.4經濟日報21版）2002年1月3日收盤價17.50元，理論價值計算：

$$19=(47.10{-}0.4)N(d_1){-}33.87e^{-rt}N(d_2)\cdots\cdots\langle14{-}3\rangle$$

仁寶股票收盤價最新履約價（證權行情表上的結算價到期日2002年10月30日）：在標的證券價格方面，我們以仁寶收盤價減去現金股利現值「0.4元」（此部分大抵為過去5年平均值），為了簡化起見，此處不計算其到預估除息日的現值。

買權權利金　＝　基本價值　＋時間價值（又稱為外部價值）
(call premium) (intrinsic value) (time value)　……〈14-4〉
17.50=(47.10-0.4-33.83)+4.63
市　　價　＝　　理論價值　－　定價誤差
(actual price) (theoretical value) (pricing error)　……〈14-5〉
17.50元=19 元-1.5元

㈡大同小異，萬變不離其宗

選擇權定價理論是財務管理領域中的顯學，各種定價模式推陳出新，一如過江之鯽，連專攻選擇權定價的學者都可能吃不消。但從大的來看，這些「改良」可分為二大部分，詳見表14-1；然而，千萬不要被複雜的公式、圖形弄得頭暈目眩，以美式選擇權基本型來說，對市價約有九成的解釋能力，後續在模式本身的改良只是「畫蛇添足」，彌補10%的不足罷了。

至於基本型選擇權的產品改良，可衍生出各式各樣的情況，但萬變不離其宗，跟銀行的基本放款利率一樣，大部分企業貸款依此小幅加碼、減碼，但不會離太遠。

同樣的，附條件選擇權的理論價值也是在基本型選擇權理論價值加加減減罷了，卻也八九不離十；說句「反智」的話，縱使沒用修正過的選擇權定價模式來鑑價，只憑經驗，往往「雖不中，亦不遠矣」。尤其是複雜情況（例如第三節七中所談的多重重設型權證）下的選擇權定價，可能缺乏現成軟體可用；難道Black & Scholes 1973年推出選擇權定價模式以前，具選擇權性質的證券（研究重點在轉換公司債）的定價就停擺了嗎？

表14-1　選擇權定價模式的二大改良、發展主軸

類比於自然科學 類比於研發	基礎研究製程技術	應用研究產品技術
說 明	模式本身改良： 1.計算準確性，以避免系統性偏誤，尤其是： 　(1)隨機標準差 　(2)隨機無風險利率 　(3)除息值的預測（美式選擇權時） 2.計算精確性 　以差分方程式來設定函數 3.計算效率 　以節省電腦計算時間	附條件（或特殊情況）求解： 1.價差型、重設型選擇權，§14.3 2.實體選擇權§14.4 3.奇異選擇權

(三)就近取譬

選擇權最生活化的化身便是股市中的認購權證，因此，對於箇中老手來看第三節，一定會覺得「就近取譬，真是易學易懂」。

第二節 選擇權定價模式的限制

有些人把選擇權定價模式神化了——Black & Scholes榮獲諾貝爾經濟學獎也是主因之一，以致人們只是跟著流行使用，殊不知它有三個不同程度的固有瑕疵，而嚴重錯誤得甚至會誤導你。

一、開近光燈，能照多遠？

選擇權定價模式最大的問題來自於佔模式解釋能力八成以上的「標的證券價格」（一般為股價），但因一日股價不具有長期代表性（詳見第十二章第一節），因此依單日（或某時點）股價所算出的選擇權的價格（在認購權證等買權時，即買權權利金），其代表性不高，有如汽車近光燈無法看清更遠的距離。

(一)這個太離譜了

選擇權的權利金跟付訂金（例如總金額5%）取得預售屋的「登記權」是一樣的，而具有以大搏小的精神（此例為20倍），因此其價格變化幅度也是股價的n倍。例如2000年3月21日，大盤由低檔急拉而上，重登9000點大關，上下震盪逾600點，多檔個股開盤後由跌停急拉到漲停，上下震幅達10%以上的個股達260支，震幅最大的權證為南亞中信03，個股的震幅可說是小巫見大巫。

由這個例子，可以看出選擇權權利金「上沖下洗」的豪誇本性，但用此來看實質投資，豈不「太誇大了」？

(二)那麼把預測股價取代現行股價呢？

依「80：20」原則，提升選擇權定價模式長期解釋能力應從「股價」下手，例如以1年內預測高點（以台積電為例，2000年為250元）來計算台積電股票買權的價值。

二、戰術層級的偏誤——系統偏誤

羅盤到了南北極會受磁場影響而失去準頭，同樣的，選擇權定價模式也只有在價平時比較準確（跟股價差距在10%以內），但其它情況則呈現「內高外低」的系

統性偏誤（systematic error），詳見我博士論文第29頁。依Hull & White（1987）的實證結果來說，當股價和「股價報酬率標準差」（或簡稱波動性）正相關時，價內選擇權的理論價值高估，有凸鏡的放大效果；價外選擇權的理論價值低估，有凹鏡的縮小效果。如果二變數負相關時，則出現「內低外高」現象。

由〈14-5〉式你可以看出，理論價值和市價（實際成交價）是不一樣的，即理論價值高估（市價）10%（14.5元除以17.50元），也就是模式出現定價誤差，無法完全解釋市價。

所以美國、加拿大、多倫多選擇權市場，理論價值跟選擇權市價（在臺灣為認購權證價格）總有顯著差距。但不能由此推論市場無效率，反之，Gibson（1991）認為問題出在定價模式上。

三、戰技上的錯誤——實務人士用隱含波幅，可是大錯特錯

實務人士使用「隱含波幅」（即隱含標準差）來代入選擇權定價模式以計算理論價值，其作法是已知選擇權市價（因變數）、其它自變數時，倒推求得波動性；即類似X+2=5，那麼X=3一樣。

但是選擇權定價模式本來就有系統性偏誤，硬靠「標準差」這項目來撥亂反正，將會使得這數字被扭曲、每期上下波動很大（伍忠賢的博士論文，1997年，第22～24頁）。

就近取譬，1998年4月我車左前輪向右彎，所以方向盤必須往左打15度才能校正、車子才會走直線。這種人為校正，久而久之對輪胎、軸承皆會損傷，只好花1000元把它修好，這就是一個「系統性偏誤」（systematic error）的情況。

2000年4月11日，國巨股價再度攻上漲停板，股價站上58.5元。不過，以國巨為發行標的的相關權證，例如元富06、元大15，卻因為隱含波動率已高，權證價格並未因現貨價格漲停而大漲。寶來證券衍生性金融商品部表示，這兩支權證價內外程度分別為價內30.94%和價外9.74%，隱含波動率分別為77.54%和91.35%。（經濟日報2000年4月12日，第19版，夏淑賢）

這是一個報載使用隱含波動率所造成的錯誤，即標的證券股價大漲，而權證價格表現不如影隨形。

這個課題看似有點博士班課程的味道，然而我們特別挑出來談，只是再一次強

調「盡信書不如無書」，不能人云亦云，美國人、有些學者作錯了，不明就裡的跟
進，那就成為以訛傳訛了。

第三節　員工認股權的鑑價
——附帶條件時的選擇權定價模式

2000年2月，電腦網路設備龍頭思科（Cisco）公司股票搶手，執行長錢伯斯
（John Chambers）和七位高階主管趁股價正熱時出脫持股，獲利高達2.79億美元。

根據美國證券管理委員會（SEC）資料，錢伯斯以每股6.90美元行使認股權，
買進125萬股，2月11日以每股131.75美元賣出115萬股，資本利得1.429億美元。(經
濟日報2000年3月21日，第9版)

員工認股權（employee stock options），或是專指高階（副總級以上）管理者的
主管認股權（executive stock options），是員工入股制度（employee stock ownership
plans）的一種特例。如果連低階員工（non-managers）甚至兼職人員也可領到股票
選擇權（stock option grants），以股票取代部分現金給付的薪資制度，稱為「全員認
股權制度」（broad-based stock option plans）。

此薪資給付方式的目的，在於讓員工(尤其是高階管理者)能「當公司的股東」，
藉以減少「來自管理者」的代理問題。

一、股票薪資的會計處理

股票薪資的會計（或租稅）處理方式對公司、員工的稅負影響很大，美、臺方
式相差很大。
㈠美國情況

有關員工股票薪資的會計處理方式，美國會計準則委員會處理方式：
・規範：1972年發布的會計準則公報第25號（APB No. 25）。
・解釋：1998年的財務會計準則公報（FASB）的第44號解釋函（Interpretation
44）。
1.員工股票報酬的分類：員工股票薪資（stock compensaction）方式有多種分

類，由表14-2可見，有固定、變動二大類，各有二種以上中分類；其中績效為基礎的績效股票選擇權和績效股比較像臺灣企業的分紅入股制度；至於股票升值權利則只能拿價差，拿不到股票。

表14-2 員工股票報酬的分類

大類	固定報酬 (fixed awards)	變動報酬 (variable awards)
中類	1.服務滿幾年才能領取的股票選擇權 (time-vesting stock options) 2.限制流通股票 (restricted stocks)	股數或履約價格未定 1.績效股票選擇權 (performance-vesting stock options) 2.績效股 (performance shares) 3.股票升值權利 (stock appreciation rights)
會計處理	員工履約時往往未記錄	員工履約時須記錄

資料來源：整理自 Sylvestre & Hsu (2001), pp. 33～34。

2.股票薪資費用認列與攤提：以下列例子來說，對公司（grantor company）來說，當員工履約認股，則公司須認列支付16萬美元的薪資費用。

而這筆費用可從股票選擇權歸給員工到履約這段期間（假設1999年1月1日到2001年12月31日），共3年，每年攤銷5333美元。

衡量日（measurement date）：

市價　100美元
－ 履約價　20美元
(1)實質價值　80美元
(2)股數　2000股
(1)×(2)＝　160000美元

㈡臺灣情況

2002年1月4日，立法院通過促進產業升級條例部分條文修正案，為提升員工對公司向心力、鼓勵員工參與公司經營、分享經營成果，公司員工以其紅利轉成增資者，其取得的新發行記名股票，採面額課稅。(經濟日報2002年1月5日，第1版，林瑞陽)

二、歹誌大條囉！ ──員工認股權代表公司薪資的上漲

員工認股權對公司來說，是支付給員工薪資的一種方式，一旦低估其價值，將高估公司獲利；美國財務會計協會一直想解決此問題，1995年10月公布的財務會計準則第123號公報（SFAS No. 123），主要係依據B–S選擇權定價模式，來進行公平價值的鑑定。

㈠以微軟公司為例

倫敦的Smithers公司根據FASB設定的標準作一試算，發現美國的公司1998年度有誇大獲利近五成之嫌，高科技公司尤其嚴重。以微軟為例，公告的獲利為45億美元，但加計當年度發行員工認股權的成本和造成在外流通選擇權價值的改變，虧損高達180億美元。(工商時報2000年8月9日，第6版，林正峰譯自英國經濟學人週刊)

美國企業財報一項最甜蜜的謊言是員工股票選擇權竟不列入薪資費用。根據貝爾史坦（Bear Stearns）投資銀行最近公布的一項研究報告結果顯示，公司發給員工的股票選擇權明顯侵蝕公司的獲利。

美國會計法規，公司不需把提供給員工的股票選擇權列為公司支出的項目，每年僅需在年度財報中以註解的方式，標示出股票選擇權的金額。公司深知如果把股票選擇權列為費用科目，公司獲利勢必遭到侵蝕，因此為了美化財報，多數公司也都支持此一會計制度。

為了了解股票選擇權對公司獲利的影響，貝爾史坦股票研究部負責會計和稅務問題的經理麥克康奈兒女士，針對美國標準普爾500種指數，進行股票選擇權對公司獲利的影響分析研究。

研究後發現,如果把股票選擇權列為公司支出的項目,標準普爾500家公司1999年每股盈餘51.68美元，將縮減6%，1998年4%，1997年3%。

美國會計法規建議公司把股票選擇權列為公司費用科目，麥克康奈兒研究發

現，標準普爾500家公司中，只有波音公司和Winn-Dixie兩家公司把股票選擇權列為費用科目。

公司股票選擇權金額越高，對公司獲利的影響就越大。過去3年來的資料顯示，若將股票選擇權算計在內，標準普爾500種指數中有五大類股的公司，盈餘將因此劇減一成以上，其中以醫療服務、電腦公司的38%最高；電腦網路次之，達到24%；商業和消費服務則達21%；通訊設備製造公司有19%。

一項更令人震驚的是，要是把股票選擇權列為支出，標準普爾500種指數中有12家公司，1999年的財報將由盈轉虧。舉例來說，美光科技的營業淨利600萬美元，但若考慮股票選擇權的因素後，將變為營業淨損1.2億美元。（工商時報2000年9月5日，第7版，林國賓）

(二)那台積電呢？

臺灣跟美國對資訊揭露要求最大的不同，以1998年台積電為例，臺灣報表顯示獲利達153億元，經依美國會計準則轉換後僅剩下不到23億元，差異來自員工分紅的認列。在臺灣，由於員工分紅為公司章程所明訂，故以盈餘分配處理，把發放員工的股票以面額10元從保留盈餘扣除，但按照美國會計準則應將所發放的股票按公平市價認列員工酬勞費用，公司股價越高則所認列的員工酬勞費用越高。台積電1998年認列員工酬勞費用達125億元，其餘差異項目則金額不大。

(三)這跟低估員工退休金是一樣的

有人堅稱員工認股權成本的數字被誇大，如何計算也迭有爭議，但投資大師巴菲特表示，如果員工認股權不算薪水的一部分，那算什麼？如果薪水不算費用，那又是什麼？如果不把費用列入盈虧的計算，那該放在地球的何處？

理論上股價反映公司獲利，如果獲利灌水，投資人可能高估企業未來的獲利表現，導致付出太高的價錢買進股票。

三、員工認股權本質上是價外選擇權

臺灣的認購權證以價平發行為主，例如1999年10月13日寶來證券發行的認購權證。至於第1支價外認購權證，由元大證券於1999年10月27日發行宏電認購權證，履約價格88.5元，宏電收盤價59元，權證單位價格7.67元。此種嚴重價外的權證，

時間價值比價平、價內權證低很多，因此，跟股價連動性（或敏感性）相對較弱，即報酬率也可能較低。

不過，由於各公司員工認股權附加條件不同，單純情況下的選擇權定價模式難免力有未逮，常見的附加條件和解決之道，詳述於下。

俗語說：「貧者因書而富」，在美國則改成「公司董事長因認股權而富」，此「認股權文化」（stock option culture）風潮將吹向全球。美國《富比士》（*Forbes*）雜誌2000年5月15日那期，以2頁刊登美國報酬最高的公司執行長。不過，比較戲劇化的則為美國蘋果電腦公司執行長喬布斯（Steve Jobs）2001年年薪1美元外加一架飛機，價值4050萬美元，這架專機於2001年度交貨，列入喬布斯2001年度的收入。喬布斯2000年度獲得2000萬股的股票選擇權，相當所有在外流通股票的5%，每股執行價格為43.56美元，比一般員工低3美元。（經濟日報2001年12月28日，第9版，黃哲寬）

四、標的證券價格——有效期間

一般來說，員工認股權的有效期常超過1年，但鑑於可能嚴重處於價外狀態，可透過下列二種方式來解決：

1. （履約價格）重設型（reprice），詳見本節第七段。

2. 換約（即假設公司跟員工間簽訂員工認股權契約）。

美國威廉麥特管理顧問公司執行董事 Robert F. Reilly（1994），認為員工的投資期間較長，比較不會純以股價來作為標的資產價格（underlined asset price），此因股價短期內波動幅度太大。他認為成本法、獲利法中的淨現值法，所計算出的權益價值，皆可作為公平市價，不過SFAS 123號公報倒是主張以股價來看。

根據美國員工入股中心（National Center for Employee Ownership）在1998年針對98家大企業的調查，結果：

1. 入股選擇權有效期以4年為最多見，有些甚至長達10年。

2. 有36%的公司採取認股價格重設方式，當過去5個月平均股價重挫，使入股選擇權處於「嚴重價外」（或稱為水面下，under water）。

思科系統執行長錢伯斯（John Chambers）說，思科的決策總是以員工、股東與公司的最佳長期利益著想，而不是股市的短期變動。他們對員工相當公開，尤其是

讓他們明白長期機會。所以，思科把選擇權的期限由4年延長為5年，以及每年發放選擇權，而且不更改選擇權的價格。（工商時報2000年6月2日，第2版，蕭美惠）

五、履約機率

認購權證跟期貨的餘額交割比較像，投資人衝著選擇權的資本利得而來，所以很少人會要求換成股票（類似期貨的實物交割）。但員工認股權由於缺乏市場性，所以員工只有履約才能落袋為安。此時，在計算公司約當股數時，不能假設「在價內時，員工會全部要求認股」。也就是履約機率（美國紐約大學商學系教授 Carpenter 稱之為停止率，stopping rate）並不確定，這取決於：

1.員工獲利了結或僅止於變現力需要的念頭。

2.離職，分為志願（如退休）、非志願（如傷殘、被資遣），一旦離職，自動喪失ESOP的權利。

3.其它因素。

因此像Jennergren & Naslund（1993）等便提出修正模式，把此類變數（或採邊界條件方式處理）納入選擇權定價模式中。

六、缺乏變現力

員工認股權大都是「跟著員工走」的，也就是不可轉讓的；就跟很多公司的員工認股制度一樣，員工甚至連股條都拿不到，所以無法落袋為安。同樣的，員工認股權往往只在僱傭契約中載明，員工拿不到實體的認購權證，所以自然沒辦法拿出來賣或轉讓，這使得員工認股權出現變現力折價。

七、上下限型選擇權

有些ESOP具有「價差型」（或上下限型）認購權證的性質，稱為「上下限型選擇權」（barrier option），這分為上限型、下限型認購權證二種。以（市價）上限型認購權證為例，行使履約時設有上限價格，當股票收盤價達到設定的上限價位時，即視同權證到期，自動辦理現金結算。而普通權證不論標的證券漲或跌至某種程度，只要仍於存續期間，投資人皆可隨時行使履約。價差型權證是以標的證券的價格為

履約期限，普通型權證則是以時間為期限。

　　此種上下限型認購權證是一種獲利、風險有限的金融商品，投資人可用較低的發行價格，買到權證。發行券商也不必擔心資金積壓的問題，因為一旦股票收盤價碰觸到履約上限，該支權證即告到期，券商不必苦等到到期才能結束這支權證，馬上就可以把資金移轉出來，發行另一檔權證。

　　由此看來，上下限型選擇權其實只是在美式選擇權定價模式設定中，多增加一項邊界條件（boundary condition），其效果為權利金縮水；簡單的說，投資人買入一個買權、賣出一個買權（即發行人可在約定上限價執行買權）。

八、重設型選擇權

　　員工認股權的有效期間常長達數年，如果股價重挫，以致認股權處於嚴重價外狀態，此時認股權可說形同「望梅止渴」。為避免此情況，（履約價格）重設型權證（reset warrant）的推出，主要特點為發行人可事先約定在權證發行後，當股價（均價）跌破重設價格時，權證的履約價格將於隔日調降為重設價格，當然重設價格也可以不只一層。以下是雙層重設型權證的範例：

　　股價：100元

　　履約價格：100元

　　重設期間：發行日（含）起的30天內

　　重設條件：重設期間內任一日標的股收盤時，3日均價低於或等於重設價格時

　　重設價格：第一層重設價格為95元，第二層重設價格為90元

　　臺灣第一支重設認購權證是1999年7月8日發行的富邦01（台塑四寶組合型權證）。在員工股票選擇權時，此條款稱為「股票選擇權（價格）重設」(stock option repricing)。

◆ 第四節　專案鑑價──實體選擇權方法的運用

　　在事業部內常會進行各項專案，最具代表性的便是新產品的投資案，經常會面臨「做還是不做」(to be or not to be) 的決策。這是財務管理書中資本預算的重點

內容，但套用選擇權定價模式，比淨現值法更能衡量投資案（investment project）中經營彈性的價值（這是策略管理中的一個新興議題）。

一、專　案

專案鑑價（project valuation）跟專案管理（project management）中的「專案」指的是同一件事，主要是指價值鏈上各項活動產品研發、製程研發、行銷（例如廣告、促銷）、物流等，也就是可創造收入或節省成本，進而提升公司價值的活動。「專案」可以是正式編制（例如有專案經理），也可能是臨時編制的（例如計畫主持人）。許多英文的《專案管理》書中，專案鑑價只是其中一章。

二、實體選擇權

光講「實體選擇權」（real options）這名詞，很難令人望文生義，但了解複合字（一如化學所稱混合物）的最簡單方法便是加以分離。

㈠實　體

實體選擇權中的「實體」跟「經濟實體面」（相對的是經濟貨幣面）、直接投資（相對的是金融投資）中的「實質」是同一件事，不過為了避免跟物價平減後的「實質」經濟成長中的實質一詞弄混，可考慮譯為「實體選擇權」；香港稱為實物選擇權也很貼切。

㈡實體選擇權

了解了「實體」的意義，再來看「實體選擇權」就容易懂了；這是選擇權定價模式從金融資產往實體資產（physical assets）的延伸運用，所以並不是什麼新方法，如果說「實體資產選擇權」（real assets options）那就更容易明瞭了。

這是由選擇權理論大師 Brennan & Schwartz（1985）所提出，認為實體資產的價值包括二項：

1.資產本身的基本價值。

2.機會（opportunity）和經營彈性（managerial flexibility）的價值。

實體選擇權跟「媽媽」（選擇權）的遺傳基因（即染色體）相似，即可分為：

1.美式 vs. 歐式選擇權：以土地、礦產（如石油）、併購（甚至只是買飛機）意

向書等權利來說，契約有效期內，皆可行使權利，具有美式選擇權性質。歐式選擇權部分，詳見第三段。

　　2.單純 vs. 複合式選擇權：複合式選擇權的情況詳見第四段。

三、金融 vs. 實體選擇權定價比較

　　實體選擇權定價只是金融商品選擇權定價模式的運用，剩下的問題只是如何把投資機會等實物的各項屬性一一找出來，在這方面，美國亞歷桑那州Thunderbird（即宏碁標竿學院的美國合作夥伴）大學國際管理研究所財管教授 Timothy A. Luehrman（1998），在《哈佛商業評論》上有二篇循序漸進的文章，我們用自己的例子整理於表14-3，惟一比較要注意的是「實體」的波動性衡量。

表14-3　金融 vs. 實體選擇權五大變數比較

OPM五大變數	認購權證	實體選擇權 （以一個產品開發案為例）
一、標的 （underlying asset）	仁寶收盤價	產品的預期營收
二、履約價格 （exercise price）	權證履約價格（33.83元）	產品的研發、行銷等成本，可視為淨現值法中的 I（投資支出）
三、波動性（σ）	仁寶股票 報酬率標準差，例如0.4	產品預期每年投資報酬率標準差
四、存續期間（τ）	至2002年10月30日到期還有（假設）半年，τ= 0.5	從研發到產品上市
五、（履約價格）折 　　現率	無風險利率，以銀行一年期定存利率為代表	同左

㈠淨現值法只是OPM的特例

　　也許你會有個好問題：「為什麼不用淨現值法來求解？」淨現值法只是選擇權定價模式的一個特例，也就是存續期間為0，由〈14-6〉式可看出此時時間價值為0。

此時

$$C=S-X \text{ (OPM)}$$
$$=\pi PV-I_0 \text{ (NPV)} \cdots\cdots \langle 14-6 \rangle$$

即純粹或實質價值

講簡單的，如同公益彩券開獎前，一張投注單值50元（六合彩100元），這是發財夢的時間價值；等到開獎後，未中獎的投注單便成為廢紙。

拉回投資機會此一實體選擇權來說，今天用淨現值法算出的答案或許是虧損，此時你不會投資。但是如果你可以延後下投資決策，例如等著市場領先者先測試市場反應——像第十五章個案中第3代手機（3G），日本DoCoMo 2001年10月推出，臺灣業者觀察別人一年；這一年便是此「直接投資」實體選擇權，這一年的價值稱為專案價值（project value），可說是金融選擇權權利金的理論價值，要有交易才會有市價。

(二)策略彈性的價值

過度產能（excess capacity）一如汽車備胎以備不時之需，對公司來說便是意外訂單，這部分經營彈性如果對公司影響甚巨則稱為策略彈性（strategic flexibility，詳見拙著《策略管理》§6.4策略彈性），實體選擇權定價便可以計算出此經營彈性的價值。

四、循序投資情況下的實體選擇權

以投資計畫來說，即資本預算情況，大抵可分為下列二狀況：

1.彼此互斥的投資案，稱為「平行投資」（parallel development）。

2.前後連接的投資案，稱為「循序投資」（seqential development）。

由圖14-1可見，就跟手機可分為第1代、第2代、第2.5代過渡型（WAP手機、GPRS）、第3代（即2002年下半年推出的3G手機，可上網）一樣，每一階段的投資都會帶來收益，但也是為下一期預做準備，即取得下一波發展的選擇權。簡單的說，基本上包括二種選擇權性質：

1.歐式：惟有每一階段都成功了（例如第1代產品），才有資格談是否進軍第2

階段，這具有屆滿日才可履約的歐式選擇權的精神。

　　2.複合（compound）：跟士林夜市的特產「大餅包小餅」一樣，以圖14-1來說，在 T_0 時來看，共計有3個經營決策的「選擇權」，例如作了可行性研究（含pilot run 的先導性研發），以取得是否發展第1代產品的權利，同理類推。這連續2個（以上）的選擇權便是「複合式選擇權」，在此稱為「複合式實體選擇權」（multiple real options）。

圖14-1　複合式選擇權在循序投資案中示例

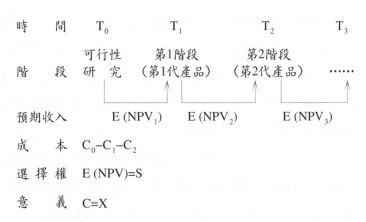

在BOT（興建－營運－移轉）案中，這包括：

　　1.擴張營運選擇權：以圖14-1例子，可視為第1代產品（或第1期計畫）進入第2代產品的權利。

　　2.延遲選擇權：主要是屆期是否繼續續約的權利，本質上如同期權（future option）。例如50年到期時（此部分為期貨部分），有優先議約權（此部分為選擇權）。

　　3.放棄選擇權（abandonment option），其價值稱為「放棄價值」（abandonment value），本質是承包商取得「賣權」所付出的權利金。

　　由於未來（預測期間）越遠，不確定性因素越大，以 T_0 時來看 T_3 時第3代產品的價值（共包括3個連續買權的價值），預測誤差會很大，故參考價值並不高。在方法論上，複合式選擇權定價模式的求解（計算）也很麻煩。

五、以臺灣高鐵BOT為例

有許多碩士論文運用本法於BOT案的研究，以臺灣高鐵為例，1997年9月，臺灣高鐵聯盟（出價3350億元）打敗中華高鐵聯盟（出價4205億元），取得優先議約權。但由於政府應辦事項（主要是土地徵收、貸款保證）爭議，交通部跟臺灣高鐵公司一直無法簽約，原本3個月的議約期一延再延，交通部最後讓步，而於1998年8月簽約；此時大陸工程、太電、富邦銀行、東元、長榮運輸等臺灣高鐵公司的大股東，正式由高鐵奪標股升格為高鐵概念股，股價也就扶搖直上，不再有後顧之憂。

以此例來說，臺灣高鐵公司以120億元的權利金（此例為押標金）參與競標，並繼續作為議約的訂金，一旦無法簽約或簽約後無法履約，押金將被交通部沒收。在1998年上半年，臺灣高鐵奪標股因可能投資金額（表現在120億元押標金上）可能付之東流，因此股價曾經黯淡了一段時間。

由陳宥杉（1999）套用Quiqq（1993）版的實體選擇權定價模式來計算，由下式可看出，臺灣高鐵BOT的延伸淨現值。雖然用詞有些差別，但從取得優先議約權到簽約這段期間的等待價值，其實就是選擇權價格中的時間價值。以這個例子來說，淨現值價值只佔延伸淨現值（或稱專案價值，project value）的55%，權利價值佔45%；即淨現值法會低估BOT案的價值。

選擇權價格=實體價值+時間價值

延伸淨現值=淨現值 + 等待價值
(expanded NPV)（NPV）(waiting value)

1954.49億元=1169.2億元+785.29億元

◆ **本章習題** ◆

1. 用你手上的OPM軟體，計算任何一支認購權證的理論價值。

2. 以〈14–5〉式為基礎，找一支價平或價值附近（0.95S<X<1.05S）的認購權證，用OPM軟體算出理論價值，求出定價誤差多少？

3. 二項式、三項式OPM的計算方式，其實是把歐式改成美式選擇權定價模式，你同意這個說法嗎？

4. 請作表整理美、歐、臺對ESOP會計處理的差異。

5. 就訓詁的觀點，嚴重價外（out-of-the-money）為何會用under water 一詞？

6. 以§14.3二、四、五為底，作表整理員工股票選擇權跟認購權證的異同。

7. 實體選擇權（real option）中的real為何不用 physical 一字呢？

8. 找一個實體選擇權的例子，看看如何計算出報酬率變異數。

9. 找一本有關實體選擇權的碩士論文，看看其專案價值的金額和涵意。

10. 選擇權定價模式有10%左右的定價誤差，那麼複合選擇權會不會有「將錯就錯」的更大幅度定價誤差呢？

第四篇

鑑價專論

第十五章

高度不確定情況公司鑑價
——以網路股鑑價為例

美國家喻戶曉的家電製造商美泰格公司(Maytag)前執行長華德(Lloyd D. Ward) 2000年11月轉換跑道，投效剛成立的網路二手車銷售網站iMotors，擔任董事長兼執行長，曾讓企業界震驚不已。

華德說：「有人對我說，你不覺得自己等於被降級？我回答說：如果我追求的是表現和新發現，目前這個工作正是最好的機會，這對我是最好的安排。」

面對各界質疑iMotors能否生存，53歲、非裔美籍的華德表示：「我認為，這個網站有朝一日會躋身財星500大企業，但我沒把握它是否能夠列入前100大。」

——經濟日報2001年2月17日，第9版

學習目標:

每個時代都有高度不確定情況的新興產業出現（1995～2000年網路、2001～2010年生技），如果不盲從而能執簡御繁、知古鑒今的來鑑價，本章以網路股為例，詳載歷史，讓你如臨現場。

直接效益:

網路書刊報導多如牛毛，終其一生也很難看完，本章以一章篇幅讓你比大部分網路業者還要更「巷啊內」（內行的)!

本章重點:

- 網路服務業跟有線電視業類比。表15-1
- 本夢比。§15.2一
- 荷蘭鬱金香狂熱(Tulip Bubbles)。§15.2八
- 網路營運方式和收入來源。表15-5
- 經營方式。表15-5、§15.5充電小站
- 電子商務的夢幻和本質。表15-6
- 電子商務的本質。表15-7
- 網路商店交易的限制。表15-8
- 1999～2004年B2C市場規模。表15-9
- 按鈕滲透率。§15.4五
- 以汽車和周邊事業來說明「經營模式」。表15-10
- 曾煥哲的網路投資觀。§15.4八㈡
- 實務人士的網路股鑑價方式分解。圖15-5
- 美國網路股的鑑價方式。表15-11
- 預測水準舉例。圖15-6

前言：重點在於產業分析，不在於鑑價方法

1997年以來，美國網路類股狂飆，1999年10月，臺股也流行「那斯達克狂熱」。美國的網路股夢作了5年，到了2000年3月10日，那斯達克指數5048點歷史高點，本益比近300倍，終於遇見了「夢醒時分」。事隔2年以上，回頭來看，可能會覺得投資人怎會這麼愚蠢，竟然當了「最後」一隻老鼠，但如果手上一堆雅虎、美國線上(AOL)、和信超媒體(Giga)的股票，可能就會捶心肝了。

一、毒舌派源自長期的觀察

我很服膺美國石油大亨保羅‧葛提(Paul Getty)的一句至理名言：「聽人建議，不如了解其資訊有多少」(No man's opinion is better than his information)，希望藉由此文來看「如何見怪不怪」，不要有盲從的羊群行為。當然，在下文中，還破解魔咒。

1999年11月以來，臺灣股市走美股風，網路股走紅。這自然是反映時代潮流，但問題在於網路股的價值該如何評估。有些人認為這遠超過傳統財務管理的經驗，但事實上是這樣嗎？我們認為「不是」，請看我們如何用老方法來合理回答。

二、新是銀，舊是金

「開門見山」、「一針見血」的結論式敘述，頗適用於網路、軟體股的鑑價，當有人主張鑑價方法（尤其是盈餘倍數法）派不上用場，有些人提出各式各樣的摸象感言。我們想在本章前言，套用荷商華寶證券公司總經理於貼勳的話：「電子商務，重點在於商務，而不是電子。」（經濟日報2000年2月14日，第3版）

同樣的，網路股的鑑價，「重點在於（產業、公司）分析，而不在於鑑價方法」。

在第二、三節中，我們詳細破解「高科技類派上天，以致傳統方法不適用」的迷思，而這可說是第十二章第一節中的核心主張「股價只能參考，不能盡信」的鐵證。

❖ 第一節　什麼是網路股？

全球的共同基金有4萬多支，但依資產種類又分為四大類（有點像生物分為動物、植物、礦物一樣）；同樣的，網路股也是可以如此執簡御繁。

一、跟有線電視業類比，比較容易懂

許多專家談網路，總是一堆B2B、B2C、Protocal等專有名詞，他（或她）說得很清楚，可是別人卻聽得很迷糊。取巧之道在於就近取譬，例如表15-1，把網路服務業跟有線電視業相比，那就容易懂了。唯一沒納入的是網路設備業者，像美國的思科、臺灣的合勤便是其路由器很大的供應商；其角色就像第四臺的設備業者，像AT&T。至於像數位聯合(SeedNet)、亞太線上(APOL)、臺灣電話(TTN)可說是像中華電信、臺灣大哥大等電信公司，只是使用的通訊工具是電腦等罷了！

表15-1　網路服務業跟有線電視業類比

網路服務業	代表廠商	有線電視業	代表廠商
網路連線服務提供 (internet service provider, ISP)	中華電信、三家固網公司	系統業者（俗稱第四臺）	和信、東森
網路內容提供 (internet content provider, ICP)	蕃薯藤、PC Home、雅虎奇摩站、元碁資訊、旭聯科技、網擎資訊、夢想家媒體	頻道業者	和威（代表HBO、AXN、Discovery）、緯來
應用系統服務提供 (application service provider, ASP)，即軟體租售服務	仲訊國際、華訊國際、東捷、宇盟、旭網	影帶出租	百視達、嘉禾影視

註：ASP屬於軟體業務。

二、網路公司

依網路、軟體公司上櫃業務核准同意的主管機關工業局的定義，（網際）網路公司是指：上一年，網路相關營收需佔該公司營收50%以上。至於有些是「準」網

路股、母（以宏碁、中環最具代表性）以子為貴的網路概念股，其網路事業部分的
鑑價方式則跟網路股相同，限於篇幅，不再詳述。

三、網路服務業者近況

在市場規模部分，網際網路服務業者1999年總營收為64.1億元，相較於1998年
總營收為42.1億元，成長率達五成，詳見表15-2。

ISP基本上是拼錢的行業，以產業的市場集中度來看，前三大的ISP（網際資訊
網路、種子網路和仲琦公司）營收合計佔市場的七成；用戶數部分，商用ISP撥接
用戶約為292萬人，前三大業者佔有72%的市場。

表15-2　1999年網路服務業營收內容

營收項目	金額	比重
網路服務（含連線與連線加值服務）網際傳訊	50億元	78%
	7億元	11%
資訊服務	5.15億元	8%
電子商務	1.95億元	3%
小　　計	64.1億元	100%

至於小公司，在先天不足情況下，頂多只能以智取勝的搶佔一小塊市場。由表
15-3可見，業內公司數目很少，未來也不會大幅成長。

表15-3　1999、2000年網路服務業產業狀況

	1999年	2000年預估
公司數	100	150～200
總資本額	250億元	300億元
營業額	120億元	180～200億元 2005年預估1500億元

四、網路內容提供業者近況

工業局軟五工作室指出，如以申請.com公司作為統計依據，截至2002年4月共有8萬多家ICP公司，佔網路服務業最大宗。經營業務項目繁多，包括入口網站、資訊搜尋服務、資料庫檢索、內容社群網站、交易及購物網站、線上娛樂、加值服務等。

ICP的營運績效指標以到站人數、會員人數和網站內容被瀏覽量(page view)為主。在瀏覽量指標方面，由於尚未有公正的流量監控單位，各公司計算基礎差異頗大。自稱每月瀏覽量超過1000萬次的公司，包括網路家庭、蕃薯藤、奇摩站、元碁資訊、夢想家媒體、旭聯科技和網擎資訊等。

網路使用需求型態上，以大型入口網站、專業新聞／財經網站、社群網站的瀏覽量較高；特定族群、收費資訊網站的瀏覽量則較低。

五、網路服務業屬於軟體業

2000年起，網際網路業也納入軟體業，因此業者針對不包括網際網路業的部分稱為傳統軟體業，成長率30%以下；網路服務業42%，軟體業跟網際網路的結合將是未來軟體業成長關鍵因素。

第二節　網路類股狂熱是鬱金香狂熱的現代版

以電腦為主的資訊工業，經過近一、二十年的發展，不僅超越本世紀最興盛的電力、汽車、鋼鐵工業，更被視為帶動今後全球經濟發展的火車頭，資訊工業和相關科技將繼續影響21世紀人類行為和社會型態。特別是1994年，由於簡易的瀏覽器發明使網際網路開始普及起來，網路上可以購物、學習、娛樂、工作，效率高而方便，跟網路有關的科技和產品服務如雨後春筍般出現，股票市場中這類跟網路相關的股票大受青睞。

一、有夢最好，希望相隨

在舊經濟時代，股票分析還有法度可循，不管是依據本益比、企業財務狀況、股利分配……種種方法不一而足。然而，在以網際網路產業為主的新經濟時代裡，「本夢比」（price/dreaming ratio, PDR）取代本益比，企業財務體質，還債能力還是獲利狀況皆不是評估企業良窳的重點所在。重要的是，企業是否能畫出一個讓投資人不需吃到就滿意的大餅。

潘韋伯證券公司一名28歲的證券分析師在1999年底預測，行動電話大廠Qual-comm會在一年之內衝上1000美元的高價；此言一出後，該股在隔天暴漲了30%。1998年12月時，當時還不算很有名氣的歐本海默公司證券分析師Blodget預測當時242美元的亞馬遜在1年內會漲到400美元，隔日亞馬遜大漲近二成。不要懷疑，現在股價僅有122美元的雅虎在1年前還有分析師喊出2000年將飆到550美元。由此可見，連著名券商的紅牌分析師也都信口開河。（工商時報2000年5月9日，第6版，謝富旭）

二、成也網路股，敗也網路股？

美國第二大避險基金公司老虎(Tiger)管理公司近兩年因投資失利，導致投資人要求贖回的壓力沉重。該公司的執行長羅伯森二世(Julion Robertson)，過去兩年來也買進一些科技股，諸如微軟、三星電子等有實績的公司，但絕不碰沒有盈餘的網路股。他一心期待股市的科技狂熱能冷卻，讓資金重回被低估的價值型股票，例如航空業、造紙業、汽車業等，可惜還沒如願就先撐不住了，該公司在4月2日宣布結束大部分的業務，以及清算手中持有價值約60億美元的投資。（工商時報2000年3月31日，第6版，林正峰）

老虎變病貓的主因在於，網路股價值不易評估，那麼羅伯森擅長的價值投資法——買入股價低於公司每股價值的股票，也就派不上用場了。

另外一位投資大師華倫·巴菲特(Warren Buffett)，因年紀大，不了解高科技，所以也就不敢投資高科技股，其公司波克夏(Berkshire Hathaway)股價從1999年來便「跌跌不休」。如果再不「老狗學新把戲」，大師之名可能晚節不保。

三、超漲要看跟誰比

那斯達克指數在1999年第三季僅2600多點，至2000年3月17日創下5048點歷史紀錄，半年多上漲近一倍。但在此同時，美國道瓊工業股價指數並無表現，甚至在不久前跌破10000點大關，形成新經濟概念股跟舊經濟概念股「背道而馳」的走勢。5月初那斯達克指數連續重挫最低曾到3200多點，但道瓊指數仍維持在10000點左右水準。這顯示美國股市並非全盤下挫，只是本益比較高的軟體股、網路股和其它科技股作適當幅度回檔修正。甚至，那斯達克指數平均本益比高達188倍，道瓊指數的本益比還不到28倍。

四、網路股股價很泡沫？

網路股本益比常高達300倍以上，有些公司甚至因虧損而沒有本益比，但股價仍然很高，例如亞馬遜(Amazon.com)價位62美元左右。怎樣看出網路股泡沫味（股價高估）很濃呢？以1999年11月5日初次掛牌上市的網凡(Webvan)案例，掛牌價15美元，一天上漲66%，以24.875美元收盤，市價高達80億美元。

網凡成立於1996年12月，可讓客戶上網訂購雜貨、生鮮，並在30分鐘內送貨到府。《網路泡沫》(*The Internet Bubble*)一書作者柏金斯(Anthony Perkins)表示：「網凡是典型的矽谷科技新貴」，他並認為投資人對這家公司的評價「基本上有些莫名其妙」，「因為它的最終經營模式仍是一片模糊。」(經濟日報1999年11月8日，第9版，羅玉潔)

五、燒錢是虧損主因

網路公司（尤其是ICP）最大的支出，不在於硬體（這可透過ISP業者），而（幾乎有一半支出）在於行銷費用（尤其是廣告，網路券商常須在電視上打廣告）；甚至連電子零售業者也必須建立倉儲，否則根本沒有人「聞名」來光顧；所以絕大部分網路公司都虧損累累。

六、小心燒的是你的錢

網路業者流行「大筆投資」（俗稱燒錢）以搶佔市場，所以短中期的獲利不是重點。然而，1999年11月29日，享譽全球的即時財經資訊媒體公司彭博資訊(Bloomberg L.P)，創辦人暨總裁彭博(Michael Bloomberg)表示，早期公司主要風險大多由經營者和創投公司承擔，公司經營成功了才上市，如今網路公司大多在未獲利的情況下即上市，等於把風險轉嫁給投資大眾。（工商時報1999年11月30日，第11版，張秋蓉）

簡單的說，網路公司儘管「有夢最美，希望相隨」，其營業績效等基本面實不足以支持偌高的股價，則其股價的堆高及搶購熱潮，實在是由投資大眾以不斷挹注鈔票來支撐，一旦泡沫破滅，那麼燒的便是你我的錢（包括你投資在創投、網路基金的錢）。

七、網路股股價是全球版的鬱金香泡沫

美國肯薩斯州大學商研所教授Mark Hirschey (1998)認為網路熱(Net mania)或達康熱(.com mania)是「現代版的鬱金香泡沫」(Today's Tulip Bubbles)。他以美國線上(AOL)為例：依每股價值來看，每股僅4.11美元，但股價高達81.25美元，即股價價值比為19.77倍。他接著問：「這是證券分析師對美國線上公司未來營收成長太樂觀，還是證券分析師太瘋狂?」他似乎比較站在避險基金之王喬治·索羅斯(George Soros) 1995年的看法（即對射理論）：「投資人不理性！」

他的文中還舉了20支著名網路股超漲，可見問題之普遍嚴重。

㈠相對價格

從表15-4中各種衡量股價是否偏高的單項股價價值比(price/value ratio)指標來看，都指出美國線上股價似乎「價超所值」！

㈡每股價值計算方式

美國線上的價值，計算方式如下：其中每人每年上網費用係根據美國線上的對手的費率，但後者不太提供。另一方面，上網人數預估924萬人，Hirschey不理會該公司宣稱超過1000萬人，因為有一些是免費上網的人。

表15-4　美國線上公司的股價價值比

單位：美元

	(1) 股價	(2) 價值指標	(3)=(1)/(2) 股價價值比
說明	81.25美元	1. 每股淨值2.09 2. 每股營收10.70 3. 歷史EPS 0.34 4. 1999年預估EPS 0.90 5. 每股價值 4.11	38.88× 7.59× PER 239 PER 90.28 19.77×

⑴上網客單價（年）　　96.15美元

　　—— 以Compu Serve為準

⑵上網人數　　924萬人

⑶總價值=⑴×⑵　　8.884億美元

⑷股數　　2.1616億股

⑸每股價值=⑶/⑷　　4.11美元

八、原來的鬱金香狂熱長什麼模樣？

1630年代，橫掃荷蘭、暴起又暴落的鬱金香狂熱。那是一場類似今天網路股泡沫經濟經驗。

英國史學家戴許(Mike Dash)寫的《鬱金香熱》(*Tulipomania*)（時報出版，2000年5月）一書，正是呈現這場商品經濟首度由炒熱到崩盤，清楚而完整的故事。

這場泡沫經濟的巔峰時期，小小一朵鬱金香，可以換到「一輛馬車，兩匹大馬，加上整套鞍具」。更不可思議的，飆起這波人類商品經濟想像炒作的狂熱，居然是當時以衣著樸實、飲食節制、清教徒性格濃厚、強調道德觀的荷蘭人。

當年的鬱金香狂熱，絕不是少數人附庸風雅的沙龍活動，而是一場全民運動。短短10年間，紡織工人改行做花農、園藝人員搖身變成花商，從事鬱金香交易的還包括泥水匠、木工、樵夫、鉛管工、小販、肉商、警衛、酒商、教師等。

大家下海炒作鬱金香，原因是花卉的價格充滿想像的空間。在1634年的一場拍賣會中，價格超過2000荷盾的鬱金香球莖比比皆是，而當時一般家庭每年開銷也不過300荷盾。

除了是炙手可熱的商品，鬱金香還是期貨交易的焦點。因此，哪怕還埋在土中，還沒發芽的鬱金香球莖，所有權照樣可以一再轉手。每次轉手，價格就飆升一次。往來之間，只靠一個插在該株鬱金香所在土地上的標示牌（證明它的重量、品種和主人名字），以及一張註明交易行為的所有權憑證。

全盛時期，一張鬱金香球莖的所有權狀一天可以轉手十次，當時200萬荷蘭人口中，估計至少有5000人參與交易鬱金香的活動。

不過，正如毫無預警的1930年代美國經濟大蕭條，這場鬱金香狂熱的崩盤也是突如其來。當1637年的某日，一場拍賣會上，花商發現鬱金香的價格，無法像往常般扶搖直上，甚至降價求售都難脫手時，市場信心馬上崩潰，而且像瘟疫般迅速席捲荷蘭。

短短三、四個月，曾經比黃金還昂貴的鬱金香，價格只有原來的5%、甚至1%。曾經富可敵國的花商，變成負債累累的過街老鼠，政府尷尬地被迫出面調查，是否有人在背後炒作這場投機買賣，並設法解決無以數計、無法履行的期貨法律問題。

（李明軒，「鬱金香熱」，天下雜誌，2000年7月，第238～239頁）

九、那斯達克指數漲瘋了

由圖15-1、15-2，只看1999年10月到2000年3月，你會發現道瓊指數幾乎在原地踏步，但是代表高科技股走勢的那斯達克指數卻上漲一倍──從1999年10月19日2688點，上漲到2000年3月10日5048點。個股股價漲10倍也不見得是新聞，但大盤如此，可就不對勁。

再從本益比來看，道瓊指數11000點時本益比才28倍，但那斯達克指數在5048點時，仍高達250倍，幾乎是道瓊指數的10倍。

圖15-1　紐約道瓊工業指數

（1999年6月10日～2000年6月9日）

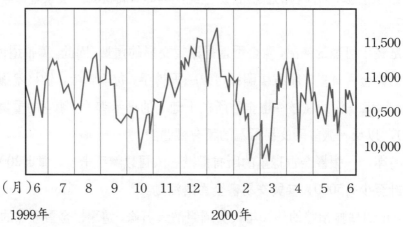

資料來源：彭博資訊。

圖15-2　那斯達克股價指數

（1999年6月10日～2000年6月9日）

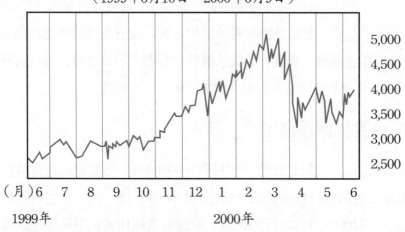

資料來源：彭博資訊。

◆ 第三節　網路類股狂熱的幻滅

汽球吹太大了會破，同樣的，荷蘭的鬱金香狂熱也只維持了半年（1637年秋～1638年2月）。那麼，美國的科技類股狂熱是否會是現代版的鬱金香狂熱呢？在2000

年3月17日之前，像上一節的Hirschey大概會被投資人斥為杞人憂天，但事後看來，他倒是「先天下之憂而憂」。

回復到基本面來談網路股鑑價才有意義，否則連我也會被投資人批評為「脫離實務」。但是我不放馬後砲，有關網路股、軟體股的鑑價方法（第十六章第三節）早已發表於2000年元旦發行的《貨幣觀測與信用評等》（雙月刊）第21期上；此外，2月份電子時報上「專家論壇」也有更新刊載。

一、1999年12月，崩盤說便漸受重視

1999年12月，美國國際先驅論壇報的專欄指出，隨著那斯達克指數屢創新高，許多科技股價值是根據希望與夢想而不是實際的商業計畫來評定,這些可能有一天都將消失，也就是提醒投資人科技股可能還有泡沫行情。（工商時報1999年12月20日，第6版，余慕薌）

㈠黑暗中的跳躍

2000年1月5日，美國麻州理工學院經濟學家克魯曼在紐約時報撰文，名為「黑暗中的跳躍」，談到紐約股市近來容易劇烈波動，係源於投資人對於股票的實際價值混淆不清，以及傳統理論無法解釋現今美國經濟表現。

㈡財務危機，還是危言聳聽？

2000年3月，由美國華爾街日報旗下知名的《霸榮》(Barron's)財經週刊所公布的一份調查報告指出，美國至少有51家網路上市公司手頭上的現金可能在1年內即將消耗殆盡，而陷入財務困境。舉亞馬遜為例，亞馬遜手上現金只夠用10個月。不過，這筆現金並沒有把年初發行轉換公司債籌到的6.9億美元算在內，然而這筆錢也僅能讓亞馬遜支撐21個月。如果營運仍持續虧損，而且股價還低迷不振的話，日後要找新資金恐怕相當困難。

《霸榮》週刊警告說，網路公司的財務問題可能造成連鎖反應，甚至危及美國目前的經濟繁榮。此報告一出，3月20日造成那斯達克指數重挫。由《霸榮》週刊委託網路產業評估公司Pegasus所做的報告，調查對象包含美國股票市場的207家網路公司。為了評估網路公司的財務情況，假設受調查的公司的營收與開支將延續1999年第四季的成長速度。（工商時報2000年3月22日，第1版，謝富旭）

二、崩盤說

2000年3月27日,有新興市場教父之稱的坦伯頓基金經理人莫比爾斯(Mark Mobius)警告,投資人對於飆漲的網路股越來越感到不安,這股情緒可能引發恐慌性崩盤,部分股票跌幅在五至九成,基金經理普遍覺得投資網路股越來越難提高操作績效。

他認為許多網路公司的財務都不健全,不是有破產之虞,就是有淪為「舊經濟」產業獵物的風險。

莫比爾斯旗下管理基金規模達120億美元,他的看法經常足以左右新興市場走勢。受此影響,29日華爾街再度飽受賣壓重擊,高科技為主的那斯達克指數應聲重挫4%,道瓊網路股指數更是暴跌11.6%。(工商時報2000年3月31日,第2版,謝富旭)

三、沃芬松的疑慮

2000年3月30日,澳洲金融評論報報導,世界銀行總裁沃芬松對美國科技股的高價「感到害怕」,並質疑股市對科技公司訂價的方式。(工商時報2000年3月31日,第2版,謝富旭)

四、陳淑樺的「夢醒時分」

2000年3月,美國高科技股的光環逐漸褪色,從股價表現可以看出端倪。3月10日起,短短20天,那斯達克指數就跌掉一成。

高科技股價為何突然開始「高處不勝寒」?華爾街Lord Abbett公司副總裁布朗(Zane Brown)解釋說,投資人已經開始由原來虛擬的e世界,回歸到現實的v世界,v指的是公司的價值(value)。在認清有些網路公司虧損連連、價值奇低之後,投資人再也不願意用高價搶購網路股,因此才導致股價下挫。

五、不再一「網」情深,才能理性面對

網路股飆漲激情行情,隨著2000年初以來美股的和緩回檔,投資人已經趨於冷靜,2001年,那斯達克指數以1987.26點作收,只有高檔時的四成,可見當時泡沫

真的很大。另一方面，道瓊工業指數收10137點，只比2000年3月時跌8%而已。部分網路股股價泡沫的破滅從1999年底已經開始有跡象可循。

　　激情過後，才能理性面對網路股的價值；此外，投資人也不會盲目的對網路股一「網」情深而隨便投資。

六、投資人的非理性行為

　　以往網路公司虧損消息傳出，投資人多半以「這家公司將來一定會賺錢」來安慰自己，繼續買進股票，因此就出現「公司虧本，股價大漲」的奇景。雅虎公司曾經追蹤47家上市的網路公司，其中只有兩家賺錢，但是即使虧錢的公司，股價還是照樣大漲，這種現象正是投資人非理性預期的反映。

　　許多網路公司既賠錢經營，又缺乏現金，基本面本來就不佳，這種情況投資人卻視若無睹。但是網路公司賠本經營早就不是新聞了，在網路股飆漲的時期，即使傳出「某某網路公司虧損多少」這種消息，根本無關痛癢，而今竟又成了投資人恐慌、網路股價下挫的元凶。為何同樣的消息，以前船過水無痕，而今卻掀起滔天巨浪呢？

(一)創新令人迷惑

　　看過非洲土人歷蘇主演的「上帝也瘋狂」一片的人，可能會覺得好笑，怎麼一族非洲土人把可口可樂瓶子視若至寶。但每個民族的新奇物不同，網路股是1995～2000年人們的新奇物，之後，也就跟可口可樂一樣稀鬆平常。同樣的故事一再重演。5月20日，年代頻道「與大師對談」，主持人洪玟琴訪問美國麻州理工學院Sloan管理學院院長Richard L. Scinalance，他認為網路業跟1900～1930的汽車業（當時有100家業者）一樣，由於是新產業，不知道會長多大，但久了以後，綺麗的夢想部分就不見了，只剩下三大業者；他認為網路業「只是場地不同，但比賽仍是一樣」。

(二)創新可賺超額利潤

　　創新商品可賣高價，同樣現象也出現：

　　1. 金融創新：1990年5月，臺灣第一次轉換公司債「遠紡一」公開認購，轉換價格129.2元，比前30天平均股價高25%，但或許你還看不出投資人如何狂熱。當時，投資人漏夜排隊搶購；事後證明這些投資人皆被高價套牢，12月發行的第3支（聲

寶一）轉換公司債就沒再出現此狂熱了。

2.產業創新：1998年，臺灣企業一窩蜂的蓋「購物中心」(shopping mall)或工商綜合區，案例高達50件。2000年4月，公布第一座購物中心南崁鄉的台茂購物中心虧損1億多元，而且營收也不會跳躍成長，這時投資人才真正體會「60萬人才可以支持一家購物中心」的道理。

(三)貪婪與盲從

美國賓州大學華頓學院教授席格(Jeremy Siegel)在《股價的長期走勢》一書中，提出一種解釋：史上導致股價大漲或大跌的消息，之前也都出現過，但是股市當時卻沒有任何動靜，因此不是「消息」本身導致股價漲跌，而是股市氣氛出現變化，投資人非理性預期的作用，利用各種事件借題發揮，才讓這些消息有用武之地。一項調查更證明了這一點。美林證券在2000年3月下旬，對251位全球基金經理進行問卷調查。結果大多數基金經理都承認，自己想要修正對網路、通訊股價太過高估的看法，因此都在努力尋找跟這些高科技公司有關的特別事件，當做出脫持股的理由。（工商時報2000年4月4日，第6版，楊少強）

(四)始作俑者沒好下場

網際網路股泡沫化，投資人的傷勢怎一個「慘」字了得，於是乎昔日吹捧網路股的明星分析師成為眾人洩憤的替罪羔羊，摩根士丹利證券公司「網路股女王」米克(Mary Meeker)等分析師紛紛挨告，為他們在股價飆到不像話的高檔時還鼓吹買進的行為付出代價。

美國國會也採取行動幫誤信分析師唱高調的投資人算帳，眾議院金融服務資本市場小組委員會已舉行數場聽證會，旨在「檢視華爾街研究業務的利益衝突，並確保一般投資人能獲得儘可能準確、客觀的資訊」。（經濟日報2001年8月26日，第11版，湯淑君）

◆ 第四節　網路股鑑價的執行要點

網路股鑑價並不難，難在有很多人把它「神」化了，就像「道可道，非常道」一樣；有些人「問道於盲」，反倒「治絲益棼」！在2000年3月以前，網路股「有夢

最好，希望相隨」的「本夢比」，主因在於誇大網路股的前景，最常引用的是表15-6中的結果。因此，在討論鑑價方法前，有必要先破除一些「迷思」(myth)；本節重點彙總於表15-6，應可抓住本節七成的精髓。在此之前，在表15-5中，先了解網路業收入來源。

表15-5　網路營運方式和收入來源

行業別	經營方式(business model)	收入來源
ISP	撥接業者	撥接費
ICP	網路內容（如搜尋和指南） 網上溝通（如聊天室和電子郵件） 用戶群／社群（如網頁和評論） 專業內容	1. 上網費（會員 vs. 非會員） 2. 廣告費
電子商店	電子商務(B2B、B2C、C2C)	交易仲介或價差

一、收入成指數函數成長？

不管哪一個市場調查公司所提出的電子商務前景數字，幾乎共同說法便是營收呈指數函數、爆炸性（有如火山、股市跳空上漲的噴出行情），長的就像圖15-3中的樣子。有時簡單的說，一直到2005年，電子商務每年複合成長率為57%，只差比細菌成長慢一些。

由此看來，電子商務豈不是前途無限？

1. 網路業業績「10倍數成長」：因為基期金額很低，所以往後成長率很高，一個月考考10分的學生，期末考考20分，就表示成長一倍；但原先考70分的，進步10分，只進步14%，可見成長率的意義不大，除非10、20年都是這麼「無限制」成長。

2. 美國Forrest公司預測到2003年電子商務將達1.2兆美元。但這不代表網路業者的收入，因為其中有86%是企業間電子商務(B2B)，並沒有新增業務，只是以前

表15-6　電子商務的夢幻和本質

項　　目	網路業者的說法	我的看法
一、營收		
1.金額	誇稱市場潛量多大，尤其是指數函數成長（如9個月成長1倍）	從導入期到成長期這5～7年，或許如左述，但到成熟期，也頂多是20～30%的成長率
2.上網人數（包括付費的會員）	虛報，連AOL都如此做	暫時無解，因為缺乏獨立的監證公司
3.會計科目	讓人誤把仲介金額當作營收	跟信義房屋、貿易商一樣，許多網路商（尤其是票務）只是賺仲介費
4.廣告收入	讓人誤以為前景一片美好	光看70個有線頻道搶廣告，就知道8萬個網站搶廣告有多難
二、存續分析		
1.ISP	硬體業者蜂擁加入	中華電信、3家固網業者將囊括八成以上市場。
2.ICP	企業對客戶業務似乎一片看好	(1)企業對客戶（B2C，我稱為網路商店），將絕大部分被傳統商店（例如大哥大的臺灣電店、全虹、震旦行）所取代 (2)網友寵顧性低
3.ASP（或稱網路軟體）	許多公司皆宣稱自己有獨特技術	沒有水源式技術者（即持續創新能力），將很快被淘汰

由書面、電話、傳真下單訂貨方式，改成用電腦透過網際網路下單罷了；裕隆一年還是跟上游零件廠買那麼多車燈、玻璃，整個臺灣一年還是只賣35萬輛新車。

㈠左手換右手罷了！

當報刊每天報導哪家研究機構預測電子商務達千億、兆美元，這有多大意義？美國策略大師麥克‧波特開門見山的表示，電子商務並無特殊之處，只是多一條行銷通路罷了。由表15-7可見，網路具有影（電視）、音（電話）等功能，其所提供的媒介，能取代其它的交易媒介（如當場購買、電話訂貨、郵購）；但電子商務極

圖15-3　電子商務全球市場潛量

單位：兆美元

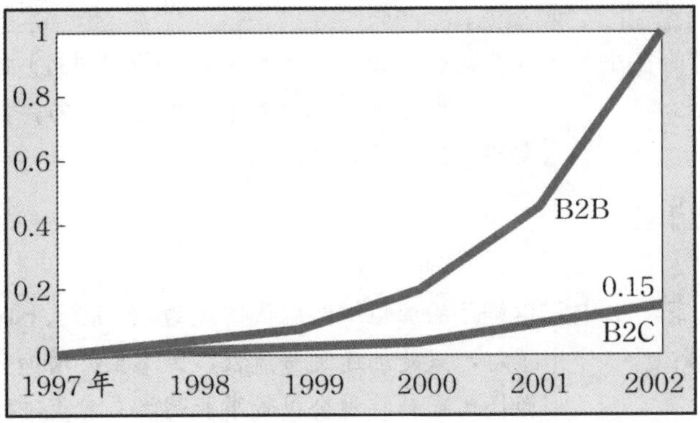

資料來源：佛斯特研究機構(Forrester Research Group)。

少能創造出新產品，所以實際交易金額意義並不大。

　　以企業間電子商務(B2B)來說，縱使取代了傳統商務，那對網路業來說，頂多只是像思科（硬體業者）、第一商務（Commerce One，軟體業者）對國內生產毛額有貢獻；而商業總金額還是沒大影響。

㈡企業對客戶交易有其上限

　　企業間網路下單(B2B)或許會佔電子商務交易方式的99%以上，這是企業追求效率（降低成本）不得不爾。我們說「網路股前景有限」主要是指「企業對消費者」(B2C)，尤其是網路商店，表15-8中原因重點說明如下：

　　1.在美國，網路購物還佔不到1%，10年內上限頂多7%，這跟電視購物、郵購的限制一樣，宅配費用居高不下、貨物看得到、摸不到，皆是其限制。

　　2.實體商店e化後，單純的虛擬商店大部分將會掛掉，試想如果臺灣電店（臺灣大哥大公司開的通訊店）、全虹、震旦通訊傾全力發展網路購物，那麼幾家率先起跑的大哥大網路商店還有多少生存空間。難怪，4月以來，已流行「85%的網路內容業者會被淘汰」，是誰說的，已不重要；誇大一點的說，只剩2%能夠生存也不為過。要是電子交易如網路業者講的那麼好（以大哥大網路商店來說，業者可把節省的店租回饋給消費者），那麼第四臺購物頻道、郵購早就該大行其道了！

　　3.成長率高，但金額小：根據資策會的定義，B2C電子商務是指透過網路從事

表15-7　電子商務的本質

	說　　明
一、宜排除在外	網路銀行（含大哥大的WAP、行動銀行）的轉帳、付款，即金流部分，因未涉及商品交易，無須繳營業稅（銀行放款才須繳）
二、依行業區分 　㈠B2B 　　最大宗：上中游間訂貨	以網路的加值網路取代傳統的(如電話、Fax)詢價、下訂，只是加速交易流程，但不至於增加交易量。難怪美國英特爾公司董事長葛洛夫會說:「5年後(即2004年) 大家都是網路公司」
㈡B2C 　　1.最大宗：電子券商等金融交易	以網路下單來說，只是取代傳統下單方式，但對增加成交量的效果極有限
2.舊業務，新通路	大部分的網路商店皆只是「老店新開」，「線上」取代逛街、郵購、電話（含Fax）購物，跟第四臺購物差異不大，頂多只能稱為更有效率的電子郵購
3.創新業務	如社群網站（聊天室）、資訊站等

實體商品交易，包括下單和付款，不論付款方式為何，都算在B2C的交易範圍。時下流行的線上遊戲及虛擬商品（如點數卡），不在B2C電子商務的定義中。

　　由表15-9可見，B2C線上零售卻仍保有倍數成長，而且超乎資策會的原估值，分析師認為，主要原因，在於傳統業者跨足網路事業，或將部分業務及流程，例如訂購及下單等流程，導入線上作業。B2C仍以旅遊（賣機票）為最大宗，約佔六成市場，電腦3C產品也是B2C的主流商品。2000年還活躍的B2C網站，約有35至40%倒閉。

　　2001年B2C的發展，最大的特色「虛實合一」，不但有許多傳統業者投入B2C，更有12%的網路商店（如 e 美人網、安瑟數位），從虛擬走向實體，覓得實體店面並展開經營。（工商時報2001年12月6日，第16版，何英煒）

　　4.比率更低：B2C的金額141億元，很高嗎?但只佔民間消費(2.96兆元)的0.4%，

表15-8　網路商店交易的限制

限制條件	說　明	未　來
一、客觀限制	1.電腦普及率	家電資訊化後，數年內不成限制
	2.上網塞車問題（包括網路駭客）	寬頻可解決
	3.交易方便性（產品採結構性編碼）	目前不易解決
	4.交易安全 ⑴金流 ⑵商流	2000年10月1日，美國實施電子簽章法，但盜用仍難防
	5.交易成本（尤其是宅配的物流成本）	跟郵購面臨相同問題
二、主觀限制	6.消費者習慣（眼見為憑、試穿、休閒式購物）	同上

表15-9　1999～2004年B2C市場規模

年	1999	2000	2001	2002F	2004F
金額（億元）	16.3	39.56	89.8	141	2050

資料來源：何英煒，「B2C虛實結合」，工商時報2001年12月6日，第16版。

可說微不足道，養活不了幾家電子商店；而且也不用去慶幸前景一片光明，因為誠如表13-8中所說的，先天不良會卡住電子商店的市場成長，真是應了下面這句俚語「樹長得再高，也高不到雲裡」。

㈢美國的公務統計被評為低估

由於電子商務日趨興旺，美國商務部2000年3月2日首度公布電子商務指標，在每個月定期公布的零售金額數字中，將消費者透過網際網路購買的零售金額單獨列出。據商務部初步統計，1999年第四季美國網路銷售金額為53億美元，佔當期全美

零售金額0.64%，2000年也僅佔1%。

2001年初公布企業對企業(business to business)的電子商務金額統計。

華爾街日報表示，官方的數據有過於保守之嫌；舉例來說，網路上銷售最流行的飛機機票每年銷售以數10億美元計，卻不在官方統計的範圍內。此外，統計結果沒有依季節因素加以調整，也有流於粗糙之嫌。(工商時報2000年3月4日，第6版，洪川詠)

㈣網路公司畫餅吸金

網路業者提出各種誇張的產業規模數據，希望藉由描繪一塊亮麗的大餅，俾以爭取創投資金與投資人的青睞。

就拿美國的線上農產品網站Farmbid.com來說好了，它在1999年9月發布新聞稿說，美國農業市場規模高達2500億美元；12月的另一份新聞稿中，這個數字神秘地膨脹到3500億美元；一個月後，2000年1月中金額膨脹到8250億美元。

在此一例子中，它的做法就是把整個跟農業、農產品有關的統計數字統統加起來，從堆肥到Gap流行成衣店賣的羊毛衫業績都算進去。公司執行長范斯渥斯承認，老實說每個人的統計都不一樣，各個數據往往相差好幾千億美元，連他們自己都搞糊塗了。

一家家具和裝潢網站GoodHome.com 1999年宣稱，線上的裝潢與家具市場規模約達1010億美元。這個數字同樣令人震驚，因為全年整個網路購物金額也不過是200億美元。公司發言人說他們搞錯了，把整個家具裝潢產業的銷售都算進去。2000年7月他們的新聞稿就保留許多，說市場規模是136億美元。

一位律師表示，除非業者故意以誇大不實的數字扭曲事實，欺騙消費者或投資人，否則證管會不會介入的。一名前美國證管會官員說，這些業者的估計值實在太荒謬，人們幾乎都已經免疫，起不了任何作用。(工商時報2000年8月11日，第6版，洪川詠)

二、收入潛量的認定最困難

縱使以上網人數來估算網站的價值，但問題又跟著來了，瀏覽網頁或是會員數到底哪一個比較重要呢？這跟報紙的發行量（含贈閱）、銷售量的爭議是一樣的。

　　例如2000年1月19日報載，網路家庭、奇摩站皆宣稱自己是臺灣第一大網站，網路家庭(PC Home Online)指出，每日瀏覽網頁有770萬人次、會員180萬人。奇摩站前者1500萬人次、會員182萬人，1999年廣告營收6400萬元，所以自稱「叫我第一名」。「會員」代表對網站的黏性（即一來再來上網），就跟報紙雜誌的訂戶一樣。

　　如同逛百貨公司一樣，有很多人潮或許不那麼重要，終究「能收現才是師父」；否則免費上網的話，色情網站的人數大概會塞車吧！

三、銷貨收入 vs. 佣金收入

　　在三角貿易中，常見的是「臺灣接單，大陸出貨」，此時必須釐清的是臺灣究竟是「轉單」的貿易商角色（只賺佣金），還是轉包（此時臺灣企業有銷貨收入）。同樣情況也出現在物流業者，即含商流時，有銷貨收入；否則，僅止於運送、倉儲、檢貨，那大部分只賺運費。再舉一個例子，加盟總部來自各加盟店的收入以加盟金為主，銷貨收入掛在各加盟店（其實各自是獨立公司），只有自營店的收入才能算是加盟總部的收入。同樣的，在網路業中也有人扮演轉介角色。自1999年11月新股上市，引起市場熱烈回響以來，科學探尋公司(SciQuest.com)的股價扶搖直上，市值最高竄升到22億美元。

　　但是，跟許多網路公司一樣，科學探尋公司仍處於虧損狀態，因此該公司強調營收表現。這家線上實驗室器材供應交換所2000年2月上旬宣稱，1999年第四季銷售額增至260萬美元，比1998年同期暴增1400%。

　　然而，實際數字恐怕遠低於此數。作為中間商，該公司專司把買方訂單引介給賣方，並處理付款事宜，並未進貨，只從每筆交易抽取佣金。因此，260萬美元的銷售額中，絕大多數都未經該公司之手，而是直接交給供應商作為貨款。

　　科學探尋第四季分得的收益總計35198美元，只佔該公司誇稱營收的1.3%。

　　但這種打腫臉充胖子的妙招，投資人可能毫不知情，會計師指出，科學探尋公司應該把實得佣金作為該公司銷售額，不該把每筆銷售的總金額拿來充數，畢竟該公司只扮演買賣雙方之間的仲介角色。同樣的情況，還包括一些網路零售商以折扣價銷售貨物，卻以原訂價計算營收。旅遊網站把機票售價當作銷售額，但他們其實只是撮合消費者和旅行社；許多網站用自家廣告空間交換在別的網站登廣告，卻浮

報廣告收入。(*經濟日報2000年3月21日，第9版，湯淑君*)

四、想賺網友的錢？不容易啊！

2002年1月，蕃薯藤公布2001年臺灣網路使用者行為調查結果，運用搜尋引擎尋找資料，仍是網友最常進行的網路活動，佔28.8%，其次為電子郵件(21.8%)、閱讀新聞雜誌(10.9%)。而網友取得電腦資訊的主要來源也由報章雜誌移轉至網路，顯示網路已日漸成為網友取得各式資訊的重要管道。

網路廣告部分，動畫式廣告仍舊是最吸引網友的網路廣告型式(52.2%)，其次是橫幅廣告(25.3%)。在電子商務的調查結果方面，令人詫異的是網友網路消費次數、金額以及意願都比2000年略為下降，這可能跟網友對網路交易安全的疑慮有關。(*經濟日報2002年1月8日，第3版，王皓正*)

美國一開始時七成以上網站不收費，後來被迫收費，這對社群網站（C2C的網路跳蚤市場、聊天網站）將是一大打擊，除非經營色情網站，否則很少有人願意去花大錢上網。這跟第四臺付費頻道做不起來很像，而做得起來的，僅限HBO等極少數頻道。

2001年，為落實「網路付費」觀念，雅虎奇摩和臺灣新浪網相繼宣布，推出網路算命以及50MB電子郵件信箱的小額付費服務。

網路家庭在7月時開始針對新增會員收費；不過，舊會員依循當時的會員條款，不收費。

每位新增會員需付出每天1元、1年365元的費用，即可享有10MB電子郵件空間、10MB個人網頁空間和10MB網路硬碟空間，並可使用短訊、交友、股市、行事曆、書籤、隨身碼、手機簡訊和跳蚤市場等會員服務。

北美新浪網推出會員付費方案，2001年12月起會員每月繳交5美元，半年則優惠為15美元。付費會員可享受線上雜誌瀏覽、完整焦點新聞閱讀、線上小說連載和線上遊戲等加值服務。(*經濟日報2001年12月17日，第34版，王皓正*)

五、談廣告收入，還言之過早

雅虎奇摩站(Yahoo! Kimo)、新浪網(Sinanet)等入口網站(portal site)，對上網者

逐漸收費，營收只能來自網路廣告或購物（即網路零售商，B2C像網路書店的亞馬遜、臺灣的博客來）。其經營方式（business model，不宜譯為營運模式）都是免費提供各項服務，例如個人網頁空間、電子信箱等，以儘量提高常態用戶數量，再根據人潮流量吸引廣告主刊登網路廣告，藉以收取廣告費或是在網站上賣商品獲得營收。但是網路廣告費收入這麼好賺嗎？1999年美國網站廣告支出總計為31億美元；美林證券報告顯示，亞洲地區的線上廣告支出（不包括日本在內）總計為7350萬美元，2001年時，臺灣金額6億元，至於前景，詳見圖15-4。

圖15-4　全球網路廣告市場規模

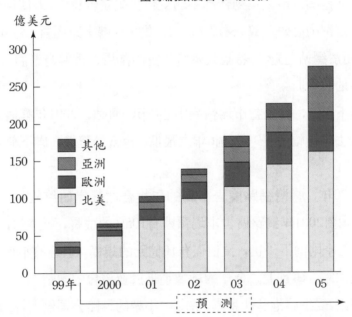

資料來源：Jupiter Communications, 2000年6月22日。

　　光以電視來說，每臺（含無線電視）的收看率頂多只是5%（像華視八點檔懷玉公主或民視的飛龍在天），大部分皆在1%以下，以致廣告效果大打折扣，廣告主甚至不考慮大部分的有線電視頻道。這情況，在成千上萬的網站來說，更是明顯，線上廣告大多仍未經大半的廣告主所接受，主因有二：

　　1.在網站上傳送訊息主要機制是橫幅廣告，觀眾可能按一下橫幅廣告的標誌，就可跳過廣告直接進入有訊息內容的網頁。「按鈕滲透率」(click-through rate)——

也就是能利用橫幅廣告，真正和其互動的比率，僅有0.01%，比垃圾郵件平均回覆率還低。已開發的網際網路市場按鈕滲透率很低，全球微處理器領導業者暨網站廣告主英特爾表示，美國橫幅廣告網站上的滲透率僅有0.5%。

2. 缺乏ABC的發行量評比制度：傳統媒體能夠提供可信的觀眾評量，因為有負責評量獨立的第三者；網際網路則仍在開發標準，而且獨立的監視者才剛開始。才在香港展開網路流量監視服務的適華庫寶公司分析師華金斯即表示，「資料報告錯誤確實有許多問題」、「有時可能來自於作弊的結果」；這跟80個頻道的第四臺不易吸引廣告主的道理一樣。

也難怪即使是網站最大推動者都不願支付橫幅廣告費用，即使價格低廉；例如，英特爾每年在亞洲的廣告預算只有7%是用於網站（就全球而言，每100美元的支出僅有1美元是用於網站上）。英特爾大筆廣告支出都用在電視商業廣告上，因為「電視能給你更多的感動」。

3. 結果慘不忍睹：資策會市場情報中心(MIC)暫估，2001年臺灣網路廣告市場僅9.5億元，較去年微幅成長9%，創6年來最低，也低於資策會向下修正的10億元預估值。

1996至2000年，臺灣網路廣告市場的年複合成長率始終維持255%的高成長率。資策會原本對2001年網路廣告市場預期有105%的成長，可達到18.7億元。因網路泡沫化，第三季則向下修正，預估僅有10億元的規模。但經濟不景氣，對網路產業無疑是雪上加霜，事實上，今年的數據遠低於資策會的預估。

分析其原因，受網路泡沫化拖累，許多中小型的網路公司倒閉，而這些dotcom公司又正巧是網路廣告的主要來源，網路廣告市場一再縮水。另一個重要原因在於，全球經濟不景氣，廣告主普遍縮減廣告預算，平均縮減的幅度達二成（包括實體和虛擬的預算），其中首先刪減的是網路廣告。

網路廣告市場急速反轉是全球趨勢，臺灣並非特例；例如，美國研究機構原本也預期美國網路廣告可望比2000年成長五成，但2001年第二季，就較去年同期衰退7.9%，第三季，更較2000年同期衰退一成。

臺灣網路廣告有「集中化」的趨勢，其中，最大入口網站雅虎奇摩，就擁有四、五成的市佔率。前四大入口網站2001年的網路廣告收入各約1億元，而其它中小型

及專業族群的網站，幾乎分配不到廣告主的預算，已迫使其它入口網站從2001年年中起積極尋求轉型之道。(工商時報2001年12月22日，第9版，何英煒)

六、老三活得不快樂

位於亞洲的所羅門美邦證券公司區域網路分析師席金(Peter Hitchen)表示，「每個國家前兩大入口網站可能獲得七成的廣告營收，其它業者則要為剩下的三成廣告收入拚個你死我活。」

能夠在市場上存活者主要是訴求於特殊團體、擁有市場利基的入口網站，以及早期進入市場、建立擁有大批使用者的網路社群；例如針對亞洲的雅虎入門網站，臺灣的雅虎奇摩和蕃薯藤，中國大陸的搜狐、新浪網、網易和人人網站。誠如所羅門美邦證券公司某位分析師所說，「如果你目前成為排名第一的玩家，你的市佔率可能可以讓你存活未來5年到10年。」(亞洲週刊，2000年4月7日)

七、煤炭中找鑽石

網路股的「價值評估」(或投資)，跟傳統類股最大差異在於，可用在「煤炭堆中找鑽石」來形容，這是因為網路股有「大者恆大，強者恆強」的特性，一開始或許百家爭鳴，但三年五載之後，頂多每項商品只剩下3、5家就佔八成以上市佔率。

對於適用於「贏家全吃」定律的網站——最常舉的例子便是網路書店(像亞馬遜書店)，那麼鑑價便不是最重要的事，而是挑贏家去買，光挑股價低的輸家去押注，1、2年後可能連一元都不值。這個道理，美國所羅門美邦證券公司科技策略副總巴瑞特在2000年1月20日的來臺演講中說得非常明白。繞了一圈，重點仍在產業分析，而鑑價方法並不那麼重要。

美國internet.com董事長暨執行長邁克勒(Alan Meckler)表示，內容是最有價值的(content is the king)，經營ICP必須採集中策略，如此才是最上乘的網路經營方式。而八成的那斯達克網路上市公司在兩年內將會消失。(工商時報2000年4月10日，第15版，張秋蓉、林玲如)

美國網路業專業資料分析公司佛瑞斯特調查公司(Forrester)就預言，到2001年，一半以上網路公司將結束營業。(經濟日報1999年6月18日，第5版，美聯社新聞)

八、繼續經營價值不易預估

美國有些ICP業有下列現象:「18個月內有六成的客戶易主」,可見寵顧性不高;換句話說,不論是產品(內容、品質、速度)、成本,皆很難建立「可維持的競爭優勢」,而只能「積小勝為大勝」。這也就是說,網路業(尤其是ICP)很難會出現像可口可樂、通用汽車、吉利(刮鬍刀)等長期擂臺主,這也平增公司鑑價的困難性,下面二個證據可支持此點。

㈠上櫃審核要點已吐露端倪

2000年3月21日,經濟部工業局發布審核科技事業處理要點,網際網路業申請上市上櫃和科技事業申請第二類股上櫃,即日起可向工業局提出申請,以便取得推薦意見書。

工業局對於網路公司上櫃審查原則,主要看四方面,包括:

1.技術生產面,要具有獨特的自用資訊系統、工具或資料庫,例如完善的電子商務平臺、高效率的搜尋引擎、具商業價值且持續更新的內容資料庫。

2.管理面,管理團隊或技術團隊具持續創新力。

3.業務面,具強大吸引力以保持使用者再用性的持續成長,也就是用戶活動能力強,且經常性的在此活動,用戶群也因為使用過者口碑佳而不斷成長。

4.成本面,具客觀且可精確量化的成本收入分析方式,例如網路廣告成本效益量化分析、電子商務交易成本效益分析等。

㈡曾煥哲的經驗談

由於網路股在全球股市1999年當紅,股價一再飆升,有網路基金的金牌操盤手之稱的華晶創投(Crystal Venture)公司執行董事曾煥哲說,這其中隱含部分危機,因為亞太地區已經出現騙人的網路公司,先是努力做到上市、把股價炒熱,之後就全數把股票倒給散戶,隨後因缺乏「水源性技術」的支持,很快就營運下挫,最後吃虧的是無知的廣大投資人。(工商時報1999年11月20日,第4版,陳碧芬)

九、網路家庭高價購進員工持股?

網路家庭是臺灣前三大入口網站(雅虎奇摩、蕃薯藤)之一,是城邦(出版)

集團下最大的網路公司。

　　2000年7月，網路家庭公司正進行第二波的現金增資計畫，預定發行3400萬股的新股，以每股25元發行，總籌資金額為8.5億元，增資後的資本額將由1.6億元提高至5億元。原始股東和員工每持有老股1股，可認購新股1.5股，繳款日期自7月7日至8月8日為止。第一次現金增資在2月，價格65元。

公司作法

　　網路家庭公司(PChomeOnline)透過關係企業 —— 網路家庭投資開發公司，以每股60元購回員工老股，再讓員工以所得款低價換購新股的做法。網路家庭財務副總經理李世宏表示，購回員工老股的提案已獲董事會及股東會通過。

　　網路家庭投資開發公司日前完成第一期的網路創投基金募資，額度6.6億元，主要法人股東包括金寶、仁寶、鍊德、中環、國泰、新光、裕隆、友立資訊、信義房屋、商業周刊、意識型態、美商中經合等十多家企業集團。(經濟日報2000年1月24日，第29版，陳正宇)

　　60元才是真正給對方的平均價格，而這比上一輪增資每股65元更低。網路家庭說，國外投資銀行給網路家庭的價值都在100元上下、7月24日未上市行情也有138元左右，這是「極具獲利潛力的價格」。

　　不過，由於網路家庭希望安排網路家庭投資開發公司（電腦家庭持有5.6%，其它為外界股東）成為新股東，因此董事會決議讓該投資公司可以每股60元的價格購入，至於中間財務安排則由網路家庭操作。

　　身兼網路家庭與網路家庭投資開發總經理的李宏麟表示，他們在上一次的董事會中即已決定，由於許多員工都是社會新鮮人，為了讓員工容易認股，因此設法以類似股票分割的概念將新增資股價降低為25元。員工、原股東一律以此價認股，因此雖然比上一輪65元低，但由於都是自己人，因此不致於對不起原股東。

　　網路家庭最後讓該投資公司先以每股175元向網路家庭員工買回僅692張的老股，但同時存在的條件是有權認購每股25元的新股1038張。此外，投資公司也要以每股43元的價格向放棄認股權的原股東購買新股2855張。也就是最後投資公司將可拿到4588張持股，花費價格是2.7億元，平均價格是他們設定的60元。175元不過是其中一小部分的過程與手段。

至於為何要弄得如此複雜？李宏麟表示有兩大原因，一是低價，員工才容易認購，二是為了技術股。他說，新進員工許多都是出社會不久，許多人連10萬元都拿不出，因此才設計成25元。

而技術股則是他們一開始不願說清楚的原因。由於目前國內沒有技術股的法令，因此業者只好自己迂迴設計。此次他們請原股東放棄4800張（25元）的認股權，而給特定人購買就是為此。其中，他們把2855張以每股43元給網路家庭投資開發公司，剩下的約2000張即由網路家庭留下，當作未來免費發給員工的技術股之用。（工商時報2000年7月25日，第15版，林玲妃）

第五節　網路業有革命性的經營模式？

●充電小站●

經營模式(business model)

此字不知是誰創的，但在1999年以來，網路公司相關人士喜歡用此字來形容其經營方式，一些企管顧問公司在做企業資源規劃(ERP)時，也宣稱可以提供營運模式諮詢服務。

此字看似「標新立異」，但只能以年輕人的流行語（如：不了）視之，其真正意思是「收入來源」，但用此字就不「炫」了。

1995年快速成長的網路業中，一些網路新貴時髦用語一堆，甚至強調跳脫傳統而有新的經營模式(business model)，一時之間，似乎以前所學的全被打入冷宮，然而撇開一些「炫」、ㄅㄧㄤˋ的名詞，網路業是創新的經營模式嗎？

在回答這問題之前，先來看2000年10月16日美國《華爾街日報》一篇專文指出美國科技股的六大迷思；其實，就是說「國王並沒有穿新衣」。美國麻州理工學院經濟系教授梭羅更是一言以蔽之：「網路就是郵購。」我把這比喻改成「網路只是多頻道、寬頻的第四臺」罷了。由此看來，「見怪不怪，其怪必敗」。接著，我們再縮小範圍來說明網路經營模式。

先來看「經營模式」一詞，很多人在說的時候往往不知所云；用句人話來說就是「收入來源」。由表15-10來看，我們以最常見的汽車及其周邊事業來就近取譬，網路業的道理也一樣。

表15-10　以汽車和周邊事業來說明「經營模式」

時期 收入對象	購買時	使用時	使用結束
一、消費者			
(一)商品			
1.賣斷	買車 （新車、中古車）	汽車融資公司（如裕隆） 汽車百貨	2年購後售回
2.租賃		租車	
(二)服務	如裕隆汽車的行遍天下便利商店		
1.會員年費		旅遊、車險	
2.單次付費		汽車拖吊 汽車保養、維修	
二、廣告主（或其它贊助廠商）	如《行遍天下》雜誌		

一、收入來源

絕大部分公司收入來源為下列二者：

(一)消費者（或客戶）

客戶願意付款享受（實體）商品或服務，以商品來說，大抵可分為（賣方）賣斷（或稱買方買斷）、租賃兩種；如果供應商跟客戶間還有仲介者（稱為通路商、經銷商），則他們賺取的是銷售佣金（代銷情況）或買賣價差（經濟情況）。至於服務也有定期（即會員制）、單次（非會員）兩種。

(二)廣告主（或其它贊助廠商）

對客戶贈閱情況（例如購車指南），出版商的收入大都來自廣告。然而羊毛出在羊身上，到最後廣告主這筆管銷費用仍會灌在商品（或服務）售價中，由客戶負擔。

許多網路內容業者(ICP)打的就是這個如意算盤,以免費上網來擴大上網人數,再回頭向廣告主宣傳廣告效益,讓廣告主心甘情願付廣告費。

二、收入時機

公司收入的時機常是以產品壽命成本來打算盤,常見方式:

1.產品免費(或低價),賺使用費為主:常見的是免費手機,在汽車也常見「3萬元交車」方案。許多車系(如西班牙喜悅、法國標緻)售價低,但維修(尤其是零件)卻相對貴,其定價策略是「朝三暮四」。

2.取得成本高,使用成本低:相反的,像豐田汽車則是採取「朝四暮三」的定價策略。至於「朝三暮三」的「俗攔大碗車」可說不多,而「朝四暮四」(例如賓士車)的車,則無法由成本來解釋,勉強可歸類為奢侈品、炫耀財,車主付高價來「買的」社會地位、品味(這些都是商品的效益集合),此時車子不只是運輸工具罷了!

◆ 第六節　網路股鑑價方法

美國摩根史丹利添惠證券公司首席策略師韋恩指出,衡量股價的標準隨著時代的推進而有不同的變化,從最早的股利、盈餘,換成現金流量,現在則是比潛力,看誰有可能在網路世界稱王,即使眼前是虧本經營也沒關係。(經濟日報1999年12月13日,第9版,郭瑋瑋)

坊間常有種說法,認為網路股超越傳統的經驗法則,所以傳統的公司鑑價方法不適用? 先看實務人士提出的方法,再來看我們的方法。

一、尋找指北星

由圖15-5可見,因為大部分網路公司都不賺錢,找不到支撐股價最直接的力量(盈餘或現金流量)。只好又往前找,以營收作為未來獲利的代理變數,由於每家公司網站的網頁數不同,為便於估算,又進一步細算單頁價值、每位網友價值;這是倍數法的運用。

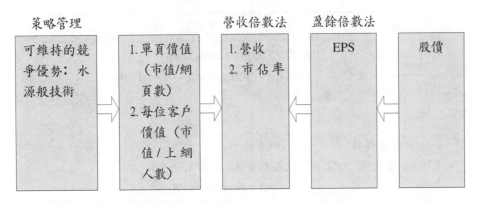

圖15-5　實務人士的網路股鑑價方式分解

二、網路股公司價值評估方式

美國對網路股的三種鑑價方法如表15-11，基本上是倍數法中營收倍數法的運用，背後假設股市反映其公司的真實價值——即股價沒高估也沒低估，事實並非如此，只可說本方法是「倒果為因」。

㈠股價營收比

如果用本益比來看網路股的價值不合時宜，1999年由肯尼斯・費雪(Kenneth L. Fisher)倡導的股價營收比作為軟體股和網路股股價評估方法，比值越高，越顯示股價越高估。

以美國股市為例，平均PSR約為6倍，領導廠商如微軟、美國線上、雅虎、思愛普(SAP)等可有較高的PSR值約在6至12倍；網路股3至6倍、軟體股5至8倍。

㈡單位人潮價值

如果對未上市網路公司的價值評估，則可以套用前述比率的觀念，但稍微再轉個彎，計算單(網)頁價值；甚至每位網友(subscriber)的價值，即單位人潮價值(value per subscriber)，以這項來說，跟第四臺的訂戶的「價值」很像。

以美國來說入口網站的瀏覽量價值1000美元左右，而Service Web Site則因已步入電子交易，每位上網者的價值可達2000至4000美元。有些人用美國的經驗來看臺灣，臺灣上網人口數約為美國的三十分之一，一般而言，網路廣告的價格也約為美國的三十分之一。由此推論，臺灣網站的瀏覽量應值900元左右。不過，這至少漏

表15-11　美國網路股的鑑價方式

鑑價方法	說　明
1.倍數法 　——營收倍數 　　法	股價/營收(price sales ratios) =股價營收比(price sales ratios, PSR) =營收倍數
2.同上 　⑴單頁價值 　⑵每位客戶價 　　值	市值/網頁數 單位人潮價值=市值/上網人數 (value per subscriber, VPS)

了考慮臺灣平均每人所得為美國的三分之一。

㈢套用廣告閱聽率的觀念

　　在傳統的有形市場中，瓶頸往往發生在銷售和經銷系統，例如商店中的貨架不足，製造商關注的焦點因此放在如何爭取理想的上架空間；傳統的經銷網路資本密集，所以資產報酬是衡量投資的理想指標。但是網路突破了上架空間的瓶頸，如何吸引顧客的注意力，才是網路行銷的瓶頸。

　　《網路商機》(*Net Game*)、《網路價值》(*Net Worth*)書的作者，著名的電子商務專家約翰·海格(John Hagel)主張，網際網路的成敗不能以資產報酬率來衡量，而必須要計較「注意力回報率」(return on attention)。(工商時報1999年11月15日，第2版，王克敬)

三、舉例說明——美國哈曼的鑑價方式

　　美國華爾街知名證券分析師、美國知名網站e-harmon.com總裁哈曼(Steve Harmon)從1994起展開網路業的投資，除了創立e-harmon網站外，也自行研發出多種評估網路公司價值的分析工具，在美國網路應用領域中擁有超高地位和人氣，CBS Market Watch曾給予「華爾街之最」(Best of Wall Street)的最高評價。

　　該公司以量、質雙管齊下，評估網路公司的價值。在量化方面，分別是公司的市值、客戶人數、市值和使用人數比、市值與毛利比值、本益比與成長性比、營收

和使用人數的比值、市值和營業額比等，尤其是最後一項。

　　在質方面則包括市場潛量無限放大、好的管理階層、投資團隊、商業方式創新、以網路為中心、對於新商機的適應性、以全球市場為主、以顧客導向，以及有顯著的市佔率，特別是要持續居優勢地位。觀察一家網路公司不要以投資人的角度，而應以創業家的立場來看。(經濟日報2000年3月9日，第3版，詹惠珠)

四、網路股的鑑價

　　網路股的鑑價並沒有任何特殊之處，沒有「傳統方法(如本益比)派不上用場」的道理，無須去求助一些上網人數、平均每頁網頁價值或網友價值。因為這些都是從股價去反推的，但美股網路股價本來就偏高，所以這些指標也沒意義。

　　美國投資大師華倫·巴菲特和美國國際集團(AIG)董事長Maurice Greenberg也都認為，網路跟傳統公司的鑑價應該要一致，不論是對成長、本益比、營收等都一樣，不應該有兩種價值，看股票應該只有一種方式。(工商時報2000年5月27日，第5版，林玲妃)

　　網路股鑑價沒有特殊方法，重點在於產業分析。天下沒新鮮事，發明是漸進的，不是跳躍的；或許，你可以把網路股(尤其是B2C)看成第四臺，那第四臺的電視購物、付費頻道的市場又有多大呢? 參考一下，就不會有那麼多白日夢了!

五、營收、盈餘的預測

　　過去5年平均或未來1年每股盈餘皆不足以代表網路股的獲利能力,因為它的業績、盈餘呈現指數函數性質。但這沒有超過淨現值法的適用範圍，唯一的差別只是把計算常態化盈餘的期間由1～3年延長至10、15年罷了。

　　只是此時，預測水準(forecasting level)將變得很大，以圖15-6的例子來說，假設每期的標準差為營收預測(點估計)的25%(這樣的比例已很客氣了)，以D+5年預估營收100億元來說，標準差為25億元，預測誤差隨著向前預測期間變得越來越大，例如未來第5年的標準差為25億元、第10年增至100億元、第15年為150億元。

　　把預測營收的標準差搭配點「預測」(有些書稱為估計，那是指估計期)，便可得到區間預測，例如第5年點預測為100億元，加減二個標準差便得到預測營收區間

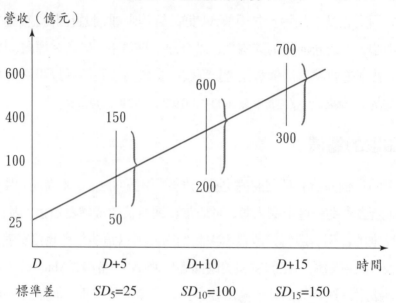

圖15-6　預測水準舉例

為50至150億元。這上下限數字看起來差異還不顯著，但是第10年時，預測區間為200至600億元；而第15年時，差異更是懸殊。這跟土耳其的大地震週期的預測450年加減250年（或換句話說，大地震發生週期為200至700年）一樣，預測區間太大，反倒失去意義。作多的人看到的是上限數字，所以「炒作」有理，難怪股價恨不得比天高；其實到了2003或2005年，就是一翻二瞪眼的時間。

近幾年來全球資訊電子業變化速度之快,正如美商英特爾董事長安迪‧葛洛夫《十倍速時代》書中,所形容,專門從事高科技產業分析和市場預測的分析師們反倒是跟著市場走,來個事後大修正。

以前一項產業的景氣預測數字也許可以套用個半年、一年,但如今,也許幾個月或一季就會被推翻。

六、折現率

網路股權益必要報酬率仍套用第八章的伍氏折現率。

【個案】3G執照值多少錢？

臺灣首次採用競價制度釋出的第三代行動通訊(3G)執照，2001年12月18日是最後受理日。六家團隊(詳見表15-12)搶五張3G執照態勢明顯，政府預期五張執照在競價後可帶入至少336億元收入。

交通部設定五張執照的競價底價分別以頻寬容量訂出，分別是：76億、42億、76億、67億、75億元不等，合計底價336億元。(經濟日報2001年12月17日，第15版，費家琪)

表15-12　第三代行動通訊申請團隊

申請名稱	主導股東	外資股東	資本額
世界全通	大眾、東元和霖園	Qual、日本通訊	4000萬元
臺灣大哥大	臺灣大哥大	Verizon	376億元
遠致電信	遠傳電信	AT&T	12億元
亞太行寬頻	東森寬頻電信	–	160.2億元
聯邦電信	聯邦電信、裕隆集團	美商優派	33億元
中華電信	中華電信	–	964.77億元

資料來源：業者提供。

一、野村的建議底價

充電小站

第三代行動通訊服務(3G)

第三代行動通訊服務(3G)，就是指消費者可以使用行動電話，擷取包括語音、數據和影像等多媒體數據傳輸服務，所需的主要資訊多半都可以透過3G服務取得。

中華電信090字頭的大哥大是第一代類比式行動通訊服務，主要提供的是語音服務，現在一般人普遍使用的GSM大哥大是屬

一張3G執照合理價值究竟有多少？經建會和交通部委託野村總合研究院進行估算，野村以收益還原法(administrative pricing)試算執照價值總額為1267億元，並由此推估FDD15MHz頻率的合理價值為159億元。依頻寬不同，進一步估算一張3G執照合理價值為234～396億元。野村建議以此作為政府訂定3G執照底價的參考，見表15-13。

對於執照合理價值的評估，野村除了依比較基準法(benchmark)、收益還原法進行估

於第二代(2G)數位式行動通訊，業者開始可以提供少量的數據傳輸功能。而現今和信電訊和中華電信推出的GPRS服務則屬2.5代的行動通訊服務，傳輸速率最高可以達到115 Kbps，數據的傳輸量又比GSM大為增加。未來第三代行動通訊則要求業者在車輛快速移動間，要能提供115Kbps的傳輸速率，慢速移動時則要有384Kbps，定點不動時傳輸速率則要到2Mbps，也由於速率高，因此可進行多媒體服務。（工商時報2001年12月31日，第5版，何伯陽）

算外，野村並進一步依上述兩種方法估算FDD 10MHz、FDD 15MHz、TDD 5MHz頻率的合理價值，野村認為交通部核發三張、四張或五張執照，都可以依頻率的合理價值計算出該張執照的價值。例如，交通部如果核發一張執照為FDD2×15MHz，合理價值即為318億元；核發FDD2×10MHz TDD 5MHz，則為234億元。詳見表15–14。

表15–13　FDD 10MHz、FDD 15MHz、TDD 5MHz之頻率價值試算結果

單位：億元

試算方法			推估之臺灣執照價值總額 (million, NT$)	核配FDD 10 MHz 時之1 MHz價值 (million, NT$) K	FDD 10 MHz之價值 (million, NT$) 10×1K	FDD 15 MHz之價值 (million, NT$) 15×1.36K	TDD 5MHz 之價值 (million, NT$) 5×2K
Bench-mark法	比較基準	英國	2892	17.81	178.11	363.34	178.11
		德國	2976	18.33	183.31	373.95	183.31
		荷蘭	821	5.06	50.61	103.24	50.61
		義大利	1614	9.94	99.39	202.75	99.39
administrative pricing法（核發四張執照的情況下）			1267	7.81	78.06	159.24	78.06

註：假設核發FDD 10MHz時，1MHz的頻率價值為K值；而當頻寬變為1.5倍時，1MHz的價值約變為1.36倍；核配TDD 5MHz時，1MHz的頻率價值變成2倍。

資料來源：野村總合研究院。

表15-14　3G執照價值的推估

單位：億元

試算方法價值			執照A	執照B、C	執照D
benchmark法	比較基準	英國	904	726	534
		德國	931	747	549
		荷蘭	257	206	151
		義大利	504	405	298
administrative pricing法（核發四張執照的情況下）			396	318	234

註：各張執照頻寬如下：

　　執照A：2×15MHz+TDD 5MHz

　　　　B：FDD2×15MHz

　　　　C：FDD2×15MHz

　　　　D：FDD2×10MHz+TDD 5MHz

資料來源：野村總合研究院。

基本假設

野村鑑價時所依據的基本假設如下所述。

1.用戶人數：各年預估用戶人數請見表15-15。

2.市場競爭情況：隨著執照張數多寡，將有不同的市佔率，推估2G業者初期階段需要300億元的建設費用，並假設相關的營收、稅率等等變數，野村進一步估算在3G執照15年特許期間，通訊公司的財務維持在合理水準情況下所能負擔的執照費用。（工商時報2001年1月14日，第2版，江睿智）

表15-15　預估使用人數

	2005	2009	2010	2015
用戶數	425	1000	1275	1911

二、國外經驗

他山之石可以攻錯,由於3G在臺灣是「大閨女上花轎——頭一遭」,所以只好看看先進者的作法。

(一)缺乏殺手級應用,怎讓消費者投懷送抱?

任何通訊服務要成功,最重要的就是至少要有一、兩種殺手級應用(killer application),目前手機的語音通訊本身就是一種殺手級應用,那麼3G呢?有沒有可以刺激消費者「非有不可」的應用,是不是它最標榜、最不同於2G能力的串流式媒體(streaming media)呢?

3G手機使用者可用手機上網、玩網路遊戲、下載影像或即時播送串流式影音、講影像電話、得知球賽的最新結果以及進出存取公司的資料庫,更可以走到哪,就獲知當地的吃喝玩樂資訊。也可以隨時用藍芽技術,跟其它手機、電腦、PDA等設備作資料的無線傳輸,或者無線以聲音方式控制其它資訊產品。3G是把目前許多「固定式」的服務轉為「行動式」,也就是人們不必再固定坐在電腦前面,才能好好上網或處理郵件資料。

寬頻用戶2001年大幅增加,已經有百萬人數,然而在網路泡沫化影響下,卻不見寬頻內容服務的踴躍加入。由於網路內容業者追求獲利,因此難以投資3G這個略顯遙遠的夢,更還沒聽說有業者積極開發。

沒有好的應用,消費者不會輕易升級,但沒有人使用,業者也難以投資開發新應用,這是個「雞生蛋、蛋生雞」的循環遊戲。網路內容業者在網路這一波的低潮已經被嚇到,3G業者有沒有辦法跟他們共譜有效獲利的藍圖,是業者要努力思考的部分。(工商時報2001年12月31日,第5版,林玲妃)

(二)2.5G就夠了!

隨著行動通訊技術的演進,大哥大業者推出的服務內容也由過去的單純語音(VMS)服務,擴大到傳輸文字的簡訊(SMS)、包含圖像和字型的增強型簡訊(EMS),甚至於未來整合照片、聲音和影像的多媒體訊息服務(MMS)。MMS是把符合3G標準下的行動數據服務,提前導入到2G (GPRS)環境下使用,在業者推廣GPRS服務和競標3G釋照的刺激下,各大哥大業者勢必都會導入MMS服務,業者對設備投資也可延伸到3G環境中使用。另外,臺灣消費市場反應和易利信本身的調查資料也都顯示,整合影音的MMS服務將繼簡訊後,成為消費市場最歡迎的加值服務。(工商時報2002年1月11日,第10版,何伯陽)

分析師表示,利用現有科技加以創新的2.5代(2.5G)行動電話,將奪走劃時代的3G行動電話不少光彩。

分析師和產業界人士認為,先進的3G行動電話雖然有雷射唱片般音效等特色,上市未必會如預期轟動。

日本NTT移動通信網(DoCoMo)也認為，起碼，3G行動電話在上市初期不會成為消費者搶購的新玩意。i-mode服務負責人說：「推出可以上網看影像的3G服務，或許不是帶動營收成長的最佳方式。」他指出，消費者不會喜歡瞪著行動電話的小螢幕看好幾個鐘頭。(經濟日報2001年1月7日，專刊第4版，官如玉)

(三)小心技術可行性

技術標準和晶片組的規格不一，讓3G基本的服務不斷延誤，更不要說其它花樣百出的可能服務。

(四)歐洲市場

由國際間電信相關業者和主管單位組成的全球通訊論壇(UMTS)曾樂觀預估，到2010年時，全球3G服務的營收可望達到3200億美元，同時10年累積的營收可望突破1兆美元，國際通訊業界也對可進行行動多媒體傳輸服務的3G，有過高度期待。

不過時至今日，國際間對於3G服務市場的發展前景看法為何？或許再由全球通訊論壇，日前宣布調降2004年全球3G服務的營收，由原本預期的592億美元降為492億美元，降幅高達17%，以反映3G服務推出時程的延遲和全球經濟走下坡，可見一斑。新的預測也直指，3G服務將會延後推出，英國將延到2003年前，西歐其它國家地區則是要到2003年之後。

(五)日、韓市場

全球3G行動數據服務發展最為先進的亞太市場，包括日本的NTT DoCoMo的寬頻劃碼多路進接(WCDMA)和南韓的CDMA2000，都沒有明確的成功營運方式出現。NTT DoCoMo 2001年10月推出全球第一套WCDMA系統(FOMA)的測試運轉，不過該系統並不能完全符合WCDMA的技術標準要求，而且測試的區域集中在東京和大阪等三個都市，3G手機的投資還本也使得3G技術成熟與否，普受懷疑。

3G的另一個技術規範劃碼多路進接(CDMA2000)技術發展進程較快，南韓已有鮮京電信(STF)和韓國電信(KTF)兩家業者，在2001年正式推出傳輸速率達144Kbps的CDMA2000 1XRTT商業化服務，2002年Hansol M.com和金星電信(LG)也將跟進，且2001年用戶數已達300萬，可為2004年3G服務的正式推出暖身，不過在現有用戶中，線上使用率偏低。

(六)高價搶標的後遺症

歐洲在3G執照競標時，英國電信(BT)或伏得風(Vodafone)，大手筆搶標，事後證明很不划算，因此股價疲軟不振。

三、他們的故事，我們的抉擇

臺灣成人大哥大普及率達140%，即一個成人擁有1.4個門號。依照國外經驗顯示，用戶多半只會使用第一個門號，要刺激用戶持續使用第二或第三個門號時，必須依賴應用加值服務。

也就是在行動語音市場飽和後，數據加值服務才能擴大業者營收。

(一)臺灣消費者的接受度

　　和信電訊、中華電信都已推出2.5代的GPRS服務，東信電訊則在中部六縣市擴大GPRS的測試服務，臺灣大哥大和遠傳電信完成系統建置，卻不願宣布GPRS服務上線。根據資策會的預估，使用WAP無線上網的用戶數不到大哥大總用戶數的1%，GPRS實際線上用戶數則最多不超過10萬人。

　　市場缺乏成熟的3G系統設備和消費者的需求不明朗、關鍵性應用服務發展不明確、以及國外都缺乏成功案例下，業界認為3G市場成熟最快也要5年的時間。(工商時報2001年12月31日，第5版，何伯陽)

(二)小心高估

　　語音轉售業務(ISR)開放半年來，瑪凱電信原先預估，ISR可佔2001年國際電話市場營收的6%，但是，民營固網帶頭降價，廝殺激烈，國際電話價格降得比預期更快，也連帶使ISR業者如臺灣電訊等不得不下修2001年營收和獲利目標。

　　ISR業者估計2001年話務量總計不到1億分鐘數，營收約為8.5億元，僅佔整體國際電話市場大餅不到2%，遠遠落後原本預期6%的市佔率。(經濟日報2001年12月27日，第35版，王皓正、呂郁育)

　　遠傳電信董事長徐旭東表示，政府釋出五張執照在某種角度上被認為太多，因為開放的市場競爭也必須理性。8年前政府開放銀行設立，一下子釋出十六張執照，結果後續便產生一系列的問題。而2000年開放三張電信固網執照，每家業者投資數百億資金架設網路，但以全臺2300萬的人口計算，每家業者平均只能分得五百多萬個用戶，就世界標準而言，並沒有達到經濟規模。

　　六家業者競標五張3G執照，但3G是2G系統的升級，業者的資金應該用在研究和開發上，以開創多元的應用服務內容，而不是用於執照的標購上。2000年遠傳電信進行兩個月的體驗3G活動，消費者反應平平。各團隊應該考慮的是，消費者是否願意用1000美元去買一支3G手機，更何況3G市場何時成熟都還不知道。(工商時報2001年12月23日，第6版，何伯陽)

(三)對價位的看法

　　臺灣大哥大則表示，比較世界各國發放3G執照的價格，法國由於價格較高，導致只有兩家業者送件競標申請的窘境，事後更發生政府退回部分標金的狀況。其它像比利時、澳洲、丹麥等國的得標價也遠低於臺灣的3G執照底價。

四、世紀豪賭，連DoCoMo也沒把握會贏

　　對全球電信公司而言，沒有人敢忽視第三代無線科技服務，即所謂3G的商業潛力。同樣地，

看到歐洲電信業者為爭奪3G執照付出天文數字的代價，落得負債累累與股價重挫的結果，誰也不敢低估3G的龐大風險。不過，日本最大的行動電話公司——NTT DoCoMo卻打破外界對日本企業保守作風的印象，勇敢果決地投入3G領域，終於在2001年10月1日正式推出全球第一支3G服務手機，為這場世紀商業豪賭拉開序幕。

說是豪賭，並沒有言過其實，雖然NTT DoCoMo並沒有像歐洲電信廠商一樣，需要為3G執照付出動輒數10億美元的代價。但是布建3G網絡與開發通訊和應用軟體的花費同樣驚人。在投入3G領域之初，NTT DoCoMo打算分3年投入100億美元的資金，而且這只是入門的學費而已。

(一)曲高和寡的原因

不過從市場反應來看，3G手機的推出卻是雷聲大雨點小。2002年1月，訂戶才3至4萬人而已。

首先，因為礙於技術問題，NTT DoCoMo原本預定於2001年5月推出的3G服務，被迫延到10月。在2001年9月邀請5000位消費者試用期間，試用者抱怨連連，有的指電池使用時間太短，有的嫌網站的內容太過貧乏，更要命的是，在連網的時候經常出現斷線情況。

價格也是讓消費者觀望卻步的重要原因之一。NTT DoCoMo目前推出的三款3G手機，最便宜的FOMA P2401每支售價250美元。最貴的P2101V則達501美元。每個月還要繳交80美元的使用費。如以目前的費率來算，用FOMA 3G手機下載四分鐘的音樂，可能是一片CD的10倍價格。

(二)打不死的樂觀派

衡諸以往種種發生的挫折，NTT DoCoMo對3G服務的樂觀已經到讓人覺得有點不可思議的程度。信心滿滿地FOMA用戶在2003年3月底之前，可望衝上150萬戶。

(三)打什麼如意算盤

不過，面對種種挫折與問題，NTT DoCoMo發展3G的決心並不為之動搖。NTT DoCoMo打的如意算盤是，希望能成為全球首家具備成熟3G技術的電信公司，然後再藉由跨國企業聯盟的方式，進一步把NTT DoCoMo的3G平臺推廣到全世界。果真如願的話，NTT DoCoMo的海外營收和成長空間將大為擴展，使其成為一家超級跨國電信公司。

在這種宏觀的願景之下，NTT DoCoMo不但一方面加緊開發3G的技術，同時積極地進行海外併購和結盟的工作。例如，併購香港和記黃埔3G公司二成的股權，併購荷蘭KPN行動電話15%股權，入股臺灣和信電訊15%的股權；以及2001年1月投資美國AT&T無線公司等，均可視為把3G版圖擴張到全球的布局動作。

況且，NTT DoCoMo手上擁有豐沛的現金，在日本還取得免費的3G執照，加上擁有3000萬名用戶的iMode金母雞做後盾，其發展3G乃至於進軍全球電信市場均比歐、美業者更具雄厚資本。3G服務對NTT DoCoMo而言到底是變身電信巨人，還是會讓該公司陷入災難的賭注還有待

時間觀察，但NTT DoCoMo肯定是最玩得起的電信公司。（工商時報2002年1月17日，第3版，謝富旭）

　　世界全通和亞太行動鎖定執照E加價競標，鎖定採用CDMA2000技術的800兆赫執照E的理由是，CDMA2000技術進展稍快於WCDMA，南韓已有多家電信業者提供CDMA2000 1XRTT商業運轉，用戶數超過300萬的規模，此外，系統和手機等硬體產品已商品化，得標業者最快在9個月內便可以完成系統建置，預估2002年底便可望開始商運，紓緩業者投資3G系統龐大的資金壓力。（工商時報2002年1月17日，第3版，何伯陽、江睿智）

　　2002年1月16日，交通部電信總局舉辦第三代行動通訊(3G)執照競價拍賣。六家業者不斷出價，把五張執照總價抬高至346.61億元，第一天即較電總底價高出10.6億元，五張執照暫時由臺灣大哥大、遠致電信、聯邦電信、中華電信與亞太行動寬頻得標。

　　第一天競價有兩個特點，首先是E執照成為競價的焦點，世界全通（東元集團與大眾集團）與亞太行動寬頻（東森寬頻電信）兩家，不停加碼，每次約抬價1%，將E執照由75億元的底價抬高至81.39億元，最後由亞太行動寬頻成為暫時得標者，E成為1月16日價格最高的執照。

　　由中華電信還給交通部的E執照，原本被認為在3G技術上較不純熟，由於在2.5代行動電話上已有成熟產品，反而成為新進業者的新歡，兩家沒有泛歐數位式行動電話(GSM)的新業者一直加價，要拿下E執照，以便儘快投入市場，先提供語音服務，再提供高速數據傳輸的服務。顯示兩家業者要藉由E執照先進入2.5代的行動電話，先賺一筆行動電話的錢，再逐步升級至第三代的領域，跟既有行動電話業者展現完全不同的思考邏輯。

　　業者分析，遠致電信第一次出手，便相中B執照，而且出價剛好比底價多1%，傳達要爭取3G執照卻不會出高價的想法。但遠致要承擔一種風險，即B執照頻寬最小，只有上下行10兆赫，遠致如果真的拿到B執照，未來一旦3G市場大好，遠致客戶數量難以大量成長。

　　C、D執照的變化值得觀察，臺灣大和中華電信第一次都去標D執照，看來兩家業者認為D執照未來不會受到聯邦電信干擾，而且跟A、C同樣的頻寬，但價格最低，物超所值。聯邦馬上轉向中華電信原本心中的最愛，即C執照，同時一出價即是78.02億元，尾數緊咬中華電信的68.02億元，在國外的競價拍賣中，這是強烈暗示挑釁的作法。

　　五張3G執照拉抬到多高後，業者會止步？業者以現有GSM執照的特許費為營業額的2%來計算，以一家公司平均的營收400億元來看，15年的執照在特許費上要支付120億元，以3G執照不要支付特許費以拍賣金額替代來看，一張執照拍賣上百億元是可以預見的，因此業者在3G的競價天數上還有得瞧。（經濟日報2002年1月17日，第3版，費家琪）

(四)大戰180回合

　　2月6日，經過19個工作天的纏鬥後，3G競價作業經競標廠商之一的世界全通四次不出價自

動退出下，在創新世界紀錄的第180回合時，終於劃下休止符。總計競價總額為488.99億元，比交通部公告的底價多出153億元。

遠傳和遠致電信董事長徐旭東表示，遠傳在參與3G競標的籌劃過程中，便聘請國際顧問群進行相關業務案投資報酬研究，遠致電信是以亞洲最低的每單位人口頻寬價格奪得3G執照。

（工商時報2002年2月7日，第1版，何伯陽）

◆ 本章習題 ◆

1. 你相不相信「天下沒有新鮮事」這句話，在鑑價的運用便是看新產品的舊產品是什麼，便大抵可估計此替代品的市場潛量，請舉一個例子來分析（Hint: DVD取代錄放影機）。

2. 本夢比究竟指什麼？請找一個例子來說明。

3. 我認為「營運模式」是用來唬人以襯托自己新潮，那麼你可否把表15-5、15-9對照來看，是否同意我的看法？

4. 表15-5、15-7對照來看，是否可以更了解電子商務的本質？

5. 以表15-8、15-10為基礎，B2C市場希望無窮嗎？

6. 以表15-6為底，再予以充實還有哪些未包括的電子商務夢幻和本質。

7. 以表15-4為基礎，去分析1996～2001年雅虎、亞馬遜書店等股價價值比。

8. 以圖15-5為底，餘同第7題。

9. 以表15-11為基礎，餘同第7題。

10. 以圖15-6為基礎，餘同第7題。

第十六章

軟體股鑑價

　　遊戲軟體在未來半年至一年間，即將步上網路後塵，迅速泡沫化，除非能迅速跟上美國技術及進入大陸市場才能存活。

　　——杜紫宸　全景軟體公司總經理

　　工商時報2001年8月26日，第4版

學習目標：

軟體業是標準的知識密集產業，本書以軟體業為對象來說明如何鑑價，剩下的知識密集服務業（例如投信公司、律師、會計師、醫師）很容易舉一反三。

直接效益：

生技類股將是新一波的熱門股，本書思之再三還是不予以討論，可援用軟體類股的鑑價觀念，只是以製藥為主的生技公司因產品上市獲得各國衛生署核准期間很長，風險較大，較難評估其價值。

本章重點：

- 軟體業的分類。表16-1
- 線上遊戲市場。表16-2
- 上櫃軟體公司大致分類。表16-3
- 收入的認列。§16.3四(一)
- 維修成本的歸屬。§16.3四(二)
- 遊戲橘子公司。§16.3五(一)
- 軟體股鑑價要點。§16.4前言
- 軟體公司鑑價方法。§16.4二
- 無形資產評等制度。§16.4七

前言：硬不如軟！

當企業上市承銷、銀行融資、訴訟、移轉計價、財務報告時，都會面臨無形資產鑑價的問題，軟體業由於缺乏實體資產，所以這問題更加嚴重。韓國大財團透明度不足是導致1998年南韓經濟崩潰的一大因素，不少南韓企業把無形資產列入資產負債表的特別項目中，外界根本無從判斷；由此可知不僅軟體業會面臨無形資產鑑價問題，一般公司也多多少少有同樣遭遇。

為了方便讀者閱讀起見，本章跟第十五章的架構幾乎相同。

◆ 第一節　什麼是軟體股？

每天看到報紙，不是哪家公司推出什麼遊戲軟體，就是哪家公司跟美國第一商務公司合資共同進軍ASP市場⋯⋯，光是專有名詞就足以讓人看得暈頭轉向。

所以，在第一節中，我們開宗明義的先讓你看到整個森林，以免迷路了。

一、軟體業的重要性

根據調查顯示，美國矽谷近5年成長幅度最高之前十大廠商排名中，即有4家為軟體業者。以成長率排名第一、經營客戶管理軟體系統市場的Siebel公司為例，1994年營收僅5萬美元，1998年營收則已高達3.9億美元，數年間的營收成長率高達7830倍，使軟體業已與網際網路並列為美國矽谷成長最快速的兩個產業。自1994年以來，美國軟體業平均每年複合成長率高達15.4%，2000年資訊軟體業產值躍居美國最大的產業。以美國最大的軟體公司微軟為例，市值高達臺幣13兆元，比臺灣上市580支股票約12.4兆元的總市值還要高出近一成，充分顯現軟體業的高成長性。

每股獲利超過6元、居同業之冠的軟體股敦陽科技，1999年1月28日以371元收盤價擠下上市的華碩，躍登所有上市、上櫃股票新股王寶座，使軟體股的走勢再次成為市場注目的焦點。

二、軟體業的範圍

在軟體和網際網路熱潮下，經濟部產諮會1999年11月審議完成十大新興工業修正案，其中資訊軟體業首次訂出細項和新適用的產品項目，共分為狹義和廣義軟體業，此修正案從2000年起實施，詳見表16-1。雖然皆屬軟體範疇，每一類的成長性不一。

表16-1　軟體業的分類

大分類	中分類	細分類（括號）
一、狹義		
1.產品	1.套裝軟體 (1)系統 (2)應用 (3)多媒體	2.轉鑰系統 (1)行業別 (2)跨行業別
2.專案	1.系統整合	2.專業服務 (1)訂製軟體 (2)顧問諮詢 (3)教育管理 (4)設施管理
3.服務	1.網路服務 (1)網路系統 (2)加值網路服務 (3)電子商務 (4)資料庫服務	2.處理服務 (1)資料輸入 (2)批次交易處理 (3)線上交易處理 (4)CPU租售時間
二、廣義		
1.硬體加值	1.消費電子 2.半導體設計 3.電腦產品	4.通訊產品 5.遊戲機臺 6.醫療電子 7.ATE和CNC
2.企業自行開發		

三、軟體業的產值

資策會資訊市場情報中心統計指出，資訊軟體市場規模1999年首度突破千億，達1233億元，在軟體業持續榮景下，2003年市場規模將成長至2269億元。

圖16-1 臺灣軟體市場規模

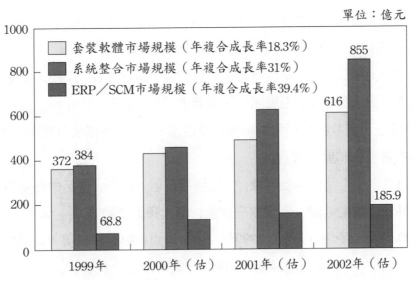

單位：億元

資料來源：資策會MIC ITIS計畫。

(一)產品：套裝軟體

套裝軟體市場雖逐年擴大，但成長率反倒出現逐年下降的趨勢，由1999年的24%，2000年21%、2001年19%、2002年15%。

套裝軟體成長率下降，除了因市場逐漸飽和、軟體平均售價下跌，主要原因是網際網路的出現，將改變套裝軟體產品、電子軟體、通路(ESD)與經營型態。在軟體租賃模式網際網路應用服務(ASP)逐漸成形下，套裝軟體廠商也逐漸將三成服務轉為網路服務，導致成長率趨緩。

套裝軟體業者在這股網際網路風潮中，紛紛進行產品轉型，跟網路結合，推出電子郵件軟體、防火牆、網站分析軟體、ICQ即時通訊軟體、網路搜尋引擎軟體、MP3網路音樂等軟體大行其道，網際網路軟體成為發展主流。

㈡專案系統整合

系統整合軟體業獲利較為穩定,但缺乏類似軟體開發的爆發力。企業電子化的趨勢已漸由製造業延伸到服務業,企業規模也由大型企業轉向中小企業。除了企業資源規劃和供應鏈管理(SCM)應用系統外,客戶關係管理(CRM)、產品設計管理(PDM)等應用系統也成熱門焦點。

至於應用軟體服務提供商(ASP)也歸在此列,特徵是:透過網際網路或專線,提供應用軟體租賃服務的供應商,只租不賣、一對多、集中管理、以套裝應用軟體為主體、透過網際網路提供服務,此產業自1998年興起。

市場潛力之所以看好,是因為電子商務已成全球商場趨勢,中小企業對應用系統的需求不亞於大型企業,但資訊應用軟體費用很高,不是中小型企業所能獨立負擔,因此ASP正可替軟體公司和中小型企業搭起一座橋,不僅成為應用軟體的通路,更能提供系統整合和顧問服務。

ASP業以中小企業為主要客源,未來將擴及個人市場,包括辦公室個人生產軟體(MS Office)、遊戲軟體、影像處理軟體、個人理財軟體等。

根據Dataquest的統計,全球1999年ASP市場規模僅有27億美元,預估2003年將達227億美元,年平均複合成長率為70%,足見市場的蓬勃發展。

㈢線上遊戲市場

線上遊戲(on-line game)自1999年開始起步,於2001年進入成長期,詳見表16-2。資策會表示,產品品質和特色決定業者的地位與產業長期的發展。

表16-2　線上遊戲市場

單位: 億元

年	1999	2000	2001	2002 F	2004 F
營收	0.9	4.8	17.1	26.5	40

資料來源: 何英煒,「臺灣線上遊戲市場今年成長256%」,工商時報2001年12月14日,第15版。

　　因為線上遊戲的進入門檻很高，2001年已經有部分業者退出市場。線上遊戲消費者以年輕人為主，但有不少網友是因為線上聊天、交友等社群功能而上線玩遊戲。資策會表示，線上遊戲仍有許多值得開發的客戶和內容，例如兒童、幼教等。(工商時報2001年12月14日，第15版，何英煒)

　　智冠科技表示，目前臺灣上網人口多達800萬，平均每三人就有一人上網，但是線上遊戲的人口，卻只佔上網人口的15%。這顯示，潛在線上遊戲人口相當龐大，商機無限。(工商時報2002年1月16日，第12版，何英煒)

(四)掃到颱風尾的套裝軟體業者

　　線上遊戲受到歡迎，卻對套裝軟體市場形成排擠效應。2001年遊戲套裝軟體市場，僅32.3億元，首度出現負成長，幅度達15%。至2004年，資策會預估，套裝軟體的市場會衰退至28.8億元。業者表示，套裝軟體的退貨率增加，導致庫存負擔，嚴重的盜版問題，都是出現負成長的主要原因。單機版業者紛紛轉投資線上遊戲或開發套裝軟體結合網路資料片。資策會預估，至2003年，將有五成以上的遊戲軟體都將具有連線功能，並出現半即時網路遊戲的型態。(工商時報2001年12月26日，第15版，何英煒)

　　第三波和華彩軟體宣布退出單機版市場，顯示市場向線上遊戲傾斜。

(五)2001年市況

　　資策會ITIS計畫統計，市場規模1344億元，僅成長12.4%。落差原因為企業用戶製造業、金融業、流通業等，當個別產業營運負成長時，會延緩電子化的步伐，導致部分項目暫停、延後或經費縮減，而軟體業者也因苦無訂單，不得不接受企業用戶非常高的折價要求。

　　軟體市場有幾個高成長區隔，包括：資訊安全軟體和服務、ISP之寬頻接取業務，以及線上遊戲、線上購物。受到景氣影響導致僅有低成長的市場包括：電子商務相關軟體，以製造業為主的企業資源規劃和供應鏈管理系統，以金融業和流通業為主的客戶關係管理系統等。2000年非常熱門的ASP、IDC市場，資訊委外服務環境還未成熟，2001年更難有所表現，因而多數業者均轉為以提供系統整合或專業服務為主，也有幾家較大的業者結束營業。由於金融證券投資市場長年不振，導致金融資訊分析工具和加值服務市場低落，此一領域的業者受到波及較深。

1.加速國際化，成果漸顯現：對軟體業發展有指標意義的「軟體外銷」，在從事外銷軟體業者的外銷產品範圍日增，以及全球行銷據點區域的擴大下，2001年成長了26%，外銷值達127.15億元，其中套裝軟體的比例極高，突破100億元。由於受到美國不景氣的影響，多數套裝軟體的成長並不理想，只有防毒軟體因網路安全事件頻傳而一枝獨秀，從2000年佔整體外銷產值的41%大幅成長達2001年的47%。近年來逐漸興起的IC設計所需的電子設計自動化(EDA)相關工具軟體，在美國、日本市場已很有斬獲；此類產品的進入門檻較高，過去多為國際大廠主導，思源公司所提供的VLSI偵錯系統，跟國際知名大廠的EDA工具軟體，在功能上有所區隔及互補，未來成長潛力相當大。多媒體工具、多媒體育樂、輸入法、字型等軟體都僅小幅成長。專案類主要來自在大陸和東南亞所承接的金融、證券和製造業等系統整合與專業服務。此外，比較特別的是首度出現「網路服務」外銷，我國遊戲軟體業者開始在大陸提供線上遊戲服務，市場極為看好。

2.大陸市場潛力大，登陸臺商倍增：相對於全球的不景氣，高成長的大陸市場深深吸引軟體業者重視，其充沛且低廉的軟體人力、同文同種的廣大市場，是軟體業邁向大型化和國際化的絕佳助力。2001年登陸的臺商軟體業者由年初50多家70多個據點，快速成長達年底80多家140多個據點，預期此趨勢將持續發燒。臺灣接近大陸市場且具華人文化和語言上的優勢，可充分發揮軟體和服務解決方案的價值，更可開發美國和日本之外的另一廣大市場。(工商時報2002年1月14日，第14版，孫珍如)

四、上市上櫃軟體公司簡介

以上櫃36家軟體公司來說，依表16-1的分類方式來看，就容易了解其屬性了，詳見表16-3。以獲利能力來說，皆為績優股。

上櫃軟體公司跟網路公司最大的差異，就在軟體公司多半都有相當穩定甚至具有高獲利能力。而網路公司由於新成立，加上尚未獲利，多半計畫以申請第二類股上櫃，然後再轉進一般網路軟體上櫃公司。

此外，軟體代理發行商中，第三波是商用軟體、皇統是教育軟體、智冠是遊戲軟體的龍頭，三方並積極進行策略結盟，產業地位已經建立，短期難以被取代。

表16-3　上櫃軟體公司大致分類

大分類	中分類
一、狹義 　1.產品	套裝軟體：中菲、華經、普揚、鼎揚、友立資、倚天
2.專案	通路商：第三波、皇統光碟、智冠 系統整合（以資源規劃系統為主，供應鏈管理次之）：中菲、華經、普揚、鼎元、資通
二、廣義 　硬體加值	半導體設計（半導體EDA）：思源（工業軟體）

五、公司大型化的趨勢

由表16-4可見軟體業的現況和展望，公司家數不再大幅成長，而是越來越趨向於「大型化」（以符合上櫃資格為標準）。

表16-4　2000～2006年軟體業狀況

	2000年預估	2006年預估
公司數	700	1100
產值	68億美元	170億美元
全球市佔率	0.8%	1%

第二節　軟體業的SWOT分析

軟體業從1998年以來，有大幅成長，而且不少業者抱著「立足臺灣，胸懷大陸，進軍世界」的想法，不以「進口替代」為滿足，而且還想邁向出口導向。前景是否會像圖16-1、表16-4描述得那麼美，則必須由SWOT分析來回答。

一、優　勢

以臺灣內需市場為後盾，再進而前進同文的大陸（甚至華人）市場，這似乎是順理成章的進入市場模式，而且從1999年起，臺灣業者還多了下列三項助力。

1.政府的輔導與獎勵：軟體業產值尚不高，世界排名仍有不斷超前的空間，因此，經濟部將其跟生物技術產業並列為21世紀二大明星產業。

經濟部在1993年提出軟體五年發展計畫（軟五計畫），提供包括租稅優惠、新產品開發輔導及經費補助、改善企業體質、資金取得、研發管理、產品行銷及人才培訓輔導等；現已進入第二個五年計畫，更加擴大對產業服務。

軟體業者突破1000家，但八成集中在大臺北地區，帶給南港軟體園區的發展機會。南港軟體園區第1期於1999年完工，提供適合軟體業者的基礎經營環境，從品質認證、人員訓練、共用軟體設施和網路建置、創新育成中心、國際研發合作中心建置，並引進國際軟體大廠（如IBM、思科）進駐，以利業者爭取國際大廠合作及代工開發軟體商機，預估五年可促成70至100件國際合作案，以利開拓國際市場。

在主導性新產品的開發輔導方面，經濟部對軟體業者開發軟體新產品時，凡經審查符合補助條件者，政府都補助部分相關費用和開發貸款，以降低業者開發新產品投入的成本。

2.大型企業投入：宏碁、和信、華新麗華、宏泰、華碩、英業達、中鋼、統一、力霸和中華開發等民間大型企業集團都積極投入；逐漸脫離「車庫創業」作法。

3.資金取得：2002年1月開放的興櫃股，更提供小公司籌資的方便之門，有錢好辦事；每年至少可增加十家以上上櫃。

二、劣　勢

軟體業發展最大劣勢為軟體人才缺乏（而印度正擁有人才優勢）；此外，在智慧財產權保護方面，正是軟體業的罩門。

1.佔產值頗高的多媒體、遊戲軟體部分的專利比例不到二成，顯見廠商的軟體專利保護嚴重不足。

2.美國近年來對商業方法(business method)專利的核准數量日增，臺灣軟體業

很容易便動輒侵權。

以微軟為例，到2001年為止，所註冊的專利就已經超過200件，其中有不少正是發展作業系統的關鍵技術。許多電腦工程師認為，這正是微軟可以長期壟斷作業系統市場的重要原因。另一個例子是戴爾電腦，它的先接單後生產方式，也已經註冊了77項專利，全球其它地區如果要模仿戴爾的製造和行銷流程，也須經過戴爾的同意。

臺灣軟體產業明顯落後資訊製造業，但近年來在遊戲軟體、防毒軟體和系統整合軟體的開發已漸有成果，但比起印度和韓國等軟體先進國家來說，仍有一些差距。

印度儼然成為全球軟體開發中心，去年產值高達40億美元，而印度高等教育的完整和人才培育都相當適合開發軟體產業，德儀目前在印度設有一座軟體設計中心，總人數為600人，但近期在印度產業地位日益提高以及外商紛紛進駐下，決定增為1400人。（工商時報2001年12月25日，第15版，王玫文）

三、機　會

網際網路的普及是近幾年來推動全球軟體業發展的最大動力，2000～2005年，全球個人電腦連網數將超過1億臺，到時個人電腦和網際網路結合將加速對軟體產品需求的成長。此外，在低價和免費電腦趨勢形成後，未來硬體產品附加價值將決定於軟體，因此加值軟體的重要性亦大幅提高，以嵌入式軟體為例，2000～2001年市場成長率超過1倍。

企業為保持競爭力及因應電子商務與網際網路風潮，將會加速軟、硬體產品投資。

四、威　脅

臺灣軟體業缺乏全球性的競爭力，外銷比率不到12%（尤其是系統整合業者），屬於地域性的企業型態，目前幾乎不可能發展成為類似微軟、昇陽甚至趨勢科技（全球著名掃毒軟體）等全球性的企業型態。大中華圈的市場，則將是未來希望之所寄。

以「電腦軟體中文化」導向的臺擎，最足以代表臺灣軟體業走不出語言（即中文）的限制，但又善用「定位陷阱」來開拓華文市場，該公司成立於1995年，以替

外商把英文版軟體改為中文版的翻譯工作起家，微軟是其最重要的合作廠商，臺擎負責微軟英文版軟體進行繁、簡體「中文化」（或漢化）。

世界級巨人的長相

在微軟XBOX和SONY PS2等新型主機的帶動下，2002年起4年，遊戲軟體市場可望每年成長二成。法國媒體巨人威望迪環球公司(Vivendi Universal SA)打算在18個月內打敗電子藝術公司(Electronic Arts Inc.)，成為全球最大的遊戲製造商，並提升2002年的遊戲軟體業績3倍。該公司排名第七，預估2002年業績可達18億美元。收購事業將貢獻三分之一的業績成長。

威望迪董事長麥瑟2000年以300億美元收購海冠公司(Seagram Co.)，打算利用旗下環球片廠(Universal Studio)和環球音樂集團(Universal Music Group)的資產開發產品。該公司的遊戲事業部可免費使用環球片廠發行的電影，如「神鬼傳奇」(The Mummy)的角色和場景，設計新的遊戲。相較之下，對手電子藝術公司就必須付出3000萬美元的高價，才能得到製作「哈利波特」(Harry Potter)遊戲的版權。

威望迪正在進行收購美國網路公司(USA Networks Inc.)的談判，後者旗下擁有科幻頻道(Sci-Fi Channel)和家庭購物網路(Home Shopping Network)。如果交易成功，威望迪的媒體版圖將更完整；因美國網路公司握有9000萬美國家庭用戶。

第三節　軟體股鑑價的執行要點

鑑價之前，必須對該產業有一定的認識，我們稱之為鑑價的執行要點，軟體股和網路股在這方面倒是大同小異。

一、股價因投信認養而炒高

披著未來之星的彩衣，軟體股股價也特別的迷人，打從掛牌起，蜜月行情不斷，飆漲之勢一發不可收拾。新上櫃軟體股和IC設計股，1999年以來已成為店頭市場盤面重心，如智原、思源和可成科技，股價均已在80元以上，投資人基於比價心態，股價幾乎是天天漲停板，股價已有過熱情形。

軟體公司多半資本額都不大，以上櫃的36家軟體公司為例，股本較大的倚天資

訊以及三商電腦，股本也未超過15億元，其餘軟體公司的股本更少，約在2～4億元之譜。

　　軟體股受限於缺乏實體資產的緣故，基於保護投資人和加強經營穩定性，櫃檯買賣中心於是針對軟體股訂定了「特別法」，要求軟體股董事、監察人以及持股逾5%的大股東，都必須把全部持股交給集保公司集中保管。上櫃滿半年後，才能領回五成的股票，其餘五成的股票，則須等上櫃屆滿4年後，才能每半年領回五分之一。此法雖是美意，卻給了軟體股最好的拉抬環境。

　　股本小，再加上流通籌碼少，股價容易受到人為炒作，1999年10月以來市場上傳言，有部分投信公司配合市場鎖碼，藉以拉高股價，2000年時股價的炒高，只顯示出投資人一窩蜂跟著炒作的現象，部分的軟體股，未來很可能瞬間被新的對手取代、公司將一文不值，這是在鑑價時應該注意的。

二、「股價營收倍數」不見得適用

　　一般「軟體概念股」股價營收倍數在3至8倍之間，但由於軟體股大都有獲利，因此犯不著退而求其次的採用此鑑價方法。

　　不過PSR的跨國比較，倒是有些意義。美股中軟體股PSR約5～8倍，全球知名公司如微軟、美國線上(AOL)等的PSR比大約在20餘倍。

　　1999年10月15日股票上櫃的思源科技，被經濟日報（1999年11月14日，第3版）譽為思源傳奇（其它常見的如華碩傳奇）。以思源科技為例，1999年11月11日收盤價為235元，以股本2.77億元計算，市值高達65億元。思源估計營業額僅1.78億元，PSR比為36.5倍，相較於美股軟體股或是類似微軟等世界性大公司，思源的PSR有偏高的趨向，也顯示出臺灣股市又一次的非理性搶進行為。(工商時報1999年11月15日，第3版，丁復)

三、市場潛量才重要

　　哪一塊軟體市場最具成長潛力？業界人士指出，能夠超越語言文化障礙的產品比較值得注意，例如軟體業中有許多是沒有語言文化上限制、可行銷全球的產品，防毒軟體或是影像處理軟體即具此優勢，這也是為什麼思源科技和友立資訊營運前

景被證券分析師看好的主因。

四、收入的認列

1999年9月28日，財政部證期會決定，電腦軟體銷售或出租他人，必須符合已實現、可實現、已賺得和無重大不確定風險才能列為收入，即下列條件：

㈠收入的認列

1. 充分證據顯示契約確實存在。

2. 契約內容顯示無需再對電腦軟體進行重大修正。

3. 已完成交貨。

4. 賣方（或出租人）負擔的未來成本，沒有重大不確定性。

5. 收現性可合理估計，成本則依成本收益配合原則和穩健原則認列。

㈡維護成本的歸屬

出租軟體成本契約，如約定負擔續後維修、版本更新等服務，相關成本應併同收入同時認列。後續的維修和客戶服務成本，依下列二項原則處理。

1. 出租人提供維修、版本更新服務的成本應於認列相關收入時認列費用，如果尚未認列相關收入時已發生客戶服務成本，則應於發生期間認列費用。

2. 當產品銷售價格中包含未來數年將提供給客戶的服務成本，且該成本未於上開價格中單獨列示，則應於認列收入當年預估相關成本入帳。

五、股價從繁華到平淡

軟體股從1999年3月由友立資訊、資通、倚天拔得頭籌，掛牌以來，軟體股上市一直是熱潮不斷，至2002年5月，上市櫃掛牌家數已激增至35家。據承銷商表示，申請輔導上市的業者中，軟體股依然佔大宗，顯示軟體股掛牌熱潮後市還有的燒。

股本小、沒有恆產的軟體股，一度因為沒有資產被證交所排拒股票立場之外，然經不起軟體業者以亮麗的業績以及未來遠景說項下，軟體股終於得以躍上檯面成為掛牌上市的一員。憑藉著股本小、每股獲利看漲的優勢，股市也給了軟體股高本益比的回報，以1999年底的高峰期來說，軟體股本益比一度達到七、八十倍。

但經過三年的期待，投資人也摸熟了軟體股，到2001年8月，軟體股本益比也

跟著大盤下修到十五、十六倍。（工商時報2001年8月26日，第4版，鄭淑芳）

2001年8月下旬，市場爆發出「遊戲橘子應收帳款過高、上櫃案暫時喊卡」和「聖教士傳出財務危機」兩個事件，對整個當紅的遊戲軟體產業，宛如澆上了一盆冷水，也連帶拖累2001年新掛牌的智冠和大宇這兩支老牌遊戲軟體股跌破掛牌價。

到底遊戲軟體股是不是「膨風一族」？投資人有必要重新審視該產業的實際獲利能力，避免重蹈2000年網路股泡沫化的覆轍。

市場競爭激烈是產業面臨的最嚴重問題，線上遊戲廠商包括上市的第三波、智冠、大宇、昱泉，以及未上市的遊戲橘子、華義國際、聖教士、捷友、英特衛、華彩、松崗、松網和協倫等公司，產品至少超過二十套以上，要分食遊戲人口，由此可想見市場競爭之激烈。

電腦遊戲產業是一種消費性娛樂事業，扣除掉大量的研發費用和長時間的研發時間不論，僅就遊戲強調新鮮度和流行，產品生命週期短，稍一表現不佳，就會立即面臨銷售門市「撤架」的命運，導致退貨比例特別高，而且還會面臨惡質的盜拷風氣。因此業者才決定轉向產品生命週期較長、沒有盜版問題的線上遊戲。軟體廠商為求財務報表數字漂亮，也會在年報或半年報之前大量「塞貨」到通路，甚至有些公司會採用「以貨易貨」的方式，延後退貨時間，也導致應收帳款居高不下。

(一)遊戲橘子應收帳款偏高

從2000年年中遊戲橘子公司引進韓國線上遊戲「天堂」開始，臺灣開始燃起一陣線上遊戲風潮。經營線上遊戲，得花費鉅資在大打行銷戰以爭取玩家支持，還必須斥資租用電信線路，甚至進一步自建機房，這些都要花上大筆經費，不是資金緊俏的公司所能經營得下去的。

遊戲橘子在2001年年初以每股90元高價，引進和信超媒體資金，並以影星「天心」為其線上遊戲「天堂」的代言人炒熱市場，在8月20日於櫃檯中心董事會進行上櫃審議，但是，董事會卻相當罕見地，以「線上遊戲產業前景不明」和「該公司應收帳款過高」兩項原因，把該上櫃案予以保留。受到事件的衝擊，遊戲橘子在未上市盤的股價，也由之前驚人的130元價位，跌落至100元以下，相當於8月21～25日五個交易日中，有四天是跌勢收市。

2000年底的應收帳款為2.65億元，比1999年底的4000萬元大幅增加562%，到

2001年上半年再增為3億元，其中以統一超商和智冠科技所佔的比重最高，合計超過2億元。遊戲橘子的大股東跟未上市盤盤商關係過密、2000年11月和2001年6月業績比前一個月「急遽增加」，頗有「灌業績」意味，也引發櫃檯中心的疑慮。不僅遊戲橘子如此，其它的軟體廠商也都存在同樣的狀況。(工商時報2001年8月26日，第4版，本報記者)

㈡聖教士的燒錢教訓

聖教士在這波韓國線上遊戲風潮當中，也簽到了「紅月」、「千年」兩項產品的代理權。但公司研發速度不如預期，加上財務結構不佳，限制了產品的通路鋪貨效果和線路租用品質，加上前任總經理「燒錢」速度過快，該公司正面臨是否要繼續經營或是要如何尋求資金挹注繼續運作下去的關鍵。

2001年7月上旬，聖教士召開董事會後，立即撤換總經理石體源一職。撤換主因是在石體源的帶領下，公司擴張速度過快。前次增資取得的2億元現金，在推出線上遊戲後迅速用畢。石體源去職後，曾任職貨櫃運輸業上安交通的梁惠婉進駐擔任董事長，總經理由高昌太擔任。(工商時報2001年7月12日，第15版，江欣怡)

六、投顧對軟體股的看法

德商德盛投顧表示，隨著經濟不再巨幅衰退，軟體產業景氣已出現落底情形，在2002年下半年景氣復甦之際，軟體類股在科技類股的上漲步伐中，將會是表現最亮眼的族群之一。

美股在2001年911重挫之後出現一波大幅度反彈，其中以科技股反彈幅度最驚人，漲幅最大的是過去兩年表現不盡理想的軟體股，包括網路安全、B2B電子商務、CRM、影音軟體、企業應用軟體等。隨著軟體類股景氣已落底反彈，股市信心逐漸恢復，軟體股再度出現大跌的機率已逐漸降低。

軟體產業2002年回春機會大，軟體廠商近兩年在網路泡沫化和經濟衰退帶來的股市崩跌中，股價下探幅度之大令人印象深刻，而在近幾個月軟體股大幅反彈下，多數軟體廠商股價仍處於2001年低檔，近期軟體股股價表現，隱含的不僅僅是跌深反彈，更大的原因應在於投資人對於產業的復甦逐漸抱持信心。

根據商情機構愛迪西(IDC)的預估，2002年全球資訊市場將復甦，比2001年成

長5.5%。其中，軟體市場成長幅度達11%最高，而軟體相關的服務市場9%，但硬體市場微幅衰退1%，顯示軟體市場將會是科技產業中，成長腳步最快的產業之一。

　　投資軟體類股可降低投資風險，由於軟體類股具備知識經濟（無形資產）本質，加上產業特性（例如變動成本低、研發支出比重高），所以軟體股股價對於景氣波動的反應也就較大。觀察過去幾年軟體股股價的波動幅度，顯示出相當高的波動性和報酬潛力，多頭市場漲幅驚人，而在空頭市場時股價也容易大幅修正。（經濟日報2001年12月15日，第16版，張志榮）

◆ 第四節　軟體股鑑價方法

　　軟體公司因想像空間寬廣，所以股價似乎「無限寬廣」。但這只是幻覺罷了，在詳細說明軟體公司鑑價之前，必須執簡御繁的表示，軟體公司的鑑價並沒有任何特殊之處，仍然是淨現值法的運用，只是焦點偏重於無形資產所產生的長期收益罷了。

一、公司鑑價的最低要求

　　由投資人的守門員（即證期會）對軟體公司股票承銷的相關規定，指出軟體公司上市條件、承銷價的重點項目，由此可看出軟體公司鑑價的最低要求。

㈠承銷商的責任

　　在軟體公司股票上市方面,證期會對承銷商所課予的責任應對於軟體公司研發能力、業務穩定性和內部管理制度加強輔導、評估與審查。並在承銷商的評估查核程序中增列對該等公司依所經營軟體業務的不同，取得最近3年營收，並依業務別、產品別、客戶別、地區別和銷售通路等予以分析；以及研究發展的內部控制暨保全措施，提出對軟體公司業務穩定性等方面的評估報告。

㈡股票上市審查要點

　　初次申請股票上市、上櫃的軟體業，證期會要求應在公開說明書中充分揭露下列事項：

　　1.公司主要產品、技術來源、競爭優勢和風險、未來獲利穩定性和成長性。

2.最近5年和未來計畫的研究項目、研發經費與業務發展計畫。

3.重要研發人員資歷簡介、持股情形、最近5年流動情形。

軟體業申請股票上市時,證期會、承銷商、證交所、櫃檯買賣中心,將依下列四大項目加強輔導、評估和審查:

1.研發能力的穩定性,包括人員素質、流動性、研發產品。

2.業務的穩定性,包括獨立的行銷能力。

3.設立滿5年,主要是因工業局報告,軟體業設立前3年並不穩定,5年後較穩定。

4.完善的內部管理制度。

㈢「吸煙有害健康」,投資軟體股也是?

鑑於軟體業業務性質不同於一般企業,潛在的經營風險也較大,為提醒投資人,發行公司需在公開說明書中以顯著的字體註明「本公司係依資訊軟體業之規定申請股票上市公司,以資訊軟體為業務,請投資人特別注意。」並另增列軟體公司未來獲利穩定性及成長性、最近5年和未來5年計畫研究項目、研發費用和業務發展計畫。

二、軟體公司鑑價方法仍是老套

有些專攻軟體公司鑑價的專家指出,鑑價可分為下列二種情況:

㈠單一公司時

無形資產的鑑價,常用的方法包括:重置成本法(replacement cost,即重估後帳面價值)、市場交易法(market transaction,即市價法)、市場租賃價格法(market license loyalty method)、資本化價格法(yield capitalization)、租賃權益金現值法(relief from royalty)和利潤分割法(profit split)等。

其中第3至第6種方法皆只是淨現值法的運用,換湯不換藥,了無新意。

㈡合併時

併購或策略聯盟之後的鑑價方式為「創值比例分攤法」(contribution method)。以貢獻值比例分攤法來決定(取決於兩家公司合併後額外利益的分配),這也沒有新意。

三、價值動力來源

軟體公司的價值動力來源，先看下列二種說法：

根據一份針對曾有併購軟體公司經驗的美國高科技公司調查報告則指出，在併購過程中，最重要的影響鑑價因素為技術能力，比重29%，市場地位25%、財務結構21%、經營團隊(people)和營運效率佔14%。

1.對於軟體公司無形資產的評估標準，主要包括具競爭優勢的研發實力、長期穩定的固定客戶群（尤其是長期優惠的契約）和卓越的企業資訊管理能力、高品質的人力資源、商標、品牌和智慧財產權。(經濟日報1999年8月23日，專刊第5版，林信昌)

2.為解決軟體業無形資產鑑價的困難，除了工業局軟五工作室委由資誠會計師事務所提供鑑價模式外；證交所也委由政治大學會計系研究無形資產鑑價方法。

東華大學會計系副教授劉正田指出，影響無形資產價值的因素包括生命週期、產品獲利潛力、技術與市場可替代性、市場互補性與獨佔性等。其中已獲專利並且銷售穩定的無形資產的市場價值比較容易評估，其它沒有專利、銷售不穩以及研發中的產品都不易鑑價。(經濟日報1999年8月25日，第27版，林信昌)

上述大同小異的說法，還是離不開策略大師麥克‧波特的五力分析或是SWOT分析，也就是任何一個行業、公司的鑑價都是必經的過程和項目。

四、逐一認定 vs. 大處著眼

劉正田對軟體業鑑價嘗試採取「產品價值加總」方式，但卻面臨產品生命不易估計問題，有些不賣座的遊戲軟體3個月就下市，平均壽命也僅9個月，很少有像「超級瑪莉」這樣的常勝軍，遊戲橘子公司的「天堂」、中華網龍公司的「金庸群俠傳」則是臺產中的熱賣品。

解決這問題方式之一為由上出發，由〈16-1〉式可見，不管產品推陳出新，公司（如遊戲橘子）就是穩定的佔有市場15%，那麼剩下的便是找個公認的市場預測值，兩個一乘，便可得到公司的預估營收。

預估營收=市場潛量×公司市佔率……〈16-1〉

五、本益比還是有意義的

雖然海外軟體股的本益比有的甚至上百倍,但當時任第三波資訊董事長的杜紫宸表示,就臺灣而言,軟體股的本益比合理水準約在30至40倍,要超過40倍以上則須有爆發性題材。

他說,投資人在介入軟體股前,應對軟體業獲利起伏大的特性有所認知,它可能迅速成長,也可能迅速衰退。(經濟日報1999年11月15日,第21版,劉聖芬)

他的說法指出軟體公司跟被動元件、化工業一樣,各公司業種差異甚大(例如第三波公司屬軟體物流業),所以每股盈餘差異很懸殊,不像食品、營建股的獲利皆八九不離十的一個樣!

六、外甥打燈籠──照舊

美國微軟公司董事長比爾‧蓋茲曾說過:「我們的主要資產是軟體與發展軟體所需的技能,但這些東西沒有辦法顯示在資產負債表中。」軟體公司最重要的便是無形資產,軟體業是腦力密集的產業,公司價值無法單從傳統財務報表上的淨資產或稅後獲利來評估,從純會計的眼光來看,無形資產不能算是真正的資產(除了購入商譽、專利等)。軟體公司最大的價值是反映在「無形資產的獲利能力」,同時也是國際股市投資者主要認同的指標。

七、無形資產評等制度

1999年8月24日,證交所召開的軟體業無形資產鑑價制度的研討會結論,其中一項是建立跟信用評等制度相似的無形資產評等制度。

無形資產評等制度是指由公正單位,針對軟體公司與一般企業無形資產擁有條件進行分項的等級評估,包括經營與研發團隊、專利權數、獲獎項、品質認證、市佔率、通路點(包括自營和加盟)、品牌(產品群數)和內部管理制度等。根據不同鑑價目的,引用不同條件,評等總分越高者,其無形資產價值越明顯。

八、OECD的計畫

有鑑於知識經濟時代來臨，經濟合作發展組織(OECD)正建立通行全球的企業財務標準的工作，雖僅止於起步階段，但這套標準終將提供一套企業確認、管理並分配資源的可靠機制，無論對企業或投資人都有價值。（經濟日報1999年6月7日，第9版）

◆ 本章習題 ◆

1. 依表16-2，你如何自行預測軟體業中單一行業（例如幼教）的未來3年市場潛量？

2. 你如何預測大陸網友玩臺灣線上遊戲軟體的金額？

3. 遊戲橘子的鑑價。

4. 請以三商電腦等系統整合業者為例，分析其收入如何認列。

5. 承上題，分析其維修成本的歸屬。

6. 軟體股跨國PSR比較有意義嗎？

7. 軟體股有獨特的鑑價方式嗎？

8. 「無形資產評等制度」是否只是在無法貨幣化情況下的替代方案呢？

第十七章

事業部、集團鑑價

金融控股公司是2001年最成功的行銷，但它就像嗎啡一樣，如果沒有實際改革，只不過是幻覺。金控最大的意義在於合併，但放眼國際，企業合併後，成功比例不高，能真正做得起來的不會超過五家。

——陳松興　中華信評公司總經理
工商時報2002年1月22日，第7版

學習目標:

事業部鑑價(以凸顯多事業部公司的價值)、集團企業鑑價是公司鑑價二大特殊狀況,但遇到的頻率越來越高,值得仔細瞭解。

直接效益:

金融公司如何鑑價、其旗下各子公司換股比例該怎麼訂定,是2001~2002年的公司鑑價、投資新議題,本章能解答這二大問題。

本章重點:

- ·美國、臺灣對事業部的定義。表17-1
- ·多角化折價。§17.1四
- ·設算價值。§17.1四(一)
- ·由(上市)公司拆解價值來看集團企業價值。表17-2
- ·公司總部效益、成本。§17.1四(二)
- ·子公司相關用詞。表17-4
- ·集團企業及其相關用詞。圖17-1
- ·金融控股公司。§17.2四
- ·金控公司前景。§17.2五
- ·華南金控2002~2004年預估營運收益。表17-6

前言：戲法人人會變，各有巧妙不同

冬天上合歡山，汽車輪胎要加鐵鏈；到日本、澳洲開車要靠左行駛。情況縱然有小差異，但是開車的道理仍是相同的。

鑑價的三大因素為資產、獲利、折現率的估計，管它是營利(for-profit entities)或非營利組織(non-profit entities)，或是公司層級的高低（事業部、公司、集團），甚至是國內國外，只是這些特殊情況鑑價時，需要作一些特殊處理罷了！

第一、二節是相關主題，可以舉一反三，先看多事業部的公司(multibusiness firms)如何來進行各事業部鑑價。集團企業的鑑價大抵可視為事業部升格為公司，而公司升格為母公司罷了。

第一節 事業部鑑價

1990年以來，臺灣企業逐漸邁向大型化，從單一事業部(single-segment firms)，變成多個事業部(diversified firms)，從單一行業變成跨足多個行業的控股公司。如同白居易在長恨歌中所描述的「楊家有女初長成，養在深閨人未識」，如何讓外人看出「和氏璧」不是塊頑石而是價值連城的寶玉，在公司鑑價時這就是如何計算、凸顯事業部的價值了。

一、財報透明度低，令人捉摸不定

瑞士信貸集團旗下子公司克萊瑞登(Clariden)銀行投資不喜歡投資企業集團股，尤其是關係企業彼此交叉持股的集團，因為這類集團可輕易移轉子公司盈虧，隱藏財務真相。克萊瑞登目前積極投資的行業，包括公用事業、主要消費產品業、製藥業、服務業和科技業。（經濟日報1999年4月21日，第9版，王寵）

二、事業部的定義

美國對事業部(segment、division、strategic business unit、business line)有比較嚴謹的定義，詳見表17-1，財務會計準則委員會是從經營面(management (congruent) approach)來看，跟臺灣實務相似。事業部主要是指相似（或不相似）產品的利潤中心，而且由公司營運長（總經理）管轄。

美國兩次會計修正公報主要的目的，在於把原本是公司內部的資訊(internal reporting)，進一步作外部報告(external reporting)，以提供外部關係人士（主要是投資人）更詳細資訊。這些資訊包括事業部的損益表、資本額；此規範可說是經濟實質突破法律形式。

美國印第安那大學Maines等三位教授(1997)的調查指出，上市公司遵照FASB所做的事業部揭露，的確有助於證券分析師分析公司價值，進而更了解其各事業部。

表17-1　美國、臺灣對事業部的定義

方法內容	美　　國	臺　　灣
說　　明	FASB No. 131「公司事業部及其相關資訊揭露」，1997年底實施　IASC的IAS 14「事業部揭露」，1998年6月1日實施	1. 事業群(segment)　2. 事業部(SBU)，少數策略管理書譯為策略事業單位　3. 產品線(business line 或product)

三、一語道破

在公司內進行事業部鑑價(business valuation)，這對實施利潤中心制度的公司可說易如反掌，一切都簡便，頂多決定一下折現率等便結束了，詳見表17-2。

其中關鍵之一在於把公司總（或本）部(headquarter)當作一個事業部，例如管理顧問公司，它有收入，也有成本(headquarter cost)，詳見表17-2中第4項。本處headquarter不含總管理處，只指總經理、董事會等收入、成本無法明確歸屬於事業部的。至於公關、法務、資訊等合稱的管理部、總管理處，其費用（或價值）早已由各事業部分攤掉了。

表17-2 由（上市）公司拆解價值來看集團企業價值

上市公司	集團企業價值	
	未上市時	已上市
1.公司價值　70　50 2.事業部價值總和，由「單一事業公司法」 　得到設算的拆解價值(break up value) 　=(1)+(2) 　⑴A事業部　20　20 　⑵B事業部　40　40 3.總部價值　10　-10 　=1-2　　正綜效　負綜效 4.公司總部的效益和成本　折現率*	1.依對轉投資公 　司持股比例，來 　計算出集團企 　業價值 2.當轉投資公司 　未上市時，可依 　§12.6未上市公 　司股價=已上市 　公司股價×0.6 　～0.8	即採換股公司方式 股票上市，目前臺 灣尚不允許。如果 允許，鑑價方式同 左述未上市時，但 可得到左述「上市 之公司」時，二種 狀況之一
⑴利息的抵稅效果　　　負債成本 ⑵利息以外的抵稅效果　零負債時R_e ⑶其它效益　　　　　　R_e ⑷公司總部成本　　　　R_e～零負債R_e		

*資料來源：整理自Copeland, Tom etc., *Valuation*, McKinsey & Son Inc., 1995, pp. 335～336.

四、外部人士鑑價時

公司外部人士通常是霧裡看花，許多上市公司帳目不清，因此無法採取前述事業部鑑價方式；只好「窮則變，變則通」。其中值得介紹的是美國賓州大學華頓管理學院教授Berger & Ofek (1996)的方法，他們研究美國上市公司，研究期間1986～1991年，得到的結論是，過度多角化的公司其股價比拆開來獨立經營價值(stand-alone value)低15％以上，這1.7<1+1部分就稱為多角化的價值損失(value loss from diversification)。這篇文章的學術貢獻在於計算公司的拆解（或事業部）價值(break up value)或潛在價值。

$V_A + V_B > V_{A+B}$　　負綜效，或稱為「多角化折價」(diversification discount)，

在企業併購時，稱為併購物質不變定律

$V_A+V_B=V_{A+B}$

$V_A+V_B<V_{A+B}$ 正綜效，或稱為「多角化溢價」(diversification premium)，此類公司稱為premium firms

㈠分解價值

他們主要採取倍數法來設算事業部的價值，稱為「設算價值」(inputed values)，倍數有三種：營收、資產、稅前息前盈餘，我們把他們的公式簡化為〈17-1〉式。

設算價值(IV)

=事業部營收×產業內一事業部公司的營收倍數（中間值，median）

$$\cdots\cdots \langle 17\text{-}1 \rangle$$

上式稱為營收倍數設算價值(sales multiple inputed values)，其餘倍數同理類推。

㈡相似公司

他們以產業內單一事業部公司作為標竿，來設算事業部獨立經營的價值("as is" valuation)。

1.單一事業部公司(single-segment firms)：以此作為標竿，但他們沒說明如何調整負債比率的差異。

2.倍數的中位數：他們不採取平均數、眾數，大概是倍數數字分配太分散，以中位數比較具有代表性。

由表17-2的例子，可見公司總部價值(headquarter value)可正也可負。而這又來自分別計算總部效益(headquarter benefits)和總部成本(headquarter costs)的現值，而其折現率也各不相同。理論上，這種利潤中心方式計算出的結果應該跟事業部拆開所倒推出的總部價值結果一致。

五、「美就是要讓你知道」

看過電影「小鬼當家」的人，大概可以體會到漏網之魚的滋味。同樣的，在多角化公司（multibusiness companies 或 multisegment firms）中，由於對外只揭露公

司財報，看不出公司有臥虎藏龍的金牛、明日之星，公司股價往往被低估了(hidden value)。如何把內在美讓外人知道呢？常見的有下列二種方式，即獨立成子公司和追蹤股(詳見第三章第一節)。事業部鑑價還有許多用途，例如進行公司重建(restructuring)等價值經營、分割、合資，這是任何鑑價皆會面臨的，舉幾個例子來看看。

(一)獨立成子公司

旭麗(2310)橡膠事業部於2002年第一季獨立成新公司，新公司名稱暫定閎暉實業，資本額約3億元。

由於旭麗產品線相當廣，包括鍵盤、多功能事務機（MFP，兼具掃描、影印、列印、傳真功能）、印表機和PDA等，但都是資訊成品組裝，橡膠事業部的導電橡膠屬於零組件產品，跟旭麗的差異性較大。

旭麗公司表示，閎暉2002年預估營收25億元，獲利約2.5至3億元，將專注於導電橡膠和鍵盤按鍵等產品發展，並由旭麗百分之百持股。未來旭麗將專注於資訊成品組裝及專業電子代工服務(EMS)發展，預計未來單月營收將減少約10%，但由於新公司由旭麗百分之百持股，所以全球合併營收並不受影響。(經濟日報2001年12月25日，第18版，林茂仁)

上述的事業部獨立比較偏重於「集團分殖」，即事業部翅膀硬了，可以單飛了。母公司主要想追求「母以子為貴」的股票上市的資本利得。

公司分割(spin-off)的案例不多，2001年7月最著名的是宏碁電腦公司的製造體獨立出去，稱為緯創(Weltron)，專事電子代工生產，宏碁電腦則專攻自有品牌(acer)的電腦等相關產品。

充電小站

sector

錯誤譯詞：部門

正確譯詞：事業群，許多多角化集團下轄許多次集團（宏碁集團用詞）、事業群（統一企業）。

事業部的英文用詞依使用頻率的高低依序是division、segment、business line、SBU。

(二)股票上市

2001年12月20日，全球規模最大的金融服務業者——花旗集團宣布，將推動旗下的旅行家保險部門(sector)上市。

花旗將釋放手中旅行家產險公司中二成股權新股上市來籌資，可替花旗募集40至50億美元資金。

花旗於1998年以700億美元併購旅行家集團。(工商時報2001年12月21日，第7版)

(三)合　資

國聯光電與光寶電子決定進行大規模策略聯盟，國聯光電將以6億元買下光寶光電事業部的晶粒部門。由於光寶非常看好國聯光電，因此強烈要求將國聯光電出資的6億元，轉投資國聯光電。經此合作，國聯光電可確立發光二極體(LED)霸主地位，營運規模大增。光寶可擺脫賠錢事業，從此光電事業部將專注在雷射光部分。

國聯光電是全球最大的超高亮度LED廠，2000年營收16億元、每股純益2元多，加計光寶事業部，營收至少跳到40億元以上，每股純益趨近4元。如果再考量砷化鎵IC和其它一些新產品，整體實績還會更好。

對國聯光電來說，由於光寶晶粒事業部年平均營業額24億元，國聯光電可充分掌握LED上游晶粒部分，擴大下游封裝事業，預計國聯光電一年至少增加24億元營收，獲利率15到20%，每股獲利多出近2元，在LED事業地位更形穩固。(經濟日報2000年4月2日，第13版，陳漢杰)

(四)出　售

亞洲化學把旗下的銅箔基板事業部讓售給國際材料大廠庫克森集團(Cookson Group)，交易內容包括亞化楊梅基板一、二廠土地約1.18萬坪、廠房5250坪和其它銅箔基板事業相關的資產、負債，跟英屬開曼群島亞洲電子材料公司的所有股權及該公司所屬子公司（不含膠粘產品相關的資產和負債）。交易總額依移轉日的淨資產價值計算，預估為40.87億元（美金1.34億元）。

亞化這次出售銅箔基板事業部預計處分利益（稅前）15.46億元（包含分5年認列的利息收入約2億元），預估每股獲利增加5.9元。其中，出售土地的（稅前）處分利益約2.39億元，將遞延至完成過戶的那年認列。(工商時報2000年4月28日，第24版，李東珠)

六、榮民工程公司分家更值錢

榮民工程公司目標在2004年6月完成民營化，近日已著手分割或合併旗下各事業部，獨立成立單一公司，包括環保事業處、預鑄、砂石、大理石三個廠，均規劃獨立成新公司，詳見表17–3；2002年1月公告招標甄選證券商輔導股票上市、國營

事業民營化等作業。

　　榮工股本78億元，行政院退輔會持股65%是榮工最大股東，其次是財政部國庫署，持股比率為35.1%。由於規模太大，相當於三、五家一般大型的民營企業，榮工把釋股對象放在外商身上。把獲利能力、經營績效比較明顯的事業部予以獨立成子公司。首先是參與雲林垃圾焚化爐BOO（即榮工和台泥合資的投資案）、新竹工業區下水道系統營運BOT兩項投資案的環保事業處,已有多家海內外公司洽談成立合資公司。中壢預鑄廠、砂石廠，剛剛併到工程材料事業部，將來也規劃獨立成新公司，再合併其它預鑄廠。

　　花蓮大理石廠已轉型為來料加工大理石、花岡石、白雲石和爐石的事業部，也準備分割成獨立公司。

表17-3　榮民工程公司規劃合併、分割的事業部

原（現）有部門	擬合併或分割	進度	獲利來源	註
輔導事業處 機械材料處	工程材料事業部	甫完成		
環保事業處	環境工程公司	規劃中	雲林垃圾焚化爐 BOO 新竹工業區下水道 系統營運BOT	外商、本國企業正 洽談入股中
中壢預鑄廠 砂石廠	工程材料事業部 （擬獨立為單一公司）	甫完成	瀝青訂單 砂石開採礦權	國營事業時代取得 的礦權，有移轉民 營公司的法令問題
花蓮大理石廠	大理石公司 （擬轉型為類似理想 度假村的休閒產業）	規劃中	來料加工	1.礦權問題 2.閒置廠區土地 不易開發利用

資料來源：蔡惠芳，「榮工展開分割」，工商時報2001年12月20日，第16版。

七、仿照關係企業三書表

為充分揭露上市公司的財務、業務情況，以及關係企業間的錯綜複雜關係，證期會於1999年3月公布實施俗稱「關係企業三書表」的編製準則，從編製1999年年報開始適用。

但由於如同牛郎織女一樣，每年只能在七夕見一面，三書表也只反映年底的照片，不像看電影。投資人所看的是舊的「關係」，可能這段期間所進行的交叉持股或轉投資行為，都無法迅速掌握。此時，若某企業出現經營危機，結果，恰巧另一公司年報內又揭露彼此有關係，還是難免遭到空頭的侵襲。(工商時報1999年3月27日，第13版，林明正)

美國會計學者專家正努力推動公司把旗下重大事業部營運績效單獨揭露，這道理跟此處三書表道理蠻類似的。無論如何，至少，三書表揭露的頻率會往季報方式去走。

第二節　集團企業鑑價

隨著企業轉型，有越來越多公司成為「不務正業」(轉投資收益大於本業收益)的控股公司(holding company)，其價值來自「母以子為貴」，典型的代表便是創投公司、工業銀行，以及最近流行的網路、軟體、生技、通訊等投資公司；日本的代表為「軟體銀行」(Soft Bank)，市值曾一度超過豐田汽車公司，居日本股市第一。

當對被投資公司的經營有權左右時，此時母公司、子公司(subsidiary)合稱集團企業(conglomerate)。集團企業鑑價(conglomerate valuation)一如多角化公司，不只是麾下幾家公司價值再乘上持股比率這麼單純。

一、關係企業的定義

公司法中關係企業專章（公司法第六章之一）中對關係企業的認定，源自公平交易法第6條對企業「結合」（即合併）採實質認定，而不僅僅只是看形式罷了。關係企業（或從屬公司）指下列情況（公司法第369條之2、3）：

　1. 取得他公司過半數董事席位。

　2. 指派人員獲聘為他公司總經理。

　3. 對他公司資金融通金額達他公司總資產的三分之一。

　4. 對他公司背書保證金額達他公司總資產的三分之一等條件者。

　5. 對他公司依合資經營契約規定，擁有經營權。

其它常見的操作性定義還包括下列幾種：

　1. 跟母公司受同一總管理處管轄的公司，及其董監事和經理人。

　2. 總管理處經理以上的人員。

　3. 公司對外發布或刊印的資料中，列為關係企業的公司。

　4. 母公司直（或間）接控制子公司人事、財務或業務經營的子公司。

　5. 母、子公司50%以上股權為相同股東持有，但不宜把關係人企業包括進來。

　6. 執行業務股東或董事有半數以上跟母公司相同。

除非有事證可證明確無關係，否則就可依此認定為控制（母）從屬（子）公司。

字斟句酌的說，己已巳三字是有差別的，同樣的，子公司、關係企業、關係人企業有程度之差別，不能把馮京當馬涼，詳見表17-4、圖17-1。

表17-4　子公司相關用詞的定義

	母公司持股比率	會計處理方式
子公司(subsidiary)	20%以上	長期股權投資權益法
關係企業(affiliates)	19.99%以下	成本法
關係人企業	很少，無關	－

二、資訊揭露

　　會計準則公報已要求，對於持股逾50%者須以權益法編製合併報表。為配合公司法關係企業專章（公司法第369條之12），證期會公布實施關係企業合併財務、營業及關係報告等三書表，當被控制的公司股票公開發行時，則必須公布關係報告書。

圖17-1　集團企業及其相關用詞

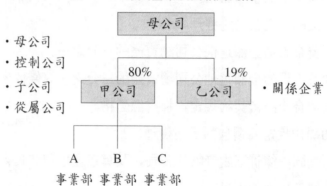

・母公司
・控制公司
・子公司
・從屬公司

上市公司在2000年4月底前編製1999年年報時，符合控制或從屬關係等集團企業，均需編製此三書表，對轉投資的相關交易資訊將可望更為透明化。

為了便利業者作業，證期會也同意，基於會計處理的重大性原則，對於母公司不具重大影響的被投資公司，如其總資產及營業收入未達母公司各該項金額的10%者，上市公司在財務報表或合併財報的附註上，可以不必揭露此被投資公司的資訊。

三、集團鑑價同理可推

由於財報對外揭露有其盲點，因此外界無法一窺集團企業全貌，因此還是可利用子公司來隱藏虧損（例如把應收帳款賣給專屬租賃公司）、創造業績（例如把貨推給國外子公司）、粉飾盈餘（例如把土地高價賣給關係人）。

除了上述資訊不明情況外，集團企業鑑價跟多角化公司鑑價狀況滿相似的，詳見表17-2。

㈠子公司間獨立或關連

子公司間如果有產業關連，那麼鑑價時，大可不必拘泥於「法律個體觀念」，而採「經濟個體觀念」；比較類似的案例是前者像行政地理，後者像自然、經濟地理。

另外一種情況是集團內補貼情況，公司內對明日之星事業部也有如此現象，以金牛階段事業部來支援，從內部移轉計價的高低就可看出端倪。

㈡股本的計算

集團內各公司的資本額應指可使用的部分，所以如果以純益作為鑑價的來源，那麼淨資本額應該指〈17-2〉式。

淨資本額＝實收資本額－轉投資金額－歷年投資回收（含折舊費用）

...... 〈17-2〉

1.歷年投資回收：這不僅包括現金股利，甚至還應包括機器設備的折舊費用，每年攤提，其實便已把當年的投資回收了。

2.轉投資金額：長期股權投資收入列在營業外收入，而這部分投資資金係假設來自母公司的股本。

四、金融控股公司相關鑑價問題

●充電小站●

金融控股公司

現行法令規定，金融業只能以轉投資方式跨業經營，不得兼營其它事業。2001年6月27日金融控股公司法三讀通過後，金融業得以控股公司型態跨業經營，控股公司的子公司得經營銀行、保險、證券和相關金融事業。

11月1日開始實施，11月24日公布第一批核准的4家金控公司。12月19日，華南金控公司成為第一家股票掛牌上市公司。

金融控股公司是最典型的集團企業，而且也很單純，因為控股公司本身並不從事營運，這跟一般營運公司型的控股公司有很大差別。

(一)換股比例談不攏就會破局

換股比例已成為各金控公司籌組時，最難處理的問題之一。國際票券宣布籌建金控公司時，國票換股價格低於協和證券，便引起外界關注，國票董事長林華德當時即表示，國票接觸過的對象甚多，且不乏上櫃公司，有的甚至已經簽了字但仍告破局，關鍵就在換股比例談不攏，未上市券商的價格尤其難以訂明。

華南金控與華銀換股比例為1:1，跟永昌證則是1:1.2821。華南銀行跟永昌證券的換股比例成為股東臨時會上爭議焦點之一，董事長林明成在會中受到股東嚴辭抨擊。

為妥善處理問題，國票透過公正第三人，再找八家資本額小於100億元的上櫃券商，算出公司市價平均值，另以三家老票券公司股價平均值作為基礎，並搭配每

家公司淨值計算換股比例。華銀也是由會計師按照淨值、市價等數種指標，初估出各種換股比例，最後再以一套加權公式計算出換股比例。（工商時報2002年1月15日，第2版，陳駿逸、唐玉麟）

㈡財政部的規定

　　財政部傾力推動籌組金控公司政策，已有15家跨業組合提出申請，並核發13張許可函。針對其中最關鍵的換股比例計算問題，財政部發函各金控公司，要求還在計算換股比例業者，必須檢視會計師依照各種不同鑑價方式所計算出雙方換股價格區間，向財政部說明試算過程等內容，並附上會計師意見書，使換股比例的計算過程明確化。

㈢股份交換

　　2002年1月23日，配合企業併購法的實施，證期會公告「股票公開發行公司股份交換注意要點」。發行公司如果跟關係企業或非關係企業，因策略聯盟而決定互相持股，包括公開發行公司發行新股、受讓他公司新發行股份或所持有長期投資股權、公司股東股份等，均適用股份交換；即由交換股份取代現金投資，以減輕企業為拓展業務、籌措現金的壓力。為保障投資人權益，參與股份交換公司如同為上市，應於同一日召開董事會。以增資方式進行股份交換者，證期會一律以申報制審查，12天後自動生效，股份交換增資股限制原股東認購，但不限制股票買賣。公司發行新股受讓他公司股份，其受讓股份不可有設質或限制買賣等權利受損（或限制）等情事，並且不可有違反公司法第167條第3、4項母子公司不可交叉持股的規定。

　　股份交換資訊應在參與交換公司董事會通過後，同一天對外公開揭露；股份交換資訊公開內容至少應包括受讓股份名稱、數量和對象、預定進度、相關股份交換比例的決定方式和合理性、受讓股份未來移轉條件和限制、預計可能產生效益。當受讓他公司股份對象為關係企業或關係人時，還應列明跟關係企業（或關係人）的關係、選定關係企業（或關係人）的原因，以及是否不影響股東權益的評估意見。

　　在換股比例訂定和調整方面，公開發行公司發行新股以受讓他公司股份，應將股份交換重要約定內容、股份交換比例計算方式、依據及獨立專家（如會計師、律師和證券承銷商等）對股份交換比例合理性意見書等相關事項，提報董事會討論，並經董事會決議通過。

發行公司董事會對公司股份交換案所作決議，均應以全體股東最大利益為考量，善盡善良管理者職責，違反前揭情事以致公司受損時，應對公司負賠償責任。

（工商時報2002年1月22日，第23版，施种德）

㈣財報和財測

為提高金融控股公司財務透明程度,使投資人了解金控公司及其子公司的財務狀況,證期會規定金控公司應從轉換之日起一個月內公告及申報當年財務預測,並且從轉換日次一年起連續3年公開財務預測,而2001年12月成立的富邦等四家金控公司必須在2002年1月底前公告2002年財務預測。

金控公司申報財務報表和財務預測跟一般上市公司相同,違反規定者按情節輕重處以罰鍰或暫停交易處分。

股票上市或上櫃的金控公司,編製年度和期中財務報告時,對具控制性持股的子公司應依權益法於當期認列投資損益。而編製年度和半年度報表時,對具控制性持股的子公司均應編入合併報表。

為加強金融集團財務透明化,證期會規定金控公司應於財務報告(含合併報表)附註中,揭露其具控制性持股的子公司簡明資產負債表和損益表。會計師於核閱金控公司第一、三季財務報告時,應考量核閱其具控制性持股的子公司同期間財務報告或採用其它會計師核閱工作必要性。（工商時報2002年1月3日,第9版,施种德）

五、金控公司鑑價執行要點

㈠前景美麗嗎?

依日本和新加坡的經驗,臺灣金融合併處於第一階段。日本金融界經過幾年合併熱潮之後,出現四大金控集團,規模非常龐大。新加坡近年銀行也迅速合併,前四大的市佔率逾八成。臺灣金控公司超過二十家,顯然太多,一方面是因政府把金控公司設立的資本額下限訂為200億元,顯然是一偏低水準;另方面企業界「寧為雞口,毋為牛後」的心態仍未改變,例如新光集團分別以新壽和台新銀為主體申設兩家金控公司。但就海外的經驗,金控公司架構一旦成為主流,合併活動便會迅速增加,因金控公司對旗下子公司幾乎都是百分之百持股,可迅速決定是否出售;兩家金控公司只要談好換股比例,也很容易合併。美國很早就有控股公司制度,因此

企業併購活動遠比其它地方頻繁。臺灣金融控股公司制度，基本上是追隨美國和日本的架構，因此必然會出現第二階段金融合併潮，最終家數應在四至二十家之間。我們認為，金控公司的家數如果太多，不易發揮規模經濟和範疇經濟的優勢。(工商時報2001年11月1日，第2版，社論)

歷經了1990年開放新銀行成立時的浪漫夢碎,此次投資人對金控公司股票掛牌上市，可說很理性，有些甚至連蜜月期都沒有。

㈡美林證券的品頭論足

美國美林證券一份研究報告認為，具有金控發展優勢的四家金控公司，詳見表17-5。看好的原因，除了原有金控母公司的優勢地位外，也跟子公司資源整合的程度有關，例如富邦早在法令通過之前，即推動集團旗下公司產品交叉銷售，整合資源，使其未來金控發展備受看好。富邦集團旗下金融事業體間有高度的電腦系統整合，均建置相同的客戶關係管理系統(CRM system)，在成立金控後可發揮良好的交叉行銷和產品資源整合優勢，將可能成為臺灣最大的金控上市股。

表17-5　美林證券對15家金融控股公司的評價

評論結果	金控公司名稱
最強	富邦、建華
具潛力	台新、中國信託
其它 (個別評論)	中華開發、國泰、新光、復華、日盛、華南、第一、交銀、玉山、統一、臺灣

資料來源：美林證券。

建華結合兩方原有客戶資源，具有發展優勢。建華跟富邦一樣，能有效率的整合金控子公司的資源。

列為有潛力的金控是台新及中國信託，入圍原因是具有強勢的消費金融網路，但因這兩家都還有第二階段計畫，後續加入的子公司將會影響母公司發展。

金控公司打的是團體戰，除了母公司的資源外，旗下成員的經營實力和合組後

資源整合的加分效果，都是金控公司的成功關鍵。例如華信銀跟建弘證券共組的建華，兩家公司本業經營績效佳，因此合組金控後，也被認為具有發展優勢，可說是銀行和證券業裝組金控的夢幻組合。

反之，部分大型公營銀行組成的金控規模很大，但因結合的券商規模過小，不易形成加分效果，甚至引來「為金控而金控」之批評。(經濟日報2001年12月17日，第5版，周庭萱)

㈢以華南金控為例

華南金控主體子公司擁有市佔率高的優勢，華南銀行活期存款450萬戶，存放款業務市佔率達5.7%、外匯業務市佔率4.95%。永昌證券經紀業務市佔率3.2%，行銷網路遍布全臺，華銀有181個營業據點，永昌證券於併購公誠證券後，有42個據點，綿密的行銷網路可充分發揮交叉行銷之功效。透過銀行和證券產品的結合，可望進一步擴大市佔率。

華南銀行所轉投資的保險代理公司，以及永昌證券轉投資的永昌投顧和永昌期貨，都將在第二階段納為華南金控的子公司，以達到跨業經營的綜合效益。第三階段再納入壽險、工業銀行、外國銀行、創投公司，以及合併其它證券等。

2001年12月19日，華南以19.1元掛牌上市，依其未來3年的財務計畫，營業收

表17-6 華南金控2002～2004年預估營運效益

單位：元

項　　目	2002年 預　估	2003年 預　估	2004年 預　估
每股稅後盈餘（提存後）	1.15	1.42	1.57
每股稅後盈餘（提存前）	4.17	5.04	5.53
純益率	8.44%	10.06%	10.69%
資產報酬率	0.41%	0.50%	0.54%
股東權益報酬率	5.80%	5.80%	7.30%

資料來源：華南金控。

入因共同行銷綜效的發揮，以及成本降低，可帶動提存準備後的每股盈餘以16%成長，詳見表17-6。（工商時報2001年12月19日，第3版，陳駿逸、步明薇）

華南金控(2880)蜜月期僅有二天，富邦金控(2881)更慘，以37元掛牌，首日股價即跌停。

◆ 本章習題 ◆

1. 以華碩（或廣達電腦）為對象，計算其主機板、NB、手機主機板三個事業部的價值。事業部折現率請詳見§8.4。

2. 在同一行業中，各找一家多角化折價（如宏碁）、溢價的公司，分析其原因及影響。

3. 以表17-2來說，多事業部的母公司跟數家子公司的集團企業鑑價其實道理相同，只是鑑價方向不同，你同意此主張嗎？理由呢？

4. 由誰來計算公司總部價值比較不會失之偏頗？

5. 找二家相似金控公司（例如建華跟富邦），分析其股價的差異原因。

6. 請用每股淨值、盈餘計算華南銀行、永昌證券換股比例。

7. 請計算華南金控2002～2004年的預估損益。

8. 由華南銀行、永昌證券間有套利機會（買永昌、賣華銀），是否可推論其換股比例錯誤？

第十八章

特殊情況鑑價

如果從一開始就以相信合併案會成功的角度來思考,就會依那樣的角度來解釋發生的事件。而後見之明,每件事總是那麼清楚。

——高佛‧馬利　美國高盛證券公司研究員

工商時報2000年7月10日,第6版

學習目標:

隨著企業國際化,全球企業鑑價已變成日常事務;此外,隨著2000年臺灣吹起併購熱 (2001年是金控風),併購鑑價開始流行,這是本章二大重點。

直接效益:

全球企業鑑價跟全球企業預算編制過程幾乎一樣,懂得前者後自然就懂後者,可說是「買一送一」。

本章重點:

- 全球企業資本預算、鑑價時獲利估計步驟。圖18-1
- 大陸會計制度跟國際會計接軌。§18.1一㈤
- 匯兌風險溢價。§18.1二㈠⑴
- 國家風險溢價。§18.1二㈠⑵
- 臺灣稅法對購入商譽的處理。§18.2一㈠
- 美國稅法對購入商譽的處理。§18.2一㈡
- 換股比例。§18.2三
- 非營利組織。§18.3一
- 非營利組織的鑑價需求。§18.3二
- 靈魂人物鑑價。§18.3三

前言：更複雜，但原則一樣

由簡到繁、循序漸進，才會發現特殊情況鑑價，只不過是在單一國家的公司鑑價中稍微「加多一點點」的額外處理。變得更複雜，但是方法仍是一樣的；只是知道跟不知道還是有天壤之別，無法逞能的。

第一節討論跨國集團企業的海外子公司鑑價，額外涉及幣別換算、稅率（尤其是重複課稅）問題；情況比國內集團企業鑑價複雜一些。

在第二節中，我們說明企業併購時，法令對鑑價方法、過程、會計處理的規範。

第三節我們說明非營利組織的鑑價，慈善事業也不見得是一貧如洗，甚至連策略管理大師邁克·波特也討論基金會管理（詳見《天下》雜誌2000年4月，第226～234頁），管理學大師彼得·杜拉克在《巨變時代的管理》一書中，也強調：「非營利組織要向營利組織學習，做有績效的經營管理」，而一切的源頭起於鑑價，才能決定績效好壞。

◆ 第一節　全球企業鑑價

對海外子公司（foreign subsidiaries）的鑑價或跨國鑑價（multinational valuation），其方法完全跟全球企業資本預算程序一樣，本節內容大部分來自拙著《國際財務管理》（華泰文化，1999年10月）第一章第一節貳。

一、全球企業獲利預測

全球企業的資本預算、鑑價仍是採取淨現值法，但對於分母的折現率、分子的獲利的估計，則遠比單一企業複雜；尤其是當採取內部資金流通時，由於外帳已被扭曲，而在內部計算獲利時，必須還其真面目，以免誤判。

㈠獲利的估計

獲利的估計可分為下列三個步驟，詳見圖18-1。

1.單一公司層級：單獨經營時獲利的估計為把該案（或往往是成立一家子公司）單純當成一個投資案來看，不要一開始時便加東加西把情況複雜化了。

但是光憑此階段的局部資訊仍不足以下對決策，還須站在母公司立場盱衡全局

才能下對決策。

圖18–1　全球企業資本預算、鑑價時獲利估計步驟

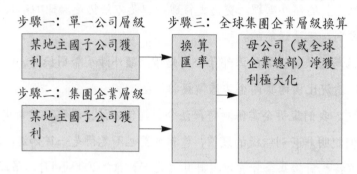

2.集團企業層級:調整策略效益和成本,站在母公司的立場來考慮一個投資案,決策準則很單純, 也就是根據淨現值法則來看:

淨增獲利=投資該案後母公司獲利–未投資該案母公司獲利

要得到母公司（或全球企業合計）淨增獲利,上一步驟的單獨個案獲利估計只是一部分, 還須針對下列二者進行調整, 才能得到一個投資案的「真正獲利」(true profitability)。

⑴加上對其它關係企業的貢獻: 在全球企業此一網路中,關係企業間可能皆有上下游間關係,所以必須把投資案的策略目的和對其它關係企業的影響列入考慮。 這些成本效益例如:

①未使用的租稅優惠 (tax credit)、 股利所得扣繳稅。

②其它關係企業所產生銷售的增加或減少。

③風險的分散, 包括市場、 生產設備等。

④提供全球企業內部網路的關鍵連結。

⑵加上內部資金流通所創造的財務效益:除了來自核心活動的策略附加價值外,一個投資案還可能有財務效益,這些可視為該案對母公司獲利的加項。

3.全球企業層級: 跨國企業所適用的會計制度不同, 所以在鑑價時,宜調整到母公司所在地（例如臺灣）的制度。 甚至更簡單的說, 以大陸子公司的人民幣計價

（或表示）的財報，最好能依月底或鑑價日匯率，換算成以臺幣表示，否則有幾個人清楚人民幣折合多少臺幣？

各國子公司預算很可能使用當地幣別來編制，站在母公司的立場，則必須把全部預算案換算成單一貨幣（常是母公司所在國貨幣）。

對於該採用何種匯率水準來作為換算基準，常見處理方式有二種：

　　⑴市價：例如遠期匯率、選擇權、通貨期貨市場成交價，這是一年以內市價；長期市價可採用換匯匯率（把利差折算成匯率）。

　　⑵理論價值：當市價不存在時，可採用購買力平價理論或兩國利率差距，來預測未來數年的匯率。

㈡當海外子公司股票上市時

許多臺灣公司的海外子公司股票在當地上市、跨國上市（如存託憑證方式），這部分是否該採市價法來鑑價？答案仍回到第十二章，市價只能參考，不能盡信。

㈢海外子公司利多揭露

豐泰現行認列子公司損益的方式，以權益法評價的部分，持股比率高於二成卻不及五成者，並不按季認列，而是每半年認列一次。

影響所及，大陸廠和越南廠經營績效，投資人每半年才能看到一次。對豐泰而言，這二個子公司均獲利，也不想每半年才在財務報表「秀出」，希望改變會計原則，按季認列利益。

透過增加購入海外控股公司方式，豐泰將達成這項願望，目前，豐泰把持有大陸公司的控股公司GLO股權比率，由37%提高至50.5%。

豐泰對印尼廠持股比率65%，不僅是依權益法評價，而且每季認列投資損益，以2001年第一季為例，認列印尼廠利益為7700萬元，比去年同期增加19.4%。（經濟日報2000年7月19日，第14版，王瑞堂）

㈣各國會計制度差異的調整

全球近200國，可分為四大會計制度區域，拉丁美洲、美國、臺灣、大陸會計制度（尤其指稅務簽證）屬於美國模式，可說大同小異。

就跟各國抓開車超速的標準鬆緊不同一樣，在盈餘的認列方面，各國也有穩健程度（conservatism）的差別，不是在「國際一般公認會計準則」（international GAAP）

這大帽子下就「放諸四海皆準」啦！在生活中，縱使連英國人跟美國人的用詞都可能有很大差異，更不用說澳洲人了（電影「鱷魚先生」是代表性例子）。同樣的，英美二國對營業外收益的認列、入帳的處理方式程度不一樣，英國會計原則比較穩健，例如比較不會列入盈餘而且對壞消息能較快的反映在盈餘上，此稱為盈餘穩健性（earning conservatism）。

(五)大陸快速跟國際會計接軌

大陸入會（WTO）後，統一中外企業會計制度是跟國際接軌的重要體現。外經貿部指出，從2002年起，廢止外資企業「外商投資企業會計制度」，外資企業跟大陸股份制企業一樣施行「企業會計制度」，但不致影響外資企業現行稅收政策。將統一中外資營利事業所得稅，稅率可能降低至24%。從2003年開始，現行的生產型增值稅將轉為消費型增值稅，以刺激企業投資的積極性。（工商時報2001年12月17日，第11版，徐秀美）

大陸財政部發布金融業會計制度，2002年1月1日起所有上市的金融業施行，金融業按照貸款五級分類標準，及時足額計提專項準備，更謹慎地確認貸款利息收入，並充分揭示表外業務的風險。

大陸為規範金融業的會計核算和資訊揭露，特別制訂金融業會計制度，其對當前金融業涉及的主要經濟業務所規定的會計政策，均跟相關的國際會計慣例一致。實施範圍可能首選上市金融業，之後將在其它金融業間依序實施。

跟以前不同的是，該制度在規範金融資產質量、貸款呆帳的提取、利息收入、保費收入等方面均遵循穩健的原則。適用範圍基本涵蓋當前所有的金融業，包括銀行、證券公司、保險公司、信託投資公司、金融資產管理公司、租賃公司和財務公司等。

此制度的發布實施，將有助於進一步規範金融業的會計行為，核實金融業資產質量，提高金融業會計資訊的透明度，配合巴塞爾協議的相關要求，防範金融風險，保護投資人權益，進一步提升大陸會計標準的國際化水準。

財政部會計司官員表示，該制度和已發布的企業會計制度，以及正在著手制定的小企業會計制度，共同構成本次會計改革的主要內容。（經濟日報2001年12月20日，第10版，梁家榮）

㈥盡信書，不如無書

大陸股市從1990年成立後，就以飛快的速度增長，目前已有6千萬中國人、或13%的家庭，已經開戶。上海和深圳兩地股市市場總值更已經達到7000億美元。這讓中國大陸股市一舉超過香港，僅次於日本而成為亞洲第二大股市。

根據中共財政部調查顯示，高達98.7%的公司在年度報告中虛報盈利。華盛頓郵報在一篇專文中說，投資基金、上市公司董事長、會計師和財經工商記者已形成幕後操縱大陸股市的共犯結構，其中最大的受害者當屬散戶，當初成立大陸股市主要是為了解救國營企業，並不是想「有利共享」。

大陸股市層出不窮的黑幕深藏著一個共犯結構——投資基金相互勾結藉此抬高或拉下股價；公司董事會利用關於公司策略的相關機密資訊牟取私利；會計師在虛假公司財務報表上蓋章；財經工商記者為了得到熱門股或者「紅包」，大肆吹捧那些毫無價值的公司。（工商時報2001年9月5日，第11版，連雋偉）

大陸財政部的一項調查結果顯示，有一成的公司（包括上市公司）去年曾經假造獲利，掩飾實際的虧損。

官員表示：「我們在今年的企業財務報表年度檢查中，調查了320家公司，其中32家2000年提報獲利的公司，實際上出現虧損。」

為了整頓股市和取締貪污，大陸財政部已經針對做假帳和人為操縱股價發起大規模的取締，並且處罰一些上市公司、股票經紀商、會計師和基金公司。（經濟日報2001年12月17日，第11版，陳智文）

二、資金成本的估計

一如前述估計獲利的步驟，跨國企業資金成本（international cost of capital）的估計步驟如下：

㈠單一公司層級

各國子公司的資金成本，決定於下列因素：

1. 名目的加權資金成本，至於權益資金的必要報酬率很少採取理論方式（最常見的為資本資產定價模式），而是採取經驗法則，例如還本期間去推算。

2. 因國外環境所衍生的風險溢價，此部分的風險溢價處理方式如下所述。

　　跨國投資至少比國內投資增加二項風險，而其處理方式如下：

　　⑴匯兌風險溢價：針對匯兌風險，在淨現值法有二種處理方式：

　　①提高資金成本，即加上匯兌風險溢價：尤其碰到沒有避險或是避險不足的部分，前者又起因於海外投資專案期間太長，找不到避險工具。如此處理的前提是匯兌風險為系統風險，無法透過多角化等予以規避。

　　②作為獲利的減項：在可採取避險措施情況，避險成本則可視為支出；當完全（或全額）避險時，此時不調高折現率。

　　⑵國家風險：國家風險溢價並不處理，此因在作投資可行性分析時，所秉持「危邦不入」的原則，已自然把國家風險高的國家排除在外。但是投資後，當國家風險昇高後，是否要處理國家風險溢價？

　　理論上國家風險不是系統性風險，比較合宜的處理方法是把它當做獲利目標的「減項」（一如投資成本一樣）；而不是把它視為風險溢價的「加項」，雖然實務界傾向於如此處理。

　　當然隨著公司生命階段的公司因素、產品生命週期的行業因素，在不同階段(年度)，資金成本也可能不同，所以各年度的折現率也會不同。至於地主國的物價上漲風險，無需獨立考量，其已是貸款利率的成分之一。

㈡全球企業層級

　　由於海外直接投資本身便具有地點分散的投資組合效果，所以全球企業總和風險會降低，反映在資金成本的下降，詳見下述。

　　1.對其它關係企業的效益：關係企業對其它關係企業的影響，不僅反映在獲利，也透過內部資金流通，進而降低其它受惠關係企業的資金成本。

　　2.對母公司的效益：前項總和來說，比較可能降低母公司的資金成本。

◆ 第二節　併購時鑑價注意事項

　　併購時鑑價要點，無需特別強調，就買方而言，對目標公司的鑑價屬於外部角度，高估目標公司價值機會較大，此因賣方把目標公司打扮得漂漂亮亮，以圖賣個好價錢。

本節中，我們特別注重法令上對鑑價方法、過程、結果的約束；所以，這不是「只要我喜歡，有什麼不可以」的事。

一、合併時賣方公司資產依公平市價入帳

依據會計研究發展基金會訂定「財務會計準則第25號公報 —— 企業合併、購買法的會計處理」，1997年起，公司合併時須以公平市價評估被收購公司淨資產。

㈠臺灣稅法對購入商譽的處理

2002年1月4日，立法院通過的產升條例修正案中有關公司分割合併部分，特別增列經濟部專案核准的合併案，可免徵營業稅、證交稅。公司因合併產生的商譽，可以在15年內攤銷，因合併而產生的費用，則可在10年內攤銷，這兩項租稅優惠，是比照金融機構合併法的規定，把原來只適用金融機構合併的租稅優惠，擴及至所有企業。

㈡美國稅法對購入商譽的處理

從2002年1月1日起，多數企業不再需要定期、每一季攤提或打銷商譽。省下這筆每年數億美元，有時甚至高達數10億美元的費用，企業獲利將可膨脹不少。

會計原則改變只會使科技業淨利膨脹5%，因為分析師對一些科技股的獲利預估已以「現金流量」為依據，並不包括商譽攤提。對明年盈餘表現可望比今年強的科技企業，這無疑是錦上添花。營收明顯衰退，提列鉅額的投資和庫存損失，使科技企業去年的獲利成績單相當難看，相形之下，明年表現會較出色。（經濟日報2001年8月26日，第11版，官如玉）

二、合併時賣方股東的入帳處理

1999年12月底宣布的台積電合併世大、德碁一案，因世大和德碁的法人股東，包括中華開發、華邦電、宏電、宏科、太欣半導體、所羅門等上市公司，原先認為依據美國財務會計準則第29號公報的規定，可引用「相異資產交換理論」規範，可在上半年財報中，把所持有世大、德碁等未上市股票轉換成台積電股票，進而認列鉅額投資利益。這項利多，使得不少投資人針對這些可獲得鉅額投資利益的個股追價買進。

不過，證期會依據會計研究發展基金會2000年3月30日的決議，決定採行相似資產交換理論，持有世大、德碁股票的法人股東均直接以帳面價值（每股10元）入帳，而不必承認損益，即這些法人股東帳上將不會因台積電此一合併案而有鉅額的投資利益。

三、換股比例的訂定和變更

2000年2月，證期會公布「上市上櫃公司合併應注意事項」，其中有關合併鑑價的規定如下：

1.參與合併的公司應於召開股東會前，委請獨立專家（如會計師、律師和證券承銷商等）就換股比例的合理性表示意見並提報股東會。

2.換股比例原則上不得任意變更，但已於合併意向書或契約中訂定得變更的條件並已充分對外公開揭露者，不在此限。換股比例得變更的條件如下：

⑴辦理現金增資、發行轉換公司債及無償配股。

⑵處分公司重大資產等重大影響公司財務業務的行為。

⑶發生重大災害、技術重大變革等重大影響公司股東權益或證券價格情事。

3.由於合併契約係屬雙務契約，所以不應由參與合併公司任何一方單獨更改換股比例。

四、附條件交易

1999年12月，擁有解釋會計原則權限的會計研究發展基金會發布新解釋令，規定公司從事附條件股權、土地交易，因其特定條件尚未成就，且該條件不是買賣雙方所能控制，因此，不符合收益實現原則，只能視為融資行為；俟條件成就時，始得視為出售，認列處分損益。

第三節　非營利組織鑑價

善心是無價的，但非營利組織（non-profit business）擁有資產、收入，所以是「有價的」。非營利組織的鑑價只是營利組織鑑價的運用，最大差別在於區分哪種

收益（如股票投資）是免稅的，哪種該繳稅。如果情況複雜的話，那還是接受美國田納西州曼菲斯市Mercer資產公司副總裁J. Michael Julius（1997）的建議：找個合格的鑑價公司來鑑價吧！

一、多金的非營利組織

非營利組織中照樣有擅於理財的，因此口袋裡麥克麥克，常見的有下列二種組織型態。

㈠財團法人（俗稱基金會）

財團法人中有持續收入最具代表性的是大學、醫院、宗教團體，臺灣有許多醫院甚至是上市公司最大的股東，主要是台塑、國泰、新光集團。

㈡祭祀公會

祭祀公會最大的資產在於土地，可說是非營利組織中的資產股。

二、鑑價的需求

非營利組織最常碰到鑑價的莫過於醫院，因為常面臨下列情況：

㈠委託經營（公辦民營）

像交通部的郵政醫院、臺北市萬芳醫院，皆是公辦民營，民間業者（例如臺北醫學院經營萬芳醫院）來投標，標價決定於預期收入、成本（主要是醫療器材折舊費和人事費用），其中主要鑑價的對象便是醫療設備的價值。

㈡併購、加盟

不管是非營利組織（如醫院）收購營利性組織（如藥店）或營利組織併購非營利組織，或是非營利組織收購非營利組織，皆會涉及鑑價。甚至，連各地區醫院志願加盟連鎖經營，也有鑑價問題，這涉及加盟總部成本如何分攤等議題。

美國稅法（如內地稅法第501條C3）對非營利組織的購併、出售等私人協定（private incurement）皆有一些規定，否則便不適用於免稅優惠。

㈢股票上市

少數股市（例如加拿大多倫多）允許非營利組織（主要是醫院）股票上市。

三、靈魂人物決定價值

醫院屬於專門職業，常見的還有顧問業、會計師事務所、律師事務所，這些都比較像演藝事業（show business），有濃厚的個人色彩。在醫院，有二個職位很重要，可說是收入主要來源：

1.院長：以美國律師影集舉例，比較像「洛城法網」中的律師事務所執行合夥人（臺灣稱為所長）李蘭，或是「律師本色」（The Practice）中的巴比‧唐諾。以美國芝加哥市為背景的「急診室的春天」（ER）為例，則為急診室主任安斯柏格。在臺灣，較著名的則是三軍總醫院心臟科主任魏錚，出任復興醫院院長，復興一舉從復健專科，搖身一變為心臟科權威醫院。但對於大型醫院（如教學醫院），由於公司常規很強，院長的重要性比較無法凸顯，像1999年底長庚醫院院長張昭雄辭職出來參選副總統，對長庚醫院的影響似不大。

2.明星醫生：在「急診室的春天」影集中，便是急診室主治大夫葛林、外科主治大夫羅曼諾（而不是總醫師彼得）。在臺灣，就是病人趨之若鶩的名醫；他們跳槽，病人往往跟著轉院。

◆ **本章習題** ◆

1. 請計算廣達電腦的價值。

2. 請詳細說明你如何處理匯兌風險溢價。

3. 請詳細說明你如何處理大陸投資的國家風險溢價。

4. 比較美、臺、大陸對併購商譽的處理方式。

5. 採取公式價格法是否能逃避「換股比例不能任意變更」的法令限制?

6. 「景文技術學院一席董事值5000萬元」，這筆帳怎麼算?

7. 還有哪些非營利性組織有鑑價需求?

8. 中華成棒當家主投張誌家針對報導「據聞日本職棒準備以年薪1億日圓挖角，你的看法呢?」

   他認為:「我應該不止吧!」他怎麼估算自己的身價?

只要有一滴汽油，就要繼續前進！（跋）

不管你的家庭背景如何，不管你身處什麼樣的困境，不要用藉口來阻止你成長和突破，別說因為我的父母不好，所以我才學壞，別說因為我家裡窮，所以我才會這麼悲觀，這些都不是理由，因為自己就是自己的主人，自己也就是自己的小上帝。你的先天環境不好、後天環境不良，但你可以自我教育，竭盡所能地全力以赴，你自己就是自己的導師！自己就是自己的心理治療師！（《真誠的動力——公關經理人永不停歇的自我挑戰》，商周出版，陸莉玲）

寫書（特別是教科書）是件很辛苦的事，而且由於臺灣市場潛量有限，作者的收入也有限，難怪許多學者不願寫書。我從1990年開始寫企管叢書，把實用導向視為理所當然；但回過頭來看，大部分管理教科書卻是「關起門來做皇帝」，可憐的是許多學生畢業後仍得去企管、財務顧問公司等上課，以彌補理論跟實務的差距。最離譜的該屬「投資管理」（或投資學）課程，把基礎奠基於資本資產定價模式（CAPM）這種「好看卻不符合實際」的理論上，流風所及，連「國際財務管理」課程也是如此。

一、我的一小步

考慮好久，覺得自己必須充當傻瓜（不顧票房收入），從1998年起每年至少寫二本實用價值的教科書，希望能撐五年，寫十二本書，勉強可達一定數量，才會有一些效果。成果：

- 1998年3月，《國際財務管理》，1999年8月修訂版，華泰出版。
- 1998年8月，《實用國際金融》（以匯兌避險、外匯投資為主），華泰出版。
- 1999年9月，《實用投資管理》，大學、經營管理碩士班（EMBA）適用，華泰出版。
- 1999年10月，《實用投資學》，專科、技術學院、科技大學適用，華泰出版。
- 2000年3月，《企業併購》，大學、經營管理碩士班適用，新陸出版。
- 2001年6月，《知識管理》，碩士班適用，華泰出版。

二、拋磚引玉

　　然而一個人的能力是有限的，我誠摯呼籲有更多像謝劍平教授（政治大學財管系）、沈中華教授（政治大學金融系）等等和我這樣的作者，在經濟、管理領域多寫一些「有實用性的教科書」，誠如我每一本書的封底所寫的Slogan「一本最接近實務的教科書」。

　　未來，我將透過二步驟，來結合有志之士：

　　1.寫作工作室：如同英業達公司副董事長溫世仁成立明日工作室，結合專業人士，撰寫如《菜籃族也能懂半導體》般的白話專業書。

　　2.文教基金會：在財力充裕時，將成立文教基金會，以結合更多學者、作家撰寫實用導向教科書，其服務項目包括：

　　　・寫作指導：主要指商品設計，尤其是全書架構。

　　　・寫作協助：例如排版軟體、代尋資料。

　　　・寫作經紀：代尋出版公司、安排出書公關（如書評、書摘、新書發表會、演講）。

　　　・社會公益：贈書給清寒學生或經費有限的圖書館。

附　錄

一、公司獲利能力、折現率衡量方式

	英文簡稱	計算方式	折現率
稅前現金流量	EBITA (earning before interest, taxes, depreciation and amortization)	FCFF+EBIT×T＋折舊＋資本支出+新增營運資金	稅前WACC
營業淨利 NOI=EBIT－營業外費用	NOI(1–T) (net operating income)	=FCFF+資本支出－折舊+營業外費用(1–T)	稅後WACC
息前營業淨利 ⇦經濟利潤折現法	EBIT(1–T) (earnings before interest and taxes)	1.=FCFF+（資本支出－折舊） 2.=NOI+營業外費用 3.=稅後營業淨利(NOPAT)* 4. = DFNI(debt-free net income)	稅後WACC
公司自由現金流量 ⇦營運現金流量折現法	FCFF (free cash flows to the firm)	1.=EBIT(1–T)＋折舊－資本支出－新增營運資金 2.=權益自由現金流量+利息(1–T)+還本+特別股股利+舉借新債	稅後WACC

operating expenses：營業（或管銷）費用

nonoperating expenses：營業外費用

*NOPAT: net operating profit after taxes

資料來源：大部分來自Aswath Damodran, *Investment Valuation*, John Wiley & Sons, Inc., 1996, p. 238。

二、各種獲利能力間關係的實例

(一)營業淨利和現金流量

科目	金額（億元）	說明（含英文代號）
稅前息前盈餘	100	EBITA
營所稅	−25	營所稅率25%，假設0負債
遞延營所稅	0	營所稅預估暫繳
（稅後）營業淨利	75	NOPAT或是net income
折舊費用	−2	即EBITA中的A的一部分
毛現金流量	73	
毛投資	−1	營運資金
	−6	資本支出（可說是折舊資產的重置成本）
	+3	其它資產「淨」額（減掉負債）
商譽分攤前自由現金流量	69	
商譽分攤	+1.5	當收購其它公司時，每年攤提收購溢價
自由現金流量	70.5	

(二)經濟利潤計算方式

價差型	
(1)資產報酬率(ROIC)*	26%
(2)資金成本（率）(WACC)	10%
(3)純益率=(1)−(2)	16%
(4)期初總資產	300
(5)經濟利潤=(3)×(4)	48

$$*ROIC = \frac{營業淨利}{總資產} = \frac{EBIT(1-T)}{總資產}$$

三、淨現值法於公司、權益價值計算公式

成長率 \ 獲利	現金流量		盈　餘	
	公司自由現金流量	權益自由現金流量	盈餘折現法	股利折現法
1. 獲利指標 2. 獲利成長率 3. 折現率	FCFF g WACC	FCFE g R_e R_{en}正常期	EPS 同左	DPS（每股現金股利） 同左
一、通式 (general version)	公司價值 $=\sum\limits_{t=1}^{t\to\infty}\dfrac{FCFF_t}{(1+WACC)^t}$	權益價值(P_0) $=\sum\limits_{t=1}^{t\to\infty}\dfrac{FCFE}{(1+Re)^t}$	同左 $=\sum\limits_{t=1}^{t\to\infty}\dfrac{EPS}{(1+R_e)^t}$	同左 $=\sum\limits_{t=1}^{t\to\infty}\dfrac{DPS_t}{(1+R_e)^t}$
二、g 穩定成長	$\dfrac{FCFF_1}{WACC-g_n}$	$\dfrac{FCFE_1}{R_e-g}$		$\dfrac{DPS_1}{R_e-g}$ 戈登成長模式(Gordon growth model)
三、g 呈二階段 1. 第1階段： g 不呈型態 n 年 2. 第2階段： g 穩定成長即 g_n	$\sum\limits_{t=1}^{n}\dfrac{FCFF_t}{(1+WACC)^t}$ $+\dfrac{\dfrac{FCFF_{n+1}}{WACC-g_n}}{(1+WACC)^n}$	$\sum\limits_{t=1}^{n}\dfrac{FCFE_t}{(1+R_e)^t}$ $+\dfrac{RV}{(1+R_e)^n}$		H model為代表 $\dfrac{DPS_0(1+g)[1-(\frac{1+g}{1+R_e})^n]}{R_e-g}$ $+\dfrac{DPS_{n+1}}{(R_{en}-g_n)(1+R_e)^n}$

四、g呈三階段 1. 第1階段：g高度成長（可用g_a表示） 2. 第2階段：g過渡期 3. 第3階段：終值	$\sum_{t=1}^{n_1} \dfrac{FCFF_t}{(1+WACC_1)^t}$ $+$ $\sum_{t=n+1}^{n_2} \dfrac{FCFF_t}{(1+WACC_2)^t}$ $+\dfrac{RVn_2}{WACC-g}$	E model $\sum_{t=1}^{n_1} \dfrac{FCFF_t}{(1+R_e)^t}$ $+\sum_{t=n_1+1}^{n_2} \dfrac{FCFF_t}{(1+R_e)^t}$ $+\dfrac{RVn_2}{(1+R_e)^n}$		Di：第1期股利支付率 $\sum_{t=1}^{n_1} \dfrac{EPS_0(1+g_a)^t \times d_a}{(1+R_e)^t}$ $+\sum_{t=n_1+1}^{n_2} \dfrac{DPS_t}{(1+R_e)^t}$ $+\dfrac{EPS_{n_2}(1+g_n)d_n}{(R_e-g_n)(1+R_e)^n}$

四、獲利成長率（g）

對象 計算	公　司	權　益
(1)報酬率	新投資資金報酬率 (ROIC)，類似ROA $=\dfrac{公司現金流量}{總投資金額}$	權益報酬率(ROE)
(2)成長速度	投資率(investment rate) $=\dfrac{淨投資^*}{營業利益}$	（1-股利支付款）或稱保留（盈餘）率（retention rate）
(3)=(1)×(2) 獲利成長率	10%×25%=2.5%	20%×(1-60%)=8%

* 毛投資（gross investment）

　・營運資金增額

　・資本支出增額（其主要抵銷項目為折舊）

　・其它資產投資淨額

－折舊

＝淨投資（net investment）

五、倍數法公式（第十三章）

倍數基準	公　式	分　解
一、本益比 （§12.2）	$\dfrac{股價}{EPS}$	
二、股利殖利率 （§6.4）	$\dfrac{每股現金股利}{EPS}$	$\dfrac{股利}{EPS} \times \dfrac{EPS}{股價}$ ＝股利支付率×益本比（payout ratio） 股利成長率 g ＝ROE×(1−股利成長率)
三、股價營收比 （§12.3）	$\dfrac{股價}{每股盈收}$	$\dfrac{股價}{EPS} \times \dfrac{EPS}{每股盈收}$ ＝PER×營業利潤率
四、股價淨值比 （§12.4）	$\dfrac{股價}{每股淨值}$	$\dfrac{股價}{EPS} \times \dfrac{EPS}{每股淨值}$ ＝PER×ROE

參考文獻

1. 中文依出版時間先後次序排列。

2. 中文報紙的引用於內文內該段末以括弧方式註明出來。

3. 本書以1996年1月以後文獻為主。

4. 為了節省篇幅，論文的卷、期別不列，只列年月。

5. 有打*的論文，是我們推荐可做為碩士班上課的教材。

6. 本書經常引用的英文期刊及其簡寫如下：

   FAJ: *Financial Analysts Journal*（《證券分析師期刊》）

   FM: *Journal of the Financial Management Association*（《財務管理期刊》）

   HBR: *Harvard Business Review*（《哈佛商業評論》）

   JAR: *Journal of Accounting Research*（《會計研究期刊》）

   JCAF: *Journal of Corporate Accounting & Finance*（《公司會計和財務期刊》）

   JBFA: *Journal of Business Finance & Accounting*（《企業財務和會計期刊》）

   JBF: *Journal of Business Forecasting*（《商業預測期刊》）

   JF: *Journal of Finance*（《財務期刊》）

   JFE: *Journal of Financial Economics*（《財務經濟期刊》）

   JFQA: *Journal of Financial and Quantitative Analysis*（《財務和數量分析期刊》）

   JFR: *Journal of Financial Research*（《財務研究期刊》）

   JIBS: *Journal of International Business Studies*（《國際企業研究期刊》）

   JPIF: *Journal of Property Investment & Finance*（《不動產投資和融資期刊》）

   JPM: *Journal of Portfolio Management*（《投資組合管理期刊》），本季刊以實務導向為主，但不失學術嚴謹度，很適合碩士班、在職投資人士參考。

   LRP: *Long Range Planning*（《長期規劃期刊》）

   M&A: *Mergers & Acquisitions*（《合併與收購月刊》）

   SMJ: *Strategic Management Journal*（《策略管理期刊》）

7. 全書普遍參考的書籍如下：

   ⑴黃德舜，企業財務分析——企業價值的創造及評估，華泰文化事業股份有限公司，1998年

9月，初版。

(2)林炯垚，企業評價，智勝文化事業股份有限公司，1999年6月。

(3)吳啟銘，企業評價——個案實證分析，智勝文化事業股份有限公司，2001年1月。

*(4)Copeland, Tom etc., *Valuation*, John Wiley & Sons, Inc., 1996.

(5)Cornell, Bradfor, *Corporate Valuation*, Irwin Co., 1998.

*(6)Damodaran, Aswath, *Investment Valuation*, John Wiley & Sons, Inc., 1996.

(7)Fishman, Jey E., etc., *Guide to Business Valuations*, Practitioners Publishing Co., 1999.

(8)Palepu, K. G., etc., *Introduction to Business Analysis and Valuation*, South-Western Colledge Publishing, 1997, 1st edition.

(9)Pratt, Shannon P., etc., *Valuing a Business: The Analysis and Appraisal of Closely Held Companies*, Richard D. Irwin, Inc., 1995.

*(10)Pratt, Shannon P., etc., *Valuing Small Business and Professional Practices*, Richard D. Irwin, Inc., 1997.

(11)Reilly, Robert F. and Robert P. Schweiks, *Handbook of Advanced Business Valuation*, McGraw-Hill, 2000, Chap. 3 Equity Risk Premium, and Chap. 4 Discount for Lack of Marketability.

(12)Trugman, Gary R., *Understanding Business Valuation: A Practical Guide to Valuing Small to Medium-Sized Businesses*, American Institute of Certified Public Accountant.

第一章 公司價值評估的用途

第一節 公司價值評估的用途

Frankel, Richard and Charles M. C. Lee, "Accounting Valuation, Market Expectation, and Cross-Sectional Stock Returns," *Journal of Accounting and Economics*, 1998, pp. 283~319.

第二節 對內功能：價值基礎經營——鑑價在公司、事業部經營的運用

1. 吳安妮，「談價值管理創造企業競爭利基」，《會計研究月刊》，2000年8月，第12~14頁。

2. 王泰昌、劉嘉雯，「經濟附加價值的意義與計算」，《貨幣觀測與信用評等》，2001年9月，第14~26頁。

3. 陳依蘋，「新經濟的革命——為價值而戰」，《會計研究月刊》，2001年12月，第46~50頁。

* 4. Gomey, Peter, *Integrated Value Management*, International Thomson Business Press, 1999.

5. Garvey, Gerald T. and Todd T. Milbown, "EVA versus Earnings: Does It Matter Which Is More Highly Correlated with Stock Returns?" *JAR*, Supplement 2000, pp. 209~254.

6. Haspeslagh, Philippe, etc., "Managing for Value," *HBR*, Jul./Aug. 2001, pp. 64～75.

第三節　對外功能：價值報告

1. 薛富井、林姿菁，「知識經濟導向，價值驅動導向財報模式之探討」，《會計研究月刊》，2000年7月，第26～31頁。

2. 蘇裕惠，「重鑑『面值』與『市值』間失落的鴻溝」，《會計研究月刊》，2000年7月，第32～36頁。

3. 陳維慈，「從美國財務會計觀念公報第7號看現值會計的運用」，《會計研究月刊》，2000年11月，第117～123頁。

4. Potter, Frank, "Event-to-Knowledge: A New Metric for Finance Department Efficiency," *SF*, July 2001, pp. 51～55.

第二章　公司鑑價過程和方法

第一節　鑑價程序

Evans, Frank D., "Tips for the Valuator," *Journal of Accountancy*, Mar. 2000, pp. 35～41.

第二節　價值的來源

編輯部，「再談如何利用『TEJ公司評價』」，《貨幣觀測與信用評等》，1998年5月，第7～14頁。

第三節　鑑價方法快易通

1. 張健民，臺灣新上市公司公司企業價值與現金流量法之實證研究，成功大學會計研究所碩士論文，1997年6月。

2. 劉治傑，企業併購對目標公司評價方法之研究，東海大學管理研究所碩士論文，1998年6月。

3. 謝一震，企業評價方法之研究——以臺灣初次上市公司為例，中正大學財務金融研究所碩士論文，1999年6月。

4. Heller, Robert, "No Way to Measure Real Value," *Management Today*, Dec. 1998, p. 17.

第四節　鑑價方法論——個別鑑價 vs. 資料鑑價

1. Feltham, Gerald A. and James A. Ohlson, "Residual Earning Valuation with Risk and Stochastic Interest Rates," *The Accounting Review*, Apr. 1999, pp. 165～183.

2. Lee, Charles M. C., etc., "What Is the Intrinsic Value of the Dow?," *JF*, Oct. 1999, pp. 1693～1741.

* 3. Lev, Baruch and Paul Zarowin, "The Boundaries of Financial Reporting and How to Extend Them," *JAR*, Autumn 1999, pp. 353～385.

* 4. McCluskey, William and Sarabjot Anand, "The Application of Intelligent Hybrid Techniques for

the Mass Appraisal of Residual Properties," *JPIF*, Vol. 17, No. 3, 1999, pp. 218~238.

第五節　美國專業人士鑑價方法排行榜

1. Crain, John L. and A. M. Jamal, "The Valuation of Natural Resources: A Reply," *JBFA*, Oct. 1996, pp. 1217~1218.

* 2. Dukes, William P., etc., "Valuation of Closely-held Firms: A Survey," *JBFA*, Apr. 1996, pp. 419~438.

3. Myers, James N., "Implementing Residual Income Valuation with Linear Information Dynamics," *The Accounting Review*, Jan. 1999, pp. 1~28.

第六節　股價、理論價值和基本價值

1. Danaziger, Elizabeth, "Is Business Appraising for You?" *Journal of Accountancy*, Mar. 2000, pp. 28~33.

2. Liu, Jing and Jacob Thomas, "Sock Returns and Accounting Earnings," *JAR*, Spring 2000, pp. 71~101.

3. Loughran, Tim and Jay R. Ritter, "Uniformly Least Powerful Tests of Market Efficiency," *JFE*, 2000, pp. 361~389.

第三章　鑑價第一步：看懂財報

第一節　看財報的第一步：財報可信嗎?

1. 謝文馨、蘇裕惠，「從美國COSO檢討報告檢視我國之董監制度與盈餘管理」，《會計研究月刊》，1999年10月，第112~120頁。

2. 林炳滄，「審計為什麼失敗?」，《會計研究月刊》，2001年7月，第79~86頁。

3. Beasley, Mark S., "Financial Reporting Fraud: Could It Happen to You?" *JCAF*, May/June 2001, pp. 3~9.

4. Erickson, Merle, etc., "Why Do Audits Fail?" *JAR*, Spring 2000, pp. 165~194.

第三節　破解財報窗飾

1. 林炳滄，「遏止會計資訊品質惡化不容忽視」，《會計研究月刊》，1999年10月，第84~89頁。

2. 陳惠玲，「解讀財報陷阱（一）、（二）」，敬永康，「解讀財報陷阱（三）」，《貨幣觀測與信用評等》，1999年11月，第4~34頁。

3. 薛明玲，「會計師看公司營運績效評估」，《會計研究月刊》，2001年10月，第101~104頁。

* 4. Beneish, Messod D., "The Detection of Earning Manipulation," *FAJ*, Sep./Oct. 1999, pp. 24~36.

5. Luehrman, Timothy A., "What In Worth? A General Manager's Guide to Valuation," *HBR*, May–

June 1997, pp. 132～144.

6. Reichelstein, Stefan, "Providing Managerial Incentives: Cash Flows versus Accrual Accounting," *JAR*, Autumn 2000, pp. 243～269.

7. Sherman, H. David and David Young, "Tread Lightly through These Accounting Minefields," *HBR*, Jul./Aug. 2001, pp. 129～135.

第四節　財務危機的預警系統──財報分析的限制

（碩士論文逾50篇，選擇性列入）

1. 藍國益，企業財務危機預警模式之研究──考慮股權結構之影響，東吳大學企管研究所碩士論文，1996年6月。

2. 朱泓志，臺灣上市股票降類預測之研究，朝陽大學財務金融研究所碩士論文，1997年5月。

3. 徐銘傑，資產流動性與企業財務危機之理論研究，臺灣大學商學研究所碩士論文，1997年10月。

4. 林建丞，財務危機公司之預警偵測，東海大學管理研究所碩士論文，1999年6月。

5. 林君玲，企業財務危機預警資訊之研究──考慮公司整理因素，臺灣大學會計研究所碩士論文，1999年6月。

6. 陳俊呈，倒傳遞網路在財務危機預警模式的預測能力之探討，海洋大學航運管理研究所碩士論文，1999年6月。

7. 徐淑芳，臺灣上市公司財務危機預警──應用多變量CUSUM時間序列分析，東華大學企業管理所究所碩士論文，1999年6月。

8. 簡宏益，我國上市公司財務危機預測模型之建檔，中山大學財務管理研究所碩士論文，1999年6月。

9. 洪啟智，集團企業財務危機之預警研究，中央大學財務管理研究所碩士論文，1999年6月。

10. 馮麗華，運用渾沌理論預測財務危機，輔仁大學金融研究所碩士論文，1999年6月。

11. 鄭嘉欣，從致股東報告書之揭露資訊探討臺灣股票上市上櫃公司之財務危機，中央大學企業管理研究所碩士論文，1999年6月。

12. 項政，會計師查核意見、財務危機及股價反應之研究，中央大學企業管理研究所碩士論文，1999年6月。

13. 施並洲，類神經網路、案例推理法、灰色關連分析於財務危機之應用，中央大學工業管理研究所碩士論文，1999年6月。

14. 李俊毅，應用灰色預測理論與類神經網路於企業財務危機預警模式之研究，義守大學管理科學研究所碩士論文，1999年6月。

15.許維貞，從轉投資揭露資訊探討臺灣股票上市公司之財務危機，淡江大學財務金融研究所碩士論文，2000年9月。

16.Francis, Jennifer and Katherine Schipper, "Have Financial Statement Lost Their Relevance?" *JAR*, Autumn 1999, pp. 319~352.

個　案

Mclearn, Bethany, "Why Enron Went Bust?" *Fortune*, Dec. 24, 2001, pp. 50~54.

第四章　公司買賣時鑑價

第二節　怎樣把公司賣個好價錢？——合理的自抬身價

1.Caronia, Leonard S., "How Sellers Can Attract the Best Buyers," *M&A*, Sep./Oct. 1995, pp. 32~44.

2.Cotter, James F., etc., "Do Independent Directors Enhance Target Shareholder Wealth During Tender Offers?" *JFE*, Feb. 1997, pp. 195~218.

3.Marks, Erwin A., "The Right Mind-set for Repairing a Troubled LBO," *M&A*, Nov./Dec. 1997, pp. 25~29.

4.Marks, Mitchele Lee and Philip H. Mirvis, "How Mind-set Clashes Get Merger Partners off to a Bad Start," *M&A*, Sep./Oct. 1998, pp. 28~33.

5.Schwert, G. William, "Makeup Pricing in Mergers and Acquisition," *JFE*, June 1996, pp. 193~230.

6.Slovin, Myson B., etc., "A Comparison of the Information Conveyed by Equity Carve-outs, Spin-offs, and Asset Sell-offs," *JFE*, 37, 1995, pp. 89~104.

7.Subrahmanyan, Vijaya, etc., "The Role of Outside Directors in Bank Acquisitions," *FM*, Autumn 1997, pp. 23~36.

第三節　如何避免買貴了？

1.郭淑芬，董監事特性與盈餘操縱原理及盈餘品質之關聯性研究，中正大學會計研究所碩士論文，1996年6月。

2.陳妙如，公司上市前後財務狀況及經營績效變動與盈餘操縱之研究，臺灣大學會計研究所碩士論文，1996年6月。

3.姜家訓，當存在盈餘操縱與內線交易機會時之會計系統選擇與獎酬契約設計，臺灣大學會計研究所博士論文，1998年1月。

4.何印唐，我國上市公司盈餘管理行為之研究，政治大學會計研究所碩士論文，1998年6月。

5. 李樑堅、鄭博銘，「銀行對建築業『非財務比率分析項目』之授信評估——模糊綜合評判模式之運用」，《產業金融》，1999年3月，第32～50頁。

6. 曹瓊芳，集團企業與盈餘操縱關聯性之研究，東吳大學會計研究所碩士論文，1999年6月。

7. 蘇逸穎，本期盈餘、預期未來盈餘和盈餘操縱之關聯性，臺灣大學會計研究所碩士論文，1999年6月。

8. 張文毅譯，「從東亞金融危機探討公司困境的解決」，《證交資料》，2000年3月，第1～17頁。

9. 林炳滄，「高品質成長股的迷思——以Waste Management公司為例」，《會計研究月刊》，2000年3月，第73～76頁。

10. Eccles, Robert G., etc., "Are You Paying too Much for That Acquisition?" *HBR*, Jul./Aug. 1999, pp. 136～146.

11. Sikora, Martin, "The M&A Dectives," *M&A*, Jan. 2000, pp. 6～9.

12. Sweeney, Paul, "Who Says It's a Fair Deal?" *Journal of Accountancy*, Aug. 1999, pp. 44～51.

第五章　成本法

第一節　成本法快易通

Potter, David C., "Do the Target's Telecom Assets Add Value to the Deal?" *M&A*, Jan./Feb. 1997, pp. 18～22.

第二節　重置成本法——物價指數調整法

Schwartz, Eduardo S., "Valuing Long-Term Commodity Assets," *FM*, Spring 1998, pp. 57～66.

第三節　不動產鑑價

1. 彭志豪，銀行住屋鑑價決策支援系統：以臺北市住屋為研究對象，中央大學資訊管理研究所碩士論文，1994年6月。

2. 敬永康，「建設公司經營價值評估——藉助建案資料庫，預估損益及現金流量」，《貨幣觀測與信用評等》，2000年3月，第59～67頁。

3. Gelbtuch, Howard C., etc., *Real Estate Valuation in Global Markets*, Appraisal Institute, 1997.

4. Quan, Daniel C. and Sheridan Titman, "Commercial Real Estate Prices and Stock Market Returns: An International Analysis," *FAJ*, May/June 1997, pp. 21～34.

* 5. Shiller, Robert J., "Evaluating Real Estate Valuation Systems," *Journal of Real Estate Finance and Economics*, 1999, pp. 147～161.

6. Watkins, Craig, "Property Valuation and the Structure of Urban Housing Markets," *JPIF*, Vol. 17, No. 2, pp. 157～175.

7. Williams, Joseph T., "What Is Real Estate Finance?" *Journal of Real Estates Finance and Economics*, 1999, pp. 9～19.

第四節　應收帳款鑑價

1. 陳依依，遞延所得稅資產評價之實證研究，中正大學會計研究所碩士論文，1999年6月。

2. 盧聯生，「大陸關聯方交易信息披露概述（二）、（三）」，《會計研究月刊》，2000年7、8月，第78～83、128～132頁。

第五節　銀行業鑑價——應收帳款專論

1. 林瑞昌，臺灣地區銀行業利差模型及實證研究，成功大學企業管理研究所碩士論文，1997年6月。

2. 陳惠玲、戴玉英，「再評估三商銀的理論價格」，《貨幣觀測與信用評等》，1998年5月，第16～22頁。

3. 陳惠玲，「銀行真實逾放比再推估及準確度檢驗」，《貨幣觀測與信用評等》，2001年7月，第57～60頁。

4. 鍾俊文、陳惠玲，「金融機構逾放問題探討」，《貨幣觀測與信用評等》，2001年9月，第27～46頁。

5. 白珊憶、鍾俊文，「本國銀行財報透明度與經營績效評等」，《貨幣觀測與信用評等》，2002年1月，第20～40頁。

6. 陳惠玲，「上市櫃銀行逾放比率推估及方法修正」，《貨幣觀測與信用評等》，2002年1月，第41～46頁。

7. Mercer, Z. Christopher, *Valuing Financial Institutions*, Richard D. Irwin, Inc., 1992, Chap. 11 Holding Company Analysis.

第六節　財務困難公司鑑價

Duffie, Darrell and Nicolae Garleanu, "Risk and Valuation of Collateralized Debt Obligations," *FAJ*, Jan./Feb. 2001, pp. 41～52.

第七節　資產證券化鑑價

1. 楊菁倩，財務困難上市公司經營策略之探討，朝陽大學財務金融研究所碩士論文，1997年5月。

* 2. Alderson, Michael J. and Brian L. Betker, "Liquidation Costs and Accounting Data," *FM*, Summer 1996, pp. 25～36.

* 3. Gilson, Stuart C., "Investing in Distressed Situations: A Market Survey," *FAJ*, Nov./Dec. 1995, pp. 8～27.

4. Sikora, Martin, "Souroing for Pearls in Bankruptcies," *M&A*, Apr. 2000, pp. 6～9.

第六章　淨現值法導論

第一節　獲利的衡量方式

1. 張健民，臺灣新上市公司企業價值與現金流量之實證研究，成功大學會計研究所碩士論文，1997年6月。

2. 王怡心、王晶華，「以價值基礎管理導入企業資源規劃的效益」，《會計研究月刊》，1999年8月，第10～12頁。

3. Bacidore, Jeffrey M., etc., "The Search for the Best Financial Performance Measure," *FAJ*, May/June 1997, pp. 11～20.

4. Barnes, Paul F., "A Real-World Focus in Calculating Terminal Values," *M&A*, Jul./Aug. 1996, pp. 24～26.

5. Bradshaw, Mark T., etc., "Do Analysts and Auditors Use Information in Accruals?" *JAR*, June 2001, pp. 45～74.

6. Bean, Lu Ann and Bill D. Jarnagin, "Intangible Asset Accounting: How Do Worldwide Rules Differ?" *JCAF*, Jul./Aug. 2001, pp. 53～56.

7. Clubb, John D. B. and Paul Doran, "Capital Budgeting, Debt Management and the APV Criterion," *JBFA*, July 1995, pp. 681～694.

8. Luehrman, Timothy A., "Using APV: A Better Tool for Valuing Operations," *HBR*, May/June 1997, pp. 145～155.

9. Renman, Stephen H., "Synthesis of Equity Valuation Techniques and the Terminal Value Calculation for the Dividend Discount Model," *Review of Accounting Studies*, 1997, pp. 303～323.

第二節　折現率的衡量方式

陳奉珊，企業評價模型有效性之實證研究，政治大學財務管理研究所碩士論文，1998年6月。

第四節　淨現值法的執行要點

1. 金成勝等，「如何以EBO評價模式衡量股票的真正價值」，《會計研究月刊》，2000年4月，第133～139頁。

2. Bernstein, Peter L., "What Rate of Return Can You Reasonably Expect…or What Can the Long Run Tell Us about the Short Run?" *FAJ*, Mar./Apr. 1997, pp. 20～28.

3. Ohlson, James A., "Earnings, Book Values, and Dividends in Security Valuation," *Contemporary Accounting Research*, 1995, pp. 661～687.

* 4. Ross, Stephen A., "Uses, Abuses, and Alternatives to the Net-Present-Value Rule," *FM*, Autumn 1995, pp. 96~102.

第七章　淨現值法專論

第一節　經濟利潤法

1. 張嘉鈴，公司評價新趨勢──EVA（經濟附加價值）在臺灣應用的可行性，中央大學財務管理研究所碩士論文，1999年6月。

2. 吳闓霖，「公司價值評估實例解析」，《會計研究月刊》，2000年1月，第17~39頁。

* 3. Srinivasan, Madhav, "Applying the Economic Profit Concept in Pricing a Target," *M&A*, Jul./Aug. 1997, pp. 29~33.

第二節　股東價值分析法

1. 葉銀華，「康柏收購迪吉多之個案評析」，《會計研究月刊》，2000年4月，第48~56頁。

2. Mills, Roger W. and Bill Wecnstein, "Calculating Shareholder Value in a Turbulent Environment," *LRP*, Feb. 1996, pp. 76~83.

3. Rappaport, Alfred, *Creating Shareholder Value*, The Free Press, 1998.

第三節　盈餘折現法執行要點

Slavin, Nathan and J. K. Yun, "Earnings Per Share: A Review of the New Accounting Standard," *JCAF*, Jul./Aug. 2001, pp. 57~71.

第八章　伍氏權益資金成本的估計

第一節　資本資產定價模式無用論──貝他係數死二遍啦

1. 伍忠賢，《實用投資管理》，華泰文化事業股份有限公司，1999年10月，第一版，第6章第1~2節。

2. Hsia, Chi-Cheng, etc., "Is Beta Dead or Alive?" *JBFA*, April/May 2000, pp. 283~307.

* 3. Rubinstein, Mark, "Rational Markets: Yes or No? The Affirmative Case," *AIMR*, May/June 2001, pp. 15~29.

第二節　經營時權益資金成本

1. Arzac, Enrique R., "Valuation of Highly Leveraged Firms," *FAJ*, Jul./Aug. 1996, pp. 42~50.

2. Asness, Clifford S., "Stocks versus Bonds: Explaining the Equity Risk Premium," *FAJ*, Mar./Apr. 2000, pp. 96~111.

3. Babbs, Simon H. and K. Ben Nowman, "Kalman Fittering of Generalized Vasicek Term Structure

Models," *JFQA*, Mar. 1999, pp. 115~130.

4. Bhattacharyya, Sugato and J. Chris Leach, "Risk Spillovers and Required Returns in Capital Budgeting," *Review of Financial Studies*, 1999, pp. 461~480.

* 5. Booth, Laurence, "A New Model for Estimating Risk Premium—Along with Some Evidence of Their Decline," *Journal of Applied Corporate Finance*, Spring 1998, pp. 109~120.

* 6. Claus, James and Jacob Thomas, "Equity Premia as Low as Three Percent?" *JF*, Oct. 2001, pp. 1629~1666.

7. Cornell, Bradford, etc., "Estimating the Cost of Equity Capital," *Contemporary Finance Digest*, 1998, pp. 5~26.

8. Fama, Fugene and Kenneth R. French, "The Corporate Cost of Capital and the Return on Corporate Investment," *JF*, Dec. 1999, pp. 1939~1967.

* 9. Indro, Daniel C. and Wayne Y. Lee, "Biases in Mathematric and Geometric Averages as Estimates of Long-Run Expected Returns and Risk Premia," *FM*, Winter 1997, pp. 81~90.

10. Jiang, George J., "Nonparametric Modeling of U.S. Interest Rate Term Structure Dynamics and Implications on the Prices of Derivative Securities," *JFQA*, Dec. 1998, pp. 465~497.

* 11. Kan, Raymond and Guofu Zhou, "Critique of the Stochastic Discount Factor Methodology," *JF*, Aug. 1999, pp. 1221~1248.

12. Ohlson, James A. and Xiao-Jun Zhang, "On the Theory of Forecast Horizon in Equity Valuation," *JAR*, Autumn 1999, pp. 437~449.

13. Pastor, Lubos and Robert F. Stambauch, "The Equity Premium and Structural Breaks," *JF*, Oct. 2001, pp. 1207~1245.

第三節　權益資金成本的期限結構

1. 蘇靜芬,費雪效果再檢定——部分差分時間數列模型之應用,暨南大學經濟研究所碩士論文, 1997年7月。

2. Bekaert, Geert, etc., "On Bias in Tests of the Expectations Hypothesis of the Term Structure of Interest Rates," *JFE*, 1997, pp. 309~348.

3. Brennan, M. J., "The Term Structure of Discount Rates," *FM*, Spring 1997, pp. 81~90.

4. Chapman, David A. and Neil D. Pearson, "Recent Advances in Estimating Term-Structure Models," *AIMR*, Jul./Aug. 2001, pp. 77~90.

5. Chu, Quentin C., etc., "On the Inflation Risk Premium," *JFQA*, Sep. 1995, pp. 881~892.

6. Deaves, Richard, "Term Premium Determinants, Return Enhancement and Interest Rate Pre-

dictability," *JBFA*, April/May 1998, pp. 485～499.

7. Duffee, Gregory R., "Term Premia and Interest Rate Forecasts in Affine Models," *JF*, Feb. 2002, pp. 405～443.

8. Evans, Martin D., "Real Rates, Expected Inflation, and Inflation Risk Premia," *JF*, Feb. 1998, pp. 187～219.

9. Koustas, Zisimos and Apostolos Serletis, "On the Fisher Effect," *Journal of Monetary Economics*, 1999, pp. 105～130.

第四節　事業部的權益資金成本

* 1. Arzac, Enrique R., "Valuation of Highly Leveraged Firms," *FAJ*, Jul./Aug. 1996, pp. 42～50.

* 2. Fama, Eugene F. and Kenneth R. French, "Industry Costs of Equity," *JFE*, Feb. 1997, pp. 153～193.

3. Harris, Robert S. etc., "Divisional Cost-of-Capital Estimation for Multi-Industry Firms", *FM*, Spring 1989, pp. 74～84.

第五節　負債資金成本——兼論信用評等的用途

1. 曾炎裕，上市公司信用評等與財務績效之研究——以食品鋼鐵電子資訊業為例，政治大學企業管理研究所碩士論文，1996年6月。

2. 郭敏華，資訊不對稱對負債資金成本之影響——以銀行借款為實證，政治大學企業管理研究所博士論文，1996年6月。

3. 江瑋瑄，海外可轉換公司債之條款中保障收益率對資金成本之影響，成功大學會計研究所碩士論文，1996年6月。

4. 戴誌權，從投資者角度建構企業信用評等模式之研究，淡江大學會計研究所碩士論文，1997年6月。

5. 賴景煌，臺灣債券信用評等制度模式建立之實證研究，文化大學國際企業管理研究所碩士論文，1997年6月。

6. 施人英，企業信用評等模式之研究，臺灣大學商學研究所碩士論文，1997年6月。

7. 陳勇徵，銀行信用評等——本國銀行之實證分析，東吳大學經濟研究所碩士論文，1997年6月。

8. 郭怡萍，銀行業信用評等模式之建構，臺灣大學商學研究所碩士論文，1997年6月。

9. Duffee, Gregory R., "Estimating the Price of Default Risk," *Review of Financial Studies*, Special 1999, pp. 687～720.

10. Fons, Jerome S., "Using Defaults to Model the Term Structure of Credit Risk," *FAJ*, Sep./Oct.

1994, pp. 25~32.

第六節　資金成本

Pratt, Shannon P., *Cost of Capital: Estimation and Applications*, John Wiley & Sons, Inc., 1988.

第九章　獲利預測

第一節　小心上市公司財測膨風

1. 黃玲君，營業現金流量預測準確性之實證研究，文化大學國際企業管理研究所碩士論文，1996年6月。

2. 陳玄英，臺灣上市公司盈餘預測與盈餘操縱之關聯性研究，東海大學管理研究所碩士論文，1998年6月。

3. 賴榮崇，「美國、馬來西亞、新加坡及我國財務預測制度簡介」，《證交資料》，1999年9月，第9~16頁。

4. 張漢傑，「檢視財務預測對臺股股價的操縱行為」，《會計研究月刊》，2001年10月，第142~146頁。

5. Alford, Andrew W. and Philip G. Berger, "A Simultaneous Equations Analysis of Forecast Accuracy, Analyst Following, and Trading Volume," *Journal of Accounting, Auditing & Finance*, Summer 1999, pp. 219~246.

6. Barclay, Michael J. and Craig G. Dunbar, "Private Information and the Costs of Trading around Quarterly Earnings Announcement," *FAJ*, Nov./Dec. 1996, pp. 75~84.

7. Coller, Maribeth and T. L. Yohn, "Management Forecasts and Information Asymmetry—An Examination of Bid-Ask Spreads," *JAR*, Autumn 1997, pp. 181~191.

8. Francis, Jennifer, etc., "Comparing the Accuracy and Explainability of Dividend, Free Cash Flow, and Abnormal Earnings Equity Value Estimates," *JAR*, Spring 2000, pp. 45~70.

* 9. Kaplan, Steven N. and Richard S. Ruback, "The Valuation of Cash Flow Forecast: An Empirical Analysis," *JF*, Sep. 1995, pp. 1059~1094.

10. Lander, Joel, etc., "Earnings Forecasts and the Predictability of Stock Returns: Evidence from Trading the S&P," *JPM*, Summer 1997, pp. 24~35.

11. Lenning, Jeff, "Financial Reports Is a Snap," *Journal of Accountancy*, Apr. 2000, pp. 31~35.

12. Penn, Robert, "A Glimpse of the Future," *Journal of Accountancy*, July 1999, pp. 35~40.

第二節　證券分析師也往往失誤

1. Capstaff, John, etc., "A Comparative Analysis of Earning Forecasts in Europe," *JCFA*, 2001, pp.

531~562.

2. Barber, Brad, etc., "Can Investors Profit from the Prophets?" *JF*, Apr. 2001, pp. 531~563.

3. Denis, David J. and Atulys Sarin, "Is the Market Surprised by Poor Earning Realizations following Seasoned Equity Offerings?" *JFQA*, June 2001, pp.169~193.

4. Lim, Terence, "Rationality and Analysts Forecast Bias," *JF*, Feb. 2001, pp. 369~385.

第三節　盈餘預測第一次就上手

1. Alexander, John C. and James S. Ang, "Is Equity Markets Response to Earning Paths?" *FAJ*, Jul./Aug. 1998, pp. 81~91.

2. Arnold, Tom and Jerry James, "Finding firm Value without a Pro forma Analysis," *FAJ*, Mar./Apr. 2000, pp. 77~85.

3. Baber, William R., etc., "On the Use of Intra-Industry Information to Improve Earnings Forecasts," *JBFA*, Nov./Dec. 1999, pp. 1177~1198.

* 4. Brown, Lawrence D., "Analysts Forecasting Errors: Additional Evidence," *FAJ*, Nov./Dec. 1997, pp. 81~88.

5. Ederington, Louis H. and Jeremy C. Goh, "Bond Rating Agencies and Stock Analysts: Who Knows What When?" *JFQA*, Dec. 1998, pp. 569~585.

6. Editorial, "Can You Really Forecast? Dilemma of a Nice Forecater," *JBF*, Winter 1999, p. 2, 6.

7. Fordham, David R., "Forecasting Technology Trends," *SF*, Sep. 2001, pp. 50~54.

8. Gelly, Paul, "Managing Bottom up and Top down Approaches: Ocean Spray's Experience," *JBF*, Winter 1999, pp. 3~6.

9. Geurts, Michael D. and David B. Whitlark, "Six Ways to Make Sales Forecasts More Accurate," *JBF*, Winter 1999, pp. 21~23, 30.

10. Kaglan, Stere and Richard Ruback, "The Valuation of Cash Flow Forecast: An Empirical Analysis," *JF*, 1995, pp. 1059~1093.

11. Lapide, Larry, "New Developments in Business Forecasting," *JBF*, Fall 1999, pp. 14~25; Winter 1999, pp. 12~14; Spring 2000, pp. 16~18.

12. Lee, Timothy H. and Sung-Chang Jung, "Forecasting Creditworthiness, Logistic vs. Artificial Neural Net," *JBF*, Winter 1999, pp. 28~30.

13. Mentzer, John T., "The Impact of Forecasting on Return on Shareholders Value," *JBF*, Fall 1999, pp. 8~12.

14. Nutt, Stacey R., etc., "New Evidence on Serial Correction in Analyst Forecast Errors," *FM*, Win-

ter 1998, pp. 106～117.

15. Sochocki, Larry, "Financially Driven Forecasts in the Disk-Drive Industry," *JBF*, Winter 2000, pp. 15～20.

16. Taylor, Jon Gregory, *Investment Timing and the Business Cycle*, John Wiley & Sons, Inc., 1998.

17. Zhou, Wei, "Integration of Different Forecasting Models," *JBF*, Fall 1999, pp. 26～29.

第十章　無形資產鑑價

1. Gardner, Christopher, *The Valuation of Information Technology*, John Wiley & Sons, Inc., 2000.

2. Reilly, Robert F. and Robert P. Schweiks, *Valuing Intangible Assets*, McGraw-Hill, 1999.

第一節　無形資產的重要性

1. Bean, Lu Ann and Bill D. Jarnagin, "Intangible Asset Accounting: How Do Worldwide Rule Differ?" *JBFA*, Nov./Dec. 2001, pp. 55～65.

* 2. Brooking, Annie, Intellectual Capital, International Thomson Business Press, 1998.

3. Coult, John H., "Payoffs for Buyers Who Probe a Target's Intellectual Property," *M&A*, May/June 1999, pp. 46～50.

4. Simensky, Melvin and Lanning G. Bryer, *The New Role of Intellectual Property in Commercial Transactions*, New York: John Wiley & Sons, Inc., 1997.

第二節　無形資產的分類

1. 林大容譯，智慧資本，麥田出版公司，1999年。

2. Edvinsson, Jeif, "Developing Intellectual Capital at Skandia," *LRP*, June 1997, pp. 366～373.

3. Kale, Prashant, etc., "Learning and Protection of Proprietary Assets in Strategic Alliances: Building Relational Capital," *SMJ*, Mar. 2000, pp. 217～237.

* 4. Petersens, Frank and Johan Bjurström, "Identifying and Analyzing Intangible Assets," *M&A Europe*, Sep./Oct. 1991, pp. 41～51.

第三節　無形資產鑑價方法

1. 劉正田，「企業無形資產價值評估問題之探討」，《會計研究月刊》，2000年1月，第21～28頁。

* 2. 洪振添，「智慧資產之評價模式」，《會計研究月刊》，2000年11月，第27～35頁。

3. Creen, J. Peter, etc., "UK Evidence on the Market Valuation of Research and Development Expenditures," *JBFA*, March 1996, pp. 191～216.

* 4. Gordon Smith, V. and Russell L. Parr, *Valuation of Intellectual Property and Intangible Assets*, New York: John Wiley & Sons, Inc., 1997.

第四節　無形資產鑑價方法專論──成本法

1. Clem, Anne M. and Cynthia G. Jeffrey, "Is It Time for a New Accounting of R&D Costs?" *SF*, Aug. 2001, pp. 51~55.

2. Szewczyk, Samuel H., etc., "The Valuation of Corporate R&D Expenditure Evidence from Investment Opportunities and Free Cash Flow," *FM*, Spring 1996, pp. 105~110.

第十一章　無形資產鑑價專論

第一節　行銷資產鑑價──以品牌資產為例

1. 許三源，公司競爭策略、顧客品牌權益認知及品牌態度關聯性之研究──以臺灣地區行動電話為例，成功大學企業管理研究所碩士論文，1999年6月。

2. 謝雅仁，「無形資產與商譽之攤銷」，《會計研究月刊》，2000年1月，第40~41頁。

3. 陳振燧、張允文，「品牌聯想策略對品牌權益影響之研究」，《管理學報》，2001年3月，第75~98頁。

4. Buchanan, Lauranne, etc., "Brand Equity Dilution: Retailer Display and Context Brand Effects," *Journal of Marketing Research*, Aug. 1999, pp. 345~355.

* 5. Desarbo, Wayne S., etc., "Customer Value Analysis in a Heterogeneous Markets," *SMJ*, 2001, pp. 845~857.

6. Giannias, Dimitrios, "Microeconomic Analysis-based Comparative Evaluation of Brands," *Journal of Product & Brand Management*, Summer 1999, pp. 119~129.

7. Henning, Steven L., etc., "Valuation of the Components of Purchased Goodwill," *JAR*, Autumn 2000, pp. 375~386.

8. Mela, Carl F., etc., "The Long-term Impact of Promotion and Advertising on Consumer Brand Choice," *Journal of Marketing Research*, May 1997, pp. 248~261.

9. Oliver, Richard L., "Whence Consumer Loyalty?" *Journal of Marketing*, Special Issue 1999, pp. 33~44.

10. Schultz, Don E., "Valuing a Brand's Advocates," *MM*, Winter 2001, pp. 8~12.

11. Sethuraman, Ray and Catherine Cole, "Factors Influencing the Price Premium that Consumers Pay for National Brands over Store Brands," *Journal of Product & Brand Management*, Winter 1999, pp. 340~351.

* 12. Srivastava, Rajendra K., etc., "Marketed-based Assets and Shareholder Value: A Framework for Analysis," *Journal of Marketing*, Jan. 1998, pp. 2~18.

* 13.Stabell, C. B. and O. D. Fjeldstad, "Configuring Value for Competitive Advantage: On Chains, Shops and Networks," *SMJ*, May 1998, pp. 413~438.

* 14.Yoo, Boonghee and Naveen Donthu, "Developing and Validating Multidimensional Consume-based Brand Equity Scale," *Journal of Business Research*, 52, 2001, pp. 1~14.

第二節　技術鑑價

1. 洪俊隆，以談判及交易觀點論技術移轉，臺灣大學商學研究所碩士論文，1996年6月。

2. 陳秉鈞，技術評價與技術訂價：方法及模型之探討，中央大學企業管理研究所碩士論文，1996年6月。

3. 邱忻怡，研究機構技術移轉訂價模式之研究——以工研院衍生公司為例，中山大學財務管理研究所碩士論文，1997年6月。

4. 孫佩琳，「權利金及技術服務報酬之課程問題（上）、（下）」，《實用稅務》，2001年7、8月，第48~52、60~63頁。

5. Chan, Louis K. C., etc., "The Stock Market Valuation of Research and Development Expenditures," *JF*, Dec. 2001, pp. 2431~2455.

第十二章　市價法

第一節　股價只能參考，不能盡信——連美股都不夠格「弱式效率市場」

柯君衛，臺灣上市公司現金增資前盈餘操縱之研究，淡江大學會計研究所碩士論文，1997年6月。

第二節　各階段股價

1. Chamberlain, Trevor W., etc., "Tests of the Value Line Ranking System: Some International Evidence," *JBFA*, June 1995, pp. 575~585.

2. Kent, Daniel, "Investor Psychology and Security Market Under and Overreactions," *JF*, Dec. 1998, pp. 1839~1885.

* 3. Kent, Daniel and Sheridan Titman, "Market Efficiency in an Irrational World," *JFA*, Nov./Dec. 1999, pp. 28~37.

* 4. Statman, Meir, "Behavioral Finance: Past Battles and Future Engagements," *JFA*, Nov./Dec. 1999, pp. 18~27.

5. Thaler, Richard H., "The End of Behavioral Finance," *FAJ*, Nov./Dec. 1999, pp. 12~17.

第三節　新股上市股價

1. 陳惠珠，公司申請上市前盈餘操縱之研究，東吳大學會計研究所碩士論文，1997年6月。

2. 林志隆，臺灣新上市公司股票評價模式實證研究——現金流量法與承銷計價法之比較，成功大學會計研究所碩士論文，1999年6月。

3. Carow, Kenneth A., "Underwriting Spreads and Reputational Capital: An Analysis of New Corporate Securities," *JFR*, Spring 1999, pp. 15～28.

4. Cheng, T. Y. and Michael Firth, "An Empirical Analysis of the Bias and Rationality of Profit Forecasts Published in New Issue Prop sectuses," *JBFA*, April/May 2000, pp. 423～446.

5. Dunbar, Craig G., "Factors Affecting Investment Bank Initial Public Offering Market Share," *JFE*, Jan. 2000, pp. 1～41.

6. Krigman, Laurie, etc., "The Persistence of IPO Mispricing and the Predictive Power of Flipping," *JF*, June 1999, pp. 1015～1044.

* 7. Lee, Philip J., etc., "IPO Underpricing Explanations: Implications from Investor Application and Allocation Schedules," *JFQA*, Dec. 1999, pp. 425～444.

8. McCarthy, Ed, "Pricing IPOs: Science or Science Fiction?" *Journal of Accountancy*, Sep. 1999, pp. 51～58.

9. Yeoman, John C., "The Optimal Spread and Offering Price for Underwritten Securities," *JFE*, 2001, pp. 169～198.

第四節　有價證券鑑價

1. 黃俊欽，退休基金資產評價之研究，臺灣大學商學研究所碩士論文，1996年6月。

2. 黃金澤，「向公平價值法加速靠攏?」，《會計研究月刊》，1998年1月，第55～70頁。

3. 陳文華等，「風險值方法之比較」，《證券市場發展季刊》，1999年1月，第139～162頁。

4. 何澤蘭，臺灣不動產抵押債權證券化之推行及評價，臺灣大學財務金融研究所碩士論文，1999年6月。

5. 李存修、陳若鈺，「臺灣股市風險值模型之估計、比較與測試」，《金融財務》，2000年1月，第51～75頁。

6. Heston, Steven L., "Valuation and Hedging of Risky Lease Payments," *FAJ*, Jan./Feb. 1999, pp. 88～93.

* 7. Simko, Paul J., "Financial Instrument Fair Values and Nonfinancial Firms," *Journal of Accounting*, Auditing & Finance, Summer 1999, pp. 247～278.

第五節　最近併購價格

1. Merkel, Nick and Ward Wickwire, "Keying Mid-Market Pricing to Buyers' Objectives," *M&A*, Sep./Oct. 1999, pp. 32～33.

* 2. Schwert, G. William, "Makeup Pricing in Mergers and Acquisitions," *JFE*, June 1996, pp. 153～192.

第六節　未上市股股價──變現力折價的估計

* 1. Amihud, Yakov, "Illiquidity and Stock Returns," *Journal of Financial Markets*, 2002, pp. 31～56.

2. Bishop, David M., *Valuation of the Closely Held Business: Advanced Theory and Applications*, The Institute of Business Appraisers, 1997.

* 3. Kim, Chang Soo, etc., "The Determinants of Corporate Liquidity: Theory and Evidence," *JFQA*, Sep. 1998, pp. 335360.

4. Huberman, Gur and Dominika Halka, "Systematic Liquidity," *JFR*, Summer 2001, pp. 161～178.

5. Mercer, Z., Christopher, *Quantifying Marketability Discounts: Developing and Supporting Market-ability Discounts in the Appraisal of Closely Held Business Interests*, Peabody Publishing, 1997.

第十三章　倍數法──簡易的市價法

第一節　相對鑑價法快易通

1. Dechow, Patricia M., etc., "Short-sellers, Fundamental Analysis, and Stock Returns," *JFE*, 2001, pp. 77～106.

2. Desmond, Glenn, *Handbook of Small Business Valuation Formulas and Rules of Thumb*, Valuation Press, 1994.

3. Jennings, Ross, etc., "The Relation between Accounting Goodwill Numbers and Equity Values," *JBFA*, June 1996, pp. 513～533.

4. Treynor, Jack, "The Investment Value of Brand Franchise," *FAJ*, Mar./Apr. 1999, pp. 27～30.

第二節　盈餘倍數法快易通──本益比法

1. 詹麗玲，企業價值之評估──股利評價模式之實證研究（以塑膠業、鋼鐵業、電子業為例），東吳大學經濟研究所碩士論文，1999年6月。

2. Bruce, Brian R. and Charles B. Epstein, *Corporate Earning Analysis*, Probus Publishing Co., 1994.

3. Cheng, C. S. Agnes, etc., "Earnings Permanence and the Incremental Information Content of Cash Flows from Operations," *JAR*, Spring 1996, pp. 173～181.

4. Hurley, William and Lewis D. Johnson, "A Realistic Dividend Valuation," *FAJ*, Jul./Aug. 1994,

pp. 50～54.

5. Jennings, Ross, etc., "Evidence on the Usefulness of Alternative Earnings Per Share Measures," *FAJ*, Nov./Dec. 1997, pp. 24～33.

6. Kane, Alex, etc., "The P/E Multiple and Market Valotility," *FAJ*, Jul./Aug. 1996, pp. 16～24.

7. Yao, Yulin, "A Trinomial Dividend Valuation Model," *JPM*, Summer 1997, pp. 99～103.

第三節　股價營收倍數法

1. 張漢傑,「營收對股價吸引力」,《會計研究月刊》, 2000年1月, 第43～47頁。

2. Leibowitz, Martin L., "Franchise Margins and the Sales-driven Franchise Value," *FAJ*, Nov./Dec. 1997, pp. 43～53.

3. Leibowitz, Martin L., "Franchise Labor," *FAJ*, Mar./Apr. 2000, pp. 68～75.

* 4. Kothari, S. P. and Jay Shanher, "Book-to-Market, Dividend Yield, and Expected Market Return: A Time-Series Analysis," *JFE*, May 1997, pp. 169～203.

5. Stabell, Charles B. and Oystein D. Fieldstad, "Configuring Value for Competitive Advantages: On Chains, Shops, and Network," *SMJ*, 1998, pp. 413～437.

第四節　股價淨值倍數法

1. 金傑敏, 公司規模、權益帳面價值對市值比、前期報酬及系統性風險對股票報酬之影響, 淡江大學金融研究所碩士論文, 1996年6月。

2. 蔣欣孜, 臺灣地區半導體上市公司股票評價之研究, 政治大學企業管理研究所碩士論文, 1999年6月。

3. Block, Frank E., "A Study of Price to Book Relationship," *FAJ*, Jan./Feb. 1995, pp. 63～73.

4. Fairfield, Patricia M., "P/E, P/B and the Present Value of Future Dividends," *FAJ*, Jul./Aug. 1994, pp. 23～31.

5. Fama, E. F. and K. R. French, "Size and Book-to-Market Factors in Earnings and Returns," *JF*, 1995, pp. 131～135.

6. Penman, Stephen H., "The Articulation of Price-Earnings Ratios and Market-to-Book Ratios and the Evaluation of Growth," *JAR*, Autumn 1996, pp. 235～259.

第十四章　選擇權定價模式在鑑價的運用——精密加工型市價法

Haug, Espen Ganrder, *The Complete Guide to Option Pricing Formulas*, McGraw-Hill, Co., 1998.

第一節　選擇權定價模式快易通

Zhou, Chunsheng, "Path-Dependent Option Valuation When the Underlying Path Is

Discountinuous," *Journal of Financial Engineering*, Mar. 1999, pp. 73～97.

第三節　員工認股權的鑑價——附帶條件時的選擇權定價模式

1. 謝文雄，履約價格可調整之認購權證研究——財務工程之應用，政治大學國際貿易研究所碩士論文，1998年6月。

2. 黃信忠，員工認股權公平價值會計之可行性研究——以Black-Scholes模式評價，臺灣大學會計研究所碩士論文，1999年6月。

3. Anderson, Jack, "The Stock Option Culture," *Forbes Global*, May 15, 2000, pp. 100～106.

* 4. Carpenter, Jennifer N., "The Exercise and Valuation of Executive Stock Options," *JFE*, 1998, pp. 127～158.

5. Carter, Mary Ellen and Luann J. Lynch, "An Examination of Executive Stock Option Reprising," *JFE*, Sep. 2001, pp. 207～225.

6. Coller, Maribeth and Julia L. Higgs, "Firm Valuation and Accounting for Employee Stock Options," *FAJ*, Jan./Feb. 1997, pp. 26～31.

7. Hall, Brian J., "What You Need to Know about Stock Options," *HBR*, Mar. /Apr. 2000, pp. 121～129.

8. Sylvestre, Jeanne and Ko Hsu, "New Rules for the Treatment of Stock Options: Caveats for Management," *JCAF*, Nov./Dec. 2001, pp. 33～37.

第四節　專案鑑價——實體選擇權方法的運用

1. 陳昌陶，實質選擇權在資本投資決策上之應用——航空公司購機選擇權之評價與分析，臺灣大學財務金融研究所碩士論文，1997年6月。

2. 蔡進國，實質選擇權在土地評價上之應用——傳統評估方法與實質選擇權法之分析比較，臺灣大學財務金融研究所碩士論文，1997年6月。

3. 鄒貴聖，實質選擇權評價法在投資決策應用，長庚大學管理科學研究所碩士論文，1997年6月。

4. 陳冠儒，企業併購評價估算模式之研究，中山大學財務管理研究所碩士論文，1999年6月。

5. 陳齊杉，以實質選擇權評價模式評估臺灣高鐵公司BOT案之等待價值，政治大學企業管理研究所碩士論文，1999年6月。

6. 陳俊達，BOT投資案之實質選擇權評價——以月眉育樂園區為例，東吳大學國際貿易研究所碩士論文，1999年6月。

7. Childs, Paul D., etc., "Capital Budgeting for Interrelated Projects: A Real Option Approach," *JFQA*, Sep. 1998, pp. 305～334.

8. Copeland, Tom, "The Real-Options Approach to Capital Allocation," *SF*, Oct. 2001, pp. 33～37.

9. Grenndier, Steven R., "Valuing Lease Contracts: A Real-Options Approach," *JFE*, July 1995, pp. 297～332.

10. Heston, Steven L., "Valuation and Hedging of Risky Lease Payments," *FAJ*, Jan./Feb. 1999, pp. 88～94.

* 11. Luehrman, Timothy A., "Investment Opportunities as Real Option: Getting Strarted or the Numbers," *HBR*, Jul./Aug. 1998, pp. 51～67.

* 12. —, "Strategy as a Portfolio of Real Options," *HBR*, Sep./Oct. 1998, pp. 89～99.

13. Stark, Andrew W., "Real Option, (Dis) Investment Decision-Making and Accounting Measures of Performance," *JBFA*, April/May 2000, pp. 313～331.

14. Tang, C. Y. and S. Tikoo, "Operational Flexibility and Market Valuation of Earnings," *SMJ*, Aug. 1999, pp. 749～762.

第十五章 高度不確定情況公司鑑價——以網路股鑑價為例

第二節 網路類股狂熱是鬱金香狂熱的現代版

*Hirschey, Mark, "How Much Is a Tulip Worth?" *FAJ*, Jul./Aug. 1998, pp. 11～17.

第三節 網路類股狂熱的幻滅

1. 編者，「全球IT產業發展現況及趨勢」，《國際經濟情勢週報》，1307期，第6～17頁。

2. 編者，「全球電子商務發展概況」，《國際經濟情勢週報》，1301期，第6～16頁。

第四節 網路股鑑價的執行要點

1. 陳建宗，「如何評估網路股的真實價值」，《錢雜誌》，1999年11月，第64～72頁。

2. 吳琮璠，「電子商務營收來源與流量分析查核」，《會計研究月刊》，2000年12月，第59～63頁。

3. Bernstein, Peter, "What Prompts Paradigm Shifts?" *FAJ*, Nov./Dec. 1996, pp. 7～13.

第六節 網路股鑑價方法

1. 許杉能，創業投資經理人對投資案評估準則之研究，東吳大學企業管理研究所碩士論文，1996年6月。

2. 許志明，創業投資公司對高科技產業股價評估模式之研究，政治大學企業管理研究所碩士論文，1997年6月。

3. Gompers, Paul and Josh Lerrer, "Money Chasing Deals? The Impact of Fund Inflows on Private Equity Valuation," *JFE*, 2000, pp. 281～325.

第十六章 軟體股鑑價

第三節 軟體股鑑價的執行要點

1. 薛明玲、周建宏，「軟體業之會計處理及報表表達」，《會計研究月刊》，2000年5月，第52～58頁。

2. 洪啟仁，「網際網路公司特殊會計問題之探討」，《會計研究月刊》，2000年5月，第60～66頁。

第四節 軟體股鑑價方法

*1. 馬秀如等，「資訊軟體業無形資產之意義及其會計處理」，《證交資料》，2000年5月，第6～28頁。

2. Biederman, Bradley J., "Valuing Software Firms in and Era of Cheap Technology," *M&A*, Nov./Dec. 1996, pp. 23～25.

3. Bloom, Christopher A., "Does the Target's Brainpower Provide a Competetitive Edge?" *M&A*, Jan./Feb. 1994, pp. 44～47.

第十七章 事業部、集團鑑價

第一節 事業部鑑價

*1. Maines, Laureen A., etc., "Implications of Proposed Segment Reporting Standards for Financial Analysts, Investment Judgements," *JAR*, 1997, pp. 1～24.

2. Smith, Janet K. and Richard L. Smith, *Entrepreneurial Finance*, John Wiley & Sons, Inc., 2000, Chap. 9 The Framework of New Venture Valuation.

第二節 集團企業鑑價

1. 許崇源，「子公司持有母公司股票之會計處理及其影響(一)、(二)、(三)」，《會計研究月刊》，2001年9、10、11月，第124～129、148～152、106～112頁。

2. Lamont, Owen A. and Christopher Polk, "The Diversification Discount," *JF*, Oct. 2001, pp. 1693～1721.

第十八章 特殊情況鑑價

第一節 全球企業鑑價

Pope, Peter F. and Martin Walker, "International Differences in the Timeliness, Conservatism, and Classification of Earnings," *Journal of Accounting Research*, Supplement 1999, pp. 53～99.

第三節　非營利組織鑑價

Julius, J. Michael, "Valuation of Non-Profit Business," *M&A*, Nov./Dec. 1997, pp. 6～7.

索 引

三民大專用書書目——行政・管理

作業研究	劉實陽	著	中山大學
作業研究	林照雄	著	輔仁大學
作業研究	楊超然	著	臺灣大學
作業研究	劉一忠	著	舊金山州立大學
作業研究	廖慶榮	著	臺灣科技大學
作業研究題解	廖慶榮	著	臺灣科技大學
數量方法	葉桂珍	著	成功大學
數量方法題解	葉桂珍	著	成功大學
系統分析	陳進成	著	聖瑪利大學
系統分析與設計	吳宗成	著	臺灣科技大學
管理資訊系統	李傳明	著	臺北大學
決策支援系統	范懿文 李延平 王存國	著	中央大學
秘書實務	黃正興	編著	實踐大學
國際匯兌	林邦充	著	長榮管理學院
國際匯兌	于政長	著	東吳大學
國際行銷管理	許士軍	著	高雄企銀
國際行銷（大學）	郭崑謨	著	前臺北大學籌備處
國際行銷（五專）	郭崑謨	著	前臺北大學籌備處
實用國際行銷學	江顯新	著	臺北大學
行銷學通論	龔平邦	著	前逢甲大學
行銷學（增訂版）	江顯新	著	臺北大學
行銷學	方世榮	著	雲林科技大學
行銷學	曾光華	著	中正大學
行銷管理	陳正男	著	成功大學
行銷管理	郭崑謨	著	前臺北大學籌備處
行銷管理	郭振鶴	著	東吳大學
關稅實務	張俊雄	著	淡江大學
市場學概要	蘇在山	編著	雲林科技大學
市場調查	方世榮	編著	雲林科技大學
投資學	龔平邦	著	前逢甲大學
投資學	白俊男	著	東吳大學
投資學	徐燕山	編	政治大學
海外投資的知識	日本輸出入銀行海外投資研究所	編	